车载武器弹药与毁伤

主　编　张万君　刘洪甜

副主编　吴晓颖　张建伟　贾亦卓

兵器工业出版社

内 容 简 介

本书以理论研究和实践案例相结合的方式，对车载武器通常配置弹药的基本知识、结构原理、作用特点及其发展趋势等予以梳理总结；对与车载弹药密切相关的毁伤性能知识做了阐述。旨在促进建立和完善车载武器弹药与毁伤理论、方法等研究体系，积极推进地面作战从弹药数量到质量对抗良性发展。

本书不仅可为从事武器弹药、毁伤评估与决策研究、论证、设计及试验的科研人员提供参考，也可作为武器弹药相关专业的研究生、本科生的教材，还可为广大的兵器、弹药爱好者、相关专业的读者提供参考和借鉴。

图书在版编目（ＣＩＰ）数据

车载武器弹药与毁伤 / 张万君，刘洪甜主编 ；吴晓颖，张建伟，贾亦卓副主编. -- 北京 ：兵器工业出版社，2023.10
ISBN 978-7-5181-0949-4

Ⅰ. ①车… Ⅱ. ①张… ②刘… ③吴… ④张… ⑤贾… Ⅲ. ①军用车辆－武器装备－弹药－杀伤性能－研究 Ⅳ. ①TJ410.1

中国国家版本馆CIP数据核字(2023)第168867号

出版发行：兵器工业出版社 责任编辑：刘 丽

发行电话：010-68962596，68962591 封面设计：创意源文化艺术

邮 编：100089 责任校对：郭 芳 周金昌

社 址：北京市海淀区车道沟 10 号 责任印制：王京华

经 销：各地新华书店 开 本：787×1092 1/16

印 刷：北京银祥印刷有限公司 印 张：20

版 次：2023 年 10 月第 1 版第 1 次印刷 字 数：508 千字

  定 价：96.00 元

前　　言

车载武器通常是指以装甲车辆为运输载体的武器系统，是地面作战的主要突击装备，而配置于车载武器的弹药则是车载武器发展的先导与关键，研究和完善与之相匹配的弹药技术，是提高车载武器经济性以及系统作战效能等行之有效的途径。

从目前的常规武器技术水平来看，无论如何先进的武器，其最终环节通常都要依靠弹药来毁伤目标，而且，无论在战争还是日常实弹训练中，弹药不但是一次性消耗品，用量还大，因而，弹药在技术性、经济性以及毁伤性等方面，相对或直接影响着武器装备的发展。

无论现代的局部战争、地面或城市作战，还是未来的高科技战争等，车载武器的地面作战仍将是长期决定着战争胜败的终端环节，车载武器弹药作为其重要的作战毁伤单元，必将发挥越来越重要的作用，已与领地争夺、人类生存等息息相关。

尽管各国对车载武器及其弹药技术均给予了长期的、持续的高度重视，但限于各种原因，目前尚未有专门的、系统的专著来论述车载武器弹药系统与毁伤性能。为此，作者系统总结了多年来从事的武器系统运用、试验与评价工作，以及主持的多项国家自然基金项目和其他重点计划项目，并结合弹药领域和相关学科众多学者专家的宝贵研究成果，对当前车载武器通常配置的弹药结构特点与作用原理、毁伤性能等予以梳理分析，编撰成册，旨在促进车载武器弹药与毁伤理论、方法等体系的建立和完善，以便与广大爱好者或从业者共享。

本书特色在于全、新、精，主要体现在：

（1）本书结合作者多年从事弹药设计，特别是车载武器弹药试验、教学与保障等方面的实践经验，以理论总结和实践案例相结合的方式，首次系统、完善地对车载武器通常配置的弹药（涵盖穿甲弹、破甲弹、榴弹等主配弹药，以及反坦克导弹、炮射导弹，还有其他车载枪弹、烟雾弹、云爆弹等）基本知识、结构特点与作用原理、毁伤机理等进行了总结和梳理。

（2）本书首次依据装甲车载武器特点，针对车载武器主要以直瞄发射为主，配置不同弹药毁伤不同目标，不仅探索了车载武器弹药与毁伤的理论体系，更为车载武器实弹发射、操作、射击训练以及作战决策等方面提供了有力的实践支撑。

（3）本书以现代的有限元或数值仿真等方法，结合车载武器弹药工程实践案例，突出强调了仿真典型车载武器弹药结构对不同目标毁伤特性的影响规律，给出大量曲线、图表和数据，对车载武器弹药系统等工程实践，具有一定的实用性和参考价值。

全书共9章，第1~6章主要由张万君编写，第7~9章主要由刘洪甜、吴晓颖、张建伟、贾亦卓编写，魏曙光、宋超、童皖、曹杨、纪兵、姚鋆、肖自强、胡雪松、李军旗、孙建武、吴红卫、孙天平、王慧敏等在各章的编撰、校对、编排以及全书图表、公式及统稿工作等方面付出了辛勤劳动。还有合作单位南京理工大学提供了仿真实验数据支撑。北京理工大学黄忠华教授对本书进行了审查，并提出了诸多宝贵建议。作者谨向他们致以衷心感谢。最后还要特别诚挚感谢的是，撰写本书过程中参考的所有国内外相关文献资料的作者以及为本书提供部分仿真数据的学生们。

由于作者专业水平有限，书中难免存在失误和纰漏之处，敬请广大专家学者批评和指正。

编　者

2022 年 12 月

目　　录

第1章 绪 论

1.1 车载武器弹药系统

车载武器通常系指以装甲车辆为运输载体及其所承载的武器弹药构成的系统。装甲车辆是指履带或轮式装甲底盘的战斗车辆，作为载体的装甲车辆包括坦克、步兵战车、自行火炮、导弹发射车以及装甲运输车等，所承载的武器包括坦克炮、自行火炮、小口径自动炮、反坦克导弹及车载机枪等，可发射相应口径的弹药，且根据不同的任务需求，在各种装甲车辆上，都会配备相应口径的弹药，装甲车辆上配备的这些武器弹药统称为车载武器弹药系统，它是装甲车辆杀伤敌方有生力量，破坏敌方设备设施的重要组成部分。

尽管战斗车辆配备的武器弹药系统各不相同，但由于车载武器大都为不同口径的火炮、机枪等，相对应的弹药大体包括各式炮弹、枪弹以及反坦克导弹和炮射导弹等。这些弹药，按毁伤性能主要分为穿甲弹、破甲弹、榴弹等；按口径不同可分为炮弹和枪弹。有些坦克、步兵战车上还配备榴霰弹、烟雾弹等。

1.1.1 装甲车辆

装甲车辆通常泛指具有装甲防护的军用车辆。苏联及东欧国家把装甲车辆分为战斗车辆和辅助车辆两大类。其中：战斗车辆包括坦克战斗车辆、炮兵战斗车辆、防空战斗车辆和导弹战斗车辆；辅助车辆有工程保障车辆、技术保障车辆、炮兵战斗保障车辆、防化车辆和后勤保障车辆。

北约将装甲车辆分为五类。分别为：

（1）主战装甲战斗车辆，包括主战坦克、步兵战车、装甲人员输送车、坦克歼击车、空降战车等。

（2）装甲战斗支援车辆。一种装备火炮或导弹的薄装甲车辆，是以间瞄射击为主的野战高炮及高射炮的主要装备。

（3）特殊用途装甲车辆。根据不同用途，装载各种特殊设备的轻型装甲车辆。

（4）装甲运输车辆。用以运载迫击炮、火箭、导弹等的履带式或轮式装甲车辆。

（5）两栖装甲车辆。装备在海军陆战队中，是一种具有海上和陆上两用性能的装甲车辆。

目前，相当数量国家的装甲车辆分类方式与苏联的分类近似，分为装甲战斗车辆和装甲保障车辆。其中，装甲战斗车辆包括：

（1）地面突击车辆。在进攻和防御战斗中担负一线突击和反突击任务的装甲战斗车辆，是装甲兵战斗行动的主要攻防武器，包括坦克、步兵战车和装甲人员输送车等。

（2）火力支援车辆。以车载火力系统支援、掩护地面突击车辆的作战行动，共同完成战斗、战役任务的装甲战斗车辆，是装甲兵战斗行动的火力战兵器，包括自行压制武器（自行迫击炮、自行榴弹炮、自行加农炮、自行火箭炮等）、自行反坦克武器（自行反坦克炮、反坦克导弹发射车等）、自行防空武器（自行高射炮、防空导弹发射车等）。

（3）电子信息车辆。在装甲兵指挥体系中，以电子信息为主的、对部队和武器系统实施指挥与控制的装甲车辆，包括侦察、指挥、通信、电子对抗和情报处理等装甲车辆。

装甲保障车辆可细分为：

（1）工程保障车辆。执行克服沟渠障碍、运动障碍、阵地作业和布/扫雷等工程保障任务的装甲车辆，包括装甲架桥车、装甲布雷车、装甲扫雷车和装甲工程作业车等。

（2）技术保障车辆。在野战条件下，执行抢救、修理和技术救援等保障任务的装甲车辆，包括装甲抢修车、装甲抢救车、装甲保养工程车和装甲洗消车等。

（3）后勤保障车辆。执行野战救护和输送（人员及物资）等任务的装甲车辆，包括装甲救护车、装甲供弹车和装甲补给车（油料、器材和弹药补给）等。

1.1.2 车载武器系统

车载武器系统的功能是压制、消灭敌坦克装甲车辆、反坦克兵器及其他火器，摧毁敌野战工事，歼灭敌有生力量，它的高射火力还有对付敌低空目标的功能。车载武器系统一般由火力系统和火控系统组成。其中，车载武器弹药系统是车载火力系统的重要组成部分，是火力系统中直接实施打击的主体，也是武器发射的主体，只有火力系统中的火炮等发射装置在火控系统的控制下及时准确地将弹药发射到预定位置，才能有效实施对目标的打击。

1.1.2.1 火力系统

一般来讲，装甲车辆火力系统是指包括火炮、自动装弹机、机枪、导弹发控系统和弹药等在内的直接用于杀伤和破坏作用的装置的总称。其中，火炮是装甲车辆的主要武器，机枪和导弹是装甲车辆的辅助武器。步兵战车和装甲输送车的武器一般有小口径自动炮和机枪。主战坦克机枪一般有2挺：1挺并列机枪，1挺高射机枪。

装甲车辆配用的主要弹药一般有穿甲弹、破甲弹、杀伤爆破弹，现在还有混凝土攻坚弹、云爆弹等，有些还配备炮射导弹和车载反坦克导弹。

大口径火炮主要配用于坦克，一般称为坦克炮，主战坦克通常装备一门长身管的加农炮，弹道低伸，射击精度高，结构紧凑、后坐距离短。初期坦克炮常以小口径为主，后来口径不断增大，现代三代坦克火炮口径已达120～125mm。目前，为了提高火炮威力，多采用自动装填系统代替人工装弹。

坦克炮若按弹道性能分类均属于加农炮，按口径分类均为中口径炮，坦克炮与其他地面炮由于其工作条件及担负主要任务的特殊性，在结构上、性能上又有其独特之处，简单归纳如下。

1. 坦克炮身管长、初速大、弹道低伸

坦克炮属于长身管加农炮，目前身管长已达50～60倍口径。初速要求愈来愈高。因此，膛压也愈来愈高。如 T-62 坦克的 115mm 滑膛炮，最大膛压仅为 3000kg/cm²；而德国的 120mm 滑膛炮最大膛压为 5508kg/cm²，设计膛压可达 7200kg/cm²；英国的 M13A 型 120mm 线膛炮最大设计膛压为 6300kg/cm²。

2. 直射距离是体现坦克炮作战威力的重要特征之一

直射距离指最大弹道高等于目标高时的射程。增大火炮射程是增大火炮威力的一个重要方面。增大火炮射程，可以摧毁敌人纵深目标，在不变换阵地的情况下，较长时间地以火力支援步兵战斗，在一定的区域内可迅速进行火力集中。

在弹重一定的情况下，初速越大，直射距离越大。初速大则要求身管长、发射药多、装填密度（单位药室容积中的装药量）大。同时要求弹丸有较好的气动外形，有较大的断面比重（弹丸重/最大横断面），从而增大弹丸在弹道上保持已有速度的能力。

3. 身管上安装抽气装置

在坦克战斗室中，由于火炮发射和发动机排气使空气严重污染，其中火药气体含有 40% 的 CO，影响乘员工作甚至中毒。为此，坦克炮现均安装抽气装置。

4. 发射装置的发射延迟时间短

坦克炮主要是解决行进间射击和对迅速运动的目标射击。当火炮进行行进间射击时，火炮有一定的振动角速度，因此，由发射延迟时间和车体振动的影响，使射角发生改变。发射延迟时间愈长，射角变化量就愈大，命中率也就愈小。

5. 稳定装置的采用

坦克炮在行进间射击时，由于车体振动，火炮也跟随振动，且振动是各方面的，包括纵向、横向和围绕纵轴的滚动等，从而使火炮瞄准困难，使已有的瞄准遭到破坏，其中又以纵向振动对射击精度的影响为最大。

为了提高坦克炮行进间的射击命中概率，近代坦克均采用了稳定装置（火炮稳定器）。

6. 可旋转炮塔的射界范围

坦克炮均安装在可旋转的炮塔内，其方向射界为 360°，而高低射界比较小。射界范围是火炮火力灵活性的重要标志。它根据火炮的用途确定，并受炮架结构的制约。不同用途的火炮对其射界范围的要求也不同。

7. 反后坐装置结构紧凑、尺寸小、后坐距离较短

坦克炮反后坐装置常由驻退机和复进机等构成，由于坦克战斗室空间的限制和工作条件的特殊，与其他火炮相比，具有结构尺寸小、后坐距离短等特点，进而液量少、工作压力高。如地面炮的驻退机工作压力一般在 75～150kg/cm²，坦克炮则可达 300kg/cm²；对于复进机内液量，如地面 122mm 榴弹炮有 22L、初压仅 45atm（45×10⁵Pa），而 125mm 坦克炮液量为 5.5±0.1L、初压 6.28±0.1MPa。另外，由于坦克炮后坐距离短，一般为 300～500mm，后坐阻力可增加到几十吨（T-54 的 100mm 炮为 32t），比地炮大 2～3 倍。

8. 坦克炮均设有射击安全装置

为防止火炮射击时炮身后坐伤害乘员，坦克炮均设有射击安全装置——防危板及自动闭锁器。防危板由薄钢板或钢管加钢网构成，固定在摇架上。后端可做成抽动的也可以是折叠式。

为防止装填手装弹后手臂尚未离开危险区，火炮击发后坐而伤害乘员，坦克炮（或自行火炮）上安装了自动闭锁器。在火炮发射后，后坐和复进过程中，自动闭锁器自动切断发射电路，只有当装填手再次装弹后，并按下自动闭锁按钮，发射电路方能再次接通，从而保证了装填手的安全。

9. 车载武器配备的弹药，数量少、弹种多

为应付战场上的目标多变性，并以对付敌坦克和装甲目标为主，坦克炮希望随车配有数量少、弹种尽量多的弹药。但由于坦克内战斗室空间有限，不仅弹药数量不多，而且安放、装填均不方便。

10. 炮手搜探目标和观察射击结果等均较困难

为解决测距、瞄准和观察等操作方面带来的困难，坦克炮内通常装有一定数量的瞄准及观察仪器。如火炮瞄准镜、指挥潜望镜、炮手潜望镜、驾驶员潜望镜、观察镜、夜视仪及激光测距仪等。

1.1.2.2 火控系统

火力控制系统常简称为火控系统，是一套使被控武器发挥最大效能的装置，即控制射击武器自动实施瞄准与发射装备的总称。火力系统性能的提高，离不开火力控制系统，它是能迅速完成观察、搜索、瞄准、跟踪、测距、提供弹道修正量、解算射击诸元、自动装表、控制武器指向并完成射击等功能的一套装置。

火控系统的主要功能有：①获取战场态势和目标的相关信息。②计算射击参数，提供射击辅助决策。③控制火力兵器射击，评估射击效果。

一般而言，装甲车辆火控系统主要由以下三个分系统组成。

（1）测距、瞄准和夜视、夜瞄系统，也称观瞄系统。该系统保证坦克能够在全天候条件下，迅速地发现目标，准确地测出目标距离并进行精确的瞄准。

（2）火炮的操纵和稳定系统，又称炮控系统。该系统保证坦克在行进时火炮所赋予的高低和方向角度不受车体振动的影响，同时使炮手轻便地操纵火炮。

（3）火控计算机和传感器系统。该系统用来对影响射击准确度的各种因素进行自动修正，保证炮手用瞄准分划瞄到哪里，火炮（机枪）就能够打到哪里。

上述三个分系统是互相联系的，实际上是一个以火控计算机为中心的综合控制系统。

尽管火控系统的基本功能为目标信息采集、信息处理、解算与控制等，但由于技术的发展和不同时期对火控系统战术技术性能要求的变化，使得车载火控系统在不同时期发展的侧重点也有明显的不同。大致的发展历程如下：

最初的火控系统主要用于坦克，坦克火控系统从问世到现在，大体上可分为四代。

第一次世界大战末期装备的第一代坦克火控系统只配有简单的光学瞄准镜。这种光学瞄准镜用视距法测距，即如果目标的高度或宽度已知，那么就可通过它在瞄准镜视场中所占的毫弧度分划数估算出或直接读出目标距离，接着就可装定瞄准角。用这种方法射击，在目标距离大于900m时，命中率会显著下降。但目前，一些坦克的应急工作方式仍然采用这种方法。

20 世纪 50 年代装备的第二代坦克火控系统，在原光学瞄准镜的基础上增配了体视式或合像式测距仪，以及以凸轮等为函数部件的机械式弹道计算机，性能比第一代有了明显改进，在 1300m 距离内，射击标准目标的首发命中率达 50%。

20 世纪 60 年代初期装备的第三代坦克火控系统，由光学瞄准镜、光学测距仪和机电模拟式弹道计算机组成，并且开始配用了一些弹道修正传感器。这种火控系统在 1400m 的距离内，原地对固定目标的首发命中率为 50%。

上述三代坦克火控系统的缺点是不能预测运动目标的射击提前角，因此不能有效对运动目标射击，而且由于没有一种比较理想的测距仪器，命中率也比较低。随着激光技术的出现和发展，出现了激光测距仪。激光测距仪是一种精度高、操作简易、快速的测距仪器，与火控计算机等组合成的火控系统是提高坦克火炮命中率的重要途径。美国休斯飞机公司（Hughes Aircraft Co.）于 1965 年底为 M60A3 坦克设计了带激光测距的综合火控系统，能在坦克短停时射击固定或运动目标。在 2000m 距离内，原地对固定目标射击时，火控系统的首发命中率为 90%。

进入 20 世纪 70 年代后，世界各国都非常重视坦克火控系统的现代化。不少国家研制成功并装备了综合坦克火控系统。

最近 10 多年来，新发展的坦克火控系统，一部分是为了改装老式坦克而设计的，另一部分是为新研制的坦克而设计的。尽管这些新发展的火控系统在总体结构、瞄准控制方式和性能数据上各有差异，但是所采用的技术却有许多共同或相似之处，反映了坦克火控系统的发展动向。

当前，火控技术除了在总体上采用指挥仪控制方式（稳像式），在火控部件方面使用微型计算机、激光测距仪和热成像技术外，尚有如下一些发展趋势。

1. 发展成车长和炮长均可操纵的系统

早期坦克的火控系统基本由炮长操纵，而现代坦克火控系统，发展成车长和炮长均可操纵的系统。车长和炮长可同时搜索目标，互不干扰。通过改变工作方式，车长可以昼夜使用周视瞄准镜独立搜索目标，独立进行测距和瞄准射击；也可以进行目标指示，即当炮长完成对一个目标的射击后，车长可以按下按钮转动炮塔，将车长已选定的目标指示给炮长，此后车长又可以继续搜索新的目标。不难看出，这种炮长、车长共同操纵的火控系统可以加快对几个连续目标的交战速度，使坦克火力的机动性大为提高。例如，M1A2 坦克采用了车长独立热像仪后，使目标搜索时间缩短 45%，单车每分钟射击目标增加 50%。

2. 在夜视技术方面发展第二代热像仪

热像仪和微光夜视仪相比有许多突出优点，但目前坦克上安装的热像仪均属第一代产品，它们共同的缺点是，探测器需要制冷，必须安装机械扫描系统，仪器大而重，价格昂贵，而且宽视场热成像质量欠佳。现在正发展的第二代坦克热像仪采用凝视焦平面阵列，该阵列由两维镶嵌式 $8 \sim 14 \mu m$ 波段的多元红外探测器（碲镉汞）与电荷耦合器件组成。这种焦平面阵列热像仪不需要光机扫描装置，并可提高分辨率和灵敏度，与第一代产品相比，重量轻、成本低、性能好。这一代热像仪目前已研制出多种试验样机。

3. 在测距技术方面发展 CO_2 激光测距仪

CO_2 激光测距仪的工作波长为 $10.6\mu m$，和目前广泛应用的 Nd：YAG 激光测距仪相比，有如下突出优点：

（1）透过战场烟雾和灰尘的性能好。

（2）不易损伤人的眼睛（安全距离为 0.3m）。

（3）与现用的 $8\sim14\mu m$ 热像仪的工作波段重合，便于组合和共用光学系统，达到凡用热像仪观察到的目标，均能用 CO_2 激光测距仪测到距离（用 Nd：YAG 测距仪就不一定行）。

（4）脉冲重复频率高，测距速率可达每秒 1 个脉冲（连续）和每秒 5 个脉冲（单次）。

当前，CO_2 激光测距仪需要进一步研究解决的问题是，减小体积，减轻重量，降低成本。

4. 提高战场捕获目标的能力

（1）采用毫米波雷达

雷达的功能是探测目标的存在以及提供有关目标相对于雷达的位置、速度和目标特性等信息。它通过发射机天线发射一定形式的高频能量，当电磁波在空间传播时遇到目标，一小部分高频能量被目标反射回来，到达接收天线进入接收机，观测人员通过接收机的输出判断目标的情况。毫米波雷达发射的电磁波为毫米波波段。

毫米波雷达不受能见度的影响，能在夜间、雨雪、浓雾、浓烟和多尘埃的环境中工作；毫米波可获得很高的距离分辨率，对运动目标的分辨能力强；毫米波雷达和天线的尺寸较小，容易满足坦克空间的要求。配有毫米波雷达的新型坦克火控系统（如美国 STARTE 坦克火控系统），不仅利用了毫米波雷达能全天候在较远距离捕获、跟踪、定位目标和测定距离的能力，而且还利用了热成像瞄准镜能在近程透过伪装辨认目标的能力（克服毫米波雷达目标成像能力较差的不足）。这两种装置同时工作，使这种火控系统具有全天候和全能见度的作战能力，并能透过战场硝烟跟踪多个活动目标。

（2）采用热点定位器

带热点定位器的微光电视或微光瞄准镜在法国、英国和德国获得一定应用。热点定位器采用热成像原理，能探测与自然背景不同的辐射红外线的目标，并准确地在荧光屏上显示一个周期性闪光的亮点，借以帮助射手发现目标，然后再用夜视设备识别目标。热点定位器是一种经济、有效的装置，能提高微光夜视仪的使用性能。

5. 控制面板发展趋势

为提高控制面板的功能和可靠性，采用键盘输入和屏幕显示技术，将成为控制面板今后的发展方向。键盘分为数字键和功能键两种，采用键盘可以减少操作动作，提高可靠性；采用屏幕显示技术，除可以显示字符和数据外，还可以显示图形等更多的信息。例如，可同时显示各种人工输入弹道修正数据及有关说明，可自动显示各种传感器的数据及传感器的工作情况；系统自检时，可显示故障发生的位置，并告知乘员排除故障需要进行的工作；通过预先编好的培训和维修程序，在需要时可通过键盘提取出来指导训练和维修；还可显示火炮弹药和车辆状态等数据。

6. 采用自动跟踪技术

坦克采用自动跟踪技术可以缩短火控系统射击反应时间；消除炮手瞄准不稳定带来的误差，提高射击时的首发命中率（尤其是行进间对运动目标射击，效果更为明显）。由于自动跟踪实现了跟踪和瞄准的自动化，简化了炮手操作，从而减轻了炮手工作负担。

使用自动跟踪器的大致操作过程如下：炮手操纵控制器，用瞄准镜中一个"窗口"套住目标（有的自动跟踪器用瞄准标记对准目标），按压锁定按钮，火控系统即由人工控制转换到自动跟踪。这时炮塔和火炮自动跟踪目标，瞄准标记和目标始终保持重合，炮手随时都可以射击。

7. 在坦克上是否要安装导弹发射器

随着坦克火力的增强，坦克交战的平均距离可能要加大，例如，加大到 2km，甚至在 3km 以上的距离就接火。随着作战距离的加大，火炮射击的命中率会降低，而反坦克导弹在远距离却有着较高的命中率。在这种思想指导下，大多数苏联的主战坦克都安装有由激光制导的炮射导弹。但是西方国家在经过一番争论后，统一了另外一种认识，即未来坦克不宜装备导弹。考虑如下：

（1）通过仔细的研究分析，确认在未来战争中坦克大多数情况下还是在较近的距离内作战，这时导弹的命中率并不比火炮高多少。研究中欧地带的人员认为，大多数（80%）的目标距离在 2km 以内。

（2）导弹结构复杂，价格昂贵。一枚导弹的价格一般相当于 20 发坦克炮弹。

（3）现有导弹的飞行速度都比较低。对于 3km 的目标，导弹要经过 10～15s 才能到达。在这之前，射手要始终以瞄准标记对准目标，发射的速度低。

（4）坦克可携带的导弹基数少。

因此，有些西方国家在 1970 年后相继放弃了装备导弹坦克的研制工作。即使已装备安装了 152mm 火炮导弹发射管，用来发射 152mm 常规炮弹和红外制导的"橡树棍"导弹的 554 辆 M60A2 坦克，到 1981 年也都退出了美军现役。但随着科技的发展，导弹的众多优点，以及在结构、经济性等方面的不断优化，安装导弹发射器也不失为一种先进的发展趋势。

8. 将坦克火控系统纳入车辆电子综合化系统

以高度发展的电子技术为基础，在现代坦克上正在形成电子综合化系统。它以多路传输技术为基础，可在坦克上各分散的电子系统和部件间进行信息的传送与控制。由于实现了全系统范围内的信息共享，充分发挥其潜能，使整个坦克电子系统的综合能力大大提高。

坦克火控系统将是电子综合化系统的重要组成部分，要适应数据总线多路传输系统的框架，必须对原系统进行改造。原来的坦克，计算机主要用于射击时的弹道计算，叫"火控计算机"；在具有车辆电子综合化系统的坦克中，计算机赋予了许多其他功能，将称为"主计算机"。将坦克火控系统融于车辆电子综合化系统中，尤其是与其中的战场管理系统配合工作，使坦克车长能"俯视"战场态势，了解敌、友精确位置，将大大提高坦克分队的战术反应速度和单车的作战能力。

9. 大闭环控制坦克火控系统

坦克火控系统采用计算机和传感器后，使首发命中率显著提高。但实践表明，已有的火控系统，对典型静止目标射击，首发命中率为 50% 的距离为 1700m 左右。换言之，要命中一个位于这样距离以上的目标，需要 2 发以上的炮弹。若首发没有命中，如何提高第二发弹的命中率，达到立足于 2 发炮弹命中一个目标，在这种思想指导下，从 20 世纪 70 年代末期开始了一种叫作大闭环控制火控系统的研究。

这种火控系统是一种对射击效果能实时自动校正的系统。它首先对前一发弹脱靶情况进行实时测量，把偏差的距离和角度自动输入给火控计算机，并进行后一发弹的修正计算，然后立即射击，从而提高第二发弹的命中率。可以看出，如何自动地、实时地测出弹着点偏差并能进行自动校正，是应用这种控制方式的前提和技术关键。它必须有能自动跟踪目标和自动跟踪弹丸的装置和传感器。目前，自动跟踪目标用自动跟踪器实现，自动跟踪弹丸采用脱靶距离传感器，它可以用无线电定位传感器或光电传感器实现。由于热像仪可以根据目标的热特征自动跟踪目标，又能利用弹丸的热特征自动跟踪弹丸，因而可以用作目标自动跟踪器和脱靶距离传感器。

脱靶距离是各种因素影响弹丸脱靶的总结果，它反映了所有误差的影响。这样，大闭环系统通过实时测量和实时校正，就可以消除射击时各种误差的影响，因而明显提高了第二发弹的命中率。特别是射击越野行进的高机动目标，效果更为明显。另外，大闭环火控系统由于可以自动校正脱靶距离，因此相对地降低了对射击条件的要求，可以适当简化火控系统配用的自动弹道传感器和人工装定的各种修正量并可缩短射击准备时间。

大闭环控制坦克火控系统是建立在对脱靶距离实时自动校正的基础上，因此要求火炮要有很高的射速，两发射击间的时间尽可能不大于 2s，同时弹丸飞行时间要短，以减少环境条件可能发生的变化，对于中、小口径武器相对较为合适。而对于 125mm 口径以上的坦克炮不大可能有如此高的发射速度，因此，对于口径较大的坦克炮是否合适还有待试验。此外，大闭环控制系统由于对首发命中率要求并不高，必然要多耗费炮弹，这对于有限的坦克弹药也是值得考虑的。

大闭环控制原理已在美国 20 世纪 90 年代主战坦克的 HIMAG 试验车上做了试验。

1.1.3　车载武器弹药系统

车载武器弹药系统的生存与发展，离不开息息相关的装甲车辆的发展，典型装甲车辆，如坦克的发展已有近百年的历史，它已成为地面作战的主要武器之一，其战术技术性能有了很大的提高。

1.1.3.1　车载武器——坦克的发展历程

1916 年 9 月 15 日，在法国索姆河附近的战场上，英国第一次使用"陆地巡洋舰" Ⅰ 型坦克，如图 1-1 所示。其车体呈菱形，左右两条履带绕于车体外缘，使用尾部的两个舵轮导向。坦克两侧装有两门 57mm 口径的火炮，4 挺机枪。装甲厚度为 5～10mm，最大行驶速度为 6km/h，向德军进攻，取得了胜利。

在第二次世界大战前，英、法与苏联等国家先后生产了坦克。典型的法国"雷诺" FT-17 坦克如图 1-2 所示。该坦克装有一门 37mm 口径的火炮，最大行驶速度为 8km/h，装甲厚度为 22mm。

到 1939 年，第二次世界大战爆发，许多国家的军队都已装备了一定数量的坦克。

图1-1 英国Ⅰ型坦克

图1-2 法国"雷诺"FT-17坦克

这个时期比较典型的坦克主要有:

（1）苏联 T-34 坦克，如图1-3所示。该坦克全重 31.4t，装有一门 85mm 口径的火炮和 2 挺机枪，车体前部装甲厚 45mm，发动机最大功率 367.65kW，最大行驶速度为 50km/h，乘员 5 人。该坦克外型、防护力和机动性都较好，是第二次世界大战中公认的性能最好的坦克之一。

（2）美国典型坦克 M4A3E8，该坦克全重 34.3t，装有一门 76.2mm 口径的火炮，2 挺机枪和 1 挺高射机枪，车体前部装甲厚度为 71～76mm，发动机最大功率 386kW，最大行驶速度为 40km/h，乘员 5 人。该坦克外型高大，防护性差。

（3）德国豹式坦克，如图1-4所示。该坦克全重 44.1t，装有一门 75mm 口径的火炮和 1 挺机枪，车体装甲厚度为 50～80mm，发动机最大功率 514.7kW，最大行驶速度为 46km/h。该坦克火炮口径小，重量大，机动性较差。

图1-3 苏联 T-34 坦克

图1-4 德国豹式坦克

第二次世界大战后，几个主要坦克生产国所生产的典型坦克如下:

苏联在继 T-34 坦克之后，先后又生产了 T-54、T-54A、T-55、T-62、T-72 等多种型号的坦克，并先后列入部队的制式装备。这个时期的苏联坦克无论在外形上，还是在战术技术性能方面都比 T-34 坦克有较大的改进和提高。苏联早在 1964 年装备部队的 T-62 坦克上，就首先以滑膛炮代替了传统的线膛炮，使用长杆式尾翼稳定的超速脱壳穿甲弹，提高了穿甲能力。该坦克还使用了红外夜视、夜瞄装置，提高了夜间作战的能力。

此后，1974 年苏联装备部队的 T-72 坦克，安装了一门口径为 125mm 的滑膛炮，并使用自动装弹机，车内乘员由 4 人减至 3 人，还采用了复合装甲，进一步提高了坦克的防护力，坦克全重仅 40.2t。总的来说，苏联坦克的特点是重量轻，外形低矮，火炮口径大。苏联在研制新型坦克中注重坦克的总体性能，不单纯地追求单个部件的先进性。

美国在第二次世界大战后，也先后生产了 M46、M47、M48 和 M60 系列的坦克，1981 年开始装备 M1 型坦克。美国第二次世界大战后生产制造的坦克，采用了一些先进的技术装备，企图以技术优势来对抗苏联坦克的数量优势。但是，美国坦克仍有外形高大，重量大，造价昂贵等缺点。

英国虽然是世界上第一个在战争中使用坦克的国家，但在第二次世界大战后，主要生产了"逊丘伦"和"奇伏坦"坦克，目前又制造了"挑战者"坦克。英国坦克的特点是装甲防护力较好，但重量大。"奇伏坦"坦克重达 52.9t，而"挑战者"坦克则达 60.8t。

法国战后生产了 AMX-30、AMX-32 和 AMX-40 坦克。法国坦克重量较轻，机动性较好。目前生产的 AMX-40 坦克重 42.14t，主要用于出口。

联邦德国在第二次世界大战后生产制造了豹Ⅰ和豹Ⅱ式坦克，还有联邦德国经过改进后的豹 IA4 坦克。豹Ⅱ式坦克被认为是当时性能良好的坦克之一。

除上述国家外，第二次世界大战后日本、瑞典、瑞士、以色列等国家也生产了一些型号的坦克。

日本在第二次世界大战后先后生产了 61 式坦克和 74 式坦克。日本的 74 式坦克采用了油气悬挂装置，可使坦克实现前后俯仰、左右倾斜和上下升降。坦克的高度可根据需要从正常的 2.23m 降至 2.03m，为目前有炮塔的坦克所能达到的最低矮的高度。

瑞典 STRV103 型坦克，简称"S"型坦克，如图 1-5 所示。该坦克无炮塔，打破了坦克的传统结构形式。火炮安装固定在车体上，火炮的高低、方向瞄准借助于整车的转向和油气悬挂使车体俯仰来实现，并有自动装弹机构。该车发动机为一台多种燃料柴油机和一台燃气机轮。

图 1-5 瑞典"S"型坦克

1.1.3.2 车载武器弹药系统发展历程

从车载武器——坦克的发展历程不难看出车载武器弹药系统的发展。

（1）车载武器口径的改变，从最初的机枪到不断增大口径的火炮，以苏联为例，从火炮口径 85mm 到 100mm 再到 125mm，口径不断增大，能够发射弹药的能量也必然增大。

（2）第二次世界大战以前，坦克主要是作为步兵的支援力量使用的，因此配备的主要弹种为榴弹，如图 1-6 所示。

7
6
5
4
3
2
1

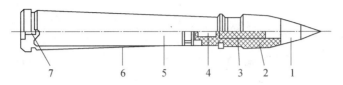

图 1-6 初期坦克配备的榴弹弹药

1—引信；2—弹体；3—炸药；4—曳光管；5—发射药；6—药筒；7—底火

（3）第二次世界大战初期，出现了坦克大战，坦克的主要任务变为打击坦克，因此坦克配备的弹药就以能击穿敌装甲并破坏其内部的穿甲弹为主。

随着坦克装甲防护能力的提高，为了能够有效击穿装甲，需要不断提高穿甲弹的穿甲能力。因此，穿甲弹从最初的依靠钢块动能的穿甲弹，发展到被帽穿甲弹，再到次口径超速脱壳穿甲弹，到现在普遍采用尾翼稳定脱壳穿甲弹，如图 1-7～图 1-10 所示。

图 1-7 坦克配备普通穿甲弹

图 1-8 坦克配备被帽穿甲弹

曳光管
弹带
弹壳
弹芯
被帽

图 1-9 坦克配备次口径超速穿甲弹

药筒
弹托
弹芯

图 1-10 坦克配备尾翼稳定脱壳穿甲弹

（4）1936—1939 年西班牙内战时期，德国首先使用了破甲弹，20 世纪 80 年代，破甲弹得到了极大发展，破甲深度由原来的 6 倍弹径提高到 8～10 倍弹径，如图 1-11 所示。

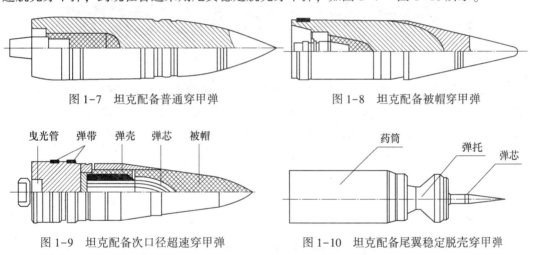

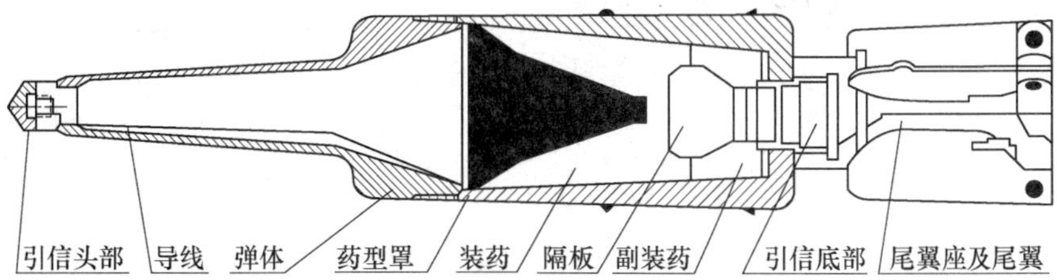

引信头部
导线
弹体
药型罩
装药
隔板
副装药
引信底部
尾翼座及尾翼

图 1-11 坦克配备的破甲弹

（5）为了应对坦克反应装甲和复合装甲，同时为了应对空中武装直升机的威胁，坦克需要配备远距离精确打击、毁伤好的弹药，如车载反坦克导弹、炮射导弹，以及利用串联战斗部等可有效实施对敌打击，如图 1-12、图 1-13 所示。

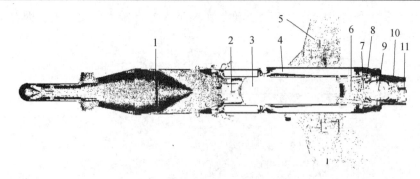

图 1-12 坦克配备的车载反坦克导弹（串联战斗部）

1—串联战斗部；2—引信；3—发动机；4—线管；5—弹翼装置；6—舵机；7—配电器；8—摆舵；
9—基准陀螺；10—整流罩；11—花型座部件

图 1-13 坦克配备的炮射导弹

（6）为提高射击精度普遍装备了以电子弹道计算机为中心的火控系统。为了满足全天候作战需求，还使用红外或微光以及热成像夜视、夜瞄装置；为了提高在核战争中的作战能力，都设置了"三防"（防核武器、防化学武器和防生物武器）装置；为了打击不同目标，坦克还配备有攻坚弹等多用途弹药，如图 1-14 所示。

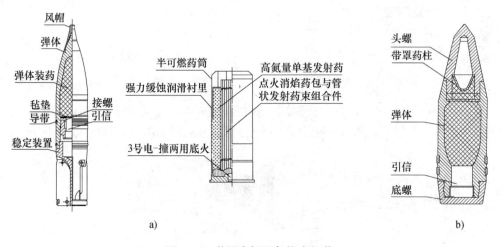

图 1-14 装甲车辆配备的攻坚弹

a）装甲车辆配备攻坚弹；b）攻坚弹弹丸

随着复合装甲和反应装甲在坦克上的广泛应用和武装直升机的出现，单纯依靠提高穿甲弹的长径比提高尾翼稳定脱壳穿甲弹的穿甲能力或已达到极限，因此未来坦克装甲车辆可能应用灵巧炮弹和末制导炮弹等新型弹药。灵巧炮弹是一种火箭助推弹，独特之处是将火箭发动机技术与先进的毫米波传感器技术应用到动能穿甲弹上，这种弹的优点是飞行速度快、有效射程远、操作简便、杀伤力强。末制导炮弹运用了当今世界是最为先进的毫米波、红外敏感技术和爆炸成型弹丸技术，可由常规炮发射，能够攻击远距离装甲目标。它实质上是一种由火炮发射、由母弹运载的具有自主搜索、发现、捕获、识别和打击目标能力的新型弹药。同时为大幅提高坦克的反应速度，现在多数坦克已经采用自动装填系统，实现自动装填大口径弹药，为坦克结构和形态的改进提供了条件，目前一些国家已经研制和装备了采用遥控武器站的轻型坦克。

1.1.4 典型车载武器弹药系统

目前，以典型的较先进的乌克兰主战坦克 T-84M 坦克为例，其外形如图 1-15 所示。

图 1-15 改进型 T-84M 主战坦克

T-84M 主战坦克主要配置的车载武器弹药及其性能指标如下。

1. T-84M 主战坦克配备的主要武器

T-84M 主战坦克配备一门 125mm 的 KBA-3 型滑膛坦克炮，该炮是苏联 2A46M-1 型滑膛炮的乌克兰版，性能比 2A46M-1 型提高了 20%～30%。该火炮炮身装有身管热护套，火炮中间位置装有圆柱形抽气装置，炮口装有初速度测速装置，火炮膛内采用了 1 层铬镀层，因而提高了其射击精度及炮管寿命，该炮的寿命为可发射 750 发穿甲弹或 1000 发破甲弹。用自动装填机装弹时，火炮最大射速达 9 发/min，当然也可以用人工装填。

T-84M 主战坦克的辅助武器为 2 挺机枪，1 挺是安装在主炮右侧的 7.62mm 并列机枪，弹药基数 1250 发。另 1 挺是安装在车长舱门上的 12.7mm NSVT 高射机枪，弹药基数 500 发。12.7mm 高射机枪由车长在车内遥控射击，也可以手动射击。

2. T-84M 主战坦克配备的主要弹药

常规炮弹种类主要有尾翼稳定贫铀脱壳穿甲弹、尾翼稳定空心装药破甲弹、碎甲弹和杀伤爆破榴弹。主炮发射的常规炮弹采用分装式，弹药基数为 43 发。弹药采用自动装弹机装填，弹药为分装式，药筒采用可燃药筒。

T-84M 主战坦克现在也可以发射新型尾翼稳定贫铀脱壳穿甲弹，这种尾翼稳定贫铀脱壳穿甲弹可在1000m远的距离上垂直击穿厚达650mm的钢装甲板。另外是带有贫铀药型罩的三级串联破甲弹，其对均质装甲的破甲厚度约700mm，和上面提到的新型尾翼稳定贫铀脱壳穿甲弹一样，也能够轻易击毁安装了附加反应装甲的主战坦克。

T-84M主战坦克还配备了125mm炮射反坦克导弹。该型导弹也是分装式，存放在圆盘式旋转弹仓内，全车配备有8枚，均由自动装弹机装填（也可手动装填，当然配备炮射导弹将减少相同数量的常规炮弹）。该导弹主要攻击远距离的敌方装甲目标及低空飞行的直升机。和发射常规炮弹一样，在战斗中，车辆也可在高速行进中发射导弹。由于采用新的设计和工艺，导弹采用了双重串联战斗部，可有效攻击安装有爆炸式反应装甲和间隔装甲的目标，炮射导弹最大破甲厚度提高到800mm。在射程方面则超过5km，这个射程足以把武装直升机逼出其有效射程，这大大减少了T-84M主战坦克被攻击危险。

此外，车上还装有发动机废气热烟幕施放装置及12具902B型烟幕弹发射器，炮塔两侧各有6具。

为进一步增强T-84M主战坦克的防护力，莫洛佐夫机械设计局在T-84M主战坦克上安装有主动防御系统，这种主动防御系统名为"卫兵"（Varta）。卫兵主动防御系统由三个关键子系统组成：激光告警器（警告乘员坦克遭到激光制导武器的攻击或遭到激光照射）、红外干扰器和烟幕弹发射器。

综上所述，现在的穿甲弹初速可达到1450～1800m/s，在通常作战距离上能够穿透300～500mm垂直均质装甲，目前车载武器大都配备的常规弹药，主要包括穿甲弹、破甲弹和榴弹，如图1-16所示。

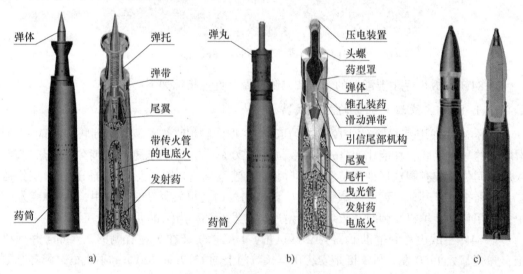

图1-16　目前车载武器配备的主要常规弹药

a）尾翼稳定脱壳穿甲弹；b）破甲弹；c）榴弹

为什么坦克需要配备如此众多种类的弹药呢？因为坦克要对付多种目标，而不同弹药对同一目标和同一种弹药对付不同目标，其毁伤效果是完全不同的，这与弹药的毁伤机理和目标特性密切相关，因此需要对主要弹种的毁伤机理及其典型的目标特性进行分析，来进一步认识车载武器弹药系统。

1.2　车载武器弹药的目标及其毁伤

美军参联会在《目标选择与打击》中指出：目标是一个地区、一座综合性建筑、一个设施、一支部队、一种装备、一种战斗力、一种功能或某种行为。武器弹药针对的目标范围广泛，包括机动部队、驻置部队、装备和其他资源。一般意义上讲，目标就是指军事力量打击、攻占和控制的对象。目标毁伤就是使用兵力和兵器，对敌目标采取突击行动，降低敌作战能力和改变战场态势。目标毁伤可理解为敌作战集团内人员、器材装备弹药和武器的损失以及工程设施和其他军事目标被破坏（毁伤）。

1.2.1　车载武器弹药的目标特性

依据车载武器口径的不同，武器弹药可分为火炮和机枪。它们可对付不同的目标，其中，车载中、大口径火炮主要用于击毁敌坦克、自行火炮及其他装甲目标，摧毁或破坏敌野战工事，压制和歼灭敌方炮兵部队，消灭和压制敌方有生力量和火力设施。

车载小口径自动炮用于在1500m范围内压制或杀伤对战车威胁的有生力量，在2000m范围内杀伤轻装甲目标，在4000m范围内与直升机进行作战。

车载机枪在有效射程内可以杀伤敌集团或单个有生目标。

车载导弹主要用于攻击敌装甲目标、空中目标和地面工事。

综上所述，车载武器对付的目标包括地面目标（装甲目标、野战工事、敌有生力量）和空中目标（武装直升机、导弹、无人机）等多类型目标。这些目标的结构特性和机动特性等各不相同，下面介绍不同目标各自的特性。

1. 空中目标特性

现代战争中，主要对付的空中目标包括固定翼军用飞机、旋转翼军用飞机、无人机以及精确制导弹药等，其基本特征为：

（1）空间特征：空中目标可视为点目标，其入侵高度和作战高度从几米到几十千米，作战空域大。

（2）运动特征：空中目标的运动速度高、机动性好。

（3）易损性特征：空中目标一般没有特殊的装甲防护，某些军用飞机驾驶舱的装甲防护约12mm，武装直升机在驾驶舱、发动机、油箱、仪器舱等要害部位有一定的装甲防护。

（4）空中目标区域环境特征：采用低空或超低空飞行，即掠海、掠地飞行，利用雷达的盲区或海杂波、地杂波的影响，降低敌方对目标的发现概率。

（5）空中目标对抗特征：为了提高空中武器系统的生存能力，采取一些对抗措施。如电子对抗、红外对抗、隐身对抗、烟火欺骗、金属箔条欺骗等。

2. 地面目标特性

地面目标主要包括地面机动目标和地面固定目标。地面机动目标包括坦克、自行火炮、轻型装甲车辆及有生力量等，属于点目标或群目标。地面固定目标大多是建筑物、永备工事、掩蔽部、野战工事、机场、桥梁、港口等，其基本特征为：

（1）位置特征：地面固定目标不像空中目标、海上目标或地面活动目标那样具有一定的运动速度和机动性，地面固定目标有确定的空间位置。

（2）集群特征：地面固定目标一般为集结的地面目标。

（3）防护特征：对纵深的战略目标都有防空部队和地面部队防护。

（4）易损性特征：对于为军事目的修建的建筑和设施，都有较好的防护，采用钢筋混凝土或钢板制成，并有覆盖层，抗弹能力强。

（5）隐蔽性特征：地面固定目标一般采用消极防护，如隐蔽、伪装等措施。

由于车载武器弹药目标的复杂多样性，逐一分析难度较大，本书仅以典型的坦克等装甲目标特性进行分析。

坦克抑或装甲车辆是各国地面军事力量不可或缺的重要组成部分，在武器装备体系建设中占有重要地位。它们的特点如下：与大型建筑物相比，其体积小，属于点目标，需要精确命中才能摧毁；有装甲防护，实施有效毁伤较难，普通榴弹、炸弹的攻击效果并不明显；机动性好，战场生存能力强。坦克与装甲车相比，其防护能力更强。

对付这类目标主要利用聚能射流的破甲效应，以及高速弹芯、爆炸成型弹丸的穿甲效应，也可采用杀爆弹实施打击。

1.2.2 车载武器目标毁伤特性

车载武器弹药系统所针对的目标主要为装甲目标。车载武器对装甲目标的毁伤主要取决于攻击弹药的种类、毁伤机理和毁伤能力。不同类型弹药战斗部对目标产生有效作用的毁伤元及特性不同，即表征其威力的指标和方法不同。

通常用目标易损性来表征目标受弹药打击时目标结构和功能丧失程度，也是检验弹药战斗部对目标作用效果的重要度量指标。目标易损性评估一般通过目标各部件受到毁伤元作用后结构破坏程度、造成功能丧失程度，对目标系统整体功能丧失程度的贡献来确定，同类目标因其结构和功能的相同或相近，有着共同的要害部位或部件，其易损特性具有相同的规律。目标易损性评估的目的就是研究目标受到各种毁伤元作用后，其结构和功能丧失的规律。

1.2.2.1 易损性

易损性通常指战斗状态下，目标被发现并受到攻击而被损伤的难易程度。易损性通常用物理易损性、功能易损性、抢修性和综合易损性等来描述。

1. 物理易损性

物理易损性包括目标的几何结构、尺寸、强度等，并根据上述指标确定目标抵抗冲击、振动、贯穿、燃烧，以及冲击波超压的能力。通过目标的组成分析，建立目标的空间几何模型，描述目标的材料、厚度等情况，从而确定目标的物理易损性。

2. 功能易损性

功能易损性也称为效能易损性，是反映武器对目标功能毁伤作用的函数。目标功能是目标的固有属性，类型不同其功能也不同。通常针对不同功能的目标构建和组件主要采用功能余度与权重系数描述功能易损性模型。

功能余度是指系统或部件受到一定打击后剩余的能保证装备正常发挥作用的程度。当目标某系统或部件遭破片打击后的毁伤程度低于某一阈值时，认为没有损坏，功能余度为1；当超过某一阈值时，该系统或部件功能开始下降，通常刚开始时，功能下降较快，随后功能随毁伤程度的增大而下降较慢；当毁伤程度超过另一阈值时，认为该系统或部件等功能已完全丧失，功能余度为0。

权重系数是部件功能在参与上一级综合效能评估中所起作用的重要程度。各部件功能对综合效能的作用，并不是同等重要的；同时，系统在工作时，不同部件所承担任务的重要性也不同，有的功能丧失后，系统就会完全失去战斗力；而有的功能丧失后，系统还可以降阶使用。

3. 抢修性

目标在遭受到一定程度和范围的损伤后，如果没有良好的维修保障能力，在战时将不能及时参战，甚至退出战斗序列，即等同于目标严重毁伤。因此，维修保障能力是评定战时目标毁伤等级的重要因素。

4. 综合易损性

在以上模型的基础上，结合实战背景即以武器弹药对目标的杀伤机理，建立基于物理、功能和抢修性的综合易损性数学模型，用于毁伤等级的评定。假设目标的部件总数为 m ，系统层次为 N ，w_{ij} 是第 j 个部件在上一级系统 i 中的相对权重系数，由综合功能的大小、关键部件的毁伤情况及毁伤等级的定义，即可判断目标的毁伤等级。某部件的功能余度为 E_j ，则系统的综合功能余度为：

$$\sum_{j=1}^{m} (\prod w_{ij}) E_j$$

由上述综合功能余度的大小、关键部件的损伤情况以及损伤等级的定义即可初步判断毁伤等级。

1.2.2.2 目标毁伤等级划分

目标毁伤指标涉及战略、战役和战术层次，对目标的毁伤程度，是作战行动的重要部分，其目的是对作战部队的能力进行分析，为指挥员分配力量、决心提供依据。

如在进攻战役中，计划人员需要按照作战任务的要求，确定对目标的毁伤程度，计算可能达成的突击效果和所需兵力，以给指挥员对作战兵力分配的决策提供依据。

1. 目标毁伤等级的划分

一般将目标毁伤等级初步划分为4个等级。Ⅰ级：目标轻度毁伤，目标功能丧失30%以下；Ⅱ级：目标中度毁伤，目标功能丧失30%～60%；Ⅲ级：目标重度毁伤，目标功能丧失60%～80%；Ⅳ级：摧毁，目标结构遭到彻底毁坏，功能完全丧失，如舰船被击沉。

2. 目标毁伤等级的确定

在目标毁伤等级确定中，首先涉及的是确定目标征量的选取，选取的特征参量一般符合以下条件：

（1）在火力攻击前，这些特征参量在理论上应具有恒定性或连续性或一定程度的相关性。

（2）在火力攻击后，这些特征参量会发生较为明显的变化。

这些特征参量的提取及其相关计算，应满足实时性、易于运算处理的要求，以确保指挥员有充足的时间做出相应的对策。

目标毁伤等级的确定，主要是通过比较某些特征参量在火力打击前后变化的程度而进行的，目标特征参量的变化越高，说明目标毁伤等级越高，目标受到的毁伤越严重；反之，说明目标毁伤等级越低，目标受到的毁伤越轻。综合考虑，不同特征参量确定的结果，得出最终结论。目标毁伤等级确定系统框图如图 1-17 所示。

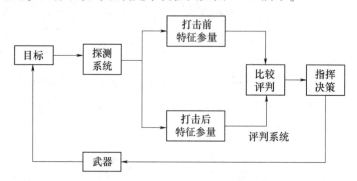

图 1-17　目标毁伤等级确定系统框图

1.2.2.3　目标毁伤评估

战斗部作用到目标上，会对目标造成不同程度的毁伤，毁伤程度的大小，需要通过毁伤等级确定，而毁伤等级的划分通常主要从目标的物理易损性出发，重点考虑功能易损性，同时结合抢修性，最后形成综合易损性，在综合易损性基础上，充分考虑目标综合功能余度确定。

目标毁伤效能评估的方法很多，目前常用的方法包括毁伤概率评估方法、毁伤树评估方法、降阶态评估方法等。毁伤概率评估方法综合考虑了战斗部命中某点的概率以及在该命中条件下目标的条件毁伤概率，并以毁伤概率来度量武器系统毁伤目标的可能性，实现战斗部打击目标的效能评估。它包括两部分：第一，目标毁伤率的计算。目标毁伤率是研究目标在战斗部命中条件下的毁伤概率随战斗部命中发数或命中点坐标变化的规律，常用的目标毁伤率有 0-1 毁伤率、阶梯毁伤率、指数毁伤率和破片毁伤率。第二，毁伤概率计算。通常情况下，毁伤目标这一事件是命中目标和命中目标条件下目标被毁伤这两种情况的共现事件，故目标毁伤概率等于命中概率与目标毁伤率的乘积。

毁伤树评估方法延续了可靠性评估中的故障概念，基于演绎分析法，先确定目标的关键部件以及它们与目标结构和功能之间的关系，据此建立目标在特定毁伤等级下的毁伤树，并在此基础上实现战斗部打击目标的毁伤效能评估。它的基本步骤包括毁伤树构建、目标毁伤概率计算两部分。

降阶态评估是通过划分目标功能子系统，实现目标毁伤评估的数学描述。

降阶态评估方法的核心是建立部件物理毁伤态到系统功能降阶态工程度量的数据变化关系，并以系统功能降阶态概率分布统计分析值为度量指标，对目标毁伤情况进行评估。

其实施过程主要涉及目标功能子系统划分、降阶态（Degraded State，DS）定义、DS 毁伤树构建、DS 毁伤树逻辑运算、部件毁伤态矢量模拟以及 DS 概率分布统计等内容。

其他评估方法包括层次分析法、ADC 分析法、系统效能分析法等。

毁伤效能评估都是基于毁伤效能实现的，对毁伤效能的计算常采用工程计算方法、数值模拟方法和试验方法等开展研究，通常情况下都是基于理论分析开展大量数值模拟仿真计算获得毁伤数据，在条件具备的情况下通过靶场射击试验验证和修正仿真数据，获得较为可信的结论。本书对目标的毁伤分析等大都基于仿真实验对毁伤效能进行研究。

1.3 弹药对目标毁伤作用

弹药对目标的毁伤一般是通过其在弹道终点处与目标发生的碰击、爆炸作用将自身的动能或爆炸能或其产生的作用元（破片、射流等）对目标进行机械的、化学的、热力效应的破坏，使之暂时或永久地局部或全部丧失其正常功能，丧失作战能力。影响目标毁伤程度的主要因素是目标自身的易损性和弹药的威力——使目标失去战斗功能的能力。

弹药对装甲装备如坦克等的常见主要损伤模式包括：

穿透：当穿甲弹或破甲弹以一定的射角命中坦克时，由于剩余能量导致穿甲弹丸或金属射流穿透坦克装甲，导致坦克内部人员或火控计算机、瞄准镜等仪器设备被穿透。

断裂：承受拉力的部件在受到强烈的外力冲击之下，易发生断裂的现象。如履带在受到反坦克地雷的攻击后，多数会导致机动能力的丧失。

分离：各处的铰链连接及螺纹连接很可能分离，如负重轮脱出等。

变位：在坦克操纵系统中，包括各拉杆、踏板及摩擦片的压板等，都有固定要求的行程范围，由于战场上过度频繁使用而造成的磨损会使行程发生变化影响系统操纵。

剪切：承受冲击载荷等目标或部件，当所受剪应力大于该面上的抗剪强度时发生的破坏现象。如斜压破坏、剪压破坏、斜拉破坏等。

击穿：主要指电气系统电流过载而引起的烧毁现象。

变形：由于使用过度或受到爆炸冲击引起。

卡住：存在异物而使运动机构不灵活或不运动，如自动装弹机的旋转输弹机机构、提升机机构等。

烧蚀：传动部分的摩擦片在分离不彻底时极容易烧毁，使动力传动中断。炮膛在连续发射后温度过高，也会造成火炮身管内壁烧蚀，导致火炮寿命减低或使用受限。

堵塞：各种油水管路堵塞后会造成燃料、油料等供应中断。

渗漏：在管路密封或焊接处遭受损伤后油液会迅速流失，如果不能及时修复或补充，车辆将很快失去行驶能力。

破碎：各种观察瞄准仪器和灯具是坦克外露部件中最脆弱的部分，一旦受到弹片冲击就会损坏，直接影响到驾驶员驾驶和车炮长观察瞄准。

燃烧：对坦克内部绝大部分零部件和车内乘员造成威胁。

爆炸：坦克内部贮存弹药受到高温破片引燃或金属射流作用引起弹药爆炸，直接造成坦克零部件损伤和人员伤亡。

供应中断：在战场环境下，供应线极容易中断。使弹药、油料、备件不能及时供应，导致坦克不能参战，因此供应中断也算一种损伤模式。

不适应作战环境：如美军在海湾战争初期遇到的高温沙尘导致的坦克故障；在珍宝岛战役中，我军坦克在低温条件下润滑油凝结，多数不能启动，无法及时参战。

这些损伤模式的产生，都离不开弹药的各种毁伤作用。综合以上损伤模式，通常情况下的弹药毁伤包括杀伤作用、爆破作用、燃烧作用、穿甲作用和破甲作用，下面逐一介绍弹药的主要毁伤作用。

1.3.1 弹药破片杀伤作用

弹药爆炸时形成的破片对目标的毁伤效应，它表征杀伤弹药的威力。杀伤作用的大小取决于破片的分布规律、目标性质和射击（或投放、抛射）条件。破片的分布规律包括：弹药爆炸时所形成破片的质量分布（不同质量范围内的破片数量）、速度分布（沿弹药轴线不同位置处破片的初速）、破片形状及破片的空间分布（在不同空间位置上的破片密度）。而这些特性则取决于弹体材料的性质、弹药结构、炸药性能以及炸药装填系数等参量。为了在不同作战条件下对不同目标（人员、军械等）起到毁伤作用，需要不同质量、不同速度的破片和不同的破片分布密度。对于暴露的有生力量，各个国家制定有不同的杀伤标准。

射击条件包括射击的方法（着发射击、跳弹射击和空炸射击）、弹着点的土壤硬度、引信装定和引信性能。当引信装定为瞬发状态进行着发射击时，弹药撞击目标后立即爆炸。此时破片的毁伤面积是由落角（弹道切线与落点的水平面的夹角）、落速、土壤硬度和引信性能决定的。落角小时，部分破片进入土壤或向上飞而影响杀伤作用。随着落角的增大，杀伤作用提高。引信作用时间越短，杀伤作用越大。弹药侵入地内越深，则杀伤作用下降越快。当进行跳弹射击（通常落角小于20°，引信装定为延期状态）时，弹药碰击目标后跳飞至目标上空爆炸。跳弹射击和空炸射击时的空炸高度适合时，杀伤作用有明显提高。

1.3.2 弹药爆破作用

装填猛炸药的弹丸或战斗部爆炸时，形成的爆轰产物和冲击波（或应力波）对目标具有破坏作用。其破坏机制如下。

1. 爆轰产物的直接破坏作用

弹丸爆炸时，形成高温高压气体，以极高的速度向四周膨胀，强烈作用于周围邻近的目标上，使之破坏或燃烧。由于作用于目标上的压力随距离的增大而下降很快，因此它对目标的破坏区域很小，只有与目标接触爆炸才能充分发挥作用。

2. 冲击波的破坏作用

弹丸、战斗部或爆炸装置在空气、水等介质中爆炸时，所形成的强压缩波对目标的破坏作用。冲击波是一种状态参数有突跃的强扰动传播。它是由爆炸时高温高压的爆轰产物，以极高的速度向周围膨胀飞散，强烈压缩邻层介质，使其密度、压力和温度突跃升高并高速传播而形成的。

冲击波波阵面（扰动区与未扰动区的界面）上具有很高的压力，通常以超过环境大气压的压力值表征，称为超压。波阵面后的介质质点也以较高的速度运动，形成冲击压力，称为动压。当冲击波在一定距离内遇到目标时，将以很高的压力（超压与动压之和）或冲量作用于目标上，使其遭到破坏。其破坏作用与爆炸装药、目标特性、目标与爆心的距离和目标对冲击波的反射等有关。通常大剂量装药（装药量超过 300kg）爆炸的破坏作用以冲击波的最大压力（或称静压）表征；而常规弹药小药量爆炸，由于正压作用时间大大小于目标自振周期，属于冲击载荷，故常用冲量或比冲量表征。破坏不同的目标，需要的超压或冲量也不同。一般对各种建筑物或技术装备，常以破坏半径来衡量冲击波的破坏作用；而对有生目标则以致命杀伤半径表征冲击波的作用范围。目标离爆心近时破坏作用虽强烈，但受作用的面积小，多为局部性破坏；反之，波阵面压力虽衰减了，但受作用面积大、波的正压作用时间长，易引起大面积、总体性的破坏。

弹药在水中爆炸时，不但产生冲击波，而且水中冲击波脱离爆轰产物后，爆轰产物还会出现多次膨胀、压缩的气泡脉动，并形成稀疏波与压缩波。气泡第一次脉动形成的压缩波，对目标也具有实际破坏作用。

1.3.3　弹药燃烧作用

燃烧弹等弹药通过纵火对目标的毁伤作用。目标通常指可燃的木质建筑物、油库、弹药库、干木材以及地表面的易燃覆盖层等。纵火包括引燃和火焰蔓延两个过程。不同种类的燃烧弹，其火种温度在 1100～3300K，因而对于燃点为几十至数百摄氏度的干木材和汽油等可燃物，是完全可以引燃的。可燃物燃烧所放出的热量，部分向周围空间散发，其余热量能使其周围尚未燃烧的可燃物烘干、升温或汽化并继续加热到燃点以上，这是火势能够在目标处蔓延开来的必要条件。燃烧弹纵火的效果与燃烧弹爆炸后火种的数量、分布密度、燃烧温度、火焰大小、持续时间以及目标的物理性质（燃点、湿度、温度等）和堆放情况等因素有关。火种的高温有时也能直接毁伤目标。

目前采用的燃烧剂基本有三种。金属燃烧剂，能做纵火剂的有镁、铝、钛、锆、铀和稀土合金等易燃金属，多用于贯穿装甲后，在其内部起纵火作用；油基纵火剂，主要是凝固汽油一类，其主要成分是汽油、苯和聚苯乙烯，这类纵火剂温度最低，只有 790℃，但它的火焰大（焰长达 1m 以上），燃烧时间长，因此纵火效果好；烟火纵火剂，主要是用铝热剂，其特点是温度高（2400℃ 以上），有灼热熔渣，但火焰区小（不足 0.3m）。

1.3.4　弹药穿甲作用

弹丸等以自身的动能侵彻或穿透装甲，对装甲目标形成破坏效应。弹丸着速通常为500～1800m/s，有的可高达 2000m/s。在穿透装甲后，利用弹丸或弹、靶破片的直接撞击作用，或由其引燃、引爆所产生的二次效应，或弹丸穿透装甲后的爆炸作用，可以毁伤目标内部的仪器设备和有生力量。高速弹丸碰击装甲时，可能发生头部镦粗变形、破碎或质量侵蚀及弹身折断等现象。钢质装甲被穿透破坏的主要形式有韧性扩孔、花瓣型穿孔、冲塞、破碎型穿孔和崩落穿透等。

实际上，钢质装甲板的破坏往往由多种形式组合而成，但其中必有一种为主。此外，弹丸还可能因其动能不足而嵌留在装甲板内，或因入射角过大而从装甲板表面上跳飞。在工程上，弹丸穿透给定装甲的概率不小于 90% 的最低撞击速度，称为极限穿透速度，常用以度量弹丸的穿甲能力，其大小受到装甲板倾角、弹丸和装甲材料性能、装甲厚度及弹丸结构与弹头形状等因素的影响。

1.3.5　弹药破甲作用

破甲弹等空心装药爆炸时，形成高速金属射流，对装甲目标的侵彻、穿透和后效作用产生毁伤效应。当空心装药引爆后，金属药型罩在爆轰产物的高压作用下迅速向轴线闭合，罩内壁金属不断被挤压形成高速射流向前运动。由于从罩顶到罩底，闭合速度逐渐降低，所以相应的射流速度也是头部高尾部低。例如，采用紫铜罩形成的射流，头部速度一般在 8000m/s 以上，而尾部速度则在 1000m/s 左右。整个射流存在着速度梯度，使它在运动过程中不断被拉长。

金属射流的侵彻过程，在高速段符合流体力学模型，在低速段则要考虑装甲材料强度的影响。整个过程大致可分为开坑阶段、准定常侵彻阶段和侵彻终止阶段三个阶段。金属射流穿透装甲后，继续前进的剩余射流和穿透时崩落的装甲碎片，或由它们引燃、引爆所产生的二次效应，对装甲目标内的乘员和设备也具有毁伤作用，即后效作用。破甲威力通常用破甲深度表征，而其后效作用的大小，则以射流穿透装甲板时的出口直径和剩余射流穿过具有一定厚度与间隔的后效靶板块数来评价。影响破甲作用的主要因素有：炸高、装药直径的大小、药型罩的材料和结构、炸药及装药结构、制造工艺和弹丸转速等。炸高是从罩底端面到装甲板表面之间的距离，适当的炸高是使射流得到充分拉长达到最大破甲深度的必要条件。性能较好的破甲弹，对钢质装甲穿深已可达主装药直径的 8～10 倍。

带有浅空腔药型罩的空心装药爆炸时形成的高速侵彻体，对目标具有一定的侵彻作用。药型罩一般为锥形罩、球缺药型罩或双曲面药型罩。罩壁可为等壁厚或变壁厚，锥角一般为 120°～150°，常用钢、铜、钼或钽等材料制成；炸药则多采用奥克托今（HMX75/TNT25）或黑梯（RDX60/TNT40）混合炸药。在爆炸载荷的作用下，药型罩翻转并逐步向轴线收缩和闭合，形成速度梯度很小的爆炸成型弹丸；或者整个罩面翻转成一个整体的爆炸成型弹丸。

与金属射流相比，爆炸成型弹丸具有速度低（一般为 2000～3500m/s）、形状短粗（长径比为 1.5～3）、质量大、穿透深度浅而后效大等特点。而且，改变炸高时穿深变化不明显，故适于在大炸高（如 20～40 倍装药直径）下侵彻，侵彻性能受弹丸旋转的影响也较小。爆炸成型弹丸的形状和侵彻性能，主要取决于药型罩与装药的几何形状、性能和初始爆轰波阵面的形状等。在近距离（如 20～30 倍装药直径）上，穿深一般为 0.5～1.0 倍装药直径；在远距离（如 800～1000 倍装药直径）上，穿深则有所下降，这主要是由于爆炸成型弹丸外形不佳所致。它主要应用于反坦克炮弹、导弹、航空炸弹、地雷和末段敏感反坦克弹药等。

弹药对目标的毁伤，除了和弹药本身具有毁伤作用密切相关外，还离不开所针对目标的本身特性，因此需要对目标特性进行分析。弹药对目标毁伤特性的研究分析，最直接、常用且有效的方法就是弹药毁伤的靶场试验。

1.4 弹药毁伤的靶场试验

由于弹药毁伤效应影响因素很多，单纯依靠理论来分析计算弹药的作用与性能是不够的，因而必须进行各种试验来检查弹药的制造质量（最终体现在弹药毁伤）。在各种试验中，最终起决定性的是靶场射击试验。

靶场试验可分为生产交验和科学研究两种情况。生产交验的靶场试验是经常进行的，一般情况下，每批弹药都必须进行这种试验。试验项目有：弹体强度、射击密集度、装药安全性及爆炸完全性等。科学研究的靶场试验，是为了检查新设计的弹药是否满足设计要求。

靶场试验项目主要有：①发射强度；②射击密集度和最大射程；③飞行稳定性和飞行正确性；④破片性能和杀伤威力（榴弹）；⑤爆破威力（榴弹）；⑥穿甲威力（穿甲弹）；⑦破甲威力（破甲弹）；⑧特种弹的作用性能（烟幕、照明等）；⑨其他有关作用与性能的试验项目。

1.4.1 强度试验

弹药强度试验目的是检查弹丸发射时、飞行中和撞击目标后，弹体保持完整不破裂的性能，弹带的强度，等等。强度试验需在制式火炮上进行，发射药需经过50℃的保温，以使膛压达到试验规定的"强装药"压力。

在射击之前，需对弹丸进行检查，并在规定的部位冲印后测量其外径尺寸，并做记录。弹丸内装填不爆炸物质，并使弹丸质量及质心位置与原弹丸相同。射击后回收，并检查下列内容：弹体有无破裂，弹体圆柱部上有无不允许的永久变形，弹底有无凹陷，弹带是否断裂，有无不允许的位移，接缝处拉开的距离是否超过允许值，以及产品图上规定的其他要求。

弹体强度试验是强度试验中的主要方面，指的是检验发射时和撞击目标时弹体与其他零件的强度及作用可靠性的射击试验。试验用的火炮性能应符合规定要求（如初速降低不超过2%～5%）；弹体内装有惰性物质，配假引信或阻力帽，采用强装药。射击后，弹丸应回收（回收率不低于80%）检测。57mm口径以上弹丸和迫击炮弹采用对地面射击后回收，57mm口径以下弹丸采用对木屑回收装置射击后回收。检验回收后的弹体及零部件的变形量（应符合图样规定范围）、各零部件的连接可靠性和弹体药室的闭气可靠性。对有药室的普通穿甲弹的弹体，主要考核碰靶强度，试验时，着速要略大于靶板的极限速度，按规定着角，向设置离炮口50～100m处靶板射击。弹体弧形部允许破损，但裂纹扩展不允许延至药室，其他部分须符合试验规定。

1.4.2 装药安全性及爆炸完全性试验

随着弹药技术的不断发展，弹药在使用、储存等过程中的安全性要求日益提高，国内外对装药安全性或爆炸威力等极为关注，并通过模拟装药发生意外跌落、发射、穿甲时的受力环境，进行装药的撞击安全性研究，确保装药必须安全。装药安全性试验主要指装药撞击安定性、发射安定性等试验。

装药安定性试验，通常采用大型落锤试验系统对装药柱进行加载撞击，试验装置主要包括落锤、轨道、爆炸室、试验样品、压力传感器、防护掩体等，通过调节落锤落高使其在一定高度自由下落对试验药柱进行冲击加载，利用压力传感器和记录仪记录炸药的受力过程。撞击安定性试验实施时，采用专用减装药，用实弹、假引信或摘火引信。

对于弹丸对地面等目标的撞击安定性，包括对构筑工事目标和土壤地面的撞击安定性，它是实现弹丸爆炸完全、毁伤目标的前提条件，即弹丸被引爆之前，炸药装药必须安全。

而炸药装药发射安定性试验又称弹体装药射击安定性试验，是检查弹丸的炸药装药在最高膛压条件下是否具有膛内、炮口和弹道的安全性能。

为了排除来自弹体强度方面的影响，必须在弹体及其零件发射强度试验合格后，方可进行射击安定性试验。炸药装药射击安定性试验是用强装药射击，试验方法基本与装配弹体发射强度试验相同。

此外，对于炸药装药除要求弹丸被引爆之前，炸药装药必须是安定的，不能出现早炸等，还必须在引信正确作用后，弹丸又必须爆炸完全，以检查弹丸接近或命中目标后引信的发火性及弹丸的爆炸威力。

爆炸完全性的判定是定性的，判别弹丸爆炸不完全与爆炸完全的方法，往往结合对空中、地面或其他目标的爆炸情况，如爆炸声、火焰、烟尘等，还可通过检查回收残体、飞散破片、药块和目标靶被破坏情况等来判别。

若回收残体完整，头部变形小，弹尾变形严重或有大裂纹，这种情况往往是爆燃；若听见声音，但声音小，烟云不明显，目标虽有破片穿孔，但破片大而不锋利，则为不完全爆炸；若爆炸声音大，有明显的火焰和与爆炸相应颜色的烟云，地面有爆心痕迹，回收的弹体破片小而锋利，目标被爆炸生成物熏黑且破坏严重，就可认定爆炸完全。

1.4.3 密集度试验

弹丸密集度试验，考核弹丸弹着点相对弹着中心密集程度的试验。随弹丸性能和作用的不同，试验时，可对立靶或对地面射击。立靶射击主要用于破甲弹、穿甲弹、碎甲弹，以及用水平射击就能达到考核目的的小口径炮弹和高射炮炮弹等；地面射击用于迫击炮弹、半穿甲弹和中大口径炮弹。

试验时，为消除其他各种因素的影响，试验场地、火炮、瞄准系统、气温、风速、风向、发射装药等试验条件，瞄准、试射、射角的确定等射击操作方法，以及弹着点的观测均应符合有关规定。

试验场地应开阔而平坦，立靶为正方形，大小取决于射击距离和弹丸的最大预定散布，一般用厚纸板、胶合板或布绷在垂直地面的靶架上构成。瞄准点是靶面十字中心线交点，十字线宽以从炮位能看到为度。地面射击多用最大射程，靶道应有足够的长度和宽度。场地小，不能进行最大射程射击时，允许缩短至最大射程的 4/5 或 2/3，这时对密集度指标应做相应调整。试验用火炮的初速下降量应在规定范围内，发射装药为弹道性能符合规定的全装药。弹丸应经外观检查，称重并测出质心位置。同组弹丸质量差不得超过一个弹重符号值。立靶试验一般用惰性弹，若用实弹时必须用摘火引信。地面试验一般用实弹，引信装定为瞬发，若用惰性弹，应保证其质心位置不会在发射时后移，用真引信，并采取观察弹着点的措施。试验时，地面风速不大于 10m/s（试验迫击炮炮弹、无坐力炮炮弹和火箭弹时，应不大于 7m/s）。正式试验前先进行温炮（或叫试射）射击。试射确认一切正常后，按组进行射击，每组发数按产品图纸规定。立靶射击后按直接坐标法测量靶面弹着点的 y，z 坐标，地面射击用交会法或直角仪法测量弹丸在地面爆炸点的 x，z 坐标。

1.4.4　威力试验

1.4.4.1　杀伤和爆破威力试验

（1）榴弹破碎性（破片质量分布）试验：破碎性试验的方法是回收弹丸爆炸后的破片，并按质量分组获取破片质量分布，必要时，可进一步测定各质量组破片的平均迎风面积以及空气阻力系数。

（2）破片速度分布试验：测量破片速度的常用方法有 X 光摄影法、测时仪法和高速摄影法。

（3）破片空间分布试验：过去主要采用球形靶测试法，现在则采用长方形靶测试法，这种方法在靶区的划分以及破片密度的计算上都比较准确，靶的制作也比较容易。

（4）扇形靶试验：扇形靶试验的目的是测定弹丸及战斗部在静止情况下爆炸的密集杀伤半径。

在密集杀伤半径的圆周上平均一个人形靶上（立姿：高 1.5m，宽 0.5m）要有一块击穿 25mm 厚松木靶板的破片。

1.4.4.2　穿甲弹威力试验

（1）极限穿透速度试验：这种试验应逐发测量并调整靶试法向角。试验中，不仅要测量穿甲弹的着靶速度，而且要测定其着靶章动角。一般要求着靶章动角不超过 3°。当最低穿透着速与最高不穿透着速之差不超过 3% 时，其最低穿透着速即为该弹的极限穿透速度。为确保穿透试验的有效性，试验还必须满足穿甲有效条件。

（2）穿甲威力试验：这种试验是一项综合性的考核穿甲威力的试验。该试验通常在极限穿透速度试验后进行。靶后必要时设立观察弹丸后效作用的松木板和油箱等。脱壳穿甲弹在有效射程上进行射击实验，依据穿透后效靶的情况，评定威力。

1.4.4.3　破甲弹威力试验

（1）静破甲试验：聚能装药战斗部在一定炸高条件下，以静态爆炸测定破甲威力（深度）的试验称为静破甲试验。

在穿深试验中，还可以用 X 光摄影机研究射流的形成、射流速度、射流形态和破甲等现象及参数，也可测量侵彻深度与穿靶时间关系，即 $p-t$ 曲线。

（2）动破甲试验：动破甲试验是对指定的模拟装甲目标，在一定的着靶条件下以射击测定破甲弹威力的综合性试验。对破甲弹威力做出综合评定时，应包括对后效靶的后效作用试验，或进行专门的后效试验。

动破甲试验要统计破甲率——命中靶面有效区的穿透靶板发数量与试验有效发数量之

百分比。破甲率一般不低于90%。

（3）破甲后效试验：后效靶板法是利用主靶后面设置的多层薄靶测定剩余射流和二次破片的侵彻能力及空间分布情况，以检验破甲后效作用。

通过靶场鉴定弹药，在安全性和作用可靠性都满足要求时，即可生产装备部队，鉴于弹药的特殊性，弹药还需要满足经济性和长储性能不变的要求。

1.5　车载武器射击对弹药的要求

弹药是实施对敌打击的终端环节，对所有弹药而言，其安全性和功能性是对弹药最基本的要求。安全性包括储存、运输和使用安全及操作使用方便等；功能性包括射程、威力、精度等满足要求。除此之外，还要考虑经济性，在满足安全和功能的前提下，减少生产成本，同时保证长期储存性能不发生变化。

1.5.1　安全性

弹药的安全性，既包括射击过程中的发射安全性，也包括弹药运输和勤务处理中的储运安全性。弹药的使用安全是极其重要的，必须绝对保证。为此，要求弹药设计制造必须做到：

（1）火工品和炸药能承受强烈震动而不自炸。

（2）引信保险机构确实可靠。

（3）内弹道性能稳定，膛压不超过允许值。

（4）弹丸发射强度足够，炸药所承受的最大应力不超过许用应力。

（5）药筒作用可靠。

1.5.2　功能性

1. 射程

车载武器弹药根据打击目标的不同，其射程的含义是不同的。压制兵器所用弹药的射程，一般是指从射出点到落点的水平距离；反坦克弹药的射程是指最大弹道高不超过2m时的所谓直射距离；高射弹药的射程是指弹道高度；等等。

要求射程远的意义是显而易见的。只有射程远，才能消灭敌人，保存自己；才能在不变换阵地的情况下，以火力不断支援步兵和行进中的坦克；才能在大纵深、宽正面的地域内实施火力机动，射击更多目标。

影响射程的主要因素是弹丸的初速（对火箭弹来说，是主动段终点速度）、弹道系数和飞行稳定性。

2. 威力

弹药的威力是指弹药对目标的杀伤和破坏能力，它是完成战斗任务的直接因素。不同用途的弹药，其威力要求也是不同的。例如，杀伤榴弹要求有效杀伤破片多，杀伤半径大；爆破榴弹要求炸药量多，炸药威力大；穿甲弹与破甲弹要求具有足够大的穿破甲深度；照明弹要求亮度大，作用时间长；等等。弹药的威力大，可以相应地减少弹药消耗量，缩短完成战斗任务的时间。

3. 精度

精度是指射击精度。射击精度是指射弹的弹着点（或炸点）同预期命中点间接近程度的总体度量，包括射击准确度和射击密集度两方面，只有射击准确度和射击密集度都好，才能说射击精度好。射击准确度，表示射弹散布中心对预期命中点的偏离程度。这种偏离是由射击准备过程中测地、气象、弹道等方面的误差、射表误差和武器系统技术准备误差等综合产生的射击诸元误差造成的，通常称为诸元偏差，因此射击准确度又叫诸元精度。当在相同的射击诸元条件下，用同一批弹药对同一目标进行瞄准射击时，这些弹药无论在什么情况下都不会命中同一目标，即使事先对各发弹都仔细进行了挑选，各发弹的弹道也不会重叠在一起，而是形成一定的弹道束，落在一定的范围内，这种现象叫射弹散布。弹着点对预期命中点的偏差称为射击偏差，也称射击误差。射击偏差是衡量射击精度的尺度，是由诸元偏差与散布偏差引起的。诸元偏差影响射击准确度，散布偏差影响射击密集度。

1.5.3 长储性

在现代战争条件下，弹药的消耗量很大。这些弹药，一靠战时生产，二靠平时储存，而且主要是靠储存。一般来说，平时生产的弹药应能保存 15～20 年。为使长期储存的弹药不变质，要求：

（1）弹丸、药筒不生锈，不受腐蚀。

（2）火工品长期储存不失效。

（3）炸药不分解、不变质。

（4）发射药密封可靠，不受潮分解。

为了解决这一问题，加强对包装和表面防腐处理的研究是很有意义的。

1.5.4 经济性

在现代战争中，弹药已成为消耗量最大、花钱最多、后勤保障最为艰巨的问题。据有关报道，1965—1973 年，美军在越南战场上地面弹药（主要是炮弹）的总消耗量是 $7.5 \times 10^9 \text{kg}$。而在 1991 年 42 天的海湾战争中就投弹近 $5 \times 10^8 \text{kg}$，这显示出现代战争中的庞大弹药消耗。

在这种情况下，为提高经济性，既要求降低常规弹药的生产成本，也要求大力发展高效能的新弹药，减少完成具体战斗任务的弹药消耗量肯定是经济的。例如，发展带有制导的、具有单发毁伤能力的弹丸，使本来需要打几发或十几发，现在只要打 1～2 发就能毁伤目标的弹丸。

除此之外，要求弹药的结构工艺性好，便于采用新工艺，便于大量生产；要求原料的来源丰富，且价格低廉。

第2章 弹药基础知识

2.1 弹药能源

弹药要达到预定位置并实施对敌目标毁伤，离不开发射弹丸和实施爆炸毁伤的能源，这个能源就是火药和炸药。随着弹药科学技术的发展，人们将早期熟知的、统称的广义火药，在弹药学上，常将其按用途细分为发射（推进）火药和炸药两种形态，火药装于发射药筒用于发射弹丸，弹丸内装填炸药用于实施爆轰，它们共同组成常规弹药系统，表现出火药燃烧反应和炸药爆轰反应两种不同本质特征。

2.1.1 火药的概念和分类

2.1.1.1 火药的概念

火药是指在无外界供氧条件下，可由外界能量引燃，自身进行迅速而有规律的燃烧，同时生成大量热和气体的物质。通常由可燃剂、氧化剂、黏结剂和（或）其他附加物（如增塑剂、安定剂、燃烧催化剂等）组成，是枪炮弹丸、火箭、导弹等的发射能源。火药在武器的发展和战争中具有特殊的重要地位。火药按一定的装填方式在武器装药燃烧室中燃烧，将化学能转变为热能，同时产生大量高温高压气体并转变成弹丸、火箭、导弹的动能，这两个转变过程是在极短时间内完成的。火药的能量及其释放速率是这两个过程的决定因素，也是决定武器性能的重要参数之一。火药的能量性质用爆热、比容、爆温、火药力或比冲量等来表征。

火药在武器中的作用是提供发射的能源，它是通过急剧的化学反应——快速燃烧、释放热量和产生大量气体来实现的。在枪炮武器中，火药装在枪弹壳体、炮弹药筒或火炮药室内。发射时，火药经由底火或其他发火装置点燃而进行快速燃烧，火药燃烧后释放大量热，同时生成大量气体，在膛内形成很高的压力，这种高温高压气体在膛内膨胀做功，将弹丸高速地推送出去，达到发射弹丸的目的。

2.1.1.2 火药的分类

随着科学技术和武器系统的不断发展，火药的品种也逐渐增多，常见的火药分类方法如表2-1所示。

（1）单基火药是以硝化纤维素为唯一能量组成的火药称为单基火药，单基火药的主要成分由硝化纤维素、化学安定剂、消焰剂、降温剂、钝感剂、光泽剂等组成。单基火药常用作各种步枪、机枪、手枪、冲锋枪以及火炮的发射装药。

（2）双基火药是以硝化纤维素和硝化甘油（或硝化二乙二醇或其他含能增塑剂）为主要成分的火药称为双基火药，其主要成分由硝化纤维素、主溶剂（增塑剂）、助溶剂、

表 2-1　火药分类方法

火药（按用途分）	枪炮发射药	单基发射药
		双基发射药
		三基发射药
		多基发射药
	火箭固体推进剂	双基推进剂
		复合推进剂
		复合改性双基推进剂
	其他用途的火药	
火药（按组成分）	均质火药（硝化纤维素基火药）	单基火药
		双基火药
		三基火药
		多基火药
	异质火药	低分子混合火药
		高分子复合火药　聚硫橡胶火药
		高分子复合火药　聚氯乙烯火药
		高分子复合火药　聚氨酯火药
		高分子复合火药　聚丁二烯火药
		复合改性双基火药

化学安定剂、其他附加剂等组成。

（3）三基火药是在双基火药的基础上加入一定数量的含能成分（如硝基胍）而制得的，因其有三种主要含能成分，故称为三基火药。三基火药多用于各种加农炮、榴弹炮、无后坐炮和滑膛炮的炮弹发射装药。

（4）双基推进剂是以硝化纤维素和硝化甘油或其他含能增塑剂为基本成分，再加入适应火箭发动机弹道性能各种要求的弹道改良剂而制成，其配方虽与双基火药相类似，但比双基火药复杂。

（5）复合推进剂由氧化剂、燃料、黏合剂及其他附加剂组成，各组分之间存在着明显的界面，因而有"异质火药"之称。一般由氧化剂（可用于复合推进剂的固体氧化剂有各种硝酸盐、氯酸盐）、燃料（复合推进剂中广泛应用的固体燃料是金属铝粉，其含量一般在 14%~18%）和黏合剂组成。

（6）复合改性双基推进剂是双基推进剂和复合推进剂之间的中间品种，它由双基黏合剂、氧化剂和金属粉燃料组成。

2.1.2　炸药的概念和分类

依靠火药能量发射到预定位置的弹丸（亦统称战斗部），要实现毁伤敌人各类目标，一般需要通过弹丸爆炸产生的毁伤元素来实现，而引起爆炸的主要物质就是炸药。

2.1.2.1 炸药的概念

炸药是指在适当外部激发能量作用下，可发生爆炸变化（速度极快且放出大量热和大量气体的化学反应），并对周围介质做功的化合物或混合物。可以是固态、液态或气态，也可以是气—液态或气—固态。军用和工业炸药多为固态。炸药的爆炸特性，可用爆热、爆速、爆温、爆压和爆容（比容）5 个参数综合评价，它们是炸药做功能力（威力）和对周围介质粉碎能力（猛度）的决定性因素。

如果按照作用方式可将广义的炸药分为起爆药、猛炸药、推进剂和烟火剂四大类。起爆药用于起爆猛炸药；猛炸药用于产生爆轰；推进剂和烟火剂用于产生燃烧和爆燃。但通常称谓的炸药有时仅指猛炸药。

2.1.2.2 炸药的分类

1. 起爆药

在较弱外部激发能（如机械、热、电、光）的作用下即可发生燃烧并迅速转变为爆轰的敏感炸药。多用来制造各种起爆器材或点火器材，如火帽、雷管等火工品。目前军用火工品使用的起爆药主要是叠氮化铅、斯蒂酚酸铅及特屈拉辛等。

2. 猛炸药

猛炸药又称高级炸药，它比较不敏感，只有在相当强的外界作用下才能发生爆炸，通常用起爆药的爆炸来激发爆轰。猛炸药一旦爆轰，就比起爆药具有更高的爆速，可达数千米每秒，对周围介质有强烈的破坏作用。在军事上主要用来装填各种弹丸和爆破器材等。

3. 推进剂

推进剂有时也称为发射药或火药，是指在不依赖外界空气的条件下，自身可进行快速有规律的化学反应（燃烧），放出大量高温燃气的物质，是火箭发动机的能源和工质。按照用途可分为火箭推进剂、燃气发生剂等；按照物理形态也可分为液体推进剂、固体推进剂、固液混合推进剂、膏状推进剂、凝胶推进剂等。火箭推进剂主要是为火箭发动机提供大量喷射物质使火箭获得前进的推力。

4. 烟火剂

烟火剂通常由氧化剂、有机可燃剂或金属粉及少量黏合剂组成。其特点是接受外界作用后发生燃烧作用，使其产生有色光焰、烟幕等烟火效应，主要用以装填特种弹药。常用的烟火剂有：照明剂、烟幕剂、燃烧剂、曳光剂，等等。

5. 燃料空气炸药

燃料空气炸药是一类新的有别于其他常规炸药的爆炸能源，以挥发性的液体碳氢化合物或固体粉质可燃物为燃料，以空气中的氧气为氧化剂组成的不均匀爆炸性混合物。使用时，将装有燃料的弹体投掷或发射到目标上空，在一次引信引爆和中心抛撒炸药爆炸作用下，把燃料抛撒到周围空气中，迅速扩散并与空气混合形成可爆云雾，经二次引爆使云雾爆轰，产生爆炸冲击波，达到破坏大面积目标的目的。其特点是爆炸后引起的超压虽低，但破坏面积大、冲量大，适于对付集团部队、布雷区、丛林地带工事以及轻型装甲等大面积软目标；缺点是猛度不高，对半硬以上的目标破坏效果不佳，而且易受风雨、低温等环境条件的影响。其燃料可为气体、液体、固体或混合态四类，应具有易于抛撒、扩散和起爆的特点及一定的物理化学安定性，能产生较高的爆轰压力。

目前燃料空气炸药主要使用的是液体燃料，它们大致可分为五类：不需要氧可自行分解的，如环氧乙烷、肼等；没有氧或空气仍能继续燃烧的，如硝酸丙酯；含有大量氧，与可燃物质接触时发生剧烈反应的，如过氧化乙酰；在常温下与湿空气接触时发生爆炸的，如二硼烷；接触富氧物质时反应激烈，与某些物质接触时能自燃的，如无水偏二甲肼。军用常用液体燃料主要有环氧乙烷、环氧丙烷等。固体燃料可分固体可燃剂和固体单质炸药两种，固体可燃剂（如镁、铝、锆、钛等金属粉以及煤粉、硫粉等）均能在空气中爆炸，固体炸药粉末分散在空气中也可成为燃料空气炸药。燃料空气炸药可用于面杀伤武器，主要靠爆炸时形成的超压杀伤破坏目标，其爆速和猛度不高。

2.2　弹药的一般组成

火药和炸药的研发，具备了弹药最基本的发射能源和爆炸能量，那它们又是如何结合运用，才能成为具有强大杀伤力的弹药，对弹药又有什么样的要求呢？

一般情况下，弹药的结构应能满足发射性能、运动性能、终点效应、安全性和可靠性等诸方面的综合要求，通常由战斗部、投射部和稳定部等部分组成。制导弹药还有制导部分，用以导引或控制弹药进入目标区，或自动跟踪运动目标，直至最终击中目标。

战斗部主要用于直接完成各种作战任务，一般由引信和弹丸两大部件构成，引信的作用主要是保证弹丸在预定的位置（或时间）、以预定的方式起作用；弹丸内装炸药、燃烧剂、照明剂等装填物，在引信控制下最终实现毁伤目标或其他作用。发射部主要用于将战斗部推送到预定位置，一般由发射装药、药筒、底火（或点火具）等三大部件构成，发射装药的作用主要是为弹丸各种运动，包括某些引信解除保险所需要的各种运动提供能量；药筒的作用则主要是盛装发射装药、连接底火；底火（或点火具）的作用主要是将武器系统中发射用机械能（击针撞击）或电能转化为热能（火焰）以点燃发射装药。

2.2.1　弹药的战斗部

战斗部是弹药毁伤目标或完成既定终点效应的部分，某些弹药仅由战斗部单独构成，如地雷、水雷、航空炸弹、手榴弹等。

典型的战斗部由壳体（弹体）、装填物和引信等组成。

壳体用来容纳装填物并连接引信，在某些弹药中又是形成破片的基体；装填物是毁伤目标的能源物质或战剂，常用的装填物有炸药、烟火药、预制或控制成型的杀伤穿甲元件等，还有生物战剂、化学战剂和核装药，通过装填物的自身反应或其特性，产生力学、热、声、光、化学、生物、电磁、核等效应来毁伤目标；引信是为了使战斗部产生最佳终点效应，而适时引爆、引燃或抛撒装填物的控制装置，常用的引信有触发引信、近炸引信、定时引信等，有的弹药配用多种引信或多种功能的引信系统。

根据对目标作用和战术技术要求的不同，可分为几种不同类型的战斗部，其结构和作用机理呈现各自的特点。

（1）爆破战斗部：壳体相对较薄，内装大量高能炸药，主要利用爆炸的直接作用或爆炸冲击波毁伤各类地面、水中和空中目标。

（2）杀伤战斗部：壳体厚度适中（有时壳体刻有槽纹），内装炸药及其他杀伤元件，通过爆炸后形成的高速破片来杀伤有生力量，毁伤车辆、飞机或其他轻型技术装备。

（3）动能穿甲战斗部：弹体为实心或装少量炸药，强度高、断面密度大，以动能击穿各类装甲目标。

（4）破甲战斗部：为聚能装药结构，利用聚能效应产生高速金属射流或爆炸成型弹丸，用于毁伤各类装甲目标。

（5）特种战斗部：壳体较薄，内装发烟剂、照明剂、宣传品等，以达到特定的目的。

（6）子母战斗部：母弹体内装有抛射系统和子弹等，到达目标区后抛出子弹，毁伤较大面积上的目标。

2.2.1.1 引信

引信是利用目标信息和环境信息，在预定条件下引爆或引燃弹药战斗部装药的控制装置（系统），可根据不同弹药弹种和对付目标的需要选择不同的引信，从而完成各种预定功能。

一般来讲，引信具有保险、解除保险、感觉目标、起爆（或点燃）等四大功能。

引信的基本组成如图 2-1 所示。

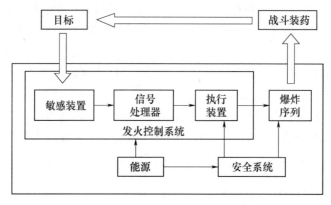

图 2-1 引信的基本组成示意图

图 2-1 除给出了引信基本组成外，还给出了引信各组分间的联系及引信与目标、战斗部的关系示意。其中，引信的发火控制系统包括敏感装置、信号处理器和执行装置。它起着发现目标、抑制干扰、确定最佳起爆位置的作用。爆炸序列是指各种火工元件按它们的敏感程度逐渐降低而输出能量逐渐增大的顺序排列而成的组合，其作用是引爆战斗部主装药。安全系统包括保险机构、隔爆机构等。保险机构使发火控制系统平时处于不敏感或不工作状态，使隔爆机构处于切断爆炸序列通道的状态，这种状态称为安全状态或保险状态。能源装置包括环境能源（由战斗部运动所产生的后坐力、离心力、摩擦产生的热、气流的推力等）及引信自带的能源（内储能源），其作用是供给发火控制系统和安全系统正常工作所需的能量。

引信的作用过程是指从弹药发射、投掷、布置开始直至弹药的爆炸序列起爆，输出爆轰冲能（或火焰冲能）引爆或引燃弹丸主装药的整个过程。引信在勤务处理时的安全状态，一般来说，就是出厂时的装配状态，即保险状态。战斗部发射或投放后，引信利用一定的环境能源或自带的能源完成引爆前预定的一系列动作而处于这样一种状态，一旦接受目标直接传给或由感应得来的起爆信息，或从外部得到起爆指令，或达到预先装定的时间，就能引爆战斗部，这种状态称为待发状态，又称待爆状态。

从引信功能的分析和定义可知，引信的作用过程主要包括解除保险过程、发火控制过程和引爆过程，如图 2-2 所示。

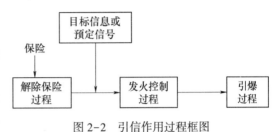

图 2-2　引信作用过程框图

引信首先由保险状态过渡到待发状态，此过程称为解除保险过程。已进入待发状态的引信，从获取目标信息开始到输出火焰或爆轰能的过程称为发火控制过程。将火焰或爆轰能逐级放大，最后输出足够强的爆轰能使战斗部主装药完全爆炸，此过程称为引爆过程。

2.2.1.2　弹体

弹体是容纳弹丸装填物并连接炮弹各零部件的壳体，它的作用是：保持合理的空气动力外形；容纳并保护装填物；撞击并侵彻目标；形成破片。弹体材料和壁厚应满足发射强度、碰击目标时的强度及终点效应的要求。一般多采用碳钢制造，迫击炮弹多用球墨铸铁。

弹体一般由弹头部、圆柱部、弹尾部等组成。

（1）弹头部是弹顶以下的弧形、台锥或两者结合的弹丸部分，为不同形状母线的回转体，母线形状有直线、圆弧、抛物线或这些曲线的组合型等。在超声速下弹头部受到波动阻力作用，适当增加弹头部长度，并使其尖锐，可减少波动阻力。

（2）圆柱部是与弹头部相连接的圆柱形弹丸部分，通常为上定心部至弹带之间的位置，它的尺寸能影响膛内导引性能和弹丸的威力。圆柱部的两端有定心部、弹带（导带）与闭气环。

定心部分为上定心部和下定心部，它的作用是使弹丸在膛内正确定心，两个定心部表面可以承受膛壁反作用力。定心部与炮膛间有一很小间隙，以保证弹丸顺利装填和运动。下定心部一般都在弹带之前，保证弹丸装填时的弹带处于正确位置，并承受部分膛壁径向压力。

弹带是弹体上的金属或非金属的环形带。其作用是在弹丸发射时，嵌入膛线，紧塞炮膛壁，密封火药燃气，防止泄漏；嵌入膛线后在膛线导转侧力作用下，导引弹丸高速旋转，出炮口时获得一定的转速，以满足飞行稳定的要求；在弹丸装填入炮膛时，弹带还起径向定心、轴向定位的作用。

弹带断面的一般形状和各组成部分如图 2-3 所示，弹带直径示意如图 2-4 所示。

弹带的前斜面便于挤进膛线，并可减少飞行中的空气阻力。后斜面可收纳受膛线挤压而多余的金属，减少"飞边"。药筒支撑面便于弹丸与药筒结合定位，支撑药筒口部。

闭气环是嵌压到弹丸上用以阻止火药燃气从弹丸与炮膛壁之间的间隙外泄的装置，它

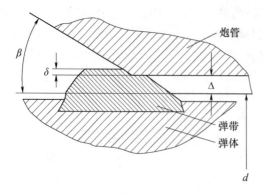

图2-3 弹带断面一般形状

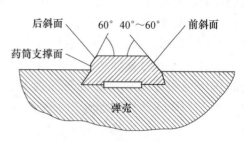

图2-4 弹带直径示意图

不仅可以减少或防止火药燃气的外泄使能量得以充分利用，而且还可以减少火药燃气对膛壁的烧蚀。闭气环由尼龙或塑料等材料制成，装在弹带的后面，它的作用是补充弹带闭气作用的不足。闭气环应具有弹性，通常卡入弹体槽内，在弹丸出炮口后破碎，不会增大弹丸飞行阻力。

原则上，利用火药燃气压力抛射的弹丸都应有闭气装置。弹丸闭气装置的结构现有凹槽式、扩张式、凸环式三种类型。

闭气环的作用及结构如图2-5～图2-7所示。

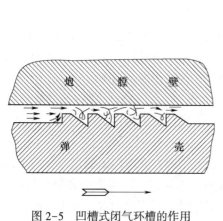

图2-5 凹槽式闭气环槽的作用

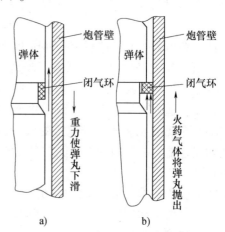

图2-6 扩张式闭气环作用示意图
a) 闭气环扩张前；b) 闭气环扩张后

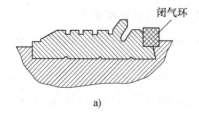

a)

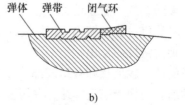

b)

图2-7 凸环式闭气环结构
a) 弹体上闭气环；b) 弹带后闭气环

（3）弹尾部是圆柱部以下的弹丸部分。通常由尾柱部和尾锥部结合组成，也称船尾部，弹尾部形状影响弹丸的底阻。为了与药筒牢固结合，一般定装式炮弹圆柱部上有车制的沟槽，以便弹丸与药筒牢固结合。

2.2.1.3　装填物

大部分弹药的弹丸装填物是炸药。炸药的威力、猛度和装药结构应适合弹丸性能的要求，如杀伤爆破弹一般选梯恩梯或 B 炸药；破甲弹一般选用以黑索今为主体的混合炸药、钝化黑索今或奥克托今炸药，并采用聚能装药结构；穿甲弹和小口径高射炮弹一般选用钝黑铝炸药（钝化黑索今加铝粉）；迫击炮弹选用硝铵炸药或梯恩梯炸药等。炸药的装填方法根据炸药的性质和弹壳的结构，可选择螺旋压装、注装、压装和热塑态装药法等。核、化学、生物炮弹的弹丸装填物则为核装药、化学毒剂和生物战剂。

2.2.2　弹药的投射部

投射部是提供投射动力的装置，使战斗部具有一定速度射向预定目标。射击式弹药的投射部常由发射装药、药筒或药包、底火（或点火具）及辅助元件等组成，并由底火、点火药、基本发射药组成传火序列，保证发火的瞬时、一致及可靠。弹药发射后，投射部的残留部分从武器中退出，不随弹丸飞行。火箭弹、鱼雷、导弹等自推式弹药的投射部，由装有推进剂的发动机形成独立的推进系统，发射后伴随战斗部飞行。

2.2.2.1　药筒

药筒与发射装药，是炮弹的重要组成部分。药筒的出现，为后膛武器的发展，以及为不断提高射击速度和实现装填自动化创造了条件。目前，除了部分大口径火炮和迫击炮弹药采用药包分装式而不用药筒外，其他中、小口径火炮弹药都要用药筒，药筒对提高火炮的射击速度，保护发射装药，减少火药对炮膛的烧蚀，以及提高火炮寿命等方面起着重要的作用。

药筒是盛装发射装药、底部装有点火具（底火）的炮弹部件。后装炮弹除药包分装式外都有药筒。金属药筒有黄铜药筒和钢质药筒。后装炮弹药筒具有以下用途：①盛装发射药及辅助部件，保证发射药各部件位置不变，密封发射装药防止受潮，保护发射装药不受直接机械损伤等影响；②金属药筒在发射时可密闭火药燃气，阻止火药燃气向炮尾流动，保护炮膛药室和炮闩不被烧蚀；③对定装式炮弹而言，药筒将弹丸及底火连为一体，适用于机械自动装填，提高射速；④装填时轴向定位。

1. 药筒的组成

药筒的结构由整装式药筒和分装式药筒组成。图 2-8 所示为整装式药筒，通常由筒口、斜肩、筒体、底缘、底火室（包括传火孔和凸起部）和筒底等部分组成。分装式药筒大都没有斜肩和筒口圆柱部，如图 2-9 所示。

2. 药筒的分类

药筒通常按以下方法进行分类：

（1）按配用炮弹的装填方式分类，可分为整装式药筒和分装式药筒。

（2）按膛内定位方法分类，如以药筒入膛后的定位方式可分为底缘定位、斜肩定位、

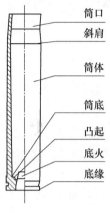

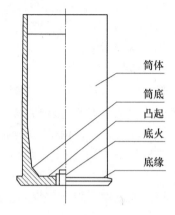

图 2-8　整装式药筒　　　　　图 2-9　分装式药筒

环形凸起定位等几种。

（3）按所用材料分类，可分为金属药筒、非金属药筒和非金属和金属组合药筒。金属药筒常用的有黄铜药筒和钢质药筒。金属药筒具有修复后可重新使用、良好的闭气性、退壳性和防腐性能。

非金属药筒使用可燃或不可燃材料制成，包括可燃药筒、不可燃的可消失药筒和塑料药筒。非金属药筒重量轻、成本低，特别适用于坦克或自行火炮使用，但也存在贮运中防潮差、强度比金属低，难以密闭火药燃气的问题。

非金属和金属组合药筒又称为半可燃药筒。通常由金属底座和可燃筒体胶结而成。射击时，筒体全部燃烧，金属底座起安装底火和其密闭燃气的作用，射击后退出炮膛。

3．金属药筒的一般构造

（1）外形

药筒就其整体外形来说，有瓶形和截锥形两种。定装式炮弹药筒多为瓶形，分装式炮弹药筒多为截锥形。瓶形是指筒口小，筒体大，中间有明显过渡段的外形。筒体平均直径与火炮口径的比称为瓶形系数，它表明筒体相对于筒口的扩大程度。瓶形系数的大小应适当。炮用药筒的瓶形系数一般不超过 1.2～1.25。瓶形药筒由筒口部、斜肩、筒体、底缘和带底火室的筒底等组成；截锥形药筒没有筒口部和斜肩。

1）筒口部。筒口部为圆柱形，主要用以与弹丸连接和发射时密闭火药燃气。筒口部的长度对药筒与弹丸的连接强度有显著影响，筒口与弹丸的接触面越大，则连接越牢固。但实际上受弹尾圆柱部的限制，因此，一般将筒口部长度制成与弹尾圆柱部的长度相等。药筒口部的内径略小于弹尾圆柱部的外径（过盈量大于 0.1mm）。为进一步增大拔弹力，装配时先将弹丸压入药筒口部，然后再螺压筒口，使筒口卡入弹尾圆柱的沟槽内。

定装式炮弹在药筒与弹丸的结合部涂有密封油防潮。为防止弹丸与药筒结合松动，降低拔弹力和密封性，炮弹装箱时都用卡板固定，但在勤务处理时，仍应避免过大的震动。

2）斜肩。斜肩是筒口至筒体的过渡部分。斜肩的锥度不宜过大，否则加工困难；锥角也不宜太小，否则将影响斜肩在装填时定位的准确性。药筒斜肩的锥角一般为30°～50°。

3）筒体。筒体是药筒用以盛装发射药的主体。筒体也有一定的锥度，以便装填和退壳。锥度越大装填和退壳（抽筒）越容易。

4）筒底。筒底是药筒的后端，发射时与炮闩镜面接触，中央有安装底火的空室。筒底的结构对火炮关闩、击发、闭气和退壳都有影响。筒底平面应控制不平度要求，否则将影响关闩和击发发火。药筒底部应有一定厚度以确保强度，防止射击时出现鼓底或开闩困难现象。炮弹药筒底厚多为 8～18mm。

5）底缘。底缘是筒体与筒底的过渡部分。底缘在装填时使炮弹或药筒定位，发射后靠它退壳。后装炮弹多数药筒均设底缘。退壳时，底缘将受到较大的拉力，因此底缘应有足够的强度。

（2）药筒与炮膛的间隙

药筒的外形与火炮药室的内部形状是一致的，但药筒外壁与炮膛内壁之间应有一定的间隙，以保证顺利装填和退壳。射击前药筒外壁与炮膛内壁之间的间隙称为初始间隙。初始间隙过小，将造成退壳困难；初始间隙过大，发射时闭气性不好，同时也难以保证发射强度。

一般定装式药筒口部或斜肩下的间隙值较大，使得炮弹装填顺利。因为定装式炮弹有一定的拔弹力，弹丸运动时有一定的起始压力才能从药筒中拔出，此时药筒口部已开始变形，从而能防止火药燃气向炮尾排泄，故允许药筒口部或斜肩下面的初始间隙大一些。而分装式药筒筒口处的间隙较小，这是因为分装式炮弹药筒较短，密闭火药燃气困难。

（3）药筒壁厚

为保证顺利退壳和密闭火药燃气，药筒一般采用变壁厚结构，从药筒口部至筒底壁厚逐渐增加。筒口部的壁厚从闭气性来看应当薄一些，但过薄将影响它与弹丸的结合强度，射击时会造成严重烧蚀，并在修复收口时易产生裂纹，不利于多次使用。但筒口也不宜过厚，否则不利于闭气。故筒口壁厚应在 0.7～2mm。药筒斜肩部以下壁厚逐渐增大，以保证勤务处理和使用时有必要的刚度，不致因磕碰而产生过大变形。壁厚大，射击时产生的残余变形小，有利于退壳。

（4）药筒材料

后装炮弹金属药筒通常使用黄铜和低碳钢两种材料。以前生产的后装炮弹多采用黄铜药筒。85mm（含）以上炮弹常使用 60 黄铜（铜 60%、锌 40%），又称四六黄铜；57mm（含）以下炮弹常用 70 黄铜（铜 70%、锌 30%），又称三七黄铜。黄铜机械性能好，加工方便，射击后可修复使用，修复使用次数可达几次到十几次，射击闭气性能好，容易退壳，抗腐蚀性好。但价格昂贵，成本较高。近年来，比较广泛地采用低碳钢制造药筒。低碳钢药筒在闭气性、退壳性、长期储存的防腐性、拉伸工艺等方面都不如黄铜药筒。但钢材来源丰富，价格低廉，有取代黄铜药筒的趋势。

（5）药筒的防腐层

为防止药筒在长期贮存中生锈腐蚀，所有药筒在出厂前都要进行表面防腐处理，使药筒表面有一层薄的抗锈耐蚀的防腐层。要求防腐层防腐性能好，经久耐用，射击时不脱落、不影响退壳等。

4. 发射时药筒的作用过程

金属药筒从底火发火到弹丸出炮口、抽出药筒，整个作用过程可分为以下四个时期。

1）第一时期。底火发火点燃发射药，膛压逐渐增加，药筒变形，直到其外壁与炮膛内壁相接触。这个时期药筒的变形是从筒口开始的，随着膛压的增加，变形逐渐向筒体和筒底发展。药筒材料变形的初期是弹性变形阶段，随着变形的增加，逐步发展成塑性变形。

2）第二时期。即药筒外壁与炮膛内壁接触开始到膛压达到最大值为止的阶段。这个时期药筒壁与炮膛药室壁将一起变形，直到产生最大变形为止。一般而言，在最大变形处火炮药室壁仅发生弹性变形，而药筒壁则发生了塑性变形。这时若药筒材料强度不够或塑性太低，将发生破裂，这是应当避免出现的情况。

3）第三时期。最大膛压出现之后，火药燃气压力下降，炮膛壁和药筒壁弹性恢复，直到炮膛壁恢复到原始状态为止。这时药筒的外壁仍然与炮膛药室内壁紧密接触。

4）第四时期。膛压继续下降，药筒壁仍继续弹性恢复，药筒外表面逐渐脱离药室内壁，直至膛压降至大气压时，药筒壁的弹性恢复停止，此时药筒的外表面与炮膛药室内壁之间存在一定的间隙，此间隙称为最终间隙。由于药筒在变形过程中有一定的塑性变形，这种塑性变形是不能恢复的，因此最终间隙一定小于初始间隙。最终间隙的形成是保证顺利退壳的重要前提。

5. 可燃药筒

可燃药筒是由可燃物制成，并能为弹丸获得一定初速提供部分能量的药筒。从某种意义上来说，金属药筒是炮弹的消极重量，射击前后的运输及修复都有一定的工作量，并且要消耗大量金属。对坦克炮和自行火炮来说，射击后的金属药筒堆放在坦克和自行炮之内，不仅占据了本来就不大的空间，而且其中残留的燃气不仅会污染其内的空气，而且退壳的余热会烧烤乘员。可燃药筒具有质量轻、射击以后无废壳、勤务处理工作简单、坦克和自行炮之内有害气体少、即使在高膛压之下也不存在卡壳故障、原材料丰富、生产简便和成本低廉等诸多优点；但也具有容易受潮、强度低、组分和质量变化时对内弹道性能有一定影响等缺点。

（1）类型与构造

可燃药筒有全可燃药筒和半可燃药筒两大类。

1）全可燃药筒：全部由可燃材料制成的药筒。全可燃药筒必须配用可燃底火或感应点火装置及可燃传火管。射击时炮膛依靠炮门或专用金属闭气环来闭气。

2）半可燃药筒：由可燃筒体与金属底座胶结而成的药筒。这种药筒应采用金属底火，射击时，筒体全部燃烧，金属底座起密封火药燃气的作用，射击后退出炮膛。在可燃筒体与金属底座的连接处设置有塑料闭气环，发射时起密闭火药燃气的作用。

（2）对可燃药筒的一般要求

1）可燃物质必须燃烧完全。在任何条件下，射击的瞬间，可燃物质必须完全燃烧，这是对可燃药筒最基本的战术技术要求。如果开门后火炮药室内残留有大的残渣，则会影响下一发炮弹的装填。若残留有正在燃烧的可燃物，则会将继续装填尚未发射的可燃药筒点燃。这就必然会发生事故，轻则关门后炮弹自行发射；重则因装填或关门还不到位，造成严重的爆炸事故。

2）具有足够的强度。在使用和勤务处理中，要求可燃药筒具有足够的强度。不允许有影响合膛性能的变形；定装式炮弹不允许弹丸从药筒上脱落；半可燃药筒不允许掉底。美国定型试验中要求能经受模拟汽车运输 4000km 以上的颠震试验。属于装备战车的可燃药筒，还应将炮弹放在战车内规定的弹仓或挂链上行驶 500km 进行颠震试验。可燃药筒抗拉强度 σ_b 值一般在 14.7MPa 以上，有些可达 42.14MPa。

3）良好的内弹道性能。采用可燃药筒后，一般最大膛压略高于金属药筒，初速或然误差也略有增大，但必须保证内弹道性能稳定，火炮射击精度在规定的范围之内。

4）不允许自燃。保证在火炮允许的射击速度和一次性最大射击数量的情况下，再装填一发时，不能因火炮药室温度升高而自燃。这就要求可燃药筒的燃点必须大大高于射击完规定发数时药室的最高温度。

5）接触火源不能太敏感。通常进行烟头接触试验、电火花试验和火焰接触试验，以考验可燃药筒在烟头、明火以及坦克、自行炮上电源所产生的电火花作用时的点燃敏感性能。

6）半可燃药筒金属底座要有良好的闭气性能、强度和退壳性能。半可燃药筒的金属底座相当于一个短药筒，所以必须满足金属药筒的主要性能要求。即射击时能可靠密闭火药燃气、不破裂、射击后能顺利退壳等。

7）其他要求。可燃药筒应有良好的长贮性能，与发射装药各元件应有良好的相容性。在核爆炸、装甲或工事被击穿等情况下，或者在子弹和弹片的作用下，其安全效应不能低于普通药筒所要求的指标。

（3）可燃药筒材料

制造可燃药筒用的原材料，一般随着药筒的品种不同而有差异。但总的说来，所有原材料应满足供氧、增强、黏合和安定等方面的要求。因此，制造可燃药筒的原材料有以下四大类：供氧材料、增强材料、黏合剂和安定剂。除上述基本材料之外，有的可燃药筒中还加入少量的增塑剂和其他附加材料。

2.2.2.2　发射装药

发射装药是指满足一定弹道性能要求，由发射药及必要的元器件按一定结构组成，用于发射的组合件。发射药与点火具是发射装药的基本元器件。除此之外，根据武器的具体要求，发射装药中还可能有缓蚀剂、除铜剂、消焰剂、可燃容器、紧塞具和密封盖等。

1. 发射装药的种类

根据射击性能的不同，常将发射装药分为三类：实习装药、空包装药和战斗装药。实习装药是在试验和训练中使用；空包装药主要在演习（当不使用实弹时）和鸣放礼炮时使用；战斗装药在实际战斗中使用，按弹药装填和装药结构特点，可分为定装式装药、分装式装药和迫击炮装药。

1）定装式装药的特点是不论在运输、储存以及发射装填时，装药都放置在药筒内与弹丸连成一个整体，装药质量是固定不变的。属于定装式装药的武器弹药有：步兵武器（手枪、冲锋枪、步枪、机枪）的枪弹装药；中小口径地面炮、坦克炮、高射炮、航炮、舰炮所用弹药的发射装药。

2）分装式装药的特点是装药全部放置在药筒或药包内，在储存、运输时与弹丸分开。装填时，首先把弹丸装入膛内，然后再装入盛有装药的药筒或药包。分装式装药一般都是可变装药，即在射击前可根据需要从装药中取出定量的附加药包而改变其装药量。155mm 口径以上地面炮及大口径岸舰炮发射装药一般都采用分装式装药。

3）迫击炮装药在射击时虽然也是一次装填，具有定装式装药的特点，但其辅助装药又具有药包分装式装药的特点，所以单独列为一类。发射装药对提高武器弹道性能有重要作用。因此，对刚性组合装药、低温感装药、随行装药、密实装药等新概念、新结构装药技术的研究非常活跃，并已取得重大成果。例如，刚性组合装药、低温感装药已正式应用于制式弹药。

2. 发射装药的组成及各元件的作用

后装炮弹发射装药通常由发射药、点火药、除铜剂、护膛剂、消焰剂和紧塞具组成。药筒分装式炮弹发射装药一般还应有防潮盖。

（1）发射药

发射药是使弹丸获得一定初速的能源，是发射装药的基本部件。不同的弹药所配用的发射药牌号及重量各不相同，一般是通过理论计算和射击实验相结合的方法选定的。

定装式炮弹发射药一般直接装于药筒内；分装式炮弹发射药一般装入药袋内或捆扎成药束，以便于调整发射药。

变装药为便于调整药量都是由基本药包（束）和附加药包组成的。基本药包（束）放于附加药包和点火具（底火）之间，在靠近点火具（底火）附近通常还有点火药。附加药包主要是为了便于调整发射药量。

（2）点火药

点火药使发射药的燃烧面同时被点燃，确保发射装药具有理想的内弹道性能。

点火药一般采用黑火药。黑火药具有燃速快、火焰力强等特点，燃烧后能迅速形成一定点火压力，可保证发射药各燃烧面能被全面点燃。

（3）除铜剂

发射带有铜弹带的弹丸时，弹带被强行嵌入膛线，铜质弹带会被磨掉一部分挂在膛线上，在炮膛表面产生挂铜现象，从而使阳线和阴线的表面变得不平滑，甚至使局部内径变小，影响弹丸在膛内的正常运动，弹丸出炮口时达不到规定的旋转角速度，使飞行稳定性变差，射击密集度下降，严重时影响射击安全。

除铜剂是用来减少炮膛挂铜的低熔点金属或合金，有铅、锡或铅锡合金等。除铜剂有丝状、带状、片状三种。我国多使用丝状，装药时把它绕成环状，放在发射药和紧塞盖之间。采用瓶形装药时，可把除铜剂套在细颈部。除铜剂的用量大约为装药质量的0.5%～2%。

（4）护膛剂

为减轻火药燃气对炮膛的烧蚀，延长火炮身管使用寿命（以发射的炮弹数量计），发射装药中通常应使用护膛剂。护膛剂通常以护膛衬纸的形式使用，即在纸、绸或布上涂有主要成分为地蜡、石蜡、凡士林、石油脂等高分子碳氢化合物的元件。护膛衬纸有片状和槽纹状两种形式。护膛剂的用量取决于发射药的性质和质量，对于双芳型发射药，护膛剂用量为装药质量的 2%～3%；对单基药一般为装药质量的 3%～5%；对高热量的双基药为装药量的 5%～8%。片状护膛衬纸上涂敷护膛剂量较少，一般常用于中、小口径且使用粒状发射药的炮弹发射装药中。槽纹状护膛衬纸上涂敷护膛剂量较多，一般用于大、中口径炮弹发射装药中。

（5）消焰剂

为减少射击时的炮口焰和炮尾焰，可在发射装药中使甩消焰剂。一般使用钾盐类物质作为消焰剂，消焰剂用量一般为发射药量的 1.5%～2.0%。

消焰剂消焰作用原理：①冲淡和隔离作用。发射时钾盐变成粉末，与火药燃气一同喷出炮口，将可燃气体浓度冲淡，使可燃气体难于和空气中氧接触，因而不易产生火焰。②降温作用。在发射装药中加入多碳物质，如松香、中定剂、苯二钾酸二丁脂、樟脑等，使火药燃烧时，氧化不完全的生成物（CO、H_2）增多，虽然可燃气体量增加了，但却降低了火药燃气的温度，使可燃气体与膛外空气混合后的温度低于自身的发火点，而不易燃烧。

消焰剂并不是发射装药中不可缺少的部件。消焰剂的使用，会增大炮口前的烟雾，白天射击时不仅影响火炮阵地的视线，反而容易暴露自己。

（6）紧塞具

紧塞具是药筒内固定发射装药的组合件。

紧塞具的作用是：平时固定发射装药，防止它在药筒内移动、碰碎；射击时产生径向膨胀，密闭火药燃气，防止火药燃气在导带嵌入膛线前从膛壁和弹壁间隙中逸出；同时，还使得发射药燃烧的初期压力迅速提高，使药筒口部迅速膨胀，贴紧炮膛药室内壁，防止火药燃气向炮尾逸出。

（7）防潮盖

防潮盖也叫密封盖，只在药筒分装式炮弹装药中使用。防潮盖用标准纸板制成，位于紧塞盖上面。为取盖方便，通过盖外沿套有一个大的环状提绳。防潮盖上面浇注有 3～5mm 厚的弹药保护脂，以便密封防潮。装药量大的药筒装药，贮运中防潮盖容易轴向窜动而失去密封，故在防潮盖与包装容器之间常用支筒支撑定位。

3．新型发射装药

（1）刚性组合装药

刚性组合装药，又称模块装药。由若干个刚性装药模块组合而成的发射装药，可根据使用时不同射程的要求决定装填模块的个数。它是一种用于大口径火炮的新型发射药，正在取代传统的布袋式药包装药。由于现代战争要求武器的快速反应能力，要求火炮有更高的射速，因此，现代大口径火炮一般都配置弹药快速自动装填系统。传统药包装药无法适应快速自动装填的要求，因此，刚性组合装药技术便应运而生。组合装药的模块外壳是由硝化棉和纸浆加工制成的可燃容器，它具有足够的强度，以保证装药的刚性。模块内盛装发射药，并配置可靠的点传火系统以及其他元件。由于可燃容器及可燃传火管等也具有一定能量，成为装药发射能源的组成部分，因此对其配方、几何尺寸及质量公差均有严格要求，以保证装药弹道性能稳定及射击后燃烧完全，不遗留未然尽的残渣。刚性组合装药有全等式和不等式（刚性装药各模块的外形、尺寸、内部结构完全相同的为全等式，否则为不等式）。目前，美、英、法、德等国已成功研制由两种模块组成的发射装药系统，例如，美国的 M231 和 M232 模块化火炮装药系统。

（2）低温感装药

低温感装药即低温度感度装药，又称低温度系数发射装药，是指发射装药的初温对装药内弹道性能（膛压、初速）影响较小的一类发射装药。其理想状态是在使用温度范围内，发射装药的高温膛压增量、低温初速降趋近于零，这时也称为零梯度发射装药。由于发射药燃速是随其初温的提高而增加，所以一般发射装药高温膛压增量很大，而低温初速降也很大。低温度系数发射装药可以在不提高火炮最大膛压的条件下（即身管能够承受的压力条件下）大幅度提高初速，这是提高火炮性能的有效途径。低温度系数发射装药的研究受到国内外装药工作者的普遍重视。国外的研究工作主要从两方面着手：一是化学途径，即使用某些化学添加剂来减少温度对发射药燃速的影响，已在中小口径武器发射装药研究上取得明显进展；二是物理途径，即通过发射药的包覆控制高低温条件下发射药的初始燃面或通过延迟点火，控制发射药气体生成速率，降低装药温度系数。

（3）密实装药

密实装药，即使用压实、固结等方法使装填密度超过发射药自然堆积密度的一类装药的统称。当前采用的制造密实装药的主要方法有：

1）多层密实结构发射药装药，由多层发射药片叠加而成，各层之间有明显的界线，其制造工艺可以采用复式压伸或发射药圆片叠加。

2）小粒药或球形药压成密实发射药，制造工艺一般采用溶剂蒸气软化技术将药粒软化再进行压实，可使装填密度达到 $1.25 \sim 1.35 \mathrm{g/cm}^3$。

3）纺织式密实发射药，将发射药组分溶于挥发性溶剂中制成黏稠溶液，在一定压力下通过抽丝器抽丝并使之固化，细丝用纺织机按预定式样绕成一定形状。

对一定的武器装药，密实装药可使装填密度由 $0.9 \mathrm{g/cm}^3$ 提高到 $1.35 \mathrm{g/cm}^3$，能量密度提高到 1.5 倍；当火药力由 1087.7kJ/kg 提高到 1274.8kJ/kg 时，能量密度仅提高到 1.18 倍，由此可见密实装药的潜力很大。密实装药的关键技术是点（传）火、装药解体和燃烧的一致性，以及由此引发的弹道稳定性和再现性问题。目前，该装药技术正在研制中，尚未用于武器装药。

（4）随行装药

随行装药，又称兰维勒装药。射击过程中，部分装药固定在弹丸底部与弹丸一起运动的一种发射装药。

对于常规发射装药，发射药主要集中于药室内，当推动弹丸加速时，发射装药与弹丸分离，并散布在整个弹后空间进行燃烧。随着弹丸的运动，弹后未燃完的固体火药在火药气体的驱动下将追随着弹丸而沿膛内流动，使得膛底和弹底之间形成一个接近于在拉格朗日假设下抛物线形式的压力分布，膛底压力远高于弹底压力。由于这一压力梯度的存在，使得推动弹丸运动的弹底压力仅是膛压的 70%～80%；同时，火药燃烧释放出的能量，不仅用于推动弹丸运动，还要用于加速弹后空间的火药气体，以保证部分气体与弹丸以相同的速度运动，因而严重地影响了弹丸初速的提高。尤其是高膛压、高装填密度的反坦克炮，弹丸的炮口速度越高，膛底和弹底之间的压力差就越大，气体和装药运动所消耗的能量也就越大。

随行装药技术是在弹丸底部携带有一定量的火药，并使之随弹丸一起运动。由于随行装药的燃烧能够在弹丸底部形成一个很高的气体生成速率，从而有效地提高了弹底压力，降低了膛底与弹底之间的压力梯度，在弹丸底部形成一个较高的、近似恒定的压力；同时，局部的、高速的固体火药燃烧生成的火药气体，在气固交界面上形成很大的推力，与普通装药火炮相比，该推力与弹丸底部附近的气体压力相结合，导致对弹丸做功能力的增加，直至该部分火药燃完。因此，在相同的装药量与弹丸质量的比值 ω/m 下，使用随行装药技术能够使弹丸获得比普通装药更高的初速。目前，随行装药技术还没有达到应用的程度，其关键技术是高燃速发射药燃速稳定性、弹体与药柱之间的结合还没有突破性进展。

2.2.2.3　底火

底火是装在枪弹或炮弹的药筒底部，靠输入机械能或电能刺激发火的火工品，用于输出火焰引燃发射装药或传火药。即是利用机械能或电能激发以引燃发射药或传火药的引燃性火工品。它是发射装药传火序列第一级火工品。

1. 底火的种类

（1）按输入能量的形式分

按输入能量的形式底火可分为机械撞击式底火、电底火和电撞两用底火。机械撞击底火是利用火炮击针撞击能量而发火的，这类底火的底火体一般都用钢质材料，底部要求有一定的强度和硬度，以满足发火感度和底部强度的要求。目前部队现装备的后装炮弹底火多数属这种类型。电底火是利用火炮上电能激发作用而发火的。电底火又可分为桥丝式电底火和导电药式电底火。桥丝式电底火是利用电能使桥丝灼热而激发的电底火；导电药式电底火是利用电能使两极之间的导电药激发的电底火。电撞两用底火是利用撞击机械能或电能都可以激发的底火，这种底火的发火可靠性较高，通用性较好。

（2）按与药筒配合方式分

按底火与药筒配合方式可分为旋入式和压入式两类。旋入式底火的可维修性较好，一般用于中大口径炮弹上；压入式底火靠底火体与药筒底火室之间的过盈配合固定，底火体外无螺纹，因此可维修性差，一般用于小口径炮弹上。

（3）按发射后是否消失分

按发射后底火是否消失可分为可燃（可消失）底火和不可消失底火。可燃底火在发火后可完全燃烧或汽化而不留固体残渣；专用于可燃药筒等特殊场合。不可消失底火即在发射后除底火装药燃烧外，其他零件完整地保留下来，这些零件一般为金属零件。

2. 底火的结构

底火一般由火帽、击发剂和盖片组成，如图2-10所示。机械式炮弹底火一般由底火座、火帽、压螺、闭气室、传火药、盖片组成。

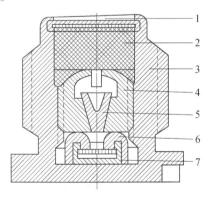

图 2-10　底火结构图

1—盖片；2—黑药；3—底火体；4—压螺；
5—闭气塞；6—火台；7—火帽

2.2.3 弹药的稳定部

稳定部是保证战斗部稳定飞行，以正确姿态击中（或接近）目标的部分。典型的稳定部结构有赋予战斗部高速旋转的弹带（导带）或涡轮装置、有使战斗部空气阻力中心移于质心之后的尾翼装置以及两种装置的组合形式。

对于依靠高速弹丸旋转稳定的，其主要组成部分为弹体上的弹带，在发射过程中，火药气体推动弹丸沿轴向运动的同时，弹带嵌入膛线，强制弹丸围绕身管膛线进行旋转，其旋转速度在出炮口时最大。为了保证弹丸的飞行稳定性，必须是弹丸同时满足陀螺稳定性和追随稳定性，一般情况下，只要能保证弹丸在炮口满足陀螺稳定性，就能在全弹道上满足陀螺稳定性。陀螺稳定性要求弹丸的转速必须大于某一数值，而追随稳定性要求弹丸的转速要小于某一数值，因此为满足弹丸飞行稳定性，弹丸的转速应该在一定的数值范围内，既不能过大，又不能过小。图 2-11 所示为能满足旋转稳定飞行条件的弹丸示意。

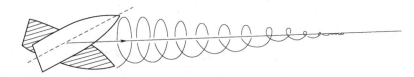

图 2-11　旋转稳定飞行条件的弹丸示意图

对于依靠涡轮装置起稳定作用的弹丸，主要依靠发动机喷管上面均匀分布着的多个斜喷口。每个喷口的中心线都向左（右）倾斜一定角度，每个喷口所产生的推力都和弹轴呈相同的倾斜角，这些倾斜的推力，在弹轴方向上的分力，推动弹丸加速前进，而在切线方向上的分力，合成旋转力偶，使弹丸高速旋转，保证弹丸飞行稳定的同时也有利于克服弹丸的推力偏心、质量偏心和空气阻力偏心对散布精度的不良影响。

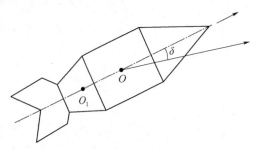

图 2-12　尾翼稳定的弹丸飞行稳定条件

对于依靠尾翼稳定的弹丸，采用设计的尾翼产生俯仰力矩稳定飞行中的弹丸，首先，要满足静态稳定性，即加装尾翼的弹丸，保证其空气阻力中心始终位于质心之后，如图 2-12 所示，O 点为弹丸质心，O_1 为弹丸阻力中心。其次，要保证弹丸飞行的动态稳定性，即保证在全弹道上，攻角 δ 在一定的范围内摆动，不能过大或过小。

尾翼稳定弹丸的尾翼装置结构如图2-13所示。

综上，弹药的稳定部无论采取上述单一形式或复合形式，其根本目的都是为了提高弹药的命中概率和弹丸的毁伤能力，而这些均与弹丸发射过程中的内弹道和外弹道密不可分的，因此，需要研究弹丸在身管内的运动规律和在空气中飞行的运动规律，即开展弹道学的研究是非常必要的。

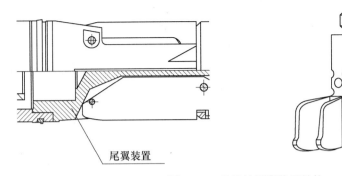

图 2-13　常见的尾翼装置结构

2.3　弹道学概述

弹道学是研究弹丸运动规律的科学，传统上把它区分为内弹道学和外弹道学。内弹道学是研究弹丸在膛内的运动规律以及火药燃烧规律的科学，而外弹道学是研究各种弹丸在空气中运动规律及相关问题的科学。

2.3.1　弹道学分类

随着科学技术的发展和研究方法手段的更新，弹道学的分类更加趋于细致，但是比较传统的分类方法仍然是按照学科性质和发射方式来划分的。

按学科性质，弹道学可分为内弹道和外弹道。内弹道学是研究弹丸在膛内运动规律及其伴随射击现象的一门学科，是研究发射过程中火药燃烧、物质流动、能量转换、弹丸运动及其他伴随现象与规律的科学。研究对象是膛内的射击现象，包括火药在膛内燃烧规律，弹丸膛内运动规律，以及膛内压力变化规律等方面的内容。外弹道学是研究弹丸与发射装置脱离作用力后，在空气中运动规律及有关问题的一门学科。它所研究的对象是弹丸飞行时作用在弹丸上的力（特别是空气阻力），弹丸质心运动的规律，弹丸围绕质心运动的规律。随着研究技术的不断进步，研究方法手段的不断更新以及武器设计要求的提高，又增加了中间弹道学和终点弹道学，中间弹道学是研究弹丸出膛后在火药气体后效期内运动规律及有关问题的一门学科。终点弹道学是研究弹丸对目标毁伤效能的一门学科，主要研究弹药的毁伤机理和目标的易损性。

按照发射方式，弹道学可分为枪炮弹道学和火箭弹道学。枪炮弹道学利用高温火药燃气在枪炮膛内膨胀做功，推动弹丸以一定的速度射出膛口。火箭弹道学利用从火箭发动机喷管喷出的高温燃气的反推力，推动箭体在空中飞行。

2.3.2　弹道学研究内容

2.3.2.1　内弹道学研究内容和任务

内弹道学是研究弹丸在膛内运动规律及其伴随射击现象的一门学科。所谓射击现象是指整个内弹道循环中所发生的物理化学变化的各种现象。它包括由于火药燃烧而引起的剧烈化学反应，释放出大量燃气和能量，而且还伴随着气体、药粒及弹丸的高速运动和质量、动量及能量的输运现象。同时，完成这一射击过程所经历的时间又是很短暂的，只有几毫秒到十几毫秒。因此，从一般力学的观点来看，膛内的各种相互作用和输运现象具有瞬态特征，它属于瞬态力学范畴。从热力学的观点来看，膛内射击过程是一个非平衡态不可逆过程。从流体力学的观点来看，膛内射击现象又是属于一个带化学反应的非定常的多相流体力学问题。因此，内弹道学研究的内容主要包括：①有关点火药和火药的热化学性质、燃烧机理以及点火、传火的规律；②有关火药燃烧及燃气生成的规律；③有关枪炮膛内火药燃气和火药颗粒的多维多相流动及其相间输运现象；④有关膛内压力波产生机理、影响因素及抑制技术；⑤有关弹带挤进膛线的受力变形现象，弹丸以及炮身的运动规律；⑥有关膛内能量转换及传递的热力学现象和燃气与膛壁之间的热传导现象。

通过上述研究，建立起反映内弹道过程中物理化学实质的内弹道基本方程组。

研究内弹道学的任务与目的在于解决工程实践中的具体问题，因此，利用建立的内弹道方程组，可以进行弹道计算，即已知枪炮内膛结构诸元（如药室容积 W_0、弹丸行程长 l_g 等）和装填条件（如装药质量 ω、弹丸质量 m、火药形状和性质）计算膛内燃气压力变化规律和弹丸运动规律，为武器弹药系统设计及弹道性能分析提供基本数据。同时可以进行弹道设计，即在已知口径 d，弹丸质量 m，初速 v 以及指定最大膛内压力 P_m 的条件下，计算出能满足上述条件的武器内膛构造诸元（如药室容积、弹丸行程长、药室长度及内膛全长 l 等）和装填条件（如火药的压力全冲量 I_k 或火药厚度 e 等），最后还可以进行内弹道装药设计。在内弹道设计的基础上，为实现给定的武器内弹道性能，保证内弹道性能的稳定性和射击安全性，必须对选定的发射药、点火系统及装药辅助元件进行合理匹配和装药元件空间配置的结构设计，这一过程称为内弹道装药设计。

2.3.2.2 外弹道学研究内容和任务

外弹道学是研究弹丸与发射装置脱离作用力后，在空气中运动规律及有关问题的一门学科。外弹道学分质点弹道学和刚体弹道学两大部分。

质点弹道学是在一定的假设条件下，略去对弹丸运动影响较小的一些力和全部力矩，把弹丸当成一个质点，研究其在重力、空气阻力作用下的运动规律。质点弹道学的作用在于研究在此简化条件下的弹道计算问题，分析影响弹道的诸因素，并初步分析形成散布和射击误差的原因。

刚体弹道学是考虑弹丸所受的一切力和力矩，把弹丸当作刚体，研究其围绕质心的运动及其对质心运动的影响。刚体弹道学的作用在于解释飞行中出现的各种复杂现象，研究稳定飞行的条件，形成散布的机理及形成散布的途径，还可以用于精确计算弹道。

外弹道学研究的基本任务为：研究弹丸的运动规律和进行外弹道设计（它是根据预先给定的枪炮系统的战术技术指标，设计确定出弹丸结构及运动的弹道特性，寻求弹丸运动和飞行弹道的最佳解决方案）；编制射表（射表是保证枪炮进行准确射击的重要文件，是进行瞄准装置、火控计算机和指挥仪设计的基本依据，当目标位置及有关弹道、气象条件已知时，利用射表即可得知命中目标所需的射角和射向，编制射表一般采用射击试验与外弹道理论计算相结合的方法）；研究弹丸飞行稳定性（所谓飞行稳定性就是指弹丸在飞行过程中，受到外界的干扰作用时，引起运动状态变化，当干扰去掉后，弹丸自身能够恢复到预期运动状态的能力。保证弹丸飞行稳定性的方法主要有旋转法和尾翼法，通过研究旋转弹丸围绕质心做旋转运动的规律和尾翼弹丸围绕质心做摆动运动的规律，对弹丸的飞行稳定性进行分析和计算）；研究弹丸弹道散布，即研究影响弹丸弹道散布的因素，确定它们的影响大小，寻求减小散布和提高射击精度的方法。

2.3.3　弹道学发展历程

2.3.3.1　内弹道发展历程

以军事工程师鲁宾斯（Robins）利用弹道摆测得弹丸初速的历史时期，将初速作为分界，把整个弹道段分成膛内弹道学和膛外弹道学。内弹道学的发展史不仅与数理基础科学和技术科学的发展密切相连，而且也与枪炮及其火药的发展密切相关。在武器弹药系统不断的完善过程中也逐渐地形成内弹道学的理论体系。

根据内弹学的发展，将内弹道学分为经典内弹道学和现代内弹道学。

经典内弹道学（Classical Interior Ballistics）是以平衡态热力学为基础，研究膛内弹道参量平均值变化规律的理论。经典内弹道学的提出和发展有着漫长的历史时期，从 1740 年鲁宾斯用实验方法测出了弹丸的初速，人们才意识到发射过程中弹丸在膛内运动和在膛外运动所产生的现象及其规律是有本质区别的。到 19 世纪中叶建立起比较完善的理论体系。主要标志为：法国弹道学家雷萨尔（Renal）应用热力学第一定律建立起内弹道能量方程；英国物理学家诺贝尔（Noble）和化学家阿贝尔（Abel）应用密闭爆发器进行火药定容燃烧试验，测出了火药燃气最大压力，确定高温高压条件下的火药燃气状态方程，奠定了经典内弹道学的基础。1880 年法国学者维也里（Vielle P）和皮奥伯特（Piobert）等在总结前人研究黑火药的成果及无烟火药的平行层燃烧现象的基础上提出几何燃烧定律，用密闭爆发器测出了火药燃烧示性系数，借以估算火炮的初速和最大膛压。1930 年维也里用实验方法完成了对膛内 P-T 曲线的记录后，内弹道学才能全面研究发射过程中各种现象随时间的变化规律。到 20 世纪中叶，经典内弹道学已经发展成熟，在理论上和实践上形成了以几何燃烧定律和拉格朗日假设为基础的经典内弹道学。

现代内弹道学是一门研究弹道学中弹体内部运动规律的学科。它主要研究弹体内部的气体动力学、热力学、结构力学等方面的问题，以及弹体内部各种因素对弹道性能的影响。它是导弹技术的一个重要分支，对于军事领域的防御和攻击具有重要意义。

现代内弹道学在 20 世纪 70 年代以后开始兴起。具有代表性的著作，如：1973 年美国学者郭冠云等发表的《在密闭条件下多孔火药装药床中火焰阵面的传播》学术论文；1979 年，由克里尔和萨默菲尔德主编的《火炮内弹道学》；1979 年高夫和习瓦斯发表的《非均匀两相流反应流模拟》等学术论文和专著。我国内弹道工作者在 20 世纪八九十年代也相继出版了一些有影响的教材和专著，如：1983 年金志明、袁亚雄编写的《内弹道气动原理》；1990 年，金志明、袁亚雄、宋明编写的《现代内弹道学》；1990 年和 1994 年，由周彦煌、王升晨编写的《实用两相流内弹道学》和《膛内多相燃烧理论及应用》；2001 年，金志明、翁春生编写的《火炮装药设计安全学》；2003 年，金志明、翁春生编写的《高等内弹道学》等。这些著作反映了我国在现代内弹道学方面的水平。

2.3.3.2 外弹道学发展历程

弹道学一词来自古希腊动词"βαλλω",即投掷之意,其意义是指研究投掷物运动的科学。17世纪初叶,外弹道开始形成一门学科,第一部外弹道学著作是意大利数学家尼古拉·塔尔塔勒(1499—1557年)编写的。意大利著名物理学家伽利略(1564—1642年)在威尼汀(Venetian)兵工厂多年担任顾问,发现了投掷物体运动的某些规律,导出了弹丸运动的抛物线方程,写成了作为理论依据的第一部关于自由抛射物轨迹计算的著作。

17世纪末至18世纪初,外弹道学在空气阻力对快速飞行物体的影响方面进行了研究,英国著名物理学家牛顿(1643—1727年)是近代外弹道学的奠基人,他首先研究了介质对其中运动物体的作用。他还发现了重要的空气阻力与速度平方成比例的定律。牛顿在弹道学上重要的继承人是瑞士数学家欧拉(1707—1783年),他建立了较完整的弹丸质心运动方程,并给出了著名的弹道的欧拉分弧解法。

进入19世纪,战争实践对枪炮技术的要求日益提高,开始研究枪炮射击的准确性、射程和威力等,编制高精度的射表。

1836年,安库多维奇教授编著了第一本外弹道学教科书,1855年,著名数学家奥斯特罗格拉德斯基给出了球形旋转弹丸空中运动复杂问题的一般解的形式。1892年,数学家李雅普诺夫发表了举世闻名的著作《运动稳定性的一般问题》,它开创并发展了关于飞行器运动稳定和飞行器稳定装置的系统理论。19世纪末意大利弹道学者西亚切提出的西亚切近似分析解法。

1967—1968年间,苏联的克雷洛夫院士研究得出了弹丸运动微分方程的数值积分方法,它在21世纪初用于弹道计算,此解法中的龙格—库塔法是今天应用计算机求解弹道的主要数学基础。

关于刚体弹丸的角运动问题,21世纪初俄罗斯弹道学家马也夫斯基及其学生萨波茨基研究了小章动角时的情况,导出了具有较大实用值的膛线缠度公式。德国外弹道学家克朗茨,英国的福勒、盖卜、利彻蒙和劳克等弹道学家,对刚体弹丸角运动的研究和应用均作出了较大的贡献。

20世纪50年代以来,外弹道学得到了长足的发展。美国弹道学家肯特在第二次世界大战后领导设计、发展并完善了美国弹道研究所靶道,由射击试验获得了弹丸全飞行过程中的闪光照片。英、法、德、瑞典及苏联等国也相继建立了较完善的靶道,由试验得出弹丸的飞行姿态以及测定作用在飞行弹丸上的全部空气动力和力矩,特别是对马格努斯力及力矩的研究不断加深。美国弹道学家戴维、福林及布利哲等确定了新的空气阻力定律。20世纪50年代初,美国弹道学家麦克沙恩在考虑全部空气动力及矩的条件下,首先提出了动态稳定性的概念。戴维斯、墨菲、涅柯纳笛及布加乔夫等弹道学家,对大章动角条件下的非线性弹道理论的研究都作出了一定的贡献,其中20世纪60年代初,墨菲提出的线性动稳定性判据,至今在火炮型号总体设计及试验分析中仍受其益。

1. 外弹道学基础理论的建立

伽利略和牛顿完成了经典力学的体系,它为外弹道学的研究打下了理论基础和正确的研究方法,为18世纪外弹道学的发展,提供了条件。

2. 18 世纪质点外弹道学

18 世纪是质点外弹道学的形成时期。质点外弹道学的古典问题是研究抛射体的轨迹，即它飞过空中的路线，特别着重于弹着点及其准确度的研究。质点外弹道学研究的主要内容是重力、空气阻力和数学方法。重要成绩如下：

1）空气阻力研究，牛顿、惠更斯、柏努力均研究认为空气阻力与速度平方成正比；罗宾斯发明了弹道摆（测速装置），由此可测速度。1784 年，法国科学家拉普拉斯认为空气阻力与空气的突然压缩增加的弹性有关，他第一个给出了空气压力、密度、比热比表示声速的精确表达式，他在流体力学中，引入了压缩性的概念。

2）外弹道学实验技术的发展，对研究起了促进作用，弹道摆、温度计和气压计可测地面气温、气压等，这些推动了质点外弹道学发展。

3. 19 世纪质点外弹道学的发展与刚体外弹道学的产生

主要成果：

1）空气阻力研究进一步深入，开始由球形弹丸改为研究长圆形弹丸；一些实验手段，如测速仪、低速风洞等，使气动力研究深入，拉瓦尔喷管的发明，为研究超声速空气阻力奠定了基础。

2）弹道气象学的研究：各类探空气球的发明使用，获得了实测数据，出现了大气密度与温度随高度变化的模型，为外弹道计算打下了基础。

3）外弹道实验技术的发展：各类探空气球、测速装置（1842 年惠斯通用铜丝靶测速）、1871 年第一个旋转摇臂式低速风洞出现、一些靶场出现（俄国的乌尔克夫、法国的加夫尔、德国的茂喷、英国的麦兹等靶场），1891 年，俄国弹道学家巴什克维奇和泊克林编写了《实验外弹道学》一书。

4）外弹道学理论得到发展：各类近似解法，其中包括著名的西亚切解法，出版了一大批外弹道学研究的著作。1853 年，俄国成立第一个外弹道教授会。

5）刚体外弹道学的产生：当时由于炮兵技术的发展，出现了线膛炮与长圆形弹丸，这些弹丸与球形弹丸出现了不同的两种射击现象：一是有些弹丸出炮口后在飞行中会翻滚，造成很大散布；二是右旋膛线火炮射击的弹丸，系统地偏向射面右方。这两种现象的出现预示着刚体弹道的出现。人们开始研究飞行稳定性问题，开始研究各类飞行过程力学模型（有名的欧拉形式刚体运动方程联解），开始研究作用在弹丸上的各种力（如马格努斯力等）。

但受当时各方面条件所限，刚体弹道在力学模型、求解方法、作用力系的深入研究、稳定性判据与分析等方面均不成熟。

4. 刚体弹道发展时期的突出成绩

从 20 世纪初到 70 年代，是外弹道学深入发展时期，逐渐形成了刚体外弹道学理论体系与各种测试技术。主要特点及成绩有：

1）进一步研究长圆形旋转弹丸的空气阻力：超声速下阻力、超声速风洞、减阻外形、阻力形成的物理原因（各类波、粘性、压缩性等）各类阻力定律。

2）大气结构研究与标准气象条件的确定：弹道气象学的出现，使外弹道应用精度大大改善。

3）完整、系统的实验条件的建设：测飞行姿态纸靶法、超声速风洞（在美国弹道研究所冯·卡门建议下，1946 年美国建了第一个超声速风洞）、现代靶道（英国 1924 年、美国 1947 年）、各类电子设备（雷达）等。

4）数值计算在外弹道学中的应用：一些数值计算方法，特别是电子计算机的出现，对外弹道学应用与发展促进极大。

5）刚体弹道飞行稳定性研究：稳定性判据、非线性问题等。

6）完整射表的编制方法与修正理论研究：射表的出现，使实际中射弹的射击精度上升到新的水平，它的完成也必须有数值计算、测试技术等为基础。

5. 现代技术条件下外弹道学发展时期

从 20 世纪 80 年代至今，是外弹道新的发展时期，其特点是许多高新技术的出现、应用，产生了许多新型弹箭，对应一些新的飞行原理、新的飞行现象，给外弹道学提出了许多新问题，也增加了许多新内容，应当说还有许多工作目前仍处于继续深入研究之中、有的甚至几乎至今没有深入研究（如水中弹道、高空弹道等），主要特点表现在：

1）精确打击弹药（灵巧弹药），给外弹道提出了新问题。

2）远程弹箭技术，给外弹道提出了新问题。

3）一些特殊弹箭的外弹道技术：装液弹、水中弹药、子母弹药、大长细比弹药、非圆截面弹箭等。

4）外弹道优化设计，使弹药性能改善。

5）弹丸发射动力学。

6）新的弹箭给测试提出了更高要求，外弹道测试技术全球定位系统（Global Positioning System，GPS）、遥测（光电、微电机）等；模拟技术、小子样与新的检验标准，等等；新型弹箭（如精确打击弹箭）的试验检验方法等。

2.4　内弹道学基础知识

2.4.1　武器发射基本原理

武器是产生射击现象的基础，不同构造和性能的武器必然产生不同的射击现象。各种枪、火炮、火箭和导弹，它们之间有明显的差别。按发射原理可将它们分成三类。

1. 密闭发射原理

像线膛炮和滑膛炮这类武器，发射过程中在弹底出膛口前整个装置处于密闭状态，如图 2-14 所示。燃气在推动弹丸向前运动的同时炮身后坐，研究这类火炮发射现象及其规律的科学称为火炮内弹道学。

2. 作用与反作用原理

在高压容器的一端开孔，装上拉瓦尔喷管，当气体从喷管中流出时，沿着气流相反的方向产生反作用力，通常称为推力，推动装置向前运动，如图 2-15 所示。

图 2-14 密闭发射原理示意图

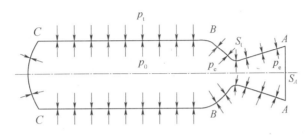

图 2-15 作用与反作用原理

推力的大小与气体的流速有关。研究这种装置发射现象及规律的科学叫火箭内弹道学或发动机原理。

3. 无坐力发射原理

将密闭发射原理与反作用原理相结合，射击过程中膛内火药气体推动弹丸向前运动的同时，又从喷管流出，前者使炮身产生反坐力，后者使炮身产生反后坐力，从理论上可以达到炮身既不后坐也不前冲，所以无坐力炮实际上是火炮和火箭发动机的结合体，如图2-16 所示。

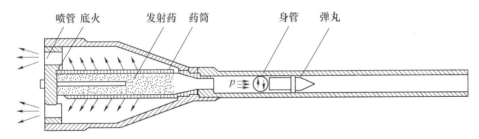

图 2-16 无坐力炮发射原理

研究有气体流出时的发射现象及其规律的科学称为特种武器内弹道学。

2.4.2 火炮内弹道学

内弹道学理论是解决弹药发射的理论，具有代表性的理论有经典内弹道学理论和近代内弹道学理论两种。

经典弹道学理论主要针对膛压不太高，装填密度不大或 $\omega < 1$ 的情况下，弹后空间混合气体密度、流速、压力等梯度均比较小，纵向压力波的影响不甚明显，膛内混合气体接近线性分布，采用弹后空间瞬间平均值代替实际分布值，用常微分方程和代数方程的结合基本方程描述内弹道过程，计算比较简单。

近代内弹道学理论是针对高膛压（600MPa 以上）、高初速（1100m/s 以上）、高装填

密度或 $\omega >1$ 的高性能武器，发射过程中膛内混合气体的密度、流速、压力梯度均比较大，纵向压力波的影响也较为显著，增加了气流参量的不均匀性，且所涉及的物理参量比较多，描述这些参量的基本方程是偏微分方程和代数方程的组合，只能借助于电子计算机求解。

由于未来战争对武器提出了更高的要求，特别是反坦克导弹和防空武器的发展，不仅要求新一代常规火炮的内弹道性能明显高于现有火炮，而且还要在发射原理等方面有新的突破。因此，近几年来，内弹道学的发展非常迅速。

内弹道理论研究已不再停留在经典方法上，实验研究上已完成对难以测试的膛内现象及参数的规律或数值的定性定量测定，寻找合适的发射能源，用以提高弹丸的初速，使现行火炮成为一种高速发射装置。实验结果表明，液体发射药、电能、电磁能、化学反应能、轻质气体等都能作为发射工质而且是高速发射工质，目前已完成液体发射药火炮、电热炮、电磁炮等发射原理火炮的实验或设计工作的内弹道循环研究，电磁炮可使弹丸速度达 $2000\sim6000\text{m/s}$；供战略使用的武器可达 10000m/s；电弧加热火炮可将弹丸加速至 $4300\sim5000\text{m/s}$；化学反应加热火炮中弹丸可获得近 4000m/s 的初速，这些又都促进了新式武器的发展和更新换代。所以，内弹道学这门应用科学是随着发射武器的发展而发展的。

2.4.3 火炮内弹道系统

以最典型的线膛火炮为例来介绍火炮身管武器的几个主要部件。

1. 身管

火炮身管是一根能承受极高压力的厚壁金属管，通常在接受发射药点火的一端密闭，它的大致结构如图 2-17 所示。

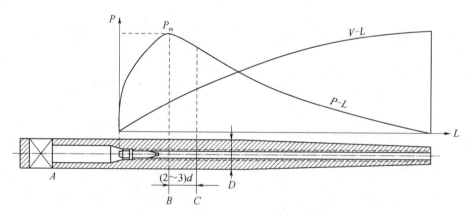

图 2-17 典型火炮身管

在射击过程中，身管为弹丸提供了支撑和导向作用。受身管限制的高压燃气，膨胀做功，给弹丸以推进作用。身管中炮闩前端容纳装药及其元件的部分称为药室。药室前端呈锥形部分区域称为坡膛，向前接合于膛线起始部。内弹道学中，通常所说的药室容积是指弹丸装填到位后，弹后部药室中放置装药的空间容积。

根据弹丸飞行稳定的不同方法，炮膛结构也完全不同。对于弹丸旋转稳定的火炮，炮膛内刻有膛线，这是多条螺旋形的凹槽，导引弹丸在特定的速度下产生旋转。对于弹丸用尾翼稳定的火炮，炮膛内没有膛线，在弹丸挤进和运动的过程中，它的受力情况与线膛火炮的情况也稍有不同。

2. 炮闩

炮闩一般由闭锁装置、击发机构、抽筒装置、半自动机构和放闩装置组成，大致结构如图 2-18 所示。

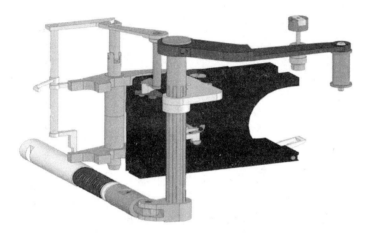

图 2-18　炮闩结构仿真图

炮闩的核心部件是闩体，与其他内外机构联合作用，完成闭锁炮膛，实施击发发射炮弹，抽出药筒等三大功能。

3. 弹丸

弹丸是射击中用于直接完成战斗任务的弹药部件。典型弹丸结构如图 2-19 所示。

通常，滑膛炮的弹丸装有尾翼以保持飞行稳定。线膛炮弹丸的弹体上则嵌压有软金属或非金属的弹带，它在膛内起定心作用，并使弹丸同炮膛紧密配合以防燃气泄漏，弹带嵌入膛线后，使弹丸产生旋转。为了适应现代战争的需要，现在已出现了用线膛火炮发射尾翼稳定脱壳穿甲弹的新型弹种。

4. 药筒

药筒主要用来盛装发射装药，连接弹丸和底火，在发射过程中密闭火药气体，同时在装填过程中轴向定位。按照制作药筒的材料，药筒可分为金属药筒、非金属药筒、金属和非金属结合药筒，按照装填方式可分为定装式药筒和分装式药筒，图 2-20 为典型的瓶型药筒构造。

5. 发射装药

发射装药是为满足一定内弹道性能要求及射击要求，由发射药及必要的辅助部件按一定结构组成的用于一次性发射的组合件。

发射装药按照用途可分为战斗用发射装药、试验用发射装药和训练用发射装药；按使

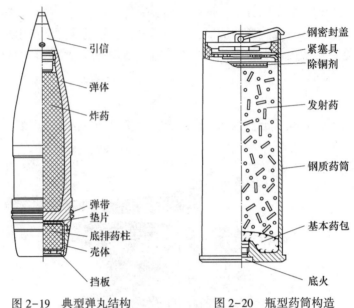

图 2-19　典型弹丸结构　　图 2-20　瓶型药筒构造

用弹丸获得的速度可分为全装药、减装药和特种装药；按照炮弹的装填方式可分为定装式、药筒分装式和药包分装式。一般情况下，发射装药的基本组成如图 2-21 所示。

发射装药由发射药、除铜剂、消焰剂、点火药、护膛剂等组成。

6. 底火

底火是利用机械能或电能激发以引燃发射药或传火药的引燃性火工品，如图 2-22 所示。它是发射装药传火序列第一级火工品。

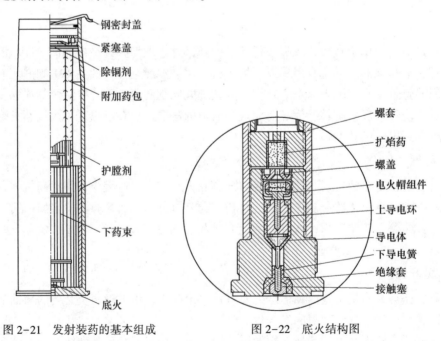

图 2-21　发射装药的基本组成　　图 2-22　底火结构图

2.4.4　膛内射击过程

膛内射击过程中会发生极其复杂的物理化学变化，根据这种变化的主要特征不同，可以将射击过程分为点火传火过程、挤进膛线过程、弹丸在膛内运动过程以及后效作用过程等，这四个过程不是相互独立的，而是相互作用，甚至是相互重叠的。

1. 点火传火过程

后膛炮弹从炮尾装入并关闭炮闩后，便处于待发状态。射击是从点火开始，通常是利用机械作用使火炮的击针撞击药筒底部的底火，使底火药着火，底火药的火焰又进一步使底火中的点火药燃烧，产生高温高压的气体和灼热的小粒子，并通过小孔喷入装有火药的药室，从而使火药在高温高压的作用下着火燃烧，这就是所谓的点火过程。

2. 挤进膛线过程

在完成点火过程后，火药燃烧，产生大量的高温高压气体，并推动弹丸运动。由于弹丸的弹带直径略大于膛内的阳线直径，因而在弹丸开始运动时，弹带是逐渐挤进膛线的，阻力不断增加，而当弹带全部挤进（嵌入）膛线后，阻力达到最大值，这时弹带被划出沟槽并与膛线完全吻合，如图 2-23 所示，这个过程称为挤进膛线过程。

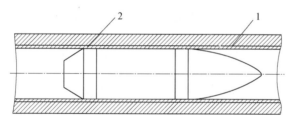

图 2-23　弹丸在炮膛内运动
1—膛线；2—弹带嵌入

3. 弹丸在膛内运动过程

弹丸的弹带全部挤进膛线后，阻力急剧下降。随着火药的继续燃烧，不断产生具有很大做功能力的高温高压气体。在这样的气体压力作用下，弹丸一方面沿炮管轴线方向向前运动，另一方面又沿着膛线做旋转运动。在弹丸运动的同时，正在燃烧的火药气体也随同弹丸一起向前运动，而炮身则向后运动。所有这些运动都是同时发生的，它们组成了复杂的膛内射击现象。随着这种过程的进行，膛内气体压力从起动压力 p_0 开始，升高到最大膛压 p_m 后开始下降，而弹丸的速度不断增加，在弹底到达炮口瞬间，弹丸的速度称为炮口速度，而后弹丸离开炮口在空中飞行，压力和速度随行程的变化关系如图 2-24 所示。

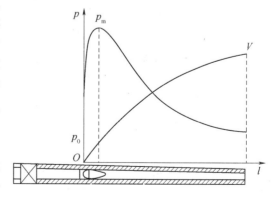

图 2-24　压力和速度随行程的变化关系

4. 后效作用过程

当弹丸射出炮口以后，处在膛内的高温高压的火药燃气以极高的速度从膛内流出。在膛外急速膨胀，超越并包围弹丸，形成气动力结构异常复杂的膛口流场。这种高速气流将对武器系统产生两种后效作用：一种是对火炮身管的后效作用，即由高速气体流出而对炮身产生反作用推力，使炮身继续后坐。当膛内外流动达到平衡时，炮身的后坐速度达到最大值，对炮身的后效作用也到此结束。一般情况下，在后效作用阶段膛内火药已全部燃烧结束，膛内的流动是一种纯气体的流动。另一种是对弹丸的后效作用。在这一过程中，弹丸虽然已射出炮膛，但膛口的高速气流对弹丸的运动仍然产生影响。射击过程中压力随时间和行程的变化如图 2-25、图 2-26 所示。

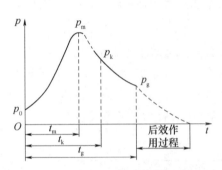
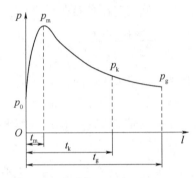

图 2-25　射击过程中压力随时间变化曲线（p-t）　　图 2-26　膛内压力-行程曲线（p-l）

从射击过程可以看出，膛内射击现象包括火药燃烧、燃气生成、状态变化、能量转换和弹丸运动等射击现象，下面将分别讨论反映这些现象的内弹道基本方程，然后用内弹道基本方程组，将整个膛内射击现象综合起来。

2.4.5　火药气体状态方程

膛内火药燃烧产生的大量气体，常用火药气体状态方程来描述，火药气体状态方程是联系火药气体压力、温度与比容之间关系的基本方程，要研究内弹道规律，必须先要确定膛内火药气体的状态方程。

真实火药气体状态方程用范德瓦尔方程来描述：

$$\left(p + \frac{a}{W^2}\right)(W - \alpha) = RT \tag{2-1}$$

式中，a 为反映分子间吸引力的常数；W 为火药气体的体积；p 为火药气体压力；T 为火药气体温度；α 为考虑气体分子斥力作用范围的一个修正量，在压力不高时大约等于气体分子本身体积的 4 倍。在内弹道学中称为余容。

R 为气体常数，1kg 火药气体在一个大气压下，温度升高一度对外膨胀所做的功。单位为 kJ/（kg · ℃）。

由于火药气体的温度很高，分子间的引力相对很小，所以式中 $\frac{a}{W^2}$ 项可以略去，状态方程可简化为：

$$p(W - \alpha) = RT \tag{2-2}$$

此式即为克劳修斯（Clausius）状态方程。

利用密闭气体爆发器试验，若已燃火药相对重量为 ψ 时，则可得到密闭条件下的火药气体状态方程：

$$p_{\psi} = \cfrac{\omega \psi RT}{W_0 - \cfrac{\omega}{\delta}(1 - \psi) - \alpha \omega \psi} = \frac{\omega \psi RT_1}{W_{\psi}} \tag{2-3}$$

式中，W_0 为密闭容器容积；δ 为火药密度；ω 为装药量；T_1 为火药气体爆温；W_{ψ} 为药室的自由容积。

$$W_{\psi} = W_0 - \frac{\omega}{\delta}(1 - \psi) - \alpha \omega \psi \tag{2-4}$$

在此基础上，当内膛全长为 l，可推导出射击情况下的火药气体状态方程：

$$Sp(l + l_{\psi}) = \omega \psi RT \tag{2-5}$$

其中，$l_{\psi} = \dfrac{W_{\psi}}{S} = \dfrac{W_0}{S}\left[\left(1 - \dfrac{\Delta}{\delta}\right) - \left(\alpha - \dfrac{1}{\delta}\right)\Delta\psi\right]$，$l_{\psi} = l_0\left[1 - \dfrac{\Delta}{\delta} - \left(a - \dfrac{1}{\delta}\right)\Delta\psi\right]$，$l_0 = \dfrac{W_0}{S}$，$l_{\psi}$ 为已燃火药相对量 ψ 时的弹丸行程；S 为火炮的炮膛横断面积；W_0 为药室容积。

这样得到不同燃烧时刻火药气体的压力和已燃火药相对量之间的关系。但是不同时刻已燃火药的 ψ 和哪些因素有关呢？在经典弹道学中假设火药的燃烧遵循几何燃烧定律（火药的燃烧过程可以认为是按药粒表面平行层逐层燃烧的），由于膛内压力 p 与 ψ 有关。因此，膛内压力随时间的变化率 $\mathrm{d}p/\mathrm{d}t$ 也必然与 ψ 随时间的变化率 $\mathrm{d}\psi/\mathrm{d}t$ 有关。在几何燃烧定律假设条件下，通过研究单个药粒的燃烧研究所有药粒的燃烧规律。推导出 $\dfrac{\mathrm{d}\psi}{\mathrm{d}t} = \chi\sigma\dfrac{\mathrm{d}Z}{\mathrm{d}t}$，其中火药形状特征量 $\chi = \dfrac{S_1 e_1}{\Lambda_1}$，相对燃烧面积 $\sigma = S/S_1$，相对燃烧厚度 $Z = e/e_1$，Λ_1 是单体药粒的原体积，单体药粒的起始表面积为 S_1，起始厚度为 e_1，经过时间 t 燃烧以后正在燃烧的药粒表面积为 S。这就是火药气体生成速率的表达式。它说明对于一定形状和尺寸的火药，气体生成速率的变化规律仅仅取决于火药的燃烧表面和火药燃烧速度的变化规律。

对于一定形状的火药，已燃相对厚度 Z，相对燃烧面积 σ 和已燃相对重量 ψ 之间必然存在着一定的函数关系，如果以 Z 为自变量，则 $\sigma = f_1(Z)$，$\psi = f_2(Z)$，即称 f_1 和 f_2 为形状函数。

$$\sigma = 1 + 2\lambda Z + 3\mu Z^2 \tag{2-6}$$
$$\psi = \chi Z(1 + \lambda Z + \mu Z^2) \tag{2-7}$$

其中，药粒的长、宽、厚分别为分别为 $2c$，$2b$ 和 $2e_1$，再令 $\alpha = \dfrac{e_1}{b}$，$\beta = \dfrac{e_1}{c}$，$Z = \dfrac{e}{e_1}$，则：

$$\lambda = -\frac{a + \beta + a\beta}{1 + a + \beta}, \mu = \frac{a\beta}{1 + a + \beta} \tag{2-8}$$

上述研究表明，火药气体生成量只与火药的种类和形状有关系。

射击时，火药燃烧产生的大量高温高压气体对外释放做功，产生了各种运动的形式。其中只有弹丸直线运动所具有的能量 E_1，即弹丸的动能 $\frac{1}{2}mv^2$ 是有用功，其余都是无用功，m 是弹丸的质量；有用功和总功与其他功的关系用能量平衡方程表示：

$$sp(l_\psi + l) = f\omega\psi - \frac{\theta}{2}\varphi mv^2 \tag{2-9}$$

式（2-9）也是内弹道基本方程之一，此方程较集中地反映了膛内各物理量之间的关系，其中：$\frac{f\omega\psi}{\theta}$ 反映了火药燃烧所释放出的总能量；$\frac{\varphi}{2}mv^2$ 反映了火药气体所完成的各种功；而 $\frac{sp(l_\psi + l)}{\theta}$ 则代表火药气体的势能。

再考虑弹丸运动方程 $\frac{\mathrm{d}v}{\mathrm{d}t} = \frac{Sp_d}{\varphi_1 m}$、火药燃烧速度定律的三种形式：二项式 $u = a + bp$，指数式 $u = Ap^v$，正比式 $u = u_1 p$、弹丸运动速度定律以及膛内火药气体压力分布规律 $p_x = p_d\left[1 + \frac{\omega}{2\varphi_1 q}\left(1 - \frac{x^2}{L^2}\right)\right]$，其中 p_d 为弹底压力，φ_1 为次要功系数，q 为弹丸重量，即构成了经典弹道学的理论基础。

2.5 外弹道学基础知识

弹丸在飞行过程中，由于受到发射条件、大气条件以及弹丸本身各方面因素的干扰，所以呈现出复杂的运动规律。按照外弹道学研究的历史过程，可以将其分成质点弹道学和刚体弹道学两大部分。

质点弹道学是在一定的基本假设下，略去对弹丸运动影响较小的一些力和全部力矩，把弹丸当成一个质点来看待，研究其在重力、空气阻力和推力作用下的运动规律。质点弹道学的作用在于研究此简化条件下的弹道计算问题，分析影响弹道的诸因素，并初步分析形成散布和产生射击误差的原因。

刚体弹道学则是考虑弹丸所受的全部力和力矩，把弹丸当作刚体，研究其质心运动、围绕质心的角运动以及两者之间的相互影响。刚体弹道学的作用在于解释飞行中出现的各种复杂现象，研究弹丸稳定飞行的条件，形成散布的机理及减少散布的途径，刚体弹道学还用来精确计算弹道或应用于编拟射表。

2.5.1 空气阻力

2.5.1.1 空气状态方程与虚温

空气可近似看成理想气体。因此其状态方程可用理想气体状态方程来表示：

$$p = \rho RT \tag{2-10}$$

式中，p 为空气的压力（Pa）；ρ 为空气密度（kg/m³）；T 为空气热力学温度（K）；R 为空气气体常数，对于干空气，实验值 $R = 287\text{J}/(\text{kg} \cdot \text{K})$，实际空气常是含有水蒸气的湿空气，可视为干空气与水蒸气的组合，因此尚须对湿空气状态方程中的量做进一步的研究。由实验得知，水蒸气的气体常数 $R_水$ 与干空气的气体常数 R 之间的关系为：

$$R_水 = \frac{8}{5}R \tag{2-11}$$

通过推导可以得到：

$$\rho = \frac{p}{RT\left(1 - \dfrac{3\alpha_1}{8p}\right)} \tag{2-12}$$

引入符号

$$\rho = \frac{p}{R\tau} \tag{2-13}$$

$$\tau = \frac{T}{1 - \dfrac{3\alpha_1}{8p}} \tag{2-14}$$

则 τ 称为虚温，它是把湿空气当作具有相同压力和密度时干空气的等效温度；α_1 为水蒸气分压。在外弹道计算中，如无特殊申明，气温均为虚温。

2.5.1.2 标准气象条件

气象条件不仅随地点而变化，而且在同一地点还随时间和高度而变化。为了便于进行弹道计算和编制弹道表，必须确定一个标准的气象条件。在火炮射击时，则可根据当地的实际气象条件与标准的气象条件偏差大小进行修正。大多炮兵使用的标准气象条件，与国际上通用的标准气象条件是基本一致的。

在无风雨时，气象诸元的地面标准值：

气温：$t_{ON} = 15℃$；　　　　　气压：$p_{ON} = 100\text{kPa} = 0.1\text{MPa}$

水蒸气分压：$a_{ON} = 846.7\text{Pa}$；　　相对湿度：$\varphi = 50\%$

虚温：$\tau_{ON} = 288.9\text{K}$；　　　　大气密度：$\rho_{ON} = 1.206\text{kg/m}^3$

其中，"O" 及 "N" 分别表示地面值和标准值，φ 为相对湿度，它是某温度下水蒸气压力与该温度下饱和蒸汽压力之比。

2.5.1.3 空气阻力表达式

由于空气的粘性及有一定的密度，弹丸在空气中飞行时，它必然给弹丸以力的作用，这就是空气阻力。其中，空气对弹丸的作用力，称为空气动力。它在速度矢量方向的分量，就是一般所说的空气阻力或迎面阻力。

经长期研究，弹丸的空气阻力表达式可用量纲分析的方法得到，可以写为：

$$R_x = \frac{\rho v^2}{2} S C_{x0}\left(\frac{v}{c}\right) \tag{2-15}$$

式中，R_x 为空气阻力，亦称迎面阻力或切向阻力（N），其方向与弹丸质心速度矢量共线反向；ρ 为空气密度（kg/m³）；S 为弹丸迎风面积，亦称弹丸特征面积（m²）。

$$S = \frac{\pi}{4}d^2 \qquad (2-16)$$

d 为弹丸直径，说明弹丸的空气阻力与弹丸的横截面积以及弹丸的动能和空气密度成正比，其比例系数就是空气阻力系数 c_{x0}。空气阻力系数 c_{x0} 的下标 x 表示作用力的方向，0 表示攻角 $\delta = 0$。$c_{x0}(v/c)$ 是一个无量纲量，它是 $Ma = v/c$ 的函数，式中，v 为弹丸相对于空气的速度；c 为声速。当攻角 $\delta \neq 0$ 时，空气阻力系数 $c_{x0}(v/c, \delta)$ 既是 Ma 又是攻角 δ 的函数。对于一定的弹丸，在一定的射击条件下，空气阻力的大小主要取决于阻力系数的数值。对形状相似的弹丸来说，其阻力系数与马赫数的关系曲线是相似的，故常取某一个或某一组弹丸的 $C_x(Ma)$ 曲线作为标准，并称其为空气阻力定律。

而其他弹丸的 $C_x(Ma)$ 关系则以标准弹丸的阻力系数与某一系数的乘积表示，并将该系数定义为弹形系数（i）。

目前，常用的阻力定律有西亚切阻力定律和 1943 年阻力定律等。

空气阻力系数 C_{x0} 可以通过空气阻力定律和弹形系数计算求得。

2.5.2 弹丸质心运动轨迹

2.5.2.1 弹丸的质心运动方程组

弹丸的质心运动方程组是在如下基本假设条件下建立的：

（1）弹丸质量分布均匀，外形对称且其对称轴与质心速度矢量的夹角即攻角为零。

（2）气象条件符合标准气象条件。

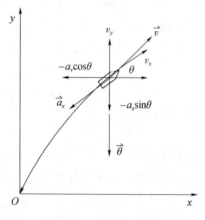

图 2-27 直角坐标系

（3）不考虑地球自转的影响及重力加速度随纬度的变化。

（4）不考虑地球曲率及重力加速度随高度的变化。

由于外形对称且攻角为零，空气阻力矢量必然与弹轴重合。又由于质量分布均匀，故质心必然在弹轴上，因此空气阻力必然通过质心。由于重力总是通过质心的，所以炮弹所受外力均通过质心，即可把弹丸作为质点来研究。

由于标准气象条件中规定无风，空气阻力必然在射击平面内。又因忽略哥氏惯性力影响，因此弹丸受力均在射击平面内，如图 2-27 所示。

在上述基本假设条件下，根据牛顿第二定律可得弹丸直角坐标的质心运动方程组为：

$$\frac{dv_x}{dt} = -CH(y)F(v)\cos\theta = -C\Pi(y)F(v)\cos\theta\frac{\tau_{0N}}{\tau}$$

$$\frac{dv_y}{dt} = -CH(y)F(v)\sin\theta - g = -C\Pi(y)F(v)\sin\theta\frac{\tau_{0N}}{\tau} - g \quad \frac{dx}{dt} = v_x$$

$$\frac{dy}{dt} = v_y$$

$$v = \sqrt{v_x^2 + v_y^2} \tag{2-17}$$

式中，τ 由气温随高度分布的标准定律确定，$C = \dfrac{id^2}{m} \times 10^3$，$C$ 为弹道系数。

其初始条件是：已知 v_0 和 θ_0，$t = 0$，$v_x = v_{x0} = v_0\cos\theta_0$，$v_y = v_{y0} = v_0\sin\theta_0$，$x = y = 0$。

由此得到的这组方程，是最常用于计算机求解弹丸运动规律的弹丸质心运动微分方程组。

2.5.2.2 空气质点弹道的一般特性

（1）速度沿全弹道的变化

在只有重力和空气阻力作用下的弹丸质心速度沿全弹道的变化可用自然坐标的微分方程来分析：

$$\frac{dv}{dt} = -CH(y)F(v) - g\sin\theta \tag{2-18}$$

从式（2-18）可以看出，在弹道升弧，倾角 $\theta > 0$，$\sin\theta \geqslant 0$，则 $\dfrac{dv}{dt} < 0$，因此在弹道升弧上，弹丸速度始终在减少。在弹道顶点，$\theta = 0$，$\dfrac{dv}{dt} < 0$，因而速度继续减少。过顶点后的降弧段 $\theta < 0$，此时 $-g\sin\theta$ 变为正值，可以预见在某一倾角时，$CH(y)F(v) = |-g\sin\theta|$，此时，$\dfrac{dv}{dt} = 0$，速度达极小值，过此点后 $|\theta|$ 将继续增大，速度又开始变大。

（2）空气弹道的不对称性

由于空气阻力的影响，弹道与顶点并不对称，弹道的不对称性和弹丸的形状及质量有关。一般情况下，降弧比升弧陡，升弧段水平距离大于降弧段水平距离，升弧段段飞行时间小于降弧段段飞行时间。

（3）最大射程角

某一弹丸用同一速度射击，其全水平射程最大时所对应的射角，称为该弹丸在该初速时的最大射程角。真空弹道最大射程角为 45°。

空气质点弹道由于空气阻力的复杂影响，最大射程角随弹丸的口径和初速的不同有较大的差异。一般枪弹的最大射程角为 28°～35°，中口径中初速的炮弹最大射程角为 42°～44°，迫击炮弹为 45°，大口径高初速的炮弹最大射程角为 50°～55°。

（4）空气弹道由 c、v_0 和 θ_0 三个变量完全确定

在基本假设条件下，只要给定了初始条件，弹丸质心运动微分方程组的解不仅存在且唯一。

综上所述，在空气动力作用下，弹丸质心的运动轨迹为一条不对称的抛物线。

2.5.3 弹丸上的空气动力与力矩

当弹轴与速度矢量不重合（即攻角不为零）时，弹丸由于迎气流面积大，空气的阻滞作用加强，尤其在超声速时弹头波不对称，迎气流面的激波较背气流面为强烈。在这种

情况下，不论亚声速还是超声速，总阻力均显著增大，空气对弹丸的作用力的合力 R 也不再与弹轴 ξ 及速度矢量 v 共线反向，R 的作用点即压力中心（或称阻心 P）对旋转弹及尾翼弹则分别在弹顶与质心 O' 之间及弹尾与质心 O' 之间，R 的指向不与 ξ 和 v 平行，而是以速度矢量 v 为准向弹顶一方偏离，如图 2-28 所示。

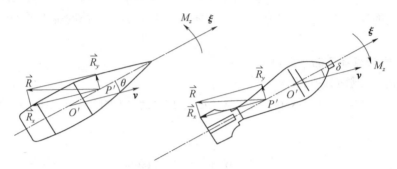

图 2-28　弹丸受到的空气动力及力矩

一方面使 R 在沿速度矢量方向及垂直于 v 的方向分别产生了分量，即切向阻力 R_x 和升力 R_y；另一方面 R 对质心产生了力矩 M_z（称为静力矩）。除此之外，由于弹丸的旋转——绕极轴（即弹轴）和绕赤道轴（即通过质心且垂直与弹轴的某一轴）的转动等原因，又产生了极阻尼力矩 M_{xz}、赤道阻尼力矩 M_{zz}、马各努斯力 R_z 和马各努斯力矩 M_y 等空气动力与力矩。

2.5.4　弹丸飞行稳定性

所谓弹丸飞行稳定性，是指弹丸在飞行中受到扰动后其攻角能逐渐减小，或保持在一个小角度范围内的性能。实际上，稳定飞行是对弹丸的基本要求。如果不能保证稳定飞行，攻角将很快增大，此时不但达不到预定射程，而且会使落点散布也很大。

理想弹道是指弹丸飞行中章动角始终为零，也就是弹轴始终与弹道切线重合的情况，理想弹道的弹丸运动规律是完全可以预知的。实际弹丸的飞行总是偏离理想弹道的，主要有两方面的原因：一方面是火炮射击时的地形、气象、初速等与标准不同造成的；另一方面则是由于弹丸的起始扰动，即弹轴不与运动矢量线完全重合，章动角不为零造成的。

为使弹丸保持飞行稳定，通常采用尾翼稳定方法和旋转稳定方法。尾翼稳定的弹丸（迫击炮弹、脱壳穿甲弹、张开式尾翼弹）主要是通过弹后尾翼的作用使空气阻力的中心移到质心的后面，从而使空气阻力对质心形成的阻力矩成为一个稳定力矩，它力图使章动角 δ 减小。这样的尾翼弹称为静态稳定弹。根据实践可知，当尾翼弹的阻心和质心的距离与全长的比值为 10%～15% 时，就能保证它具有良好的静态稳定性。

线膛火炮发射的旋转稳定的弹丸主要依靠其绕对称轴的高速旋转。旋转弹当有章动角时，其空气阻力中心在弹丸质心前方，将产生一个翻转力矩使 δ 增大。但在一定阻力矩条件下，只要转速高于某个数值，弹丸将不会因翻转力矩的作用而翻转，而是围绕某一个平均位置旋转（进动）与摆动（章动），这就是所谓的陀螺稳定性。这样的弹丸虽不具有静态稳定性，但是具有陀螺稳定性。

此外，实际弹道是弯曲的，速度矢量线由向上逐渐向下转动。为保证弹轴沿全弹道都与速度矢量线重合或接近重合，转速又不能太高，以保证弹轴以小于最大允许动力平衡角（δ_{pm}）跟随弹道切线向下转动，此特性称为追随稳定性。

对于尾翼弹，凡是静态稳定的必具有追随稳定性；对于旋转弹，陀螺稳定性是追随稳定性的必要条件，如图 2-29 所示。

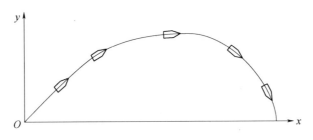

图 2-29　弹丸的追随稳定性

在弹道上，具有静态稳定性的尾翼弹或具有陀螺稳定性和追随稳定性的旋转弹，其弹轴相对弹道切线的摆动虽是周期性的，但因条件的不同，其摆动幅值可能是逐渐衰弱或逐渐增大。显然幅值逐渐增大是不希望的，它必然导致密集度变坏。摆动幅值沿弹道衰减的弹丸称为具有动态稳定性的弹丸。

弹丸在飞行中的弹头始终向前，弹丸轴线与弹道切线的夹角（章动角）始终小于某一定的极限值，这样的弹丸就是常说的飞行稳定性良好的弹丸，尾翼弹必须是静态稳定的，旋转弹必须是同时具有陀螺稳定性和追随稳定性。不管尾翼弹还是旋转弹，起始摆动幅值均不应超过某个极限，而且沿全弹道必须是动态稳定的。

第3章 榴弹与毁伤

3.1 榴弹概述

榴弹是弹丸内装有猛炸药，主要利用爆炸时产生的破片和炸药爆炸的能量以形成杀伤及爆破作用的弹药的总称。杀伤弹、爆破弹和杀伤爆破弹统称为榴弹。

榴弹是弹药家族中普通平凡又神通广大的元老级成员，属于战术进攻型压制武器。发射后，弹上引信适时控制弹丸爆炸，用以压制、毁灭敌方的集群有生力量、坦克装甲车辆、炮兵阵地、机场设施、指挥通信系统、雷达阵地、地下防御工事、水面舰艇群等目标。通过对这些面积较大的目标实施中远程打击，使其永久或暂时丧失作战功能，达到消灭敌人或延缓敌方作战行动的目的。

榴弹的发展尤以杀伤爆破榴弹（简称杀爆弹）最为典型突出，下面以旋转飞行稳定杀爆弹为例，说明杀爆弹的发展演变过程。

1. 弹体外形的演变

弹体外形的演变以提高弹药射程为目标，其演变过程为从平底远程型弹形、底凹远程型弹形、枣核弹形、底排弹，最终发展到复合增程弹，经历了五个发展阶段。

2. 增程方式的演变

增程方式的演变以扩大增程效果为目标。仅通过弹形的改变提高杀爆弹的射程，增程效果是有限的。实际上弹形的演变是与相应的增程技术同步发展并成熟起来的。底排减阻增程技术和火箭助推增程技术集中应用在155mm、130mm口径杀爆弹的平底远程型弹形或"枣核"形上，大幅度拓展了炮兵作战的纵深，成为新型远程弹中的宠儿。

3. 破片形式的演变

破片形式的演变以提高杀伤威力为目标。杀爆弹弹体爆炸后自然形成大量破片，其飞散速度可达900～1200m/s。早期的杀爆弹主要是利用破片动能实现侵彻性杀伤。由于自然破片形状与质量的无规律性，破片速度衰减得相当快，限制了杀爆弹的有效杀伤范围。

随之而来的改进措施是，将预定形状与质量的钢珠、钢箭、钨球、钨柱等预制破片装入套体，安装在杀爆弹弹体的外（或内）表面。杀爆弹爆炸后，预制破片与自然破片共同构成破片杀伤场。由于预制破片飞行阻力的一致性，带预制破片的杀爆弹将在设定的范围内有较密集的杀伤效果，全弹的杀伤威力有较大程度的提高。

进一步的改进措施是，根据爆炸应力波的传播规律，在弹体外（或内）表面上按照预先设计刻出槽沟，从而在杀爆弹弹体爆炸后产生形状与质量可控的破片；也可以采用激光束或等离子束等区域脆化法，在弹体的适当部位形成区域脆化网纹，从而确保弹体在爆炸后按照预定的规律破碎，产生可控破片。

4. 炸药装药的演变

炸药装药的演变以提高杀伤、爆破威力为目标。炸药类型和爆轰能、弹丸炸药装填系数和装药工艺等，直接影响着杀爆弹的威力和对目标的毁伤效果。对于同样的弹体，将 TNT 炸药改为 A-ⅠX-2 炸药后，对目标的毁伤效能会有显著的提高。同样，B 炸药和改 B 炸药用到杀爆弹中，杀爆弹的杀伤威力和爆破威力均会有很大程度的提高。

5. 弹体材料的演变

弹体材料的演变以提高杀伤、爆破威力为目标。杀爆弹早期使用 D50 或 D60 弹钢材料，目前基本上由 $58S_iM_n$、$50S_iM_nVB$ 等高强度、高破片率钢材所取代。与新型炮弹钢和高能炸药的匹配使用，使杀爆弹的综合威力得到显著提高。

3.2　榴弹分类

1. 按作用原理

按作用原理，可分为杀伤榴弹、爆破榴弹、杀伤爆破榴弹。

1）杀伤榴弹：侧重杀伤效能的榴弹。

2）爆破榴弹：侧重爆破效能的榴弹。

3）杀伤爆破榴弹：兼顾杀伤、爆破两种效能的榴弹。

2. 按对付的目标

按对付的目标，可分为地炮榴弹、高炮榴弹。

1）地炮榴弹：用以对付地面目标的榴弹。

2）高炮榴弹：用以对付空中目标的榴弹。

3. 按发射平台

按发射平台，可分为一般火炮榴弹、迫击炮榴弹、无后坐力炮榴弹、枪榴弹、小口径发射器榴弹、火箭炮榴弹、手榴弹。

4. 按弹丸稳定方式

按弹丸稳定方式，可分为旋转稳定榴弹、尾翼稳定榴弹。

3.3　榴弹基本结构

榴弹一般由弹丸、药筒、发射装药和底火组成。

弹丸由引信、弹体、弹带、炸药装药和稳定装置等组成，如图 3-1 所示。

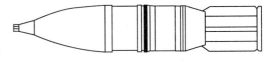

图 3-1　杀伤爆破弹弹丸外形图

3.3.1 榴弹弹丸

3.3.1.1 引信

榴弹主要配用触发引信，在需要时也配用时间引信和近炸引信。

1. 触发引信

触发引信又分为机械触发引信和机电触发引信，一般具有瞬发、惯性和延期三种装定。

（1）机械触发引信

机械触发引信是指靠机械能解除保险和作用的触发引信。一般由机械式触发机构、机械式安全系统和爆炸序列等组成。当引信与目标碰撞后，引信的机械触发机构输出一个激发能量引爆第一级火工品从而引爆爆炸序列，继而使战斗部起爆。机械触发引信常用于各类炮弹、火箭弹、航空炸弹及导弹上。

典型机械触发引信构造如图 3-2 所示。

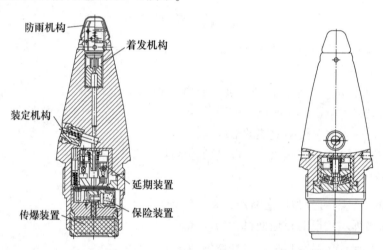

防雨机构　着发机构　装定机构　延期装置　传爆装置　保险装置

图 3-2　典型机械触发引信构造

（2）机电触发引信

机电触发引信是指具有机械和电子组合特征的触发引信。一般由触发机构、安全系统、能源装置和爆炸序列组成。当引信与目标碰撞后，引信的触发机构或能量转换元件（如压电晶体）输出一个激发能量引爆传爆序列、第一级火工品，从而引爆爆炸序列，继而使战斗部起爆。机电触发引信的电源可以采用物理电源、化学电源等，其发火机构可以是机械发火机构或电发火机构。主要应用于破甲战斗部、攻坚战斗部等。

（3）引信装定

1）瞬发触发引信，简称瞬发引信。直接感受目标反作用力而瞬时发火的触发引信。其发火机构位于弹头引信或弹头激发弹底起爆引信的前端，发火时间与具体结构有关。采用针刺雷管发火机构的发火时间一般在 $100\mu s$ 左右；采用针刺火帽发火机构的发火时间不超过 $1000\mu s$；采用压电元件的压电发火机构的发火时间与发火电压建立时间及电雷管作用时间有关，为 $40\sim100\mu s$；采用储能元件的电力发火机构的发火时间与闭合开关的时间及电雷管作用时间有关，为 $25\sim50\mu s$。瞬发引信广泛配用于要求高瞬发度的战斗部，如破甲战斗部、杀伤战斗部和烟幕战斗部等。

2）惯性触发引信是指利用碰击目标时的前冲力发火的触发引信。通常由惯性发火机构、安全系统和爆炸序列组成。惯性作用时间一般在 $1\sim5ms$。常配用于爆破弹、半穿甲弹、穿甲弹、碎甲弹、手榴弹和破甲弹或子母弹的子弹。

3）延期触发引信，简称延期引信。装有延期元件或延期装置，触碰目标后能延迟一段时间起作用的触发引信。延期元件或延期装置可采用火药、化学或电子定时器。按延期方式可分为固定延期引信、可调延期引信和自调延期引信。固定延期引信只有一种延期时间；可调延期引信的延期时间可在某一范围内调整，发射前根据需要装定；自调延期引信的延期时间，随目标阻力的大小及阻力作用时间的长短而自动调整。按延期时间的长短又可分为短延期引信（延期时间一般为 $1\sim5ms$）和长延期引信（延期时间一般为 $10\sim300ms$）。有些触发引信的发火机构利用侵彻目标过程接近终结时前冲加速度的明显衰减而发火，虽然它的作用与时间并无直接关联，但习惯上仍称这种引信为自调延期引信。

4）多种装定引信，它兼有瞬发、惯性和延期三种或其中两种作用，这种引信需在射击装填前根据需要进行装定。

2. 时间引信

时间引信，又称定时引信。按使用前设定的时间而作用的引信。根据定时原理分为电子时间引信、机械时间引信（又称钟表引信）、火药时间引信（又称药盘引信）、化学定时引信等，主要由定时器、装定装置、安全系统、能源装置和爆炸序列组成。时间引信在引信发展史中占有重要地位，最早出现的引信即时间引信，至今仍与触发引信、近炸引信并列为引信的三个最主要类型。多数时间引信以发射（投放、布设）为计时起点，但也有以碰撞地面为计时起点，如某些定时炸弹引信。尽管可以通过设定时间取得引信在预定高度或目标附近作用的效果，但是时间引信的起爆取决于外界干预，与目标之间没有必然联系。时间引信的时间按一定步长基准连续地调整。为引信设定作用时间或作用方式称为"装定"。一般在即将使用前依据使用要求装定。定时炸弹引信的装定范围为几分钟至几天，典型炮弹引信可在 $0.5\sim200s$ 装定，装定步长 $0.1s$。定时精度由低到高依次是化学、火药、机械和电子。钟表引信误差约为装定时间的百分之几，炮口感应装定电子时间引信误差在 $1ms$ 以下。时间引信可以用于子母弹、干扰弹、照明弹、宣传弹、发烟弹、箭霰弹等特种弹的开舱抛撒，可以用于高炮弹丸对飞机实施拦截射击，还可以用于定时炸弹对目标区实施封锁。电子时间引信的定时精度远高于其他类型，并且有利于采用遥控装定、炮口装定等快速装定方法，随着成本的下降和抗电磁脉冲能力的加强，将会得到更加广泛的应用。

3. 近炸引信

近炸引信是指在靠近目标最有利的距离上控制弹药爆炸的引信。靠目标物理场的特性而感受目标的存在并探测相对目标的速度、距离和（或）方向，按规定的启动特性而作用。其特点在于采用带有感应式目标敏感装置的发火控制系统。近炸引信按其对目标的作用方式，可分为主动式引信、半主动式引信、被动引信和主动/被动复合引信。按其激励信号物理场的不同，可分为无线电引信、光引信、静电引信、磁引信、电容感应引信、声引信等。对于地面有生力量，杀伤爆破战斗部配用近炸引信可得到远大于触发引信的杀伤效果；对于空中目标，各类杀伤战斗部配用近炸引信可以在战斗部未直接命中目标时仍能对目标造成毁伤，是对弹道散布的一个补偿。近炸引信还可实现定高起爆，以满足子母式战斗部等多种类型战斗部的高需求，还可与触发引信等复合。近炸引信的发展趋势是提高引信作用的可靠性、抗干扰性；提高对目标的探测、识别能力；提高炸点及战斗部起爆点精确控制和自适应控制能力，充分利用制导系统获得的弹目交会信息；提高引信与战斗部的配合效率。

3.3.1.2 弹体

榴弹弹体的结构通常分为两类：整体式和非整体式。非整体式弹体由弹体、口螺、底螺组成。为确保弹体具有足够的强度，通常要求弹体采用强度较高的优质炮弹钢材，最常用的是 D60 或 D55 炮弹钢（高碳结构钢）。

1. 弹丸外形

弹丸外形为回转体，头部成流线形。全长可分为弹头部、圆柱部和弹尾部。其基本结构如图3-3所示。L 为弹丸长度，L_n 为弹头部长度，L_h 为弹壳头部长度，L_y 为圆柱部长度，L_w 为弹尾部长度。

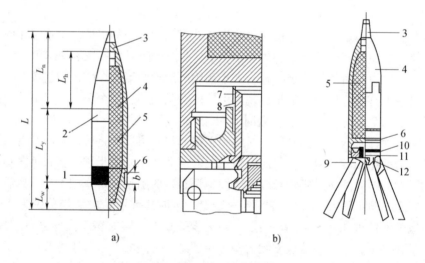

a)   b)

图3-3　榴弹弹丸的基本结构

a) 122mm 榴弹；b) 100mm 滑膛炮榴弹

1—下定心部；2—上定心部；3—引信；4—弹体；5—炸药；6—弹带；7—辊花；
8—剪切环；9—夜光环；10—活塞；11—尾翼座；12—销轴

弹头部是从引信顶端到上定心部上缘之间的部分。为减少波阻，弹头部应呈流线型，某些低初速、非远程弹丸的弹头部形状为截锥形加圆弧形；有的小口径弹丸的弹头部形状为截锥形。圆柱部是指上定心部上边缘到弹带下边缘部分。圆柱部越长，炸药装药越多，有利于提高威力，但圆柱部越长，飞行阻力越大，影响射程，两者应兼顾。弹尾部是指弹带下边缘到弹底面之间的部分。为减少弹尾部和弹底面阻力，弹尾一般采用船尾形，即短圆柱加截锥体。

2. 定心部

定心部是弹丸在膛内起径向定位作用的部分。为确保定心可靠，应尽量减小弹丸和炮膛之间的间隙，但为使弹丸顺利装入炮膛，间隙又不能太小。通常弹丸具有上、下两个定心部。某些小口径榴弹，往往没有下定心部，依靠上定心部和弹带来径向定位。

3. 导引部

上定心部到弹带（当下定心部位于弹带之后时，则为上定心部到下定心部）的部分称为导引部。在膛内运动过程中，导引部长度就是定心长度，因此，其长度影响着弹丸膛内运动的正确性。

3.3.1.3　弹带

采用嵌压或焊接等方式固定在弹体上。为了嵌压弹带，在弹体上车出环形弹带槽，槽底辊花或在环形凸起上铲花，以增加弹带与弹体之间的摩擦，避免相对滑动。弹带的材料应选用韧性好、易于挤入膛线、有足够强度、对膛壁磨损小的材料，过去多采用紫铜，也有用镍铜、黄铜或软钢的。近年来，已有许多弹丸用塑料做弹带。现在出现的新型塑料，不仅能保证弹带所需的强度，而且摩擦系数较小，可减少对膛线的磨损。据报道，其他条件不变，改用塑料弹带，可提高身管寿命 3～4 倍。如美国 GAU8/A30mm 航空炮榴弹即采用尼龙弹带。

弹带的外径应大于火炮身管的口径（阳线间的直径），至少应等于阴线间直径，一般均稍大于阴线间直径，稍大的部分称为强制量。因此，弹带外径 D 等于口径 d 加 2 倍阴线深度 Δ 再加 2 倍强制量 δ ，即

$$D = d + 2\Delta + 2\delta \qquad (3-1)$$

强制量能够保证弹带确实可以密封火药气体，即使在膛线有一定程度的磨损时仍能起到密封作用。强制量还可增大膛线与弹带的径向压力，从而增大弹体与弹带间的摩擦力，防止弹带相对于弹体滑动。但强制量不可过大，否则会降低身管的寿命或使弹体变形过大。弹带强制量一般在 0.001～0.0025 倍口径。

弹带的宽度应能保证它在发射时的强度，即在膛线导转侧反作用力的作用下，弹带不至于破坏和磨损。在阳线深度一定的情况下，弹带宽度越大，则弹带工作面越宽，因而弹带的强度越高。所以，膛压越高，膛线导转侧反作用力越大，弹带应越宽，初速越大。膛线对弹带的磨损越大，弹带也应越宽。弹带越宽，被挤下的带屑越多，挤进膛线时对弹体的径向压力越大，飞行时产生的飞疵也越多，所以弹带超过一定宽度时，应制成两条或在弹带中间车制可以容纳余屑的环槽。根据经验，弹带的宽度以不超过下述值为宜：小口径小于等于 10mm；中口径小于等于 15mm；大口径小于等于 25mm。

弹带在弹体上的固定方法因材料和工艺而异，对金属弹带，主要是机械力将毛坯挤压入弹体的环槽内。其中小口径弹丸多用环形毛坯，直接在压力机上径向收紧使其嵌入槽内（通常为环形直槽），中、大口径弹丸多用条形毛坯，在冲压机床上逐段压入燕尾弹带槽内，然后把两端接头碾合收紧。挤压法的共同特点是在弹体上需要有一定深度的环槽，从而削弱了弹体的强度。为保证弹体的强度，在装弹带部位必须做得特别厚，但这样会影

响弹丸的威力。近年来发展了焊接弹带的方法，使用焊接弹带，弹体上无须深槽，可使壁厚更均匀。至于塑料弹带，除了可以塑压结合外，还可以使用黏接法。

3.3.1.4　弹丸装药

弹丸内的装药为炸药，它通常是由引信体内的传爆药直接引爆的，必要时在弹口部增加扩爆管。在杀伤榴弹的铸铁弹体内装填代用炸药阿马托时，口部要加入一定的梯恩梯，以起防潮作用。榴弹经常采用的炸药为梯恩梯和钝化黑铝炸药。在现代大威力远程榴弹中也采用高能的 B 炸药。梯恩梯炸药通常用于中、大口径榴弹，采用压装工艺，将炸药直接压入药室，并通过螺杆上升速度来控制炸药的密度分布。钝化黑铝炸药一般用在小口径榴弹中，先将炸药压制成药柱，再装入弹体。

3.3.1.5　稳定装置

发射的弹丸除了靠自身的旋转来维持其飞行稳定性外，还可以靠尾部的尾翼稳定装置来稳定。尾翼稳定装置是指弹丸上用以使空气阻力中心后移，从而使弹丸飞行稳定的装置。尾翼安装在弹丸重心之后，在出现章动角时，能增大弹丸后部的空气阻力，从而使空气阻力中心位于弹丸重心之后形成稳定力矩。

尾翼按其是否能张开可分为固定式尾翼和张开式尾翼两种，张开式尾翼又可分为前张开式和后张开式两种。

3.3.2　典型榴弹结构

目前，车载武器榴弹多用于杀伤爆破，配置有 105mm、120mm 和 125mm 等多种口径的弹药，典型榴弹通常由弹丸、发射装药、药筒和底火等组成。

3.3.2.1　典型尾翼稳定杀伤爆破弹

目前，车载武器通常配置尾翼稳定杀伤爆破弹，广泛采用 120mm 和 125mm 杀伤爆破弹。如 HEF-FS 125mm 尾翼稳定杀伤爆破弹，全弹采用分装方式，由引信、弹丸、发射装药和可燃药筒等组成，如图 3-4 所示。

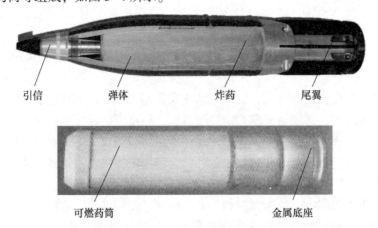

引信　　　　弹体　　　　炸药　　　　尾翼

可燃药筒　　　　　　金属底座

图 3-4　HEF-FS125mm 尾翼稳定杀伤爆破弹结构示意图

该弹发射后 4 片尾翼向后外折 90°，以稳定弹道。弹体尾部装有曳光管，可以显示弹道。弹丸内装填 TNT 炸药，使用 V-429E 型机械触发引信，可对延时进行调整。这将增加对轻型装甲目标的杀伤能力，对野战工事也极其有效，射击精度比较高，和炮兵122mm 榴弹炮射击精度相当。

发射装药为全装药，由可燃药筒加钢制底座、发射药、点火药等组成。

1. 引信

该弹配用 V-429E 型机械触发引信，如图 3-5 所示。

该引信为全保险型，具有瞬发、惯性、延时三种装定方式。

可对延时进行调整。这将增加对轻装甲目标的杀伤能力，对野战工事也有效，射击精度比较高，基本与炮兵 122mm 榴弹炮是射击精度相当。

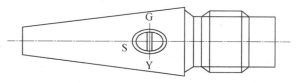

图 3-5　V-429E 引信装定示意图

该弹药可以通过引信装定，成为三种模式。HE-FRAG（杀伤爆破模式）：雷管设置为0（开），保护帽到位，反应时间 0.01s，这是标准的工作方式，在大多数情况下都使用该模式，也是默认模式，不需要坦克乘员进行调整。HE（爆破模式）：雷管设置为 3（关闭），保护帽到位，反应时间 0.1s，这是一个特殊的模式用于提高穿透能力，攻击敌方土方和野战工事，这种模式需要专用钥匙沿轴转动引信。FRAG（杀伤模式）：雷管设置为0（开），保护帽去掉，反应时间 0.001s，这是一个特殊的模式，用于攻击敌方泥浆和沼泽地上作战的人员。在这种模式下，引信是敏感的，使用中要非常注意。帆布、冰雹甚至是雨点都可能触发引信。使用 4Sh40 型或 4Sh52 型主发射药筒时，可以获得 850m/s 的初速。

2. 弹丸

弹丸由弹体、TNT 炸药构成。弹体材料为 $58S_iM_n$ 钢，具有较高的破片率。

3. 发射装药

发射药为单孔或 7 孔，重约 5kg，采用机械撞针击发设计。

当火炮击发后，机针撞击击发点燃点火药，进而点燃发射药，产生高温高压气体，赋予弹丸转速及初速，使引信解脱离心保险及惯性保险。弹丸碰击目标后，引信作用，引爆炸药，依靠破片和爆轰波实现爆破及杀伤功能。

HEF-FS 常规数据：弹头重量 23000g，装药重量 3148g，尾翼展开后直径 356mm，膛压387.4MPa，雷管重量 430g，可靠性 0.98，寿命年限 15 年；引信类型：点触发 pointdeto-nating（PD），最新型的 HEF-FS 更新为电子引信。

4sh40 型和 4sh52 型主发射药筒，只有底座是钢质的，其余药筒壳体均为可燃，全重为 10kg，其中，钢制底座 3.4kg，发射药约 5kg，可燃药筒约 1.6kg 采用机械撞针击发设计。

4sh40 型药筒装填单孔发射药，4sh52 型药筒装填 7 孔发射药，这两种发射药筒具有相同的内弹道特征并可以互换。对于新开发的 4sh63 型主发射药筒，能够配套互用于尾翼稳定脱壳穿甲弹，可提高内弹道性能，但不能用于破甲弹和高爆榴弹的射击。为了便于区分，4sh63 型主发射药筒的上部有宽 20mm 的黄色圈标志。主发射药筒存在一定的缺陷，可燃外壳强度较差，再碰到撞击时容易破损，造成发射药散落。

3.3.2.2 车载 105mm 榴弹

早期，在法国 AMX13 式和 AMX30 式、美国 M47 式和 M48 式坦克上常配备 105mm 榴弹，主要用于消灭敌人的有生力量，摧毁敌火力发射点、技术装备及临时性掩体或土木工事。因其还具有较好的车弹匹配性，还可以有效对付飞行或悬停的武装直升机，目前有较多的车载武器也配备该弹药。

早期的法国 105mm 榴弹为定装式旋转稳定炮弹，用于杀伤人员等有生力量。

该弹由弹丸和药筒组成。弹丸由引信、弹体、炸药和弹带组成。弹体由钢制成，内装黑索里特炸药（即梯黑 50/50）。该弹丸具有良好的弧形部，因而保障了良好的弹道系数。

在正常使用条件下，该弹的有效杀伤面积（对立姿和卧姿人员）与美国的 M1105mm 榴弹一样。弹丸初速 700m/s，炸药采用梯恩梯炸药，重 2kg，引信采用法国 FUI56 式和美国 M51 式弹头触发引信。

目前 105mm 榴弹采用旋转稳定方式，由弹丸、引信、发射药、药筒、带底火的传火管组成，如图 3-6 所示。

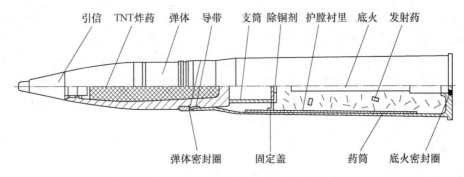

图 3-6　105mm 榴弹全弹结构图

1. 发射药

发射药装在药筒内，为 2.7kg 单基药，用于发射 105mm 战斗部。

2. 弹丸

弹丸由弹体、弹丸装药、弹带等组成。它是靠旋转稳定的，弹体外部有较长的定心部，有 2 条金属弹带，发射时弹带嵌入膛线，使弹丸获得高转速，以保证飞行的稳定性。弹体内装有高能炸药，对付轻型装甲目标及野战工事等极其有效。此外，其杀伤力的大小，还取决于配用引信的起爆时间、落角大小和炸点离目标的距离。如引信起爆时间越短、落角越大、炸点离目标越近，杀伤作用就越大，反之则小。

发射后的弹丸，当在引信的作用下爆炸时，弹体破片能对目标产生杀伤作用，并可对被击中的目标形成贯穿作用；同时，炸药爆炸的冲击波也能对目标产生摧毁作用。

3. 引信

该类杀伤爆破弹常使用机械触发引信或无线电近炸引信。

机械触发引信，主要由防雨机构、着发机构、装定机构、延期装置、保险装置和传爆装置等组成。如图 3-5 所示的引信一般有三种装定设置，作杀伤弹用时装定瞬发，作爆破弹用时装定惯性，起跳弹作用时装定延期。

瞬发装定：引信出厂时为瞬发装定（调节杆刻线对正字母"S"），所以瞬发射击时，不需装定。

惯性（短延期）装定：用专用扳手将调节杆顺时针转动大约 90°（到拧不动为止），此时调节刻线指向字母"G"。

延期装定：用专用扳手将调节杆逆时针转动约 90°（到拧不动为止），此时调节杆刻线指向字母"Y"。

机械触发引信作用过程：炮弹发射时，着发机构的击针固定在套筒和支筒上，不能与针刺雷管接触，从而实现了膛内发射和弹道飞行时的一级保险，并且延期装置的下击针固定在衬套上不能刺击雷管；在弹丸飞行中，由于受空气阻力及章动力作用，使引信内部的活动零件也受到向前的爬行力和章动力作用，并且这种向前的爬行力与章动力之和，小于引信活机体部件因自身质量偏心产生的离心力而形成的摩擦阻力与活机体簧抗力之和，在弹道飞行中形成二级保险。安装有针刺雷管的回转体被装有微径玻璃珠的活塞缸尾部和一个惯性销固定在隔离安全位置上，使雷管不能对正传爆孔而形成三级（远解隔爆）保险。

炮弹出膛后，在直线惯性力作用下惯性销克服惯性销簧的抗力下沉，惯性保险装置先释放回转体部件，两保险销在离心力的作用下克服保险销簧的抗力后释放保险套筒。同时，保险套筒在离心力作用下开始向外运动，打开泄流孔，微径玻璃珠在活塞所受离心力推动下及微径玻璃珠自身所受离心力作用下开始泄流，直到活塞尾部全部撤出回转体部件槽中，此时，回转体部件解除保险，回转体部件在离心力作用下由保险位置转到待发位置上。解除保险后，闭锁销将回转体部件固定在待发位置上。该引信的远解距离（炮口安全距离）不小于 50m，引信即可处于装定的瞬发、惯性及延期等待起爆状态。

瞬发起爆。当调节杆上的刻线对正引信体上的字母"S"时，调节杆的偏心孔与阻火杆对正，阻火杆在离心力作用下可向外撤入调节杆的偏心孔内，瞬发传火道被打开，引信就实现了瞬发装定。同时，瞬发装定时调节杆不约束滑杆，滑杆在直线惯性力作用下下沉，阻火销在离心力作用下外撤，活机体中的惯性传火道被打开，因此引信在瞬发装定时，有 2 个独立的发火通道，提高了引信瞬发射击时的发火可靠性。

惯性起爆。当调节杆顺时针转动，使刻线对正引信体上的字母"G"，此时，调节杆上的偏心孔与阻火杆位置错开，阻火杆被抵住不能外撤，阻火杆堵塞了瞬发传火道，此时调节杆也不约束滑杆，滑杆在直线惯性力作用下下沉。阻火销受离心力作用外撤，活机体中的惯性传火道被打开，引信就实现了惯性装定。

延期装定。当调节杆逆时针转动，使刻线对正引信体上的字母"Y"，此时，阻火杆将瞬发传火道堵塞，同时调节杆将滑杆锁住，使滑杆虽受直线惯性力作用，但不能下沉，因而阻火销被挡住，活机体中的惯性传火道被堵塞，只有延期传火道畅通，这样就实现了延期装定。

另外，无线电近炸引信主要由高频部分、低频部分、电池、保险机构及擦地炸机构和传爆序列等组成。

当炮弹发射后，无线电引信的钟表延期机构解除保险（在炮口保险距离外），同时电池也开始工作，向电路部分供电，高低频电路开始工作，而电点火部分在电池开始供电后经过延时电路延时后（约1s），开始对点火电容充电，整个引信进入待发状态。当弹丸接近目标时，高频电路所辐射的电磁波被目标反射回来，又被引信的天线接收；由于弹丸与目标的相对移动而使辐射波与反射波形成频率差，即多普勒信号。这个多普勒信号送入低频电路进行处理。弹丸距目标越近，信号幅度越大，同时幅度增大的速率也越高。当弹丸与目标越接近时，该信号增幅速率也越高。当信号增幅速率达到预定值时，弹丸处于预定的目标范围内，此时增幅速率选择电路控制电点火电路启动，引爆传爆序列使弹丸爆炸。

3.4 榴弹的作用

榴弹是依靠弹丸内炸药爆炸后产生的气体膨胀做功、爆炸冲击波和弹丸破片动能来摧毁目标的，前者是榴弹的爆炸破坏（简称爆破）作用，主要对付敌人的建筑物、武器装备及土木工事；后者是榴弹的杀伤破坏（简称杀伤）作用，主要对付敌方的有生力量。通常，以爆破作用为主的弹丸称为爆破榴弹；以杀伤作用为主的弹丸称为杀伤榴弹；两者兼顾者称为杀伤爆破榴弹。

从弹丸的终点效应来说，除了上述的爆破作用和杀伤作用外，由于弹丸在到达目标后尚有存速（落速或末速），弹丸对目标还将产生侵彻作用，其侵彻深度的大小主要取决于弹丸速度、引信装定和目标的性质等。

3.4.1 侵彻作用

榴弹的侵彻作用，是指弹丸利用其动能对各种介质的侵入过程。对于爆破榴弹和杀伤爆破榴弹来说，这种过程具有特殊意义，因为只有在弹丸侵彻至适当深度时爆炸，才能获得最有利的爆破和杀伤效果。这里将要讨论的侵彻作用，主要就是地面榴弹对土石介质的侵彻。

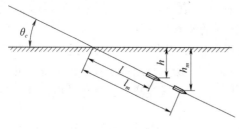

图 3-7 弹丸侵彻过程

当弹丸以某一落角 θ_c 侵入土石介质时，将要受到介质阻力（或抗力）的作用，如图 3-7 所示。

随着弹丸在介质中的运动，阻力的大小也在不断改变。当弹丸爆炸或弹丸动能耗尽时，弹丸侵彻至最大深度 h_m。可见，侵彻作用始于弹丸与目标的接触瞬间，结束于弹丸爆炸或弹丸速度为零的瞬间。一般来说，侵彻作用的大小，将由弹丸侵彻行程或深度来衡量。

弹丸的侵彻行程可表示为：

$$l = \frac{2m}{\pi d_x^2 bi} \ln \frac{a + bv_c^2}{a + bv^2} \tag{3-2}$$

式中，d_x 为弹丸钻入土石部分的最大直径；a 为静阻力系数；b 为动阻力系数；i 为弹丸形状系数，球形弹 $i = 1$，现代尖形弹 $i = 0.9$；v 为弹丸在土壤中的运动速度；v_c 为弹丸着速；m 为弹丸质量；d 为弹径。

当 $v = 0$ 时，可得弹丸的最大侵彻行程：

$$l_m = \frac{2m}{\pi d_x^2 b i} \ln\left(1 + \frac{b}{a} v_c^2\right) \tag{3-3}$$

同理可得，对应于行程 l 时的弹丸运动时间为：

$$t = \frac{4m}{\pi d_x^2 i \sqrt{ab}} \left(\arctan v_c \sqrt{\frac{a}{b}} - \arctan v \sqrt{\frac{a}{b}}\right) \tag{3-4}$$

假定弹丸是沿直线运动，则弹丸距目标表面的垂直深度 $h = l\sin\theta_c$，θ_c 为落角。

由于弹丸在碰击目标时仍然存在着章动角 δ，因而弹丸在介质中并非完全沿直线运动。对土壤来说，当落角 θ_c 小于 10° 时，旋转弹丸几乎 100% 地发生跳弹；当 $\theta_c = 20° \sim$ 30° 时，弹丸钻入目标后又向上运动，有跳出地面的倾向；当 $\theta_c = 30° \sim 40°$ 时，弹丸在土壤中做来回拐弯的不规则运动；只有当 θ_c 大于 40° 时，弹丸在土壤中的行程才接近直线。但对尾翼式弹来说，除跳弹情况与旋转弹相近外，它在土壤中行程出现来回拐弯的可能性较小。

弹丸对介质的侵彻，影响着引信零件的受力，关系着弹丸的碰击强度，决定着爆破威力的效果。前两项在引信设计和弹丸设计中必须加以考虑，以保证它们的正常作用；后一项与引信装定的选择有关，早炸将使弹坑很浅，迟炸可能造成"隐炸"，如图 3-8 所示，破坏效果不大。

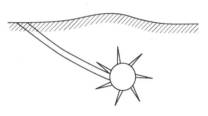

图 3-8　隐炸

3.4.2　爆破作用

弹丸在目标处的爆炸，是从炸药的爆轰开始的。引信起作用后，弹丸壳体内的炸药被瞬时引爆，产生高温高压的爆轰产物。该爆轰产物猛烈地向四周膨胀，一方面使丸壳体变形、破裂，形成破片，并赋予破片以一定的速度向外飞散；另一方面，高温高压的爆轰产物作用于周围介质或目标本身，使目标遭受破坏。

弹丸在空气中爆炸时，爆轰产物猛烈膨胀，压缩周围的空气，产生空气冲击波。空气冲击波在传播过程中将逐渐衰减，最后变为声波。空气冲击波的强度，通常用空气冲击波峰值超压（即空气冲击波峰值压强与大气压强之差）Δp_m 来表征。

球形 TNT 炸药在空气中爆炸时，某处 r 的空气冲击波峰值超压可按下式计算：

$$\Delta p_m = 0.082 \frac{\sqrt[3]{m}}{r} + 0.265 \left(\frac{\sqrt[3]{m}}{r}\right)^2 + 0.687 \left(\frac{\sqrt[3]{m}}{r}\right)^3 \tag{3-5}$$

式中，m 为炸药质量；r 为某处到爆炸中心的距离。

空气冲击波峰值超压愈大，其破坏作用也愈大。空气冲击波超压对目标的破坏作用如表 3-1 所示。

表 3-1 空气冲击波对目标的破坏作用

超压 Δp_m（10^4Pa）		破坏能力
对人员的杀伤	<1.96	无杀伤作用
	1.96~2.94	轻伤
	2.94~4.90	中等伤害
	4.90~9.81	重伤甚至死亡
	>9.81	死亡
对飞机的破坏	1.95~2.94	各种飞机轻微伤害
	4.90~9.81	活塞式飞机完全破坏，喷气式飞机严重破坏
	>9.81	各种飞机完全破坏

当弹丸在岩土中爆炸时，爆轰产物强烈压缩周围的岩土介质，使其结构完全破坏，岩土颗粒被压碎，如图 3-9 所示。

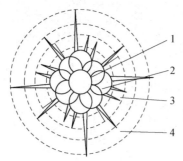

图 3-9 岩土中爆炸
1—空穴；2—强烈压缩区；
3—破碎区；4—震撼区

整个岩土因受爆轰产物的挤压而发生径向运动，形成一个空腔，称为气室或空穴。与空穴相邻接的是强烈压缩区，该区域内原来的岩土结构完全被破坏和压碎。随着与爆炸中心间的距离增大，爆轰产物的能量将传给更多的介质，压缩应力迅速下降。当压缩应力值小于岩土介质的抗压强度时，岩土不再被压碎，而是基本上保持其原有的结构。但是，随着岩土介质的径向运动，介质中每一环层都将受到拉应力的作用。如果拉伸应力超过岩土的抗拉强度，则会出现从爆炸中心向外辐射的径向裂缝。由于岩土的抗拉强度远小于其抗压强度，因而在强烈压缩区之外出现了拉伸应力的破坏区，称为破碎区。该区的破坏范围比前者大，在破碎区之外，压缩应力和拉伸应力已不足以使岩土结构破坏，只能产生介质质点的震动，离爆炸中心越远，震动的幅度越小，最后衰减为零，这一区域称为震撼区。

以上所述是弹丸在无限岩土介质中的爆炸情况。在这种情况下，强烈压缩区的半径 r_y 和破碎区半径 r_p 可分别按如下公式计算：

$$r_y = k_y \sqrt[3]{m} \tag{3-6}$$

$$r_p = k_p \sqrt[3]{m} \tag{3-7}$$

式中，k_y 为压缩系数；k_p 为破碎系数；m 为炸药质量。

当弹丸在有限岩土介质中爆炸时，如果弹丸与岩土表面较接近或炸药量加大，那么破碎区将逐渐接近于岩土表面。由于在岩土表面处没有外层的阻力，所以弹丸爆炸时岩土很容易向上运动形成漏斗坑，如图 3-10 所示。

图 3-10 中的爆炸中心到岩土自由表面的垂直距离，称为最小抵抗线，并用 h 表示。漏斗坑口部半径用 R 表示。从爆炸时岩土运动的过程来看，在弹丸爆炸后的一段时间内，最小抵抗线 OA 处的地面首先突起，同时不断向周围扩展。上升的高度和扩展的范围随时

间的增加而增加，但范围扩展到一定的程度就停止了，而高度却继续上升。在这一段时间内，漏斗坑内的岩土虽已破碎，但地面却仍然保持一个整体向上运动，其外形如鼓包（钟形），故称为鼓包运动阶段，如图 3-11 所示。

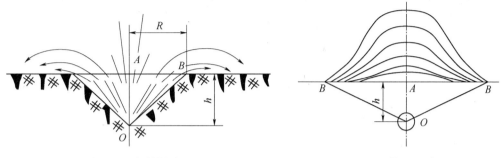

图 3-10 抛掷漏斗坑   图 3-11 鼓包运动阶段

当地面上升到最小抵抗线高度的 1～2 倍时，鼓包顶部破裂，爆轰产物与岩土碎块一起向外飞散，此即鼓包破裂飞散阶段。此后，岩土块在空气中飞行，并在重力和空气阻力作用下落到地面，形成抛掷堆积阶段。就鼓包运动速度来看，在最小抵抗线 OA 方向上岩土块的运动速度最大，离 OA 愈远，速度愈小，在 B 点（即漏斗坑边缘处）速度最小。

抛掷爆破可根据抛掷指数（$n = R/h$）的大小分为以下几种情况：

1）当 $n > 1$ 时为加强抛掷爆破，此时的漏斗坑称为加强型漏斗坑。在这种情况下，漏斗坑顶角大于 90°。

2）当 $n = 1$ 时为标准抛掷爆破，此时的漏斗坑称为标准型漏斗坑。在这种情况下，漏斗坑顶角等于 90°。

3）当 $0.75 < n < 1$ 时为减弱抛掷爆破，此时的漏斗坑称为减弱型漏斗坑。在这种情况下，漏斗坑倾角小于 90°。

4）当 $n < 0.75$ 时为松动爆破，此时没有岩土抛掷现象，不形成漏斗坑。这种情况下的爆破，称为隐炸。

大量的实验研究表明，抛掷漏斗坑的尺寸与炸药质量、炸药性能、爆破深度和岩土性质有关。漏斗坑的体积 V 可以写为：

$$V = \alpha n^2 h^3 \tag{3-8}$$

式中，α 为决定漏斗坑体积的系数。当 $n = 2～2.25$ 时，$\alpha = 1.16$；$n = 1～1.5$ 时，$\alpha = 1.52$。

漏斗坑的体积与漏斗坑的类型有关。从爆破效果来说，有一最有利的爆破深度存在。这样，弹丸就应侵彻到最有利的爆破深度爆炸，以获得最好的爆破效果。最有利的爆破深度可按下式计算：

$$h = \left(\frac{m}{k_c}\right)^{\frac{3}{2}} \tag{3-9}$$

式中，m 为炸药质量；k_c 为与岩土特性有关的系数，对一般土壤可取为 0.7～1.0，对混凝土或岩石可取为 3.0～5.0。

3.4.3 杀伤作用

当弹丸爆炸时，弹体将形成许多具有一定动能的破片，这些破片主要是用来杀伤敌方的有生力量（人员或马匹等），但也可以用来毁伤敌方的器材和设备等。从破片的主要作用出发，通常把破片对目标的作用称为榴弹的杀伤作用。弹丸爆炸后，破片经过空间飞行到达目标表面，进而撞击人体的效应属于"终点弹道学"的范畴，而穿入人体后的致伤效应与致伤原理则属于"创伤弹道学"的研究对象。随着科学技术的发展，杀伤破片和杀伤元素（如钢珠、钢箭等）的应用发展很快，创伤弹道的理论和实验也有所发展，这对认识和提高榴弹的杀伤作用很有帮助。

破片侵入人体后，一方面是向前运动，造成人体组织被穿透、断离或撕裂，从而形成伤道。当破片动能较大时，可产生贯穿伤；动能较小时，可留于人体内而形成盲伤。有时速度较大的破片遇到密度大的脏器（如骨骼等）还可能发生拐弯，或者将其击碎，从而形成"二次破片"，引起软组织的广泛损伤。另一方面，由于冲击压力的作用，将迫使伤道周围的组织迅速向四周位移，形成暂时性的空腔（其最大直径可比原伤道大几倍或几十倍），从而造成软组织的挤压、移位挫伤或粉碎性骨折等。

破片致伤的伤情既取决于破片本身的致伤力，又与所伤组织或脏器的部位和结构有关。破片本身的致伤力，包括破片动能、质量、速度、形状、体积和运动稳定性等，其中速度最为重要。由于在动能相同的条件下，质量轻而速度高的破片，其能量释放快，致伤效果好，因而国外对破片多控制在 1g 以下。

对有生力量的杀伤，目前已有一个较为可靠的致死或致伤的能量标准，常使用的标准是 78.48J。日本根据过去的实战统计和大量的动物实验，对人和马提出了如表 3-2 所示的杀伤标准。

表 3-2 破片对人、马的杀伤标准

目标	部位	致伤情况	破片动能/J
人	肌肉	创伤	>53.36
马	肌肉	创伤	>98.10
人	骨部	创伤	>58.86
马	骨部	创伤	>166.77
人	骨部	完全破碎	>196.20
马	骨部	完全破碎	>343.35

弹丸破片的形成过程是极为复杂的，影响因素很多，欲从理论上对此进行充分的描述尚有困难。目前，主要还是借助于试验的方法进行研究和分析。

当引信引爆弹丸后，炸药的爆轰将以波的形式（爆轰波）自左部向右传播，紧跟在爆轰波后面的是由于弹体变形等而产生的稀疏波，如图 3-12 所示。

爆轰波以 10^{10}Pa 的压力冲击弹体，在冲击点处压力最大，稀疏波所到之处压力急速下降。当爆轰波达到弹底时，弹丸内装的炸药全部爆轰完毕。弹体在爆轰产物的作用下，从冲击点开始，沿内表面产生塑性变形，同时弹体迅速向外膨胀。弹体出现裂缝后，爆轰产物即从裂缝向外流动，作用于弹体内表面的压力急速下降。弹体裂缝全部形成后，即以破片的形式以一定的速度向四周飞散。

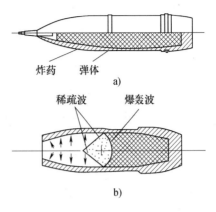

图 3-12　弹丸爆炸过程示意图
a）爆炸前；b）爆炸后

弹丸由起爆到炸药爆轰结束所经历的时间，同弹体由开始变形到全部破裂成破片所经历的时间相比是很短的，约为后者的 1/4。例如，122mm 的榴弹由起爆到炸药爆轰结束约需 60μs，而弹体由塑性变形到全部形成破片则需 250μs 左右。但对于很长的弹体来说，在炸药尚未爆轰结束时，弹体的起爆端就可能发生破裂，从而影响杀伤破片的形成。在这种情况下，应当对传爆系列采取措施，尽量避免上述情况的出现。

弹丸爆炸后，生成的破片是不均匀的，其中圆柱部产生的破片数量最多，占 70% 左右。如图 3-13 的左侧图所示，是弹丸在静止引爆下破片的飞散情况。由于破片主要产生在圆柱部，所以弹丸落角的不同，将会影响杀伤破片的分布。若弹丸垂直爆炸，则破片分布近似为圆形，具有较大的杀伤面积；若弹丸爆炸时具有一定的倾角，则只有两侧的破片被有效地利用，而上下方的破片则飞向天空和土中，因此破片的有效杀伤区域近似为一矩形，面积较小，如图 3-13 的右侧图所示。

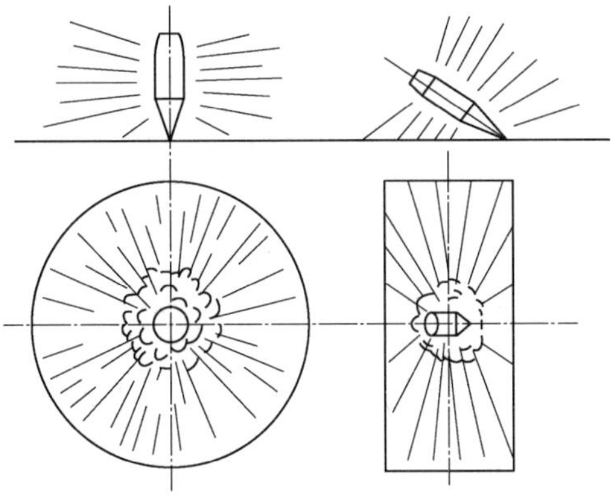

由于弹体在膨胀过程中获得了很高的变形速度，故破片具有很高的速度，而且当破片向外飞散时，由于爆轰产物的作用，破片还略有加速。但破片所受的空气阻力很快与爆轰产物的作用相平衡，此时破片速度达到最大值，并称其为破片初速 v_0。破片初速与弹体材料、炸药性能和质量有关，一般为 $600 \sim 1000$m/s。

离弹丸爆炸点愈远，破片的密度愈小，速度愈小，目标被杀伤的可能性也愈小。当目标为战壕内的步兵时，若用着发射击，破片向四周飞散，往往不能实施有效的杀伤，如图 3-14 所示。

图 3-13　落角不同时的杀伤范围

为了杀伤这类目标，可以采用小射角的跳弹射击。射角小，弹丸的落角也小，一般当落角小于 20° 时，弹丸就会在地面上滑过一条沟而跳飞起来在空中爆炸，从而杀伤隐蔽在战壕的敌人，如图 3-15 所示。

实施跳弹射击时，引信应当装定为延期。跳弹射击的有利炸高，对 122mm 榴弹为 5～10m。一般来说，弹丸在空中爆炸可以使杀伤作用提高一倍以上，而且声音响，对敌人的震撼作用大。但是对于头部强度不足的弹丸，不能采用跳弹射击。当地面榴弹配用时间引信或非触发引信来实施空炸射击时，不仅不受地形的限制，而且杀伤威力更大。杀伤弹爆

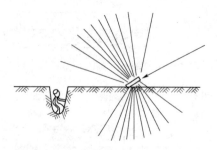 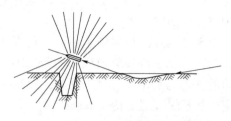

图 3-14　对战壕内无法实施有效杀伤情况　　图 3-15　跳弹射击时的杀伤情况

炸后在空间构成一个立体杀伤区,其大小、形状由弹丸的破片飞散角、方位角和杀伤半径所限定。有效杀伤半径随目标的易损性不同而不同。

弹体在爆炸后形成的破片总数 N 及其按质量的分布规律,是衡量弹体破碎程度的标志,同时也是计算弹丸杀伤作用的重要依据。用理论方法预先估计弹丸爆炸后产生的破片总数及质量分布是十分困难的问题,至今尚未解决。

在工程计算中,常用如下的经验公式计算 1g 以上的破片总数 N :

$$N = 3200 \sqrt{M} \alpha (1 - \alpha)　　　　　　(3-10)$$

式中, M 为弹体金属与炸药质量之和; α 为炸药装填系数(即 $\alpha = m/M$)。此式适用于壳体壁厚较大的弹丸和战斗部。

对于壳体壁厚较小,装填 TNT 炸药的弹丸或战斗部,可以应用下述公式来近似估算破片数:

$$N = 4.3 \pi \left(\frac{1}{2} + \frac{r}{\delta} \right) \frac{1}{\delta}　　　　(3-11)$$

式中, r 为壳体内半径(mm); l 为壳体长度(mm); δ 为壳体厚度(mm)。

破片平均质量的估计值为:

$$\overline{m}_r = k \frac{m_g}{N}　　　　　　　　(3-12)$$

式中, m_g 为金属壳体的质量; k 为壳体质量损失系数,其值在 0.80~0.85。

一般钢质整体式壳体在充分破裂后所形成的破片,大致为长方形,其长宽厚尺寸的比例大约为 5:2:1。破片质量分布规律的经验公式为:

$$m_i = m_s (1 - \mathrm{e}^{-Bm_{fi}^{\alpha}})　　　　　(3-13)$$

式中, m_i 为质量小于等于 m_{fi} 的破片总质量; m_{fi} 为大于 1g 的任一破片质量; B 、 α 为取决于壳体材料的常数,对于钢材分别为 0.0454 和 0.8。

预制破片和预控破片都是靠爆炸驱动抛射的,预制破片弹丸在爆炸后其破片总质量仅损失 10% 左右,所要求的破片速度越高,质量损失越大;而预控破片弹丸爆炸后的质量损失在 10%~15% 范围。

此外,破片初速 v_0 也是衡量弹丸杀伤作用的重要参数。

对于圆柱形弹体,其破片初速可用如下公式进行计算:

$$v_0 = \sqrt{2E} \sqrt{\frac{m}{M + \dfrac{m}{2}}} \tag{3-14}$$

式中，E 为单位质量炸药的能量；m 为炸药质量；M 为弹体质量。

3.5　榴弹的毁伤与评估

随着坦克火炮射击精度的提高和杀爆弹自身毁伤能力的增强，杀爆弹已成为目前坦克炮装备的主要弹种之一。杀爆弹主要利用弹丸遇目标爆炸后产生的冲击波和破片毁伤目标，以前多用于对有生力量的杀伤。但随着坦克火炮射击精度的提高和杀爆弹口径的增大、弹体装药的增多和内装炸药性能的改变，使得杀爆弹的毁伤能力得到了极大的提高。据资料介绍，如果 125mm 的杀爆弹直接命中三代坦克，会使坦克遭受致命的打击，由于高速冲击波的震动会导致车内乘员陷于失能状态，同时超强冲击波会对坦克外设部件及坦克内部部件造成损伤，破片会对坦克外设部件造成毁伤，使坦克自身功能得到极大的削弱，因此杀爆弹对坦克的毁伤能力是有目共睹的。

众所周知，杀爆弹爆炸产生的冲击波和装药质量与装药种类密切相关，同时冲击波的大小和距爆炸点的距离相关，因此，提高杀爆弹命中精度和提高装药量是提高杀爆弹毁伤装甲目标能力的主要方法。

榴弹的毁伤元素主要包括爆炸产生的破片和冲击波，破片的数量、速度以及冲击波的大小和弹丸的质量、弹体材料、装药的成分和装药质量有直接关系，榴弹对装甲装备的毁伤和装甲装备的结构密切相关，通过对装甲装备结构特性分析，仿真计算破片和冲击波对装甲装备部件的毁伤，破片对装甲目标坦克的毁伤主要表现在对坦克外部设备的毁伤，包括身管和观瞄装置。爆炸冲击波对装甲目标坦克的毁伤表现为三方面：一是对车内外关键部件的毁伤；二是对车内乘员的伤害；三是掀翻或造成坦克结构性损伤。冲击波对坦克的毁伤程度，决定于冲击波的超压作用过程，即超压-时间曲线，相关的毁伤准则有超压准则、冲量准则和超压-冲量准则。再通过降阶态等评估方法，对装备的毁伤评估进行预测。

3.5.1　榴弹爆炸冲击波仿真分析

3.5.1.1　爆炸冲击波超压仿真模型及方案

由于榴弹的毁伤元素主要包括爆炸产生的破片和冲击波，而且，自由空气场中的榴弹爆炸冲击波超压变化情况，又很难精确计算和实测，为此，通常采用 AUTODYN-2D 软件进行数值仿真模拟，即数值模拟放置在地面上的壳体装药在自由空气场中的爆炸情形。

为了更为精确计算和研究不同弹药结构对空气自由场冲击波超压的影响，选取装填起爆炸药为 A-292，密度为 1.76g/cm^3，并以不同的装药柱（半径×长度）、不同的装填炸药壳体厚度对应不同的弹径，相互组合配置，分别设置出不同的模拟仿真实验方案，开展不同弹药结构对空气自由场爆炸冲击波超压的影响研究。

具体仿真方案的参数设置如表 3-3 所示。

表 3-3 炸药爆炸冲击波超压仿真方案

方案组	装药（半径×长度）	壳体厚度/mm	弹径/mm
第一组	60mm×460mm	0	120
		5	130
		10	140
		15	150
第二组	40mm×220mm	0	80
		5	90
		10	100
		20	120
第三组	20mm×110mm	0	40
		5	50
		10	60
		15	70

依据表 3-3 仿真实验方案，可直接在空气 Euler 域中进行炸药装药填充，装药采用柱状（半径×长度）形式，其壳体材料采用 $50S_iM_nVB$，密度为 $7.8g/cm^3$，分别设置有无壳体、壳体厚度变化、装药药柱尺寸变化等多种影响因素排列方式进行仿真实验，通过对 40 个观测点 r 处的压力统计及数据处理后，可以仿真得出不同壳体装药在自由空气场中的超压曲线。

1）当炸药装药条件设置为药柱半径 60mm、长度 460mm 时，分别仿真壳体厚度 0mm、弹径 120mm 和壳体厚度 5mm、弹径 130mm 的超压曲线，如图 3-16 所示。

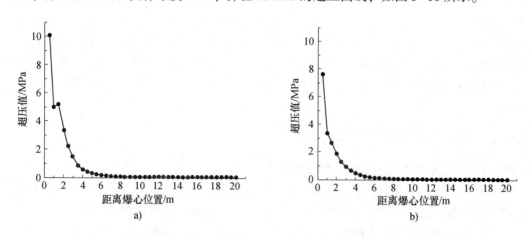

图 3-16 装药柱半径 60mm、长度 460mm 对不同弹径和壳体厚度的超压曲线
a）壳体厚度为 0mm、弹径 120mm；b）壳体厚度为 5mm、弹径 130mm

2）当炸药装药条件设置为药柱半径 40mm、长度 220mm 时，分别仿真壳体厚度 0mm、弹径 80mm 和壳体厚度 5mm、弹径 90mm 的超压曲线，如图 3-17 所示。

3）当装药条件设置为药柱半径 20mm、长度 120mm 时，分别仿真壳体厚度 0mm、弹径 40mm 和壳体厚度 5mm、弹径 50mm 的超压曲线，如图 3-18 所示。

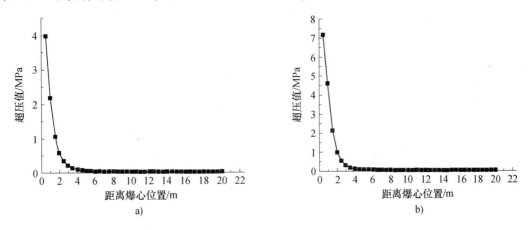

图 3-17　装药柱半径 40mm、长度 220mm 对不同弹径和壳体厚度的超压曲线
a）壳体厚度为 0mm、弹径 80mm；b）壳体厚度为 5mm、弹径 90mm

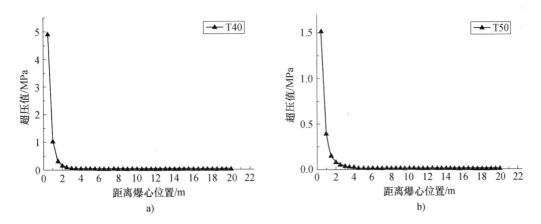

图 3-18　装药柱半径 20mm、长度 120mm 对不同弹径和壳体厚度的超压曲线
a）壳体厚度为 0mm、弹径 40mm；b）壳体厚度为 5mm、弹径 50mm

　　通过分析上述仿真实验结果表明，不论装药柱有、无壳体，其爆炸超压值均随着距起爆点位置距离的增加，呈高密指数衰减趋势；并且在距起爆点 0～0.5m 处的超压值衰减幅度，主要取决于弹径和装药量。此外，当超压值接近于零时的距起爆点位置距离大小，也更为依赖弹径和装药量的大小。

　　4）当装药结构相同，以不同壳体厚度，仿真离爆心距离相同处的超压关系曲线，如图 3-19 所示。

　　图 3-19 中 a 和 c 各图的仿真曲线，由左至右点分别代表壳体厚度为 5mm、10mm、15mm，图 3-19b 的仿真曲线由左至右点分别代表壳体厚度为 0mm、5mm、10mm 和 15mm。通过对仿真结果分析，可有如下结论：在相同装药结构情况下，爆心超压的大小与壳体结构有很大关系，离爆心相等距离处，爆炸冲击波超压基本上是随着壳体厚度的增加而逐渐减小的，且离爆心距离越远，减小幅度越缓慢。

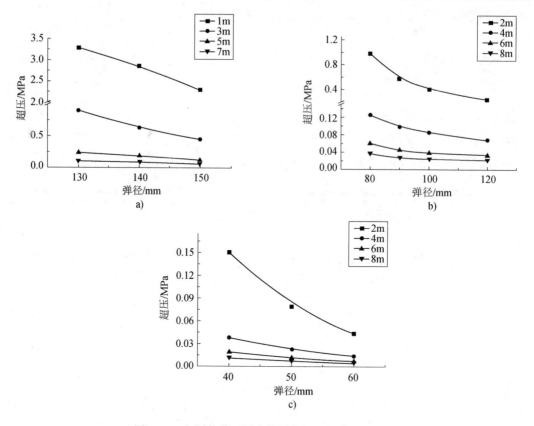

图 3-19 相同装药不同壳体厚度超压仿真结果对比

a）药柱 60mm×460mm；b）药柱 40mm×220mm；c）药柱 20mm×110mm

综合分析上述仿真结果，即可对计算带壳体装药战斗部的爆炸冲击波超压计算公式予以修正。

由于裸装药的冲击波超压仅与炸药 TNT 当量 m_T 及距离 r 有关，因此，可以作对比假设，假设带壳体装药仅改变了炸药的 TNT 当量，其冲击波超压仅与炸药 TNT 当量 m_T、战斗部的装填比 η 以及距离 r 有关，定义装填比 $\eta = m_e/m_s$，m_e 为弹体的装药质量（kg），m_s 为弹丸壳体质量（kg）。则有：

$$\Delta p = f\left(\frac{\sqrt[3]{g(\eta) \cdot m_T}}{r}\right) \tag{3-15}$$

式中，$g(\eta)$ 为战斗部装填比 η 的函数，无量纲；m_T 为炸药的 TNT 当量；r 为距爆心的距离。

带壳体装药在无限空气域、刚性地面以及普通地面的冲击波超压计算公式依次为：

1）无限空气域：

$$\Delta p = 0.084 \frac{\sqrt[3]{g(\eta) \cdot m_T}}{r} + 0.27\left(\frac{\sqrt[3]{g(\eta) \cdot m_T}}{r}\right)^2 + 0.7\left(\frac{\sqrt[3]{g(\eta) \cdot m_T}}{r}\right)^3 \tag{3-16}$$

2）刚性地面：

$$\Delta p = 0.106 \frac{\sqrt[3]{g(\eta) \cdot m_T}}{r} + 0.43 \left(\frac{\sqrt[3]{g(\eta) \cdot m_T}}{r} \right)^2 + 1.4 \left(\frac{\sqrt[3]{g(\eta) \cdot m_T}}{r} \right)^3 \quad (3-17)$$

3）普通地面：

$$\Delta p = 0.102 \frac{\sqrt[3]{g(\eta) \cdot m_T}}{r} + 0.399 \left(\frac{\sqrt[3]{g(\eta) \cdot m_T}}{r} \right)^2 + 1.26 \left(\frac{\sqrt[3]{g(\eta) \cdot m_T}}{r} \right)^3 \quad (3-18)$$

式（3-18）中，战斗部装填比 η 的函数，$g(\eta)$ 的具体表达式必须通过大量试验，经试验数据处理后才能确定。

在数值仿真的基础上，通过数值拟合求解出了修正函数 $g(\eta)$。

$$g(\eta) = 1 - 0.8923 e^{-1.2712\eta} \quad (3-19)$$

该修正公式亦通过了实际起爆试验验证，可以较为可靠的计算出榴弹爆炸后不同位置的超压值，为冲击波毁伤装甲装备提供可靠基础。

3.5.1.2 榴弹爆炸冲击波对坦克外部部件的毁伤

爆炸冲击波对典型装甲目标外部观瞄、通信设备的毁伤程度，决定于冲击波的超压作用过程，它们都与目标的性质和破坏等级有关。

对于小口径常规炮弹，爆炸所产生的冲击波难以对现装备的坦克目标造成结构性破坏；远距离爆炸其冲击波超压传递到坦克时已衰减到很低，不能有效毁伤目标；但中大口径常规炮弹近距离爆炸时，轻者能造成外部观瞄、通信设备的毁伤，重则对坦克达成结构性破坏。根据参考资料介绍，该弹丸内装填有 8.29kg 的改型 B 炸药，分别在坦克侧面、正面进行了近距离起爆试验。

1）当在距坦克左侧 2m、距前履带端面 2.8m 爆炸时，可造成炮长镜防护玻璃、车长潜望镜玻璃碎裂；在距坦克左侧 1m、距前履带端面 2.3m 爆炸时，炮长镜碎裂、车长镜左侧 2 个玻璃碎裂；在距坦克左侧 0.5m、距前履带端面 2.3m 爆炸时，炮长镜防护玻璃、车长镜正对炸点玻璃碎裂，其他完好，如图 3-20 所示。

图 3-20 炮长镜、车长潜望镜玻璃碎裂

2）当在距坦克正面 2m 爆炸时，可造成炮长镜防护玻璃、车长潜望镜玻璃碎裂；在距坦克正面 1m 爆炸时，可造成炮长镜防护玻璃、车长潜望镜（4 块）玻璃碎裂；在距坦克正面 0.5m 爆炸时，可造成车长镜、炮长镜震碎，模拟车长镜碎裂，炮塔右侧复合装甲

检查窗脱落，炮塔防盾、防尘罩下固定沿变形受冲击变形影响回转。

从毁伤数据可以看出，试验中的改性 B 炸药爆炸冲击波不足以对坦克目标造成结构性破坏，但对于坦克目标的外部观瞄设备造成了很大损坏，基本被毁坏。虽然参加试验的坦克目标没有装备通信设备的天线，但通过坦克目标外部设备（工具箱、油箱、挡泥板等）的毁伤情况看，天线被毁伤的可能性比较大，通过试验中目标内部的计算机工作情况看，试验中产生的爆炸冲击波亦不足以毁伤内部电子设备。

3.5.1.3 榴弹爆炸冲击波对坦克内部人员、设备的毁伤

从毁伤数据统计来看，对于常规榴弹，爆炸所产生的冲击波难以对现装备的坦克目标造成结构性破坏；远距离爆炸，其冲击波超压传递到坦克时已降到很低，不能有效毁伤；但中大口径常规炮弹近距离爆炸时，能造成坦克局部毁伤，可在一定程度上降低坦克的作战效能，如对内部关键部件和人员造成毁伤与杀伤时，可大幅降低坦克的作战能力。

榴弹爆炸冲击波对人的伤害主要取决于冲击波超压及其持续时间，表现为引起血管破裂、内脏或皮下出血、内脏撕裂、破坏中枢神经系统，伤害呼吸-消化道或震破耳膜。榴弹爆炸冲击波对人员的伤害基础数据，如表 3-4、表 3-5 所示。

表 3-4 榴弹爆炸冲击波超压对人的损害

冲击波超压/MPa	损害情况
>0.48	心脏停止跳动、内腹出血
0.20～0.48	神经系统和肺丧失功能
0.10～0.20	耳膜破裂、内脏极严重损伤
0.05～0.10	内脏严重损伤
0.03～0.05	听觉器官损伤、骨折
0.02～0.03	轻微损伤，可勉强维持正常工作

表 3-5 作用时间为 3ms 时的超压与人伤亡情况

序号	冲击波超压/MPa	致伤情况
1	0.035	个别人耳鼓膜破坏
2	0.035～0.106	50%的人耳鼓膜破裂
3	0.211～0.352	个别人肺损伤
4	0.563～0.704	50%的人肺严重损伤
5	0.704	个别人死亡
6	0.916～0.127	50%的人死亡
7	>1.40	人全部死亡

当榴弹爆炸冲击波作用于坦克装甲时，在坦克装甲内的冲击波传递到坦克内部，形成一定强度的空气冲击波。当空气冲击波的超压达到某一临界值时，对坦克内的关键部件具有毁伤作用，下面建立坦克内冲击波超压的经验计算模型。

冲击波传递到坦克内部的过程中，由于对坦克外部部件的毁伤和穿越装甲而损失了大量能量。从工程应用和能量观点出发，可认为传递到坦克内部的超压，相当于 TNT 当量由 ω 减少到 $\eta\omega$ 的装药所产生的超压，在此将 $\eta\omega$ 称为弹药的剩余 TNT 当量，η 称为弹药的剩余

TNT 当量系数。因此，装药爆炸冲击波传递到坦克内部的超压仍可按式 $\Delta P_+ = \dfrac{0.082}{r} + \dfrac{0.265}{r^2} + \dfrac{0.686}{r^3}$ 计算，只是需把距爆心的距离 r 用对比距离 $\bar{r}_\eta = r/\sqrt[3]{\eta\omega}$ 代替，公式变为：

$$\Delta P_+ = \frac{0.082}{\bar{r}_\eta} + \frac{0.265}{\bar{r}_\eta^{\,2}} + \frac{0.686}{\bar{r}_\eta^{\,3}} \tag{3-20}$$

用此公式计算弹药装药爆炸传递到坦克内部的冲击波峰值超压场。

注意到坦克外部不同方向上装甲防护能力和外部器件分布的不同，冲击波从不同的方向传递到坦克内部能量损失并不相同，试验数据也证明了这一点。根据对某型坦克靶车的有限试验数据，坦克密封良好的情况下，可计算得到坦克正面入射和侧面入射的能量损失率分别为 98.4% 和 98.6%，相应地剩余 TNT 当量系数 $\eta_{正面} = 0.016$，$\eta_{侧面} = 0.014$，可以保守地总体取 $\eta = 0.014$，代入式（3-20）就可以计算炸药柱爆炸传递到某型坦克靶车内部的冲击波峰值超压。

如 155mm 榴弹的 B 炸药柱在空中爆炸时产生的超压场，如图 3-21 所示。

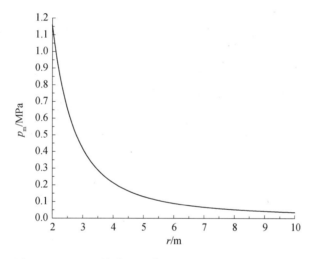

图 3-21　155mm 榴弹 B 炸药柱空中爆炸时产生的超压场

按照剩余 TNT 当量系数 $\eta = 0.014$ 和 155mm 榴弹 B 炸药柱的有关参数，可计算得到：

$$\bar{r}_\eta = r/\sqrt[3]{\eta\omega} = r/\sqrt[3]{0.014 \times 1.1 \times 8.30} = r/\sqrt[3]{0.12782} \tag{3-21}$$

$$\Delta P_+ = \frac{0.0413}{r} + \frac{0.0672}{r^2} + \frac{0.0877}{r^3} \tag{3-22}$$

155mm 榴弹 B 炸药柱爆炸在某型坦克内部形成的峰值超压分布如图 3-22 所示。

由图 3-22 可知，坦克密封良好的情况下，8.3kg 的 B 炸药药柱在坦克外部爆炸时，坦克内部距爆源直线距离 3m 以外所造成的超压低于 25kPa，此强度的超压只能给内部乘员造成轻微损伤，内部乘员可以维持正常工作；直线距离 2m 处所造成的超压刚到致人中等损伤的临界值，而对内部仪器设备难以造成损伤。从坦克内部乘员所处位置分析，只有155mm 榴弹 B 炸药柱抵近坦克爆炸（不含命中）时，才可以对坦克内部乘员造成中等程

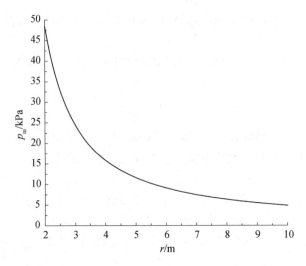

图 3-22　155mm 榴弹 B 炸药柱爆炸对坦克内部形成的超压场

度的损伤，对坦克内部设备造成轻微损伤。实测试验表明，距离坦克 0.5～2m 处的爆炸在坦克内部乘员处，产生的冲击波峰值超压不超过 42kPa，与不超过 50kPa 的公式计算结果相当吻合。

如果坦克密封不严，例如，驾驶员舱盖或炮塔部舱盖不严，或被击中后有孔洞或孔隙产生时，根据有限试验数据计算的 $\eta = 0.224$，此时 8.3kg 的改性 B 炸药药柱爆炸传递到坦克内部形成的峰值超压曲线，如图 3-23 所示。

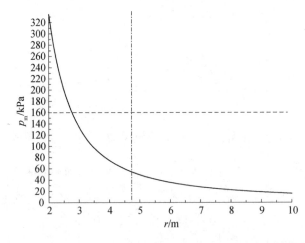

图 3-23　155mm 榴弹 B 炸药爆炸对密封不严的坦克内部形成的超压场

由图 3-23 可知，坦克受损密封不严情况下，内部超压急剧上升，距爆心直线距离 3.4m 以内峰值超压超出了致人重伤的 100kPa，此强度将使坦克内部乘员基本失去战斗力。因此，坦克密封不严时，爆炸冲击波超压将对车内人员造成严重伤害，并且坦克内部超压的升幅对坦克的密封性非常敏感。试验表明，坦克靶车密封良好时，6kg 炸药命中首上装甲时坦克内部乘员处的峰值超压可达 70kPa，可以给乘员造成中等至严重伤害，但仍然难以有效毁伤车内的仪器设备。密封不严时，试验表明车内超压可超过 100kPa。

对于带壳弹药，由于相当一部分能量用于形成破片，致使形成的冲击波强度相对无壳装药低。因此，可以得出如下结论，即现有 155mm 口径及以下杀爆弹非命中爆炸时的冲击波效应，在坦克密封良好时难以有效毁伤坦克目标的关键部件和乘员；当坦克密封不严或受到打击有孔洞时，冲击波将可造成有效毁伤，毁伤半径为 3.4m（以 100kPa 为对人员的毁伤准则）。坦克密封良好时，在命中条件下的冲击波效应可以造成部分乘员重伤和部分部件毁伤，但难以造成 100% 的坦克无机动能力（M）、坦克主要武器装备丧失功能（F）或坦克被摧毁（K）级毁伤，考虑到实弹射击时弹丸的动能，造成毁伤程度应重于理论计算结果。

3.5.2　榴弹爆炸破片毁伤分析

3.5.2.1　榴弹爆炸破片参数的理论分析

1. 榴弹爆炸产生破片质量计算

对榴弹爆炸破片的描述主要从破片质量、破片数量和破片的散布范围及破片密度等几个方面描述，破片的平均质量 μ，可按 Magis 公式计算：

$$\mu = C_f \frac{td^{\frac{1}{3}}}{1 + \frac{2m_C}{m_M}} \cdot f_1 T_s \tag{3-23}$$

式中，t 为平均壁厚（mm）；d 为平均内径（mm）；m_M 为金属壳体质量（kg）；m_C 为炸药质量（kg）；C_f 为实验系数，$C_f = 0.132804$；f_1 为炸药系数，对于钝黑铝（AIX-Ⅱ）炸药，$f_1 = 1.3$；T_s 为钢材系数。

2. 榴弹爆炸破片速度计算

（1）按 Gurney 公式计算榴弹爆炸破片初速（m/s）

$$v_0 = \alpha \left(\frac{m_C/m_M}{1 + \frac{0.5m_C}{m_M}} \right)^{1/2} \tag{3-24}$$

式中，α 为 Gurney 常数，其取值取决于炸药性质。

Gurney 常数与爆速 D_e 的关系式为：

$$\alpha = 520 + 0.28D_e \tag{3-25}$$

对于钝黑铝（AIX-Ⅱ）炸药，爆速 $D_e = 8090$m/s

再将某型尾翼稳定杀伤爆破弹相关参数代入式（3-24）得：

$$v_0 = 1272\text{m/s} \tag{3-26}$$

（2）破片运动一段时间后的存速

$$v = v_0 e^{\left(-\frac{C_D \rho g R \overline{S}}{2m_q}\right)} \tag{3-27}$$

式中，C_D 为破片阻力系数，取决于破片形状和速度，其经验取值如表 3-6 所示；R 为飞行距离（m）；ρ 为空气密度（kg/m³）；g 为重力加速度（m/s²）；$\bar{S}$ 为破片平均迎风面积（m²）。

$$\bar{S} = Km_q^{2/3} \qquad (3-28)$$

通过统计资料数据可知，不同形状破片的特征参数经验值如表 3-6 所示。

表 3-6　各类钢质破片形状系数的经验值

破片形状系数	球形	方形	菱形	长条形
C_D	0.97	1.56	1.29	1.3
$\xi/(\text{kg} \cdot \text{m}^{-3})$	0.528	0.936	0.774	0.78
$K/(\text{m}^2 \cdot \text{kg}^{-2/3})$	3.07×10^{-3}	3.09×10^{-3}	$(3.2 \sim 3.6) \times 10^{-3}$	$(3.3 \sim 3.8) \times 10^{-3}$
$H/(\text{m} \cdot \text{kg}^{-1/3})$	560	346	$404 \sim 359$	$389 \sim 337$

部分弹药破片的质量和数量分布如表 3-7 所示。

表 3-7　破片数量与质量分布

破片质量/g	破片数量				
≤1.0	80	452	49	200	200
1.1~3.0	10	239	19	95	80
3.1~10.0	23	161	20	53	28
10.1~20.0	18	28	9	11	11
≥20.1	25	25	14	13	29
破片合计	156	905	111	372	348
火炮口径/mm	100	105	125	105	105
弹种	导弹	穿甲弹	导弹	穿甲弹	穿甲弹
中弹部位	首下甲板	首上甲板	炮塔	炮塔	炮塔

依据表 3-6、表 3-7 统计数据，再分别取 $R=0$，$R=5$，$R=10$，$R=15$，$R=20$，破片质量取平均质量 2g 及 10g，即可计算出破片运动一段时间后的存速，如表 3-8、表 3-9 所示。

表 3-8　质量 2g 的各种形状破片存速表

	球形	方形	长条形	菱形
$R=0$	1272	1272	1272	1272
$R=5$	632	403	445	517
$R=10$	314	128	156	190
$R=15$	156	40	55	74
$R=20$	77	13	19	28

表 3-9 质量 10g 的各种形状破片存速表

	球形	方形	长条形	菱形
$R = 0$	1272	1272	1272	1272
$R = 5$	853	632	664	698
$R = 10$	572	314	347	383
$R = 15$	383	156	181	210
$R = 20$	257	77	94	115

通过计算结果表明，当初始速度相同，破片飞散距离一致的情况下，质量较大的破片存速较大。再根据表 3-8 和表 3-9 的计算数据，可由仿真得到破片在不同形状和速度下，对不同厚度均质钢板的侵彻情况。

当破片侵彻角度为 45°，侵彻速度在 553～1272m/s 时，以破片形状分别为圆形、正方形、长方形、菱形对厚度 5mm、30mm、45mm 均质钢板进行模拟仿真计算，则破片侵彻深度的计算结果，如表 3-10～表 3-12 所示。

表 3-10 破片对 5mm 厚度靶板的侵彻深度计算结果

破片质量	破片形状	存速/(m/s)	侵彻深度/mm	侵彻孔径/mm
10g	圆形	1272	贯穿	贯穿
		1080		
		845		
	正方形	1272		
		976		
		657		
	长方形	1272		
		993		
		635		
	菱形	1272		
		1000		
		697		

表 3-11 破片对 30mm 厚度的均质钢板侵彻深度计算结果

破片质量	破片形状	存速/(m/s)	侵彻深度/mm	侵彻孔径/mm
10g	圆形	1272	16.5	30.2
		854	10.8	28.3
		570	8.3	24.6
	正方形	1272	18.2	31.9
		630	12.8	25.3
		315	7.3	18.4

破片质量	破片形状	存速/(m/s)	侵彻深度/mm	侵彻孔径/mm
10g	长方形	1272	贯穿	32.1
		665	贯穿	25.2
		348	14.6	17.3
20g	圆形	1272	贯穿	41.0
		897	贯穿	39.1
		752	19.3	36.7
	正方形	1272	贯穿	42.1
		660	17.2	34.9
		480	13.2	30.8
	长方形	1272	贯穿	43.6
		695	贯穿	37.2
		508	19.1	34.3

表 3-12 破片对 45mm 厚度靶板的侵彻深度计算结果

破片质量	破片形状	存速/(m/s)	侵彻深度/mm	侵彻孔径/mm
10g	圆形	1272	15.3	39.4
		845	10.4	29.5
		570	7.9	27.2
	正方形	1272	16.1	32.3
		630	11.6	26.5
		315	7.0	19.8
	长方形	1272	21.7	34.6
		665	19.2	28.7
		348	13.5	21.6
20g	圆形	1272	21.9	47.2
		897	20.8	42.0
		752	18.5	38.1
	正方形	1272	20.6	44.2
		660	16.8	36.3
		480	11.9	32.0
	长方形	1272	27.4	45.6
		695	23.5	38.3
		508	18.2	35.1

3.5.2.2　破片质量对装甲侵彻深度影响分析

依据表 3-10 和表 3-11 中的计算数据，分别选择质量为 2g 和 10g 的破片对均质钢板目标靶进行侵彻，观察分析其毁伤效果。对于破片形状和靶板都相同条件下，运用拟合软件将计算数据进行拟合，分别得到不同形状破片侵彻深度和破片质量的关系，如图3-24～图 3-29 所示。

1）不同质量的圆形破片，在相同速度条件下，质量大的破片侵彻深度深；相同质量圆形破片，速度越大，侵彻深度越深。

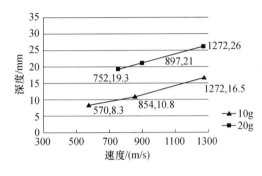

图 3-24　不同质量圆形破片对 5mm 钢板的侵彻深度

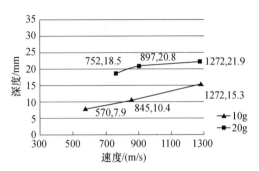

图 3-25　不同质量圆形破片对 30mm 钢板的侵彻深度

2）不同质量的正方形破片，在相同速度条件下，质量大的破片侵彻深度深；相同质量正方形破片，速度越大，侵彻深度越深。

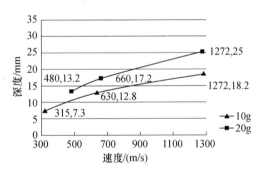

图 3-26　不同质量正方形破片对 5mm 钢板的侵彻深度

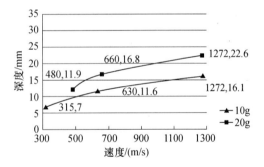

图 3-27　不同质量正方形破片对 30mm 钢板的侵彻深度

3）不同质量的长方形破片，在相同速度条件下，质量大的破片侵彻深度深；相同质量长方形破片，速度越大，侵彻深度越深。

综上仿真分析来看，破片质量越小，能量损耗越快，侵彻深度越小；破片动能随破片质量的增加而增加，侵彻力变强。

3.5.2.3　破片侵彻速度对装甲侵彻深度影响分析

运用拟合软件将表 3-11 中的数据拟合，当破片形状，破片质量和身管壁厚都相同条件下，破片侵彻深度随侵彻速度的曲线关系，如图 3-30、图 3-31 所示。

从图 3-30、图 3-31 中可以看出，侵彻深度随破片的侵彻速度增加而增加，基本上呈

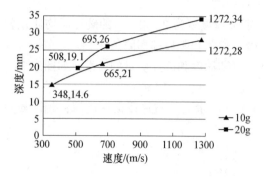

图 3-28　不同质量长方形破片对 5mm
钢板的侵彻深度

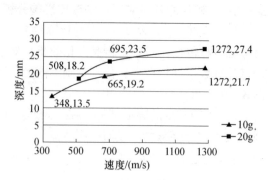

图 3-29　不同质量长方形破片对 30mm
钢板的侵彻深度

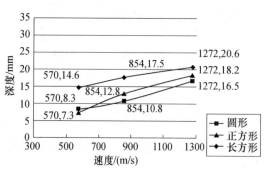

图 3-30　10g 同种形状破片的侵彻速度与深度

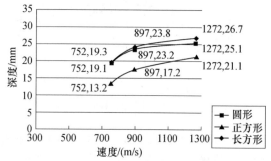

图 3-31　20g 同种形状破片的侵彻速度与深度

线性关系。

3.5.2.4　破片形状对装甲侵彻深度影响分析

运用拟合软件将表 3-10、表 3-11 中的数据拟合，对于破片质量和身管壁厚都相同条件下，破片侵彻深度随破片形状的变化曲线，如图 3-32、图 3-33 所示。

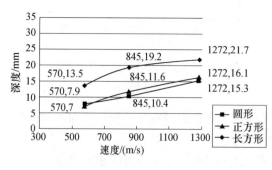

图 3-32　10g 不同形状同速破片的侵彻深度

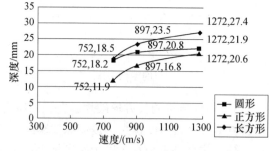

图 3-33　20g 不同形状同速破片的侵彻深度

由图 3-32、图 3-33 可以看出，破片的侵彻能力随破片的长细比增加而提高。这是因为在破片质量不变的情况下，长细比增大，破片单位横截面积上的动能变大，在贯穿的过程中破片头部最大应力值增大，破片侵彻能力增强。

3.5.2.5　破片质量对装甲侵彻孔径影响分析

分别选择质量为 10g 和 20g 的破片对 5mm 和 30mm 厚均质钢板目标靶进行侵彻，观察分析其毁伤效果。当破片形状和靶板材料都相同条件下，运用拟合软件将表 3-10、表 3-11 中的数据进行拟合，可分别得到 10g 和 20g 质量破片和侵彻孔径的关系，如图 3-34～图 3-39 所示。

1）不同质量圆形破片对相同靶板在相同速度下的侵彻口径，随破片质量增加而增大。

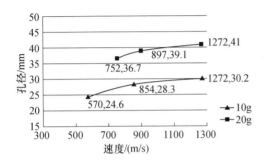
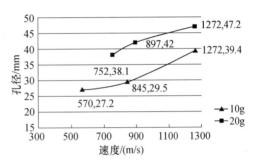

图 3-34　不同质量圆形破片对 5mm　　　　图 3-35　不同质量圆形破片对 30mm
靶板侵彻孔径　　　　　　　　　　　　靶板侵彻孔径

2）不同质量方形破片对相同靶板在相同速度下的侵彻口径，随破片质量增加而增大。

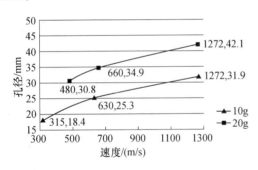
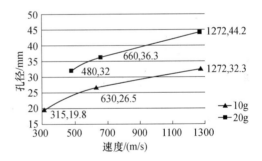

图 3-36　不同质量正方形破片对 5mm　　　图 3-37　不同质量正方形破片对 30mm
靶板侵彻孔径　　　　　　　　　　　　靶板侵彻孔径

3）不同质量长方形破片对相同靶板在相同速度下的侵彻口径，随破片质量增加而增大。

综上可得出结论为：破片质量越小、动能越小，侵彻越缓慢、孔径越小；破片动能随破片质量的增加而增加，侵彻力变强。

3.5.2.6　侵彻速度对装甲侵彻孔径影响分析

运用拟合软件将表 3-10 中的数据拟合，可得到当破片形状，破片质量和靶板厚度都相同条件下，破片侵彻孔径随侵彻速度的关系曲线，如图 3-40、图 3-41 所示，侵彻孔径随破片的侵彻速度增加而增加。

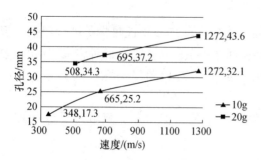

图 3-38　不同质量长方形破片对 5mm
靶板侵彻孔径

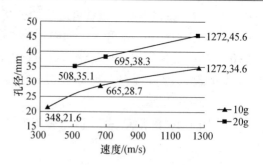

图 3-39　不同质量长方形破片对 30mm
靶板侵彻孔径

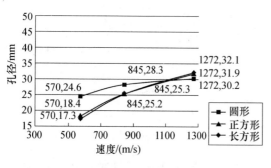

图 3-40　10g 破片侵彻 30mm 靶板的
速度与孔径关系

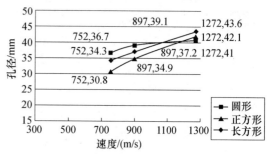

图 3-41　20g 破片侵彻 30mm 靶板的
速度与孔径关系

从图 3-40、图 3-41 可以看出，质量、形状相同的破片对同一靶板的侵彻孔径，随着破片速度的增加而增大，长方形和正方形破片的侵彻孔径和弹丸速度近似呈线性关系，圆形破片的侵彻孔径随速度增加的幅度较小。

3.5.2.7　破片形状对侵彻孔径影响分析

运用拟合软件将表 3-10、表 3-11 中的数据拟合，得到当破片质量和目标靶板厚度都相同条件下，破片侵彻孔径随破片形状变化关系曲线，如图 3-42、图 3-43 所示。

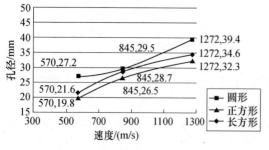

图 3-42　不同形状同质破片的侵彻孔径

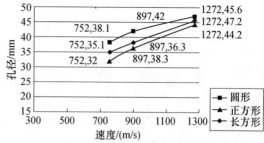

图 3-43　不同形状二倍同质破片的侵彻孔径

从图 3-42、图 3-43 可以看出，破片的侵彻能力随破片的长细比增加而提高。

3.5.2.8　榴弹爆炸破片毁伤仿真分析

分别选取质量 2.6g 球形、3.0g 方形、8.2g 柱形三种破片，以不同速度和入射角分别对 5mm 和 10mm 厚均质靶板进行侵彻仿真试验。

当研究不同着角情况下，球形破片对 5mm、10mm、20mm 厚靶板的极限穿透情况，可获取对应的极限穿透速度规律和穿透剩余速度规律。如其破片着角从 0°～40° 变化，每 10° 记一个仿真结果，速度 400～1500m/s，具体仿真方案如表 3-13 所示。

表 3-13　仿真方案

破片尺寸/mm	靶厚/mm	着角（°）
Φ6.5	5	0/10/20/30/40
	10	0/10/20/30/40
	20	0/10/20/30/40

仿真发现，直径为 6.5mm 钨合金球形破片，以 1500m/s 的速度不能穿透 20mm 厚装甲板，故不再研究。而破片速度 1000m/s 以不同着角侵彻 5mm 厚钢板，以及以 1500m/s 的速度不同着角侵彻 10mm 厚钢板的对比情况，如图 3-44 所示。

具体仿真结果数据，如表 3-14、表 3-15 所示。

表 3-14　球形破片侵彻 5mm 厚钢板仿真数据　　　　单位：m/s

0°		10°		20°		30°		40°	
入射速度	剩余速度	入射速度	剩余速度	入射速度	剩余速度	入射速度	剩余速度	入射速度	剩余速度
595	0	610	0	635	0	670	0	740	0
600	26	620	50	640	51	680	63	750	57
700	256	700	246	700	207	700	123	700	0
800	379	800	368	800	333	800	271	800	189
900	494	900	482	900	450	900	407	900	328
1000	568	1000	568	1000	544	1000	505	1000	403
1100	657	1100	656	1100	634	1100	590	1100	490
极限速度	595	极限速度	610	极限速度	635	极限速度	670	极限速度	740

表 3-15　球形破片侵彻 10mm 厚钢板仿真数据　　　　单位：m/s

0°		10°		20°		30°		40°	
入射速度	剩余速度	入射速度	剩余速度	入射速度	剩余速度	入射速度	剩余速度	入射速度	剩余速度
1080	62	1100	0	1150	0	1240	0	1400	0
1200	240	1200	215	1200	130	1250	60	1450	108
1300	366	1300	354	1300	276	1300	134	1500	171
1400	475	1400	448	1400	378	1400	274	1550	228
1500	566	1500	536	1500	468	1500	375	1600	281
极限速度	1080	极限速度	1100	极限速度	1150	极限速度	1240	极限速度	1400

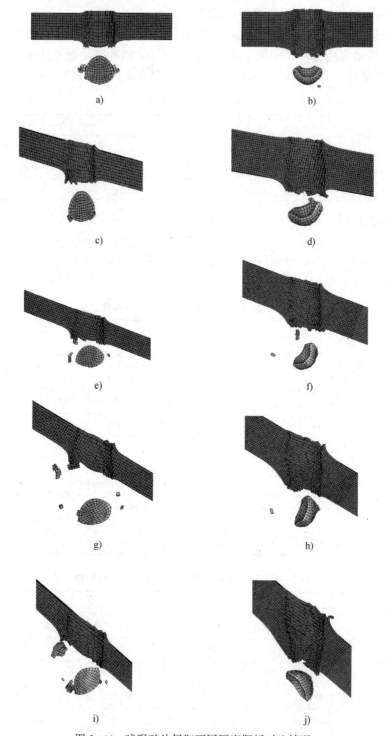

图 3-44　球形破片侵彻不同厚度靶板对比情况

a）0°着角 5mm 厚钢板；b）0°着角 10mm 厚钢板；c）10°着角 5mm 厚钢板；d）10°着角 10mm 厚钢板；
e）20°着角 5mm 厚钢板；f）20°着角 10mm 厚钢板；g）30°着角 5mm 厚钢板；h）40°着角 10mm 厚钢板；
i）30°着角 5mm 厚钢板；j）40°着角 10mm 厚钢板

1. 球形破片极限穿透速度随着靶角的变化关系

依据表 3-14 和表 3-15 的仿真数据，可以分析球形钨合金破片侵彻不同厚度靶板的极限穿透速度随着靶角的变化规律，如图 3-45 所示。

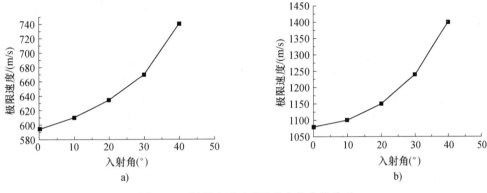

图 3-45　极限穿透速度随着角的变化关系

a）靶厚 5mm；b）靶厚 10mm

由图 3-45 可知，球形破片侵彻不同厚度（5mm 和 10mm）装甲靶板时，其极限穿透速度随着靶角的变化规律基本一致，呈一种非线性关系变化，均是随着入射着角的增大而增大，且随着着角的增大，曲线越来越陡峭，说明极限穿透速度受影响的幅度也越大。此外，在相同的入射着角下，球形破片侵彻 10mm 厚靶板的极限穿透速度小于 2 倍的侵彻 5mm 厚靶板的极限穿透速度，这主要受靶板背面破碎效应的影响，与理论分析结果有较好的一致性。

2. 球形破片入射速度与穿透剩余速度的关系

依据表 3-14 和表 3-15 的仿真数据，还可分析球形钨合金破片侵彻不同厚度靶板时，入射速度与穿透剩余速度的变化规律，如图 3-46 所示。

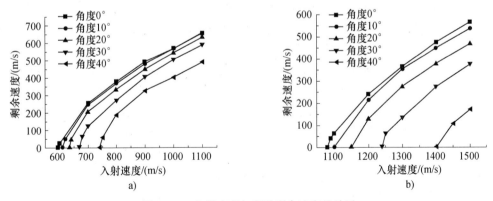

图 3-46　入射速度与穿透剩余速度的关系

a）靶厚 5mm；b）靶厚 10mm

由图 3-46 可知，球形破片侵彻不同厚度（5mm 和 10mm）装甲靶板时，不同着靶角情况下，穿透剩余速度随入射速度的变化关系基本上是一致的，呈一种非线性规律变化。在贯穿靶板的前提下，穿透剩余速度均是随着入射速度的增大而增大，而且随着入射速度的增大，曲线变化由陡峭趋于平缓，说明剩余速度随入射速度的增大，其增加幅度逐渐变小。

3. 球形破片穿透剩余速度随着靶角变化的关系

利用仿真数据，分析在破片穿透靶板的前提下，对于相同的入射速度，破片穿透靶板后的剩余速度随着靶角的变化规律，如图 3-47 所示。

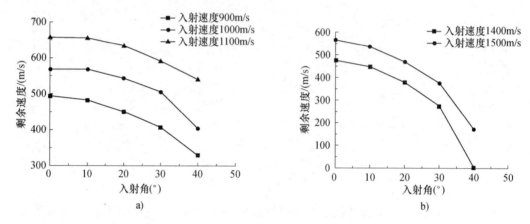

图 3-47　穿透剩余速度随入射着角的变化关系
a）靶厚 5mm；b）靶厚 10mm

由图 3-47 可知，在相同的入射速度情况下，球形破片穿透不同厚度（5mm 和 10mm）装甲钢靶板的剩余速度随着角的变化规律是一致的，呈一种非线性递减关系变化，均是随着入射着角的增大，穿透剩余速度逐渐减少，且减少的趋势逐渐增大。此外，不同入射速度的情况下，穿透不同厚度（5mm 和 10mm）装甲钢靶板所对应的穿透剩余速度随入射着角的变化关系也是一致的，均是随着入射着角的增大而逐渐减小，减小的幅度也是越来越大。

用极限穿透速度来作为破片穿甲威力的指标，则球形破片对装甲钢靶板的穿甲威力与破片的着靶角有关。随着着靶角的逐渐增大，球形破片对钢板的极限穿透速度也逐渐增大，穿透靶板后的剩余速度也逐渐减少，说明同一入射速度情况下，破片穿透钢板的所需的动能逐渐增大，因而，球形破片对钢板的穿甲能力也随之降低。

同理，对钨合金方形破片以 800m/s 的速度，不同着角侵彻 5mm 厚钢板以及以 1200m/s 的速度，不同着角侵彻 10mm 厚钢板的对比；对柱形破片以 1000m/s 的速度，不同着角侵彻 5mm 厚钢板以及以 1500m/s 的速度，不同着角侵彻 10mm 厚钢板的对比。均可得到穿透速度随着靶角的变化关系，破片入射速度与穿透剩余速度的关系以及破片穿透剩余速度随着靶角变化的关系。

通过选取不同质量和形状的破片侵彻装甲板仿真试验，可得出如下结论：

1）三种典型破片对装甲钢板的极限穿透速度与破片的着靶角有关，基本上均是随着着角的增大，极限穿透速度也逐渐增大，且增加的幅度也越来越大。

2）以破片穿透装甲靶板为前提，在相同的着角情况下，三种典型破片穿透靶板的剩余速度均是随着入射速度的增大而增大，且增大的幅度逐渐减小。

3）在入射初速相同的情况下，三种典型破片穿透靶板的剩余速度也与着角有关，均是随着着角的增大，穿透剩余速度逐渐减少。

4）质量相近的球形破片与柱形破片对装甲钢板的极限穿透速度也不一样，说明了极限穿透速度也与破片形状有关。

5）破片对装甲的穿甲威力与破片的形状、着靶角等因素有很大的关系。

3.5.3　榴弹毁伤元素破片对装备毁伤

对于给定榴弹，其形成的毁伤元素破片的质量和速度及冲击波的大小是可以计算并仿真出来的。因此，在评估榴弹对目标毁伤时，首先通过理论计算和仿真等方式，获得毁伤元素破片的质量和速度以及冲击波的大小；然后通过弹目交汇轨迹，获取命中目标的毁伤元素的位置和存速，根据毁伤准则，判断相应部位的毁伤情况。在此基础上，利用降阶态方法，评估对目标的毁伤程度。毁伤评估框图如图 3-48 所示。

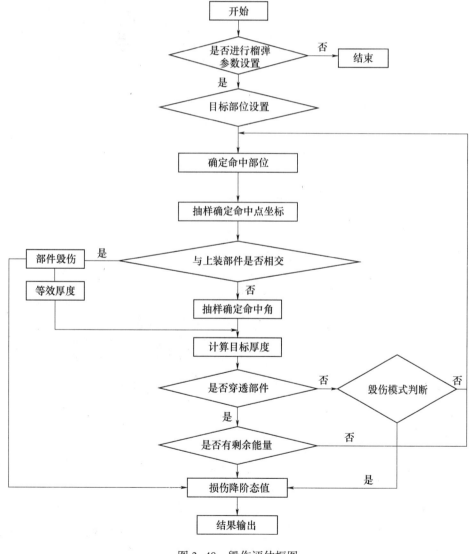

图 3-48　毁伤评估框图

　　利用榴弹爆炸的数值仿真和坦克上装易损部件的毁伤仿真，将坦克上装模型导入 Ansys Workbench 平台中，在 LS-DYNA 模块中对其进行材料设置、网格划分和设置接触条件等操作，可得到榴弹打击坦克上装的运算模型，如图 3-49、图 3-50 所示。

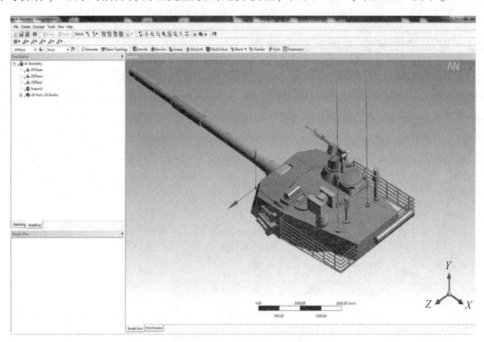

图 3-49　坦克模型导入与参数设置

图 3-50　榴弹对坦克毁伤仿真运算

为了便于评估系统进行计算评估，在 LS-DYNA 模块中，将设置好的榴弹打击坦克上装的毁伤模型转换成 K 文件，导入毁伤评估系统进行坦克毁伤评估，如图 3-51 所示。

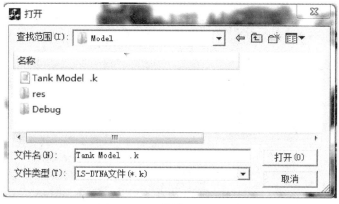

图 3-51 运算模型导入系统

根据 Vortools 的相交判断模型，确定破片与坦克上装外部部件的相交情况，如图 3-52 所示。由此可以评估如坦克上装正面右侧部件被破片打击后造成的毁伤情况。

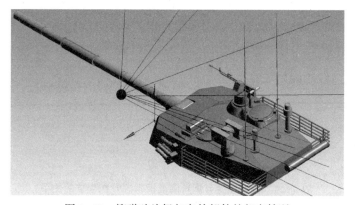

图 3-52 榴弹破片场与车外部件的相交情况

即根据剩余穿深理论来确定毁伤部件情况。通过毁伤评估系统的仿真计算，得到坦克上装易损部件的毁伤情况。采用数值统计的方法，对火炮身管系统（X）、炮长瞄准镜系统（Y）在破片不同侵彻速度下毁伤的结果进行分析，可得到破片侵彻速度与部件物理毁伤状态（Component Damage States，CDS）的关系。

为了能实现毁伤评估的定量化描述，通过函数拟合法，将有限的毁伤数据用高斯方程进行处理，得到毁伤装备程度的规律曲线，如图 3-53、图 3-54 所示。

由图 3-53 可知，破片的侵彻速度在 750～800m/s 时，分析火炮身管系统（X）的物理毁伤状态（CDS 值）为 0.4，此时对应 X 系统中的炮身或者炮尾等构件被毁伤，表明 X 系统不能完成调节坦克炮方向或者保证精确射击等功能特性；当侵彻速度在 950～1150m/s 时，X 系统的物理毁伤状态（CDS 值）达到 0.8，对应的 X 系统的身管、身管和热护套等大部分机构已经被毁伤，表明 X 系统不能顺利完成弹药发射、精确射击和调节坦克炮方向等功能特性；当破片的侵彻速度达到 1200m/s 以上时，X 系统的物理毁伤状态（CDS

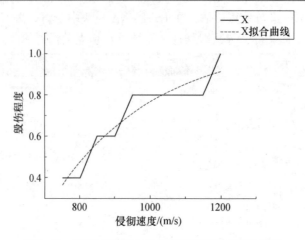

图 3-53　侵彻速度与火炮身管系统毁伤程度的关系

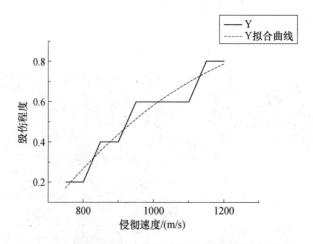

图 3-54　侵彻速度与炮长瞄准镜系统毁伤程度的关系

值）为 1，对应 X 系统的部件和机构已被完全毁伤，表明 X 系统不能实现其任何所具备的功能特性。

同样，对 Y 系统及其他系统的物理毁伤程度，也可通过图 3-54 及相应的仿真毁伤关系来定量化描述。

为了进一步验证该仿真毁伤评估方法的有效性与可靠性，将该方法对火炮身管系统、炮长瞄准镜系统的仿真毁伤数据，与对应的实测试验毁伤评估系统的毁伤数据进行对比分析，并利用高斯方程拟合，得到装备易损部件在数值仿真和实践毁伤评估系统下的毁伤评估对比曲线，如图 3-55、图 3-56 所示。

通过图 3-55、图 3-56 对比发现，数值仿真与实践毁伤评估系统的毁伤评估曲线吻合情况较好，说明该坦克上装毁伤评估系统的可靠性以及仿真获取毁伤数据的有效性。

将武器系统的毁伤降阶态值进行数值分析，通过高斯方程拟合，可实现在火炮身管系统、炮长瞄准镜系统等被物理毁伤的情况下，坦克上装的总体功能毁伤程度与榴弹破片侵彻速度的定量化关系，如图 3-57 所示。

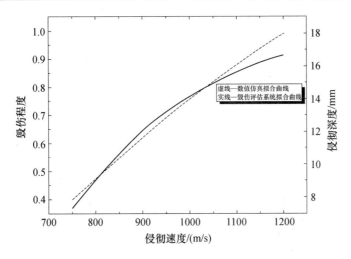

图 3-55　火炮身管数值仿真与实践毁伤评估对比

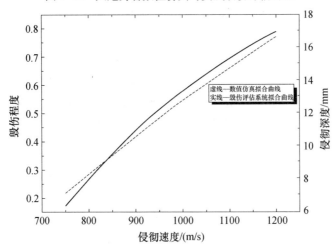

图 3-56　炮长瞄准镜系统（Y）数值仿真与实践毁伤评估对比

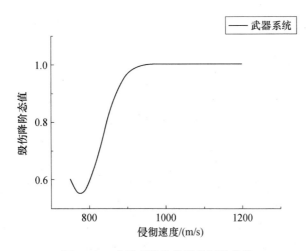

图 3-57　武器系统总体毁伤评估曲线

当破片侵彻速度达到 750～900m/s 时，武器系统毁伤降阶态值为 0.5，表明火炮身管系统或炮长瞄准镜系统的功能部件已被毁伤，或两者之间有一个部件的功能已被完全毁坏，此时对应武器系统已不能实现精确射击、调节坦克炮方向或者不能实现夜视、瞄准跟踪等功能特性；当破片侵彻速度达到 1000m/s 以上时，武器系统功能毁伤降阶态值为 1，表明炮身管系统和炮长瞄准镜系统等构件已被破片场严重毁坏，此时对应武器系统基本不能完成弹药发射、跟踪、瞄准、自动调炮和弹药发射等该系统具备的功能特性。

3.6 榴弹发展趋势

上述对榴弹结构及其毁伤特性等的分析，足以说明榴弹在车载武器弹药中的重要性，对它的未来发展趋势也备受关注，仅以杀爆弹为例来讲，高新技术下的现代杀爆弹，已脱去了"钢铁+炸药"简单配置的"平民外衣"，正沿着现代弹药"远、准、狠"的方向发展，其发射平台也不局限于车载武器。再从弹药的发展趋势和未来战争的需求来看，远程压制杀爆弹的发展趋势是：口径射程系列化、弹药品种多样化、无控弹药与精确弹药并存。

在提高射程方面，从中近程（20km 左右）发展到超远程（大于 200km）。中近程弹药采用减阻及装药改进技术；远程弹药采用火箭、底排-火箭、冲压发动机增程技术，超远程弹药采用火箭-滑翔、冲压发动机-滑翔、涡喷发动机-滑翔等复合增程等技术。

在提高精度方面，中近程弹药采用常规技术；远程弹药采用弹道修正、简易控制、末段制导等单项技术；超远程弹药采用简易控制、卫星定位+惯导、末段制导等多项复合技术。

在提高战斗部威力方面，针对不同的目标采用高效毁伤破片技术。

3.6.1 先进增程技术

从发展现状、今后需求以及技术走向来看，冲压发动机增程、滑翔增程、复合增程是远程压制杀爆弹药的主要增程技术。

采用冲压发动机增程技术后，中、大口径弹药的射程可以达到 70km 以上，增程率达到 100%。可以说，冲压发动机增程炮弹是未来陆军低成本、远程压制杀爆弹药的主要弹种。

滑翔增程是受滑翔飞机及飞航式导弹飞行原理的启发而提出的一种弹药增程技术。目前正在研究火箭推动与滑翔飞行相结合，射程大于 100km 的火箭-滑翔复合增程杀爆弹药。其飞行阶段为弹道式飞行+无动力滑翔飞行：先利用固体火箭发动机将弹丸送入顶点高度 20km 以上的飞行弹道；弹丸到达弹道顶点后启动滑翔飞行控制系统，使弹丸进入无动力滑翔飞行。弹丸射程一般可达到 150km 左右。

炮射巡航飞行式先进超远程弹药，与上面提及的火箭-滑翔复合增程弹药在工作原理上截然不同，其飞行阶段为弹道式飞行+高空巡航飞行+无动力滑翔飞行：首先用火炮将弹丸发射到 10km 高空（弹道顶点）；然后启动动力装置使弹丸进入高空巡航飞行阶段，该阶段的飞行距离将大于 200km 以上；动力装置工作结束后，弹丸进入无动力滑翔飞行。

该技术可使弹丸射程大于 300km。

根据动力装置的不同，上述先进超远程弹药又分为采用小型涡喷发动机的亚声速巡航飞行、采用冲压发动机的超声速巡航飞行两种巡航飞行模式。前者动力系统复杂、控制系统相对简单、可以采用火箭-滑翔复合增程弹的一些成熟技术，但是弹丸的突防能力低于后者。后者动力系统简单、控制系统相对复杂、突防能力强，是未来技术发展的主要方向。

3.6.2　精确打击技术

随着杀爆弹射程的增大，弹丸落点的散布随之增大，从而使得毁伤效率下降。为了提高远程压制杀爆弹的射击精度，各国正借助日新月异的电子、信息、探测及控制技术，大力开展卫星定位、捷联惯导、末制导、微机电等技术的应用研究，提高远程压制杀爆弹药的精确打击能力。

与导弹相比，炮射压制弹药的特点是体积小、过载大，而且要求生产成本低，因此精确打击压制弹药的研制必须突破探测、制导及控制等元器件的小型化、低成本、抗高过载等关键技术。微机电系统具有低成本、抗高过载、高可靠、通用化和微型化的优势，正是弹药逐步向制导化、灵巧化发展所迫切需要的。也正是它的出现使得常规弹药与导弹的界限越来越模糊。

例如，微惯性器件和微惯性测量组合技术的发展，催生了新一代陀螺仪和加速度计，包括硅微机械加速度计、硅微机械陀螺、石英晶体微惯性仪表、微型光纤陀螺等。与传统的惯性仪表相比，微机械惯性仪表具有体积小、重量轻、成本低、能耗少、可靠性好、测量范围大、易于数字化和智能化等优点。

随着压制弹药射程的提高，对弹药命中精度的要求也愈来愈高，单靠一种技术措施已不能满足要求，需要开展多模式复合制导和修正技术的研究，并不断探索提高射击精度的新原理、新技术。

3.6.3　高效毁伤技术

在远射程、高精度的作战要求下，必然导致战斗部有效载荷降低。为提高远程杀爆弹药的威力，必须加强战斗部总体技术和破片控制技术的研究，采用各种技术措施提高对目标的毁伤能力，归纳起来有提高破片侵彻能力、采用定向技术提高破片密度、采用含能新型破片等几种方法。

含能破片是一种新型破片，具有很强的引燃、引爆战斗部的能力，能够高效毁伤导弹目标，因此受到高度重视。有三种类型的含能破片：本身采用活性材料，当战斗部爆炸或撞击目标时，材料被激活并释放内能，引燃、引爆战斗部；在破片内装填金属氧化物，战斗部爆炸时引燃金属氧化物，通过延时控制技术使其侵入战斗部内部并引爆炸药；在破片内装填炸药，并放置延时控制装置，破片在侵入目标战斗部后爆炸，引爆目标战斗部。

第4章　穿甲弹与毁伤

4.1　穿甲弹概述

穿甲弹是一种依靠动能来摧毁装甲目标的重要弹种，是一种典型的动能弹。它是反坦克弹药的重要组成部分，是毁伤装甲目标的主要弹种，为了更好地了解穿甲弹的结构和发展，有必要先了解装甲目标的特性及其对弹药的要求。

4.1.1　装甲目标和对反装甲弹药的要求

所谓装甲目标是指用装甲保护的武器装备目标，如坦克、装甲车辆、自行火炮、武装直升机和军舰等。其典型代表是坦克、步兵战车等。

1. 坦克的主要特性分析

坦克是集火力、机动与防护于一体的典型装甲目标。坦克的操作和驾驶位于车体前部，传动部件在后部，因此，坦克等装甲目标都采用非均等厚度，典型坦克的装甲结构如图4-1所示。

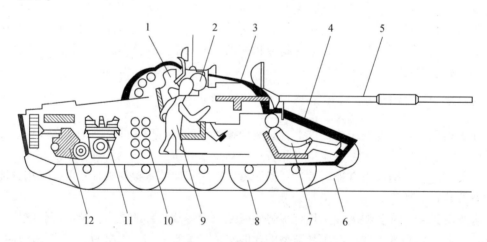

图 4-1　坦克装甲示意图

1—车长；2—炮长；3—炮塔；4—车体；5—火炮；6—履带；7—驾驶员；
8—负重轮；9—装填手；10—弹药；11—发动机；12—变速箱

通常，坦克装甲的炮塔前装甲最厚，车体前装甲较厚，两侧和后部次之，顶部和底部最薄。为抵抗低伸弹道弹丸的进攻，装甲应相对于铅垂线倾斜布置，这样不仅可以增大装甲的水平厚度，还容易产生跳弹和使引信瞎火。

随着间隔装甲、复合装甲、贫铀装甲、屏蔽装甲、反应装甲等技术被广泛采用，坦克的防护能力得到了极大提高，对反装甲弹药的性能提出了更高的要求。

综合坦克等装甲目标的发展，总结出现代装甲目标具有的特性。

（1）装甲坚

1）装甲厚度大，如苏联 T80 坦克，前炮塔装甲厚度达 400～450mm。

2）装甲机械性能好。一般多采用含铬、锰、镍、钼等元素的合金钢，抗拉强度高达 2000MPa，布氏硬度介于 2450～5450MPa。

3）装甲结构多样，有乔巴姆装甲、复合装甲、间隔装甲、贫铀装甲、反应装甲、电磁装甲、电热装甲等多种结构。

4）装甲具有大倾角。一般前装甲垂直倾角多在 60°～65°，有的高达 68°～70°。

（2）火力强

现代坦克一般都装有一门 100～125mm 火炮，1 挺并列机枪和 1 挺高地两用机枪。

（3）速度快

在公路上最高速度达 60～70km/h；作战时，一般速度约 35km/h。

（4）越野性能好

一般可爬 30°坡，超越 1m 高的垂直墙和 2～3m 宽的壕沟，能涉渡 1m 深的河流，还能利用潜渡装置在 4m 深的水中潜渡。

（5）装甲目标的攻击弱点

装甲目标的攻击弱点主要有：内部空间小，且在不大的体积内装有大量的易燃易爆物。这样的空间结构一旦被击中，很容易发生燃烧和爆炸；受容积限制，携带的弹药较少；顶甲和底甲的防护较弱；不便于观察和与外界联系。

2. 反装甲弹药的要求及分类

（1）反装甲弹药的要求

根据装甲目标的上述特性，对反装甲弹药提出了以下要求：

1）威力大。这里所说的威力是指毁伤装甲目标的能力，由于各种反装甲弹药的作用原理不同，因此对威力的具体要求也不同。反装甲弹药若能用以攻击目标的薄弱部分，如坦克的顶甲和侧甲，也就相对提高了弹丸的威力。

2）精度好。由于坦克等装甲目标体积小、速度快，又必须直接命中目标才能奏效，因此对反装甲弹药的射击精度要求很高。

3）有效射击距离大。所谓有效射击距离主要是指能保证必要的命中概率和对目标毁伤效力的射击距离。为保证必要的命中概率，除弹药的散布精度要好以外，还可采用低伸弹道，并尽量减少飞行时间。

（2）反装甲弹药的分类

穿甲弹——主要依靠弹丸碰目标时的动能贯穿装甲、击毁目标。

破甲弹——主要利用成型装药聚能爆轰原理在装药爆炸时驱动金属药型罩形成金属射流贯穿装甲、击毁目标。当采用大锥角罩、球缺罩及双曲形罩等聚能装药时，也可形成爆炸成型弹丸来对目标进行毁伤，其实质为成型装药技术的特殊情况。

榴弹——主要利用爆炸产生的破片和冲击波毁伤装甲目标。

4.1.2　穿甲弹发展历程

穿甲弹是依靠自身的动能来穿透并毁伤装甲目标的弹药，其特点为初速高，直射距离大，射击精度高，是坦克炮和反坦克炮的主要弹种，也配用于舰炮、海岸炮、高射炮和航空机关炮。用于毁伤坦克、自行火炮、装甲车辆、舰艇、飞机等装甲目标，也可用于破坏坚固防御工事。穿甲弹在穿甲作用过程中，弹丸会发生镦粗、破断、侵蚀等变形和破坏，当装甲被穿透后，穿甲弹利用弹丸的爆炸作用，或弹丸残体及弹、板破片的直接撞击作用，或由其引燃、引爆产生的二次效应，杀伤目标内的有生力量和各种设备。

穿甲弹是在与装甲目标的斗争中发展的。穿甲弹出现于19世纪60年代，最初主要用来对付覆有装甲的工事和舰艇。第一次世界大战出现坦克以后，穿甲弹在与坦克的斗争中得到迅速发展。普通穿甲弹采用高强度合金钢做弹体，头部采用不同的结构形状和不同的硬度分布，对轻型装甲毁伤有较好的效果。在第一、第二次世界大战中出现了重型坦克，相应地研制出碳化钨弹芯的次口径超速穿甲弹和用于锥膛炮发射的可变形穿甲弹，由于减轻弹重，提高初速，增加了着靶比动能，提高了穿甲威力。20世纪60年代研制出了尾翼稳定超速脱壳穿甲弹，能获得很高的着靶比动能，穿甲威力得到大幅度提高。20世纪70年代后，这种弹采用密度为 $18g/cm^3$ 左右的钨合金和具有高密度、高强度、高韧性的贫铀合金做弹体，可击穿大倾角的装甲和复合装甲。随着科学技术的发展和穿甲理论的研究，精确制导技术用于穿甲弹，又出现了超高速动能导弹及 X-杆式弹，能在2000m以远遂行反装甲作战。

1. 穿甲弹发展中的几次飞跃

随着穿甲弹与装甲的"碰撞"，经历了适口径钢质实心弹体或装有炸药弹芯的普通穿甲弹、具有次口径碳化钨弹芯的超速穿甲弹、旋转稳定脱壳穿甲弹与尾翼稳定脱壳穿甲弹等发展阶段。穿甲弹的穿甲能力主要取决于弹体结构、材料特性、着靶比动能以及着靶姿态。穿甲弹的发展与改进，主要围绕这几个方面进行。

（1）采用钨、铀合金弹芯

侵彻机理研究表明，在穿甲弹芯长度一定的情况下，侵彻深度与靶板材料密度的平方根成反比，与弹芯材料密度的平方根成正比。穿甲弹最开始采用适口径钢质实心弹芯，侵彻效果不理想。随后人们发现，钨合金密度约 $17.6g/cm^3$、贫铀合金密度约 $18.6g/cm^3$，均是钢密度的2.2倍以上，是更好的弹芯材料。其中，贫铀材料是提取核材料的副产品，性能和密度稍优于钨，使用它主要是为了合理利用资源。

（2）采用"脱壳"方式

比动能是指着靶时作用在单位面积装甲上的动能，比动能越大则穿甲能力越强。而要大幅度增加穿甲弹的比动能，则应该设法提高其离开炮口时的初速，同时降低飞行时的空气阻力以减少速度损失。发明家想到一个"鱼与熊掌兼得"的高着：设法让穿甲弹飞行时的弹径远小于在膛内获得火药燃气推力时的弹径，于是出现了脱壳穿甲弹。脱壳穿甲弹在小直径高密度材料（如钨或铀合金）的飞行弹体外，包以一个低密度材料（如铝合金）制造的适口径弹托。这样，脱壳穿甲弹在膛内受燃气推动时，由于安装了弹托因此承受火药燃气推力的面积比较大，而弹丸质量比较小（约为普通穿甲弹的1/3），可以提高初速；

而出炮口后，高密度、小弹径穿甲弹芯很快与弹托分离（即脱壳）独自飞向目标，从而减少了阻力和速度损失，提高了到达终点时的比动能。因此，脱壳穿甲弹的穿甲能力是普通穿甲弹无法比拟的。

（3）采用"尾翼稳定"方式

为了减少飞行阻力、改善着靶姿态，穿甲弹要有一个理想的飞行弹道和稳定的飞行姿态，以避免弹丸在空中出现翻跟头的现象。最先出现的是旋转稳定脱壳穿甲弹，受旋转稳定方式的限制，穿甲弹的飞行弹体（即弹芯）的长细比一般不超过 5～6，其应用受到局限。继而问世的是尾翼稳定脱壳穿甲弹（因穿甲弹芯为杆状，俗称杆式弹），它可以大大提高弹芯的长细比，脱壳后就像一支带尾翼的利箭。尾翼稳定脱壳穿甲弹的比动能远大于旋转稳定脱壳穿甲弹，能有效地对付复合、间隙装甲目标，对均质装甲板的穿深可达 700mm 以上，已被各国广泛应用。

现代的尾翼稳定脱壳穿甲弹采用高密度钨，铀合金材料的大长细比弹芯，是中大口径火炮的主要反坦克弹种之一。小口径火炮上除了配有普通穿甲弹、旋转稳定脱壳穿甲弹之外，也逐渐配备了尾翼稳定脱壳穿甲弹。尾翼稳定脱壳穿甲弹具有相对低的成本和良好的战场抗干扰特性，在未来战争中将占据重要地位。

2. 穿甲弹技术的发展

穿甲弹是在与装甲的对抗中发展起来的。从 20 世纪 60 年代至今，40 多年中的技术进步可归结为：弹芯材料从低密度的钢发展为高密度的钨、贫铀合金，穿甲能力大幅提高，同时综合机械性能也满足了新一代高膛压火炮的强度要求。弹芯结构经历了从整体钢结构，经钢包钨、铀芯（为满足发射强度），到整体锻造钨、铀合金结构，为了避免跳弹，并兼顾各种靶板的抗弹特性，除整体弹芯加断裂槽结构外，又出现了球头式、穿甲块式等多种头部结构。弹体的机械物理性能沿轴线及截面可以有不同的要求。

尾翼外径从同口径并承担膛内定心的大尾翼，发展到不起定心作用的小尾翼，材料也由钢改为铝合金，再加上对弹型的优化，使气动力性能大大改善，提高了终点比动能。

随着材料及工艺性能的提高，弹芯长细比不断加大，现已达到 30～40，可满足提高穿甲威力的要求。

发射穿甲弹的火炮的口径现以 105mm、115mm、120mm、125mm 为主，不久或将出现 140mm、145mm 等更大口径的火炮。

由于初速的提高，新技术的应用，射弹密集度逐步提高，概率误差一般在 0.2mil 以内。

3. 杆式穿甲弹的发展方向

穿甲弹除了要对付均质装甲和复合装甲的能力，同时还要有效对付反应装甲和主动防护，并不断提高有效射程和首发命中率。为此穿甲弹必须在以下几个方面做出改进。

1）提高弹丸着靶比动能。

2）减少弹丸消极质量。

3）采用新的高性能的弹体材料。

4）提高有效射程和命中概率。

5）将制导技术和增程技术引入穿甲弹，发展动能导弹等。

4.2 穿甲弹分类

穿甲弹常分为普通穿甲弹、次口径穿甲弹和高速穿甲弹。

4.2.1 普通穿甲弹

普通穿甲弹，是指适于口径的旋转稳定穿甲弹，即穿甲弹体的直径与火炮口径一致的旋转稳定穿甲弹。

普通穿甲弹的结构形式很多，其主要差别是在头部结构上，有带风帽的钝头穿甲弹如图 4-2 所示，尖头穿甲弹如图 4-3 所示。

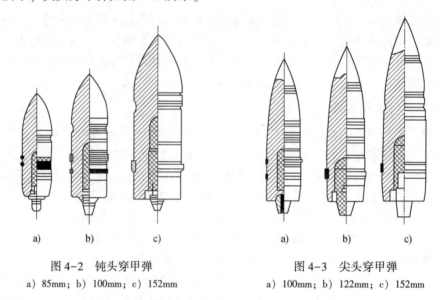

<table>
<tr><td>图 4-2　钝头穿甲弹</td><td>图 4-3　尖头穿甲弹</td></tr>
<tr><td>a）85mm；b）100mm；c）152mm</td><td>a）100mm；b）122mm；c）152mm</td></tr>
</table>

带风帽的被帽穿甲弹如图 4-4 所示。除了一些小口径穿甲弹是实心结构外，如图 4-5 所示。相当一部分穿甲弹都具有药室，内装少量炸药，使弹丸穿透装甲后爆炸，发挥二次效应——杀爆作用。

对于这种装有炸药的，且装填系数 α 可达 4%~5% 的穿甲弹，常称为半穿甲或穿甲爆破弹，如图 4-6 所示。

由图 4-2~图 4-6 可知，普通穿甲弹在结构上大体是相似的，它们都有弹芯（弹体）、炸药、引信、曳光管和弹带，只是在弹芯采用钝头结构时，加设了风帽；在弹芯采用尖头结构时，加设了风帽和被帽。

弹芯（弹体）是穿甲弹穿甲的主体，早期因有风帽或被帽等部件，其外形与榴弹相似，也有将其笼统称为弹体。为了保证普通穿甲弹对目标的撞击强度和侵彻性能，弹芯材料常采用优质合金钢，并经过热处理。一般来说，小口径普通穿甲弹常做等硬度处理，而中、大口径普通穿甲弹常采用头部淬火和尾部高温回火的处理，使头部具有高的硬度，尾部具有好的韧性。

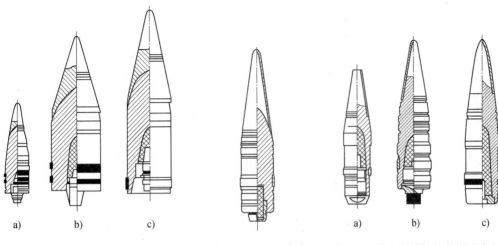

图 4-4 被帽穿甲弹
a) 57mm；b) 100mm；c) 122mm

图 4-5 37mm 尖头
穿甲弹

图 4-6 带有爆炸性能的爆破穿甲弹
a) 50mm；b) 37mm；c) 130mm 半穿甲弹

穿甲弹装有的炸药是普通穿甲弹发挥二次效应的能源。由于普通穿甲弹的药室小，故采用高威力炸药，通常既要求一定的爆破作用，又要求一定的燃烧作用，常用的炸药有钝化黑索今、钝化黑铝等炸药。一般采用块填法装填：把压制的药柱用石蜡、地蜡混合物粘固于药室中。为了防止炸药在弹丸撞击装甲时早炸，常在药室顶端加放缓冲垫（如木塞）。

装有炸药的穿甲弹均采用弹底引信，带有固定延期或自动调整延期机构，以保证弹丸在穿透钢甲后再爆炸。另外，为了观察和修正弹道，除个别穿甲弹外，各类穿甲弹都装有曳光管，一般装在引信体的下部或弹底部。

4.2.2 次口径超速普通穿甲弹

在第二次世界大战中，出现了装甲厚度达 150～200mm 的重型坦克。为了对付这类目标，反坦克火炮增大了口径，反坦克炮弹提高了初速，同时发展了一种高密度碳化钨弹芯的次口径超速穿甲弹，其在膛内和飞行时是适于口径的，命中目标后起穿甲作用的是直径小于口径的碳化钨弹芯。由于碳化钨弹芯密度大、硬度高且直径小，故比动能大，从而提高了穿甲作用。

次口径超速穿甲弹的结构与普通穿甲弹相比差别很大。按其外形的不同，可分为线轴型（图 4-7）和流线型（图 4-8）两种。线轴型的弹重较轻，流线型的弹形较好。

次口径超速穿甲弹主要由弹芯、弹壳、风帽（或被帽）、曳光管和弹带等组成，其中弹芯是由碳化钨制成的穿甲主体。弹芯材料之所以采用碳化钨，是因为其硬度高（洛式硬度为 80～92HRC）、密度大（14～17g/cm³）和耐热性强（熔点为 2800℃）。弹芯直径很小（一般为火炮口径的 1/3～1/2），弹芯头部的弧形母线半径为 1.5～2 倍弹芯直径。弹壳常用一般碳钢或铝合金制成，为了减轻质量常把头部设计成截锥状，中部为线轴形，底部制成凹形。线轴形的两缘构成了定心部。环形凸起作为弹带使用，如图 4-7a 所示；有的弹丸则另加有弹带，如图 4-7b 所示。被帽可用碳钢、铝合金、塑料或玻璃钢等制成，

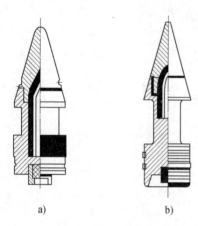

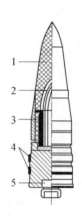

图 4-7　线轴型次口径超速穿甲弹

a）环形凸起作为弹带；b）本身加有弹带

图 4-8　流线型次口径超速穿甲弹

1—被帽；2—弹芯；3—弹壳；4—弹带；5—曳光管

外形一般为锥形。被帽可采用螺纹或其他方式与弹壳连接。

　　虽然次口径超速穿甲弹的威力比普通穿甲弹有了较大的提高，但由于线轴型次口径超速穿甲弹的弹形不好，流线型次口径超速穿甲弹的断面密度（是指弹丸质量与弹丸或弹芯横断面积之比，对动能穿甲弹来说，它决定了弹九的终点效应）不大，因而速度衰减很快，加之性能更好的超速脱壳穿甲弹的出现，次口径穿甲弹已处于被淘汰的地位。

4.2.3　超速脱壳穿甲弹

　　随着坦克装甲防护和机动性的迅速提高、数量的不断增多，促使各国对各类反坦克武器及弹药研制发展工作的重视程度与日俱增，反坦克弹药的发展日新月异。超速脱壳穿甲弹就是在这种形势下发展起来的新弹种之一。

　　超速脱壳穿甲弹的作用原理可以从两方面来看。为了提高穿甲威力，要求弹丸具有较高的着速和比动能。要提高比动能，应降低着靶时穿甲弹弹径和提高着速；而要提高着速，可以采用提高初速和减少弹道系数两条途径。超速脱壳穿甲弹正是从这两方面出发提高威力的。

　　从弹道学的观点看，超速脱壳穿甲弹与同口径榴弹相比，其弹丸较轻，因而可以获得高的初速；超速脱壳穿甲弹脱壳以后，飞行弹体的直径较小，相对弹丸质量较大，因而可以获得较小的弹道系数。这种高初速、小弹道系数，必然使弹丸的直射距离、有效穿透距离和威力都得到提高。按超速脱壳穿甲弹的稳定方式，可以分为旋转稳定和尾翼稳定两种类型。

　　超速脱壳穿甲弹一般由飞行部分和脱落部分组成，当弹丸出炮口后，在膛内起定心和传力作用的弹托在外力作用下迅速脱离弹体，这种现象称为弹托分离，又称卡瓣脱落，简称脱壳。目前，脱壳方式主要有四种。

　　1）离心力脱壳：卡瓣上设置斜孔的尾翼稳定穿甲弹或旋转稳定穿甲弹靠离心力使弹带破裂，卡瓣沿切向飞离弹体。

　　2）火药燃气压力脱壳：弹孔同时受弹后火药燃气的轴向作用以及弹气室内火药燃气

的侧向作用，紧固环撕断，卡瓣向前翻转并脱离弹体。

3）空气阻力脱壳：弹托前端及凹槽受空气阻力的轴向和侧向作用，紧固环撕断，卡瓣向后翻转并脱离弹体。

4）升力脱壳：当弹托达到一定攻角时，激波强度减弱，升力使弹托产生俯仰运动，卡瓣侧向飞离弹体。根据不同的需要，可采用不同的脱壳方式。

一般来说，旋转稳定脱壳穿甲弹采用离心力脱壳；尾翼稳定脱壳穿甲弹采用后三种脱壳方式之一或是其综合方式，脱壳均要求一致性好、脱壳迅速和危险区域小。

4.2.3.1　旋转稳定超速脱壳穿甲弹

旋转稳定超速脱壳穿甲弹是在次口径超速穿甲弹基础上发展起来的，这种弹丸主要由飞行弹体和弹托两大部分所组成。飞行弹体主要包括弹芯、弹芯外套和曳光管等。其中弹芯常用碳化钨或钨合金制成。弹芯外套是为连接曳光管和给弹丸以较好的空气动力外形而设置的。弹托是弹丸的辅助部件，平时固定飞行弹体，发射时用于导引和密封火药气体，并利用其弹带嵌入膛线而赋予弹丸以高速旋转，出炮口后自行脱落，使飞行弹体获得良好的外弹道性能。从弹丸质量的角度看，弹托部分实属消极质量。因为弹托获得的动能对弹丸穿甲毫无用处，所以在确保满足发射强度的条件下，要求弹托愈轻愈好，一般采用轻金属（如铝合金）作为弹托材料。其典型结构如图 4-9、图 4-10 所示。

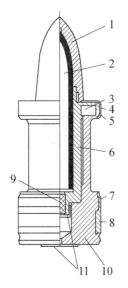

图 4-9　85mm 加农炮用脱壳穿甲弹
1—风帽；2—弹芯；3—离心帽；4—前定心环；
5—弹簧；6—座套；7—后定心环；8—弹带；
9—曳光管；10—弹托；11—赛璐珞片

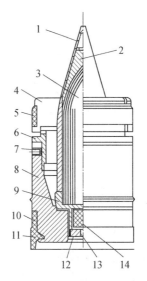

图 4-10　100mm 反坦克炮用脱壳穿甲弹
1—外套；2—被帽；3—弹芯；4—定心帽；5—前
定心环；6—前托；7—定位螺钉；8—后托；
9—底座；10—后定心环；11—闭气环；
12—底螺；13—钢片；14—曳光管

为了解决飞行弹体的飞行稳定性问题，必须使飞行弹体具有一定的旋转速度，该速度是通过弹托与飞行弹体之间的摩擦力传递的。

旋转稳定脱壳穿甲弹的结构特点，主要反映在弹托结构和它的脱落方式上。下面以图 4-9、图 4-10 所示的弹托结构做简要分析。

图 4-9 所示的弹托，其主件是底托，它采用了整体结构，由铝合金制成。在前、后定心部处加有钢圈以提高耐磨性。由于弹丸的转速较高，紫铜弹带已不能满足强度要求，故采用了纯铁弹带。在弹托的前定心部处装有两个带有弹簧的离心销来固定飞行弹体。弹丸出炮口后，离心销在离心力的作用下压缩弹簧、释放弹体，使弹托在空气阻力的作用下向后脱出，而飞行弹体独自飞向目标。此外，在弹体尾部的曳光管后有一气室，发射时高压火药气体通过弹托底部的小孔进入气室点燃曳光剂，出炮口后由于气室内的气体膨胀也将协助脱壳。由于这种脱壳方法对飞行弹体的干扰小，所以弹丸的精度较高。

图 4-10 所示的弹托，主要是由后托和具有三块预制卡瓣的前托所组成，其材料仍采用铝合金。前托与后托用螺纹连接、定位螺钉固定，而飞行弹体靠前托三个预制卡瓣的内锥固定。在弹托上设置有尼龙前定心环，在后托上设置有尼龙后定心环和橡胶闭气环。

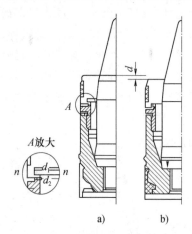

图 4-11　卡瓣与弹体的位置
a）发射前；b）发射后

其预制卡瓣在发射前的位置，如图 4-11a 所示，图 4-11b 给出了发射后的位置。由图 4-11a 的局部放大图可见，d_1 和 d_2（d_1 略大于 d_2）两个尺寸确定的环形槽构成了削弱环形面（$n-n$）。发射时，连在一起的三块预制卡瓣将在惯性力作用下，沿削弱断面剪断，并使三块预制卡瓣分离，完成对弹丸的解脱。但是，由于炮管壁面的限制，分离后的卡瓣仍然被其外面的尼龙前定心环箍住，并继续压在飞行弹体前部的锥面上，保证它在膛内的定心作用。另外，在后托上有一环形凸起，发射时嵌入膛线并使弹托旋转，从而通过摩擦力带动飞行弹体与其一起旋转。在后托上还有一个用丁腈橡胶制成的闭气环，其目的是密闭火药气体，防止气体对炮膛的冲刷。

弹丸出炮口以后，膛壁的约束解除，定心卡瓣将在离心力作用下挣断尼龙定心环而解脱，与此同时后托将在空气阻力作用下与飞行弹体分离。这种弹托结构脱壳性能较好，平时和发射时对飞行弹体的固定作用也好，只是结构比较复杂。

综上所述，旋转稳定脱壳穿甲弹虽然具有初速高、弹道低伸、直射距离远和射击精度高等一系列优点，但其穿甲威力由于与弹长有关，因而受到飞行稳定性的限制，而且在大着角射击时容易折断或跳飞，从而影响其穿甲性能。

4.2.3.2　尾翼稳定超速脱壳穿甲弹

由于尾翼稳定超速脱壳穿甲弹的弹长不受飞行稳定性的限制，一般把它做得很长（有的甚至达到 25～30 倍飞行弹径），因而常把这种弹称作长杆式尾翼稳定脱壳穿甲弹，或简称为杆式穿甲弹。

杆式穿甲弹首先是苏联于 20 世纪 60 年代初研制成功，并正式装备的。主要有 115mm 和 125mm 两种杆式穿甲弹，并分别装备在 T-62 坦克的 115mm 和 T-72 坦克的 125mm 滑膛炮上。

杆式穿甲弹一经问世，立即引起世界各国的普遍重视。一贯主张以动能穿甲作为其主战坦克火炮配用弹的英国和美国，都立即研究这种新式的动能穿甲弹，而且美国还首先把这种长杆式尾翼稳定脱壳穿甲弹配用于线膛火炮上。法国一向在其主战坦克上只配用破甲弹而不配用动能穿甲弹，也一反常态积极发展这种杆式穿甲弹。由此不难看出，杆式穿甲弹在当前反坦克弹药中所处的地位。当前，杆式穿甲弹已被世界各国公认为是最有效的反坦克弹种之一。

从杆式穿甲弹的发展现状看，目前存在着滑膛炮发射的和线膛炮发射的两种杆式穿甲弹。虽然这两种杆式穿甲弹配用的火炮类型不同，但它们的稳定方式相同（均以尾翼稳定），结构也大致相仿，都是由飞行弹体和弹托两大部分组成。

由于杆式穿甲弹采用尾翼稳定，所以其弹长不受飞行稳定性的限制，飞行弹体的长径比（弹长与飞行弹体直径之比）可达 13～30，甚至更大，这是旋转稳定弹丸所无法比拟的。因此，杆式穿甲弹可以获得更大的断面密度，从而提高了穿甲威力。

一般来说，在同口径情况下，杆式穿甲弹要比其他弹种轻得多，因而可以获得很高的初速。目前，杆式穿甲弹的初速一般为 1400～1800m/s，是所有火炮弹丸中的佼佼者。弹丸初速的这种大幅度变化，必然大大提高飞行弹体的动能，从而使威力进一步提高。弹丸初速的提高，不仅使威力增加，而且缩短了弹丸的飞行时间，从而提高了命中概率。

4.3　穿甲弹基本结构

以目前常用的尾翼稳定脱壳穿甲弹为例，介绍穿甲弹的基本结构。

4.3.1　125mm 尾翼稳定脱壳穿甲弹

尾翼稳定脱壳穿甲弹用来对敌装甲目标和其他硬质目标进行直接瞄准射击。尾翼稳定脱壳穿甲弹能击穿各国大部分现役坦克正面主装甲，对 2m 高的目标直射距离不低于 2100m。

典型的 БР-5 式 115mm 尾翼稳定脱壳穿甲弹，是苏联 T-62 坦克炮所配用的反坦克弹种之一，它是第一个正式装备部队使用的长杆式尾翼稳定脱壳穿甲弹。该弹问世后，威力显著，引起世界各国重视，目前已成为攻击现代坦克最有效的弹种。

1971 年，苏联又在 T-72 坦克 125mm 滑膛炮装备了 БМ-12 式 125mm 尾翼稳定脱壳穿甲弹。БМ-12 式 125mm 尾翼稳定脱壳穿甲弹和 БР-5 式 115mm 的主要改进之处在于弹芯材料上，由原来的碳化钨合金改为钨合金，提高了穿甲能力。在 2000m 距离上，垂直穿甲厚度可达 400mm，着角 60°时穿甲厚度为 150mm。直射距离为 2400m，比钢芯弹增加了 300m。

此外，还可采用贫铀合金弹芯穿甲弹，它可在 1000m 距离上垂直穿甲厚度 660mm。该弹结构特点为长杆式弹芯，尾翼稳定，短弹托，分装式基本装药与附加装药配半可燃药筒。弹芯材料碳化钨，弹芯直径 44mm，弹丸飞行部分重量 3.62kg，长细比 12.4，弹托重 2.055kg，初速 1800m/s，膛压小于 443.6（21°）直射距离 2120m，发射装药Ⅲ-40 式基本装药（15/1+12/7+BTX20）；БМ13 式附加装药，重 9.98kg。

БМ-12 尾翼稳定脱壳穿甲弹基本结构是三片弹托和 5 片尾翼，弹托的主要特点是结构非常简单、质量轻、脱壳容易，缺点是弹体在内弹道只有一个可靠支点，出口颤动大，射击精度不好，另外同口径尾翼容易划伤膛内表面，后期对此进行了改进。

4.3.1.1 构造

БМ-12 尾翼稳定脱壳穿甲弹，由带副药筒的弹丸和专用主药筒组成。弹丸由飞行部分和脱落部分组成；飞行部分一般由风帽、穿甲头部、弹体、尾翼、曳光管等组成；脱落部分一般由弹托、弹带、密封件、紧固件等组成；发射装药部分一般由发射药、药筒、点传火管、尾翼药包（筒）、缓蚀衬里、紧塞具等组成。尾翼稳定脱壳穿甲弹外形及弹丸解剖图，如图 4-12 所示。

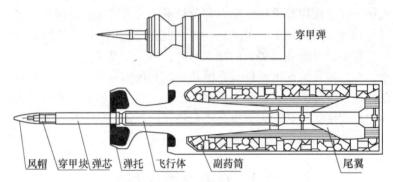

图 4-12　尾翼稳定脱壳穿甲弹外形及弹丸解剖图

1. 飞行部分

弹丸出炮口后，飞行部分与脱落部分分离，即脱壳，飞行部分飞向目标。

（1）弹芯（弹体）

弹芯是穿甲作用的主体，是一个关键零件。其材料的性能及结构决定了穿甲弹的穿甲能力。目前常使用穿甲能力强的高密度、高强度钨合金或贫铀合金材料，其长径比的大小决定其穿甲能力。弹芯中间的环形槽或锯齿形螺纹是与弹托啮合的部分，通过环形槽将弹托在炮膛内所受火药燃气的推力传递给飞行部分。为了使传递的推力均匀分布，环形槽的加工精度要求非常高，如要求任意两个环形槽间的距离公差为±0.045mm，只有使用高精度的数控车床或加工中心才能完成。弹芯两端的螺纹分别连接风帽和尾翼，螺纹尾端的锥体部分起定心作用，保证风帽、尾翼和弹体的同轴度。弹芯的前端和尾部的几个环形槽处是在炮膛内发射时经常发生破坏的部位，正常情况下前端受压应力，尾部受拉应力，但是在弹芯直径较小时，前端往往由于压杆失稳而破坏，尾部往往由于产生横向摆动而折断，所以整个弹体的刚度设计是非常重要的。

（2）风帽和穿甲头部

风帽和穿甲头部，位于弹芯前端和风帽内的穿甲块是穿甲头部，在穿甲过程中穿甲块有防止弹体过早碎裂的作用。穿甲块头部对付间隙装甲、复合装甲是有利的。穿甲块的大小和个数，可根据弹体的直径和对付的目标来确定，穿甲块的材料多采用与弹体相同的材料。目前也经常使用半球形头部，即在弹体的前端车制成半球形，其对付均质装甲板是有利的。还有锥形、截锥形等多种形式的头部。这些不同的头部虽然说对付一些特定的目标最有利，但在穿甲弹的威力足够大时，仍然可有效对付其他的装甲目标。

风帽的作用是优化弹体头部的气动外形，减少飞行阻力。风帽的外形多采用锥形、3/4

指数形或抛物线形等。为减少风帽对穿甲的干扰，多采用铝合金材料。

（3）尾翼

尾翼起飞行稳定作用，在穿甲过程中其对穿甲的贡献甚小，所以目前一般使用铝合金材料，而早期使用钢尾翼。尾翼是决定全弹气动外形好坏的关键零件，为了减少空气阻力，一般采用大后掠角、小展弦比、削尖翼型的 5 个或 6 个薄翼片。随弹丸速度的增加，后掠角也增大，一般取 65°～75°。设计的翼片厚度为 2mm 左右，展弦比为 0.75 左右。削尖的翼型结构，一是为了减少激波阻力；二是使用不对称的斜切角，在外弹道上为飞行部分提供导转力矩，使飞行部分在全外弹道上都具有最佳的平衡转速。

在弹丸飞行过程中，气流在风帽尖端和尾翼片的前缘处将形成驻点，经实测，当 $Ma=4$ 和 $Ma=6$ 时，温度分别达到 1200K 和 2300K。表面未经耐热处理的铝合金尾翼在膛内就会烧蚀 1～2mm，在飞至 2000m 处竟会烧掉 75%。由此可见，裸露的铝合金必将产生严重的烧蚀。若气动加热使铝风帽或铝尾翼严重烧蚀，则将使空气阻力增大和稳定力矩减小，甚至失去稳定性，使密集度变差。为避免气动加热烧蚀铝风帽和铝尾翼，在铝合金风帽的前端一般加装一个耐热的不锈钢尖；铝风帽和铝尾翼表面均采用了硬质阳极氧化处理，其表面形成了一层耐热的致密氧化膜，也可以在表面涂覆一层致密的耐热涂料。而耐热的不锈钢尖的熔点比铝合金要高得多，又由于穿甲弹的作战距离一般为 2500m 左右，飞行时间仅约 1.5s，所以即使有烧蚀，也是在可接受的范围内。

右旋线膛炮发射的尾翼稳定脱壳穿甲弹，在炮口具有一定的右旋转速，在外弹道上也应当设计成右旋平衡转速。在膛内尾翼由弹体带动旋转，而在膛外，则由尾翼提供导转力矩带动弹体旋转。传统上尾翼螺纹一般设计成左螺纹，在膛内越旋越紧，而在膛外则越旋越松，所以时而出现在外弹道上掉尾翼的现象。实际上，膛内尾翼的轴向惯性力在螺纹斜面上产生一个很大的正压力，这一正压力将产生一个比弹体对尾翼的导转力矩大得多的摩擦力矩，所以设计成右旋螺纹，尾翼在膛内不会松动，而在外弹道上则有越旋越紧的趋势。100mm 及 105mm 线膛坦克炮发射的尾翼稳定脱壳穿甲弹均设计成右螺纹，大批量生产与使用表明，完全避免了在外弹道上旋掉尾翼的现象。

2. 脱落部分

脱落部分在炮口附近与飞行部分分离，在一定的区域内落地。脱落部分所具有的动能无助于穿甲，所以其质量称为消极质量。尽量减少脱落部分的质量有助于提高穿甲威力。

（1）弹托

弹托是尾翼稳定脱壳穿甲弹的又一个关键零件，它占脱落部分 95% 以上的质量。所以尽量减少其质量是结构改进和优化的目标。广泛应用的弹托是沿其纵轴均分为 3 个卡瓣的马鞍型结构，使用超硬铝合金材料。目前新研制成功的密度小、强度高、质量更轻的复合材料弹托一般采用尾锥更长的马鞍型 4 个卡瓣的结构。

在膛内发射时，弹托应具有可靠的强度；各卡瓣在火药燃气的作用下应彼此抱紧成为一个整体；能很好地支撑并导引飞行部分；弹托与密封件及弹带应配合恰当，可靠地密封火药气体。在膛外应脱壳迅速、顺利，对飞行部分的干扰小。脱壳过程如图 4-13 所示。

（2）密封件

采用的密封件称为三爪密封件，它密封了弹托与飞行部分及弹托各瓣间的间隙。其材

图 4-13　脱壳过程示意图

料为橡胶，要求能可靠密封火药燃气，耐长储并具有一定的硬度和耐高、低温的性能。该结构设计轻巧，密封效果可靠。

（3）弹带

弹带的作用是密封弹丸与炮膛之间的间隙，防止火药燃气逸出。弹带密封效果的好坏对弹丸的密集度及发射强度有着至关重要的影响。若密封不好，火药燃气从一边高速逸出，致使该边火药燃气的压力大幅度下降（流速高压力低），而另一边的压力高，致使弹丸产生向压力低的一边摆动，则弹带在横向摆动的作用下逐渐密封漏气的一边，而另一边开始漏气，压力降低，因此，弹丸又摆回来，如此反复，弹带磨损加大，漏气更为严重，摆动幅度更大，这样将使弹丸的起始扰动增大而使密集度变坏，甚至由于横向摆动的增大，致使横向冲击力加大而使弹体或弹托尾部折断。

弹带目前多使用尼龙系列材料，不同的火炮对材料有着不同的要求。一般要求：高温50℃至低温-40℃的温度范围内在炮膛内能可靠密封火药燃气；高温50℃抗压强度高于80MPa以上，在膛内耐火药燃气的高温烧蚀。

线膛炮发射的尾翼稳定脱壳穿甲弹的弹带为双层滑动弹带，分别称为内弹带和外弹带，而滑膛炮发射的尾翼稳定脱壳穿甲弹只使用单层弹带，即去掉内弹带。线膛炮发射的尾翼稳定脱壳穿甲弹使用双层滑动弹带是为了降低弹丸的炮口转速。线膛炮发射的尾翼稳定脱壳穿甲弹较滑膛炮大约晚10年时间，其主要原因是尾翼稳定脱壳穿甲弹弹丸的炮口转速太高，高转速的尾翼弹由于马格努斯效应而使其丧失飞行稳定性。双层滑动弹带的使用，使弹丸的炮口转速下降了80%以上，这样不仅解决了飞行稳定性的问题，而且由于弹丸还具有一定的炮口转速，在离心力的作用下使其脱壳更加顺利，脱壳干扰更小，密集度更好。

内弹带一般使用聚丙烯材料黏敷于弹托的弹带槽内，其厚度通常为1mm左右。内外弹带之间涂有滑润脂以减少摩擦力。滑动弹带降低炮口转速的措施有：减少内外弹带之间的滑动摩擦系数、减少外弹带直接受火药燃气的推力面积、适当选择外弹带的重量、增大弹丸的重量及其极转动惯量、适当选择外弹带材料的抗压强度及减少弹丸的初速等。适当调整如上参数就可以优化弹丸的炮口转速。另外，弹丸的炮口转速与弹丸的炮口速度成正比，最佳的弹丸炮口转速应与所设计的飞行部分的外弹道平衡转速相接近。炮口转速太高，致使弹丸的起始扰动和马格努斯力矩增大；炮口转速太低，降低了离心力脱壳的作用，都会使密集度变差。

（4）紧固环

紧固环的作用是将弹托的各瓣紧固在弹体上，使之成为一个整体，当弹丸出炮膛后，在其预先设计的断裂槽处应尽快断裂并留在弹托各瓣的紧固环槽内，以保证脱壳顺利和减少干扰。

一般设计前后两个紧固环，有些滑膛炮发射的尾翼稳定脱壳穿甲弹只要一个前紧固环，而弹带能起到后紧固环的作用。紧固环一般使用铝合金材料，与弹托紧固环槽采用过盈配合，装配时，紧固环上的断裂槽对准弹托各瓣的接缝处压紧，紧固环将弹托各瓣箍紧，并在相应的点铆槽处进行点铆。

4.3.1.2 工作原理

火炮击发通电，点燃电底火装药，电底火装药点燃传火管中的传火药，传火药的火焰迅速点燃药筒中的散装发射药及尾翼筒中的发射药。于是，在膛内瞬时产生高温高压气体，将弹丸推出炮膛。弹丸出炮口后在火药气体后效气流、弹丸旋转产生的离心力和空气动力作用下，胀断前后紧固环使脱落部分与飞行部分分离。弹托的三瓣大致互成 120°方向向周围飞散，并以大约 6°的飞散角向前运动，在空气阻力的作用下很快落地，而飞行部分沿弹道高速飞行。由于空气阻力作用速度逐渐减少。

作用在尾翼上的空气动力产生减少章动的稳定力矩，从而达到稳定飞行稳定的目的。

尾翼稳定脱壳穿甲弹随着对穿甲能力要求的不断提高，弹丸一直在改进更新中，下面介绍苏联穿甲弹弹丸的发展过程。

BM-9 弹头，与 T-62 使用的 115mm BM-3 弹头从结构上看几乎完全相同，稳定尾翼的数量从 6 降为 5，弹芯为钢制，弹体为钝头，以便防止跳弹，头部有钢板制成的风帽以降低空气阻力，弹尾带曳光管，击发后显示红色轨迹为 2～3s。

BM-12 弹头，弹头嵌入碳化钨合金穿甲块（红色部分），穿甲块长度 71mm、直径 20mm，穿甲块前部有相对较软的金属为阻尼块（黄色部分），阻尼块尺寸为 20mm 长、直径 20mm。

BM-15 弹头，弹芯结构，黄色为风帽、橙色为阻尼块，红色为碳化钨合金的穿甲块，蓝色为钢套。

BM-17 弹头，相对于 BM-15 穿甲性能较差。弹体取消了穿甲块，阻尼块尺寸放大为 50mm 长、直径 30mm，已补偿较低的穿甲能力。

BM-22 弹头，在 BM-15 的基础上改进，在穿甲块的前部，尺寸 88mm×27mm 大尺寸的改进阻尼块，产生的转正效果仍然不能令人满意，较大的弹丸质量导致初速略有下降，但仍具有较强的穿甲能力。BM-22 所携带的辅助装药采用 3Sh52 型主发射药筒使用的 12/7VA 发射药，发射药截面上有 7 个小孔，BM-22 在 20 世纪 70—80 年代大量装备。储备量也是最大的，也是最常见的弹药储备。

BM-26 弹头，是 BM-22 的改进型号，弹芯首次用钨合金制成，弹芯长度增加，部分弹药使用了 3Sh63 型发射药，弹体上会有一个黄圈标志。

BM-32 弹头，是 BM-26 改进型，弹芯采用贫化铀、镍和锌的合金，发射药使用 3Sh63 型。

BM-42 弹头，针对反应装甲研制，与早期脱壳穿甲弹的技术有较大的变化，弹芯采用钨合金和钢混合制成。同时使用了一种全新设计的阻尼块，降低反应装甲的效果。

BM-42M 弹头，听上去好像 BM-42 的现代化改进版，实际上却是一个完全新设计的型号，弹芯由钨合金制成，重新设计的弹托使得弹体再内弹道中非常稳定，基本解决了稳定尾翼划伤炮管的问题。一种新颖的阻尼块可有效防止跳弹，并能降低反应装甲的效果。

BM-46 弹头，代号 SVINETS，在很大程度上是一个未知的新版本，弹托由一个全新设计的超轻型复合材料制成，弹芯由贫化铀制成。

4.3.2 105mm 尾翼稳定脱壳穿甲弹

目前，较为典型的 105mm 穿甲弹是为 105mm 坦克炮配制的长杆式尾翼稳定钨合金脱壳穿甲弹。采用新研制的高能三胍-16 火药涂覆新技术及减少弹丸重量，使弹丸获得了高初速；弹托设计采用了新结构，有效地减少了消极质量；弹身采用了高密度钨合金材料及较大长细比和最有力的外形设计。因此，提高了比动能，大幅度提高了弹丸的穿甲威力。该弹在常温 15℃条件下，2000m 距离能击穿 460mm/0°均质装甲，穿透率不低于 90%。这是一种高速脱壳穿甲弹，弹芯靠动能贯穿装甲目标。尾翼稳定脱壳穿甲弹主要用于击敌人的重型装甲目标，同时对敌人的水泥工事也具有很强的侵彻力。

4.3.2.1 一般构造

该弹由弹丸和药筒装药两部分组成。尾翼稳定脱壳穿甲弹由弹丸、药筒、发射药、带底火的传火管组成，如图 4-14 所示。

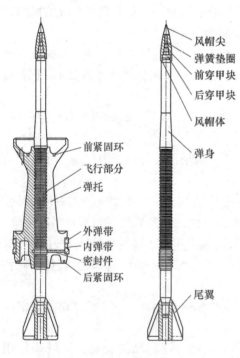

图 4-14　105mm 尾翼稳定穿甲弹

1. 弹丸

弹丸由飞行部分和脱落部分组成。

飞行部分由风帽尖、风帽体、弹簧垫圈、前后穿甲块、弹身和尾翼组成。其作用是穿透装甲目标，杀伤其内部人员及破坏仪器设备。风帽尖装在风帽体前端，与风帽体用螺纹连接，连接表面涂有环氧树脂。它的作用是保证飞行部分前部有良好的气动外形，防止飞行过程中气动加热烧蚀。它由不锈钢机加而成。风帽体装在弹身前端，与弹身用螺纹连接，连接表面涂有环氧树脂。它的作用是同风帽尖一起改善弹丸飞行部分的气动外形，减少空气阻力。它由铝合金棒料加工而成，表面经过阳极化处理以防锈蚀。

弹簧垫圈装在风帽内腔前端面和穿甲块之间。其作用是调整穿甲块和风帽内腔前端面之间的间隙，防止穿甲块轴向窜动。它由弹簧钢板冲压成形，表面镀铬以防锈蚀。

前后装甲块依次装在弹身前面，通过风帽和弹身连成一个整体。其作用是提高穿甲弹对多层结构装甲的穿甲威力。它由烧结钨合金机加而成。

弹身是穿甲的主体零件，它由高密度锻造钨合金制成，它具有较大的长细比、比动能及有利于穿甲的外形。

尾翼装在弹身后部，通过螺纹和弹身连接，且在连接表面上涂有环氧树脂。它的作用是保证飞行部分沿弹道稳定飞行。它由铝合金制成，表面经硬质阳极化处理，防锈蚀外还防止气动加热烧蚀。

脱落部分由弹托、前、后紧固环、密封件、内、外弹带组成。在膛内它对飞行部分起支撑、导引、传递力及密封火药气体的作用。

弹托由三瓣卡瓣组成。用前后紧固环把三瓣卡瓣同弹身紧固在一起，与弹身通过环形槽相配合。在膛内因火药气体压力作用使三瓣卡瓣相互抱紧，出炮口后，与飞行部分迅速分开。它的作用是确保飞行部分在膛内正确运动。它由铝合金制成，表面采用阳极化处理，以防锈蚀。

前后紧固环分别装在弹托前后端面的紧固槽内。前后紧固环将弹托的三瓣卡瓣紧固为一个整体。出炮口后，在脱壳力的作用下其削弱槽处断裂，使弹托和弹身迅速分离。

密封件装在弹托和弹身相应的密封槽内，作用是有效地密封来自弹托的三瓣卡瓣接缝和弹身尾部的火药气体，保证弹托在膛内作用正常，由橡胶压制而成。

外弹带是装在内弹带外部的零件，作用是密封弹炮间隙，防止火药气体由弹炮间隙向炮管前部漏出，同时给弹丸提供转动力矩使其旋转。由于外弹带可相对内弹带滑动，所以能把弹丸的转速控制在适当的范围内，它由注射尼龙管材制成。

内弹带是装在弹托后部相应的弹带槽内，它与弹托的接触面处涂有胶黏剂，与外弹带接触面处涂有硅脂。它的作用是密封火药气体，并减少外弹带相对于弹托转动的摩擦力，调节弹丸转速。它由聚丙烯管材制成。

2. 药筒装药

药筒装药部分由药筒、发射装药、缓释衬里、尾翼筒、筒盖、支筒、紧塞盖、电底火等组成，如图 4-15 所示。它们的作用是将发射药的化学能转变为弹丸的动能，保证内弹道性能安全、稳定、可靠。

药筒的作用是装填发射药、密封药室、连接装药结构和弹丸为一整体。它由黄铜制成。

发射装药在药筒内和尾翼筒内，作用是提供弹丸运动所需能量。它由主装药三胍-16 15/9 花和涂覆药三胍-16A13/19B 两种火药按一定比例混合而成。

缓释衬里用胶粘结在药筒靠近口部一定位置的内表面上，它由二氧化钛及添加剂制成。其作用是减少火药气体对炮管烧蚀。

尾翼筒用 FN-303 胶粘接在弹托后部，由涂胶布制成。其作用是充分利用空间，增加装药质量。

筒盖是待尾翼筒内装好火药后封住筒口部的零件，由涂胶布

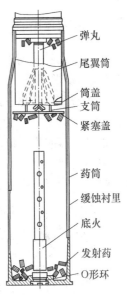

图 4-15 药筒装药

弹丸
尾翼筒
筒盖
支筒
紧塞盖
药筒
缓蚀衬里
底火
发射药
O 形环

制成。

支筒是装在筒盖和紧塞盖之间的零件，由硝化棉胶片制成。其作用是防止发射药窜动。

该产品采用电底-19式底火（带传火管），它的作用是点燃发射药。

O形环是装在药筒与电底火之间的密封件，由橡胶制成。作用防止火药气体向外泄漏。

4.3.2.2 工作原理

火炮击发通电，点燃电底火装药，电底火装药点燃传火管中的传火药，传火药的火焰迅速点燃药筒中的散装发射药及尾翼筒中的发射药。在膛内瞬时产生高温高压气体，将弹丸推出炮膛。弹丸出炮口后在火药气体后效气流、弹丸旋转产生的离心力和空气动力作用下，胀断前后紧固环使脱落部分与飞行部分分离。弹托的三瓣大致互成120°方向向周围飞散，并以大约6°的飞散角向前运动，在空气阻力作用下很快落地，而飞行部分沿弹道高速飞行。由于空气阻力作用速度逐渐减少。

4.4 穿甲弹的作用原理

穿甲弹是依靠自身的动能来穿透并毁伤装甲目标的弹药，其特点为初速高、直射距离大、射击精度高，是坦克炮和反坦克炮的主要弹种，也配用于舰炮、海岸炮、高射炮和航空机关炮。用于毁伤坦克、自行火炮、装甲车辆、舰艇、飞机等装甲目标，也可用于破坏坚固防御工事。穿甲弹在穿甲作用过程中，弹丸会发生镦粗、破断和侵蚀等变形与破坏，当装甲被穿透后，穿甲弹利用弹丸的爆炸作用，或弹丸残体及弹、板破片的直接撞击作用，或由其引燃、引爆产生的二次效应，杀伤目标内的有生力量和各种设备。

4.4.1 穿甲弹的基本穿甲形态

不同弹丸对不同厚度和强度的钢甲射击时，钢甲产生的基本破坏形态如下。

4.4.1.1 韧性穿甲

当尖头穿甲弹垂直撞击机械强度不高的韧性钢甲时，出现如图4-16所示的韧性穿甲情况。

钢甲金属向表面流动，然后沿穿孔方向由前向后挤开，钢甲上形成圆形穿孔，孔径不小于弹体直径，出口有破裂的凸缘。当钢板厚度增加，强度提高，或法向角增大时，尖头穿甲弹将不能穿透钢甲，或产生跳弹。

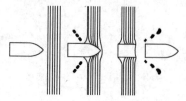

图4-16 尖头弹的韧性穿甲

4.4.1.2 冲塞式穿甲

钝头穿甲弹和被帽式穿甲弹碰击中等厚度的均质装甲以及渗碳钢甲时，由于力矩的方向和弹头的方向不同，出现转正力矩，弹丸不易跳飞，如图4-17所示。碰击时，弹丸首先将钢甲表面破坏，形成弹坑，然后产生剪切，靶后出现塞块，称冲塞式穿甲。

4.4.1.3　花瓣式穿甲

当锥角较小的尖头弹和卵形头部弹丸侵彻薄装甲时，弹头很快戳穿薄板。随着弹头部向前运动，靶板材料顺着弹头表面扩孔而被挤向四周，穿孔逐步扩大，同时产生径向裂纹，并逐渐向外扩展，形成靶背表面的花瓣形破口，称花瓣式穿甲，如图 4-18 所示。

4.4.1.4　破碎性穿甲

弹丸以高着速穿透中等硬度或高硬度的钢板时，弹丸产生塑性变形和破碎，靶板产生破碎并崩落，大量碎片从靶后喷溅出来，形成破碎性穿甲，如图 4-19 所示。

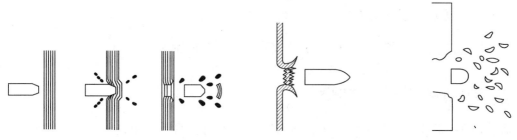

图 4-17　钝头弹的冲塞式穿甲　　　　图 4-18　花瓣式穿甲　　　　图 4-19　破碎性穿甲

上述是基本穿甲形态，而真实穿甲过程一般呈综合穿甲形态。如脱壳穿甲弹主要靠弹丸命中装甲时飞行部分高速运动的动能击穿装甲，并以弹体、装甲破片杀伤和摧毁装甲后面的人员、装备和器材等。

4.4.2　杆式穿甲弹的穿甲过程

长杆式尾翼稳定脱壳穿甲弹（杆式穿甲弹），在大法向角下对钢板的破坏形态，除了碰击目标靶表面出现破坏弹坑之外，弹、靶还产生边破碎边穿甲形态。杆式穿甲弹的穿甲过程可以分为开坑、侵彻和冲塞三个阶段。

开坑阶段是从弹丸着靶到开坑形成。弹丸命中目标后，高速弹丸产生高达 104MPa 的撞击压力，该压力已远远超过金属材料的强度极限，金属在极短的时间内发生强烈的塑性变形和剧烈的相互摩擦，使弹丸的动能迅速转变为热能，弹体和装甲金属破碎并向抗力的方向飞溅，弹体不断破碎，碎片不断飞溅，从而在装甲的表面形成一个口部不断扩大的坑。

侵彻阶段是从弹体进入坑内后开始。由于碰撞压力依然很大，弹体一边破碎一边侵彻，并将弹体碎块反挤在弹体周围，从而将孔扩大。在这一阶段里，由于装甲金属被不断侵入的弹体所挤压，所以向侧面和表面方向以很高的速度运动，最后使表面和弹体之间的金属破裂、抛出，孔径增大。

冲塞阶段：当弹体侵彻到一定深度后，在装甲背面产生鼓包，这时，装甲金属的抗力减小；在穿甲的末期，弹体不再破碎，装甲背面的鼓包因惯性作用而继续扩大，装甲的抗力也越来越小。最后，在最薄弱处剪切下一个钢塞，弹体的残余部分和装甲破片以剩余的速度，从装甲背面的孔中高速喷出。

杆式穿甲弹的穿甲过程及其工作机理示意图，如图 4-20 所示。

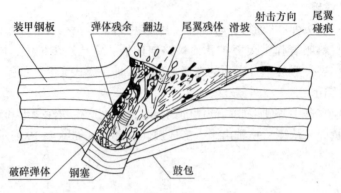

图 4-20　脱壳穿甲弹大着角命中时的穿甲情况

4.4.3　穿甲弹侵彻能力的影响因素

通过分析穿甲弹的基本穿甲形态与实际穿甲过程，有影响穿甲弹侵彻能力的主要因素如下。

1. 侵彻体的着靶比动能

穿孔的直径、穿透靶板的厚度、冲塞的崩落块的质量取决于侵彻体着靶比动能，由于穿透钢甲所消耗的能量是随穿孔容积的大小而改变的。因此，要提高穿甲威力，除要提高侵彻体的着速外，同时还需适当缩小侵彻体直径。

2. 弹丸的结构与形状

弹丸的形状既影响弹道性能，又影响穿甲作用。对于旋转稳定的普通穿甲弹，虽然希望弹丸的质量大，但其长径比不宜大于 5.5，这样既可保证其在外弹道上的飞行稳定性，又可防止着靶时跳弹；对杆式穿甲弹，希望尽量增大长径比，从而大幅度提高比动能，进而提高穿甲威力，同时增加了弹丸的相对质量，减小弹道系数。从而减少外弹道上速度的下降量。

3. 着靶角的影响

着靶角对弹丸的穿甲作用有明显的影响，当弹丸垂直碰击钢甲时，着靶角为 0°，弹丸侵彻行程最小，极限穿透速度最小。当着靶角增大时，因为弹丸侵彻行程增加，极限穿透速度增大。无论是均质还是非均质钢甲，都有相同规律，但对非均质钢甲影响更大。

4. 弹丸的着靶姿态

弹丸的攻角越大，在靶板上的开坑越大，因而穿甲深度减小，对长径比的弹丸和大法向角穿甲时，攻角对穿甲作用的影响更大。

5. 装甲机械性能、结构和相对厚度

弹丸穿甲作用的大小在很大程度上取决于钢甲的抗力。而钢甲的抗力取决于其物理性能和机械性能。钢甲的机械性能提高、相对厚度（靶板厚度与侵彻体直径之比）增大、非均质性增大、有间隙的多层结构等都会使穿深下降。

4.5 穿甲弹的毁伤与评估

穿甲弹靠弹丸的撞击侵彻作用穿透装甲，并利用残余弹体、弹体破片和钢甲破片的动能或炸药爆炸作用毁伤装甲后面的有生力量和设施。目前穿甲弹是主战坦克上装备的主要弹种。

早期的穿甲弹是适于口径的旋转稳定穿甲弹，通常采用实心结构，为了提高对付薄装甲车辆的后效，一些小口径的穿甲弹内部装填少量炸药，弹丸穿透装甲后爆炸，这种穿甲弹称谓半穿甲弹。

普通穿甲弹的结构特点是弹壁较厚，装填系数较小，弹体采用高强度合金钢。根据头部形状的不同，普通穿甲弹分为尖头、钝头和被帽穿甲弹。

4.5.1 穿甲弹毁伤评估概述

第二次世界大战出现了重型坦克，钢甲厚度达到 150～200mm，普通穿甲弹已经无能为力，为了击穿这类厚装甲目标，反坦克火炮增大了口径和初速，发展了一种装有高密度碳化钨弹芯的次口径穿甲弹，膛内和飞行时弹丸是适口径的，着靶后起穿甲作用的是直径小于口径的碳化钨弹芯（或硬质钢芯），弹丸质量小于适口经穿甲弹，初速达到 1000m/s以上。由于碳化钨弹芯密度大，硬度高且直径小，故比动能大，提高了穿甲威力。

后来出现了坦克炮尾翼稳定脱壳穿甲弹和超高速反坦克导弹战斗部，它们都不携带装药和引信，而是利用高强度、高密度穿甲弹芯高速侵彻装甲，依靠其强大动能毁伤目标。其弹芯材料目前主要有钨合金材料和贫铀材料。如美国的 M1 坦克配备的 M829 系列曳光尾翼脱壳穿甲弹就采用的贫铀材料，而德国的豹 2 装备的 DM43 就是采用钨合金，贫铀合金具有高密度、高强度、高韧性的特点，爆炸时产生高温化学反应，可摧毁坦克等装甲目标和坚固建筑物。

与钨合金弹芯相比，贫铀弹芯更能得到优良的侵彻（装甲）性能。但贫铀弹使用后会产生一定的放射性，对人体和环境都会产生严重危害，因此，大多数欧洲国家的穿甲弹倾向采用钨合金弹芯。传统的钨合金弹芯，与贫铀材料相比很难形成绝热剪切带，在侵彻装甲靶板时弹芯头部变形为蘑菇状，侵彻孔径变得很大，因而侵彻深度受限。为此，各国正在积极对钨合金材料进行改进。从长径比来看，国外装备的钨合金穿甲弹弹芯大都在20：1 左右，贫铀弹芯能达到 30：1。就穿甲性能而言，钨合金弹芯穿甲弹可击穿 2km 距离上 600mm 厚的均质装甲，美国的 M829A3 贫铀弹芯曳光尾翼脱壳穿甲弹可超过 800mm。

坦克炮配备的穿甲弹的弹芯通常为细长的圆柱体，还有一种是伸缩式双弹芯穿甲弹结构形式，如图 4-21 所示。

在与杆式弹芯相同条件下，可以保持侵彻能力不变而弹丸长度大为缩短，从而缓解由于大长度、大长径比杆式弹芯带来的一系列问题。

超高速动能反坦克导弹的研究比穿甲弹晚。其使用的战斗部也是钨合金或者贫铀弹芯，如美国正在研究的紧凑型动能反坦克导弹采用的是埋置钨合金弹芯，其速度要比坦克炮穿甲弹（1700m/s）高很多。超高速动能反坦克导弹，如紧凑型动能反坦克导弹和加拿

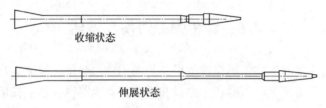

图 4-21 伸缩式双簧弹芯穿甲弹结构图

大高能量导弹等，速度都在 2400m/s 以上。其作用到目标上的动能远高于动能穿甲弹。因而动能反坦克导弹弹芯的穿甲深度要比穿甲弹高很多，且能有效对付反应装甲和主动防护系统。

弹丸对靶板的侵彻可能出现穿透、嵌入和跳飞三种情况。弹—靶的相互作用，仅发生在局部区域，钢甲靶板的破坏形态如图 4-22 所示。

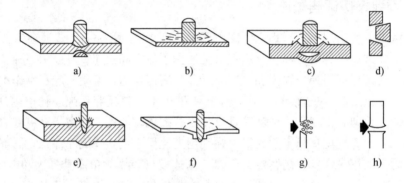

图 4-22 钢甲破坏的几种形态

a) 初始应力波产生的破坏；b) 脆靶中初始应力波后的径向破坏；c) 崩落破坏（脱痂）；
d) 冲塞；e) 靶前花瓣型；f) 靶后花瓣型；g) 破碎型；h) 延性扩孔

其中以冲塞和延性扩孔为多见。穿透靶板后，仍具有一定速度的弹丸残体、碎片以及目标装甲的碎片一起进入目标内，发生二次效应，杀伤人员、毁伤仪器和引爆、引燃弹药等。

穿甲弹对目标的毁伤形式，主要包括击穿装甲进入装甲内部和没有击穿穿甲，击穿装甲形成二次破片对内部人员和装备实施打击。没有击穿装甲只会导致装甲目标外部零部件的毁伤，如履带断裂、瞄准镜打碎等。因此，穿甲弹对装甲目标的毁伤首先要考虑对不同目标的穿深，进而分析能否穿透命中部位的装甲，穿透后按照破片对目标的毁伤进行评估；没有穿透，同样将穿甲弹的弹芯当作破片对命中部位的目标进行毁伤评估。由弹丸对装甲碰击引起的侵彻和破坏作用称为穿甲效应。

在实战中，穿甲弹对装甲的作用多属斜穿甲情况，若速度低，着靶角太大，比动能小及头部形状不当，则可能发生跳飞。

影响靶板破坏的基本因素有弹丸的头部形状结构，钢甲的相对厚度以及弹丸与钢甲的相对硬度。

半无限靶被弹丸侵彻形成的弹坑容积大小总是与弹丸的动能成正比，这一正比关系与弹丸的形状无关。设弹丸为圆柱体，质量 $m = d^2 l \rho \pi / 4$，则可推导出：$L \propto l \rho v_c^2$

即穿深 L 与弹长 l 弹材密度 ρ 和着速 v_c^2 成正比。显然，为了增大穿甲威力，只能在增加弹长，选用高密度材料及提高弹丸着速三方面下功夫。

弹丸的比动能可写成 $e = l \rho v_c^2 / 2$ 成正比。

穿深与弹丸比动能对有限厚靶板来说，主要用极限穿透速度来评定弹丸对装甲的毁伤性能。极限穿透速度是对一定的弹丸，穿透给定厚度和倾角的靶板所必须的最小速度，通常以 v_a 表示。对于穿甲机理研究来说，将弹丸穿不透靶板的最高速度和穿透靶板的最低速度二者的平均值作为评定标准，称为弹道极限速度，记为 v_{50}。

4.5.2　穿甲毁伤作用

4.5.2.1　普通穿甲弹的穿甲作用

1. 穿甲现象

普通穿甲弹的穿甲作用是指长径比 $l/d \leqslant 5$ 的穿甲弹或穿甲弹芯对目标靶的碰击、穿透作用。由实验得知，这类穿甲弹对目标靶的穿透一般以侵入开始，主要以剪切冲塞形式破坏靶板。产生的塞块厚度小于靶厚，直径略等于弹径，周围表面有剪切拉边和摩擦痕迹，有蓝色光泽。塞块的表面硬度明显高于其基体靶板材料，有剪切带发生，有因温升超过熔点而形成的微径球状熔融物。

2. 极限穿透速度

根据剪切冲塞、能量守恒定理，可推导出适用于普通穿甲弹作用的极限穿透速度半经验公式，即德马尔公式：

$$v_u = k \frac{d^{0.75} b^{0.7}}{m^{0.5} \cos \alpha} \tag{4-1}$$

式中，v_u 为极限穿透速度（m/s）；d 为弹径（m）；b 为装甲厚度（m）；m 为着靶弹丸质量（kg）；α 为着角（°）；k 为穿甲复合系数，常称为 "k" 值。对普通穿甲弹（含钢、钨合金弹芯）来说，k 值的范围为 $62000 \sim 73300$，在估算时通常取 $k = 67700$；对于硬度很高的碳化钨弹芯超速脱壳穿甲弹，$k = 450000$。

德马尔公式广为工程人员使用。但是，由于 k 值是经验系数，所以该公式仅适用于在一定射击条件下的弹靶系统。利用德马尔公式还可以计算穿甲弹的极限穿透距离，以及确定穿甲过程中弹丸所受到的平均阻力。

4.5.2.2　杆式穿甲弹的穿甲作用

尾翼稳定的长杆式穿甲弹的弹芯长径比达 $10 \sim 25$，速度高，多采用重金属做弹芯，断面密度大，给穿甲作用带来很大好处。

1. 弹靶作用的破坏特点

杆式弹对付的主要目标是大倾角（$60° \sim 68°$）的均质钢甲、多层间隔装甲和复合装甲。它们的穿甲现象与普通穿甲弹不同，主要特点如下：

1）在穿甲过程中弹体发生明显的侵蚀和破碎，造成质量损失。

2）对中厚均质靶板，其穿孔大于弹径，在靶前留下喇叭状开口弹坑，坑壁因弹靶、碎片飞溅作用而粗糙。

3）穿甲过程可分为三个阶段，即开坑、侵彻、冲塞，以侵彻为主，故弹芯在高速大倾角条件下入射靶板而不易跳飞。

当前，长杆式穿甲弹芯多选用钨合金或铀合金，在穿甲过程中靶前弹坑相对较小、较光滑。钨合金弹芯侵彻的动态头部形状呈流体动力学（蘑菇头）形状；铀合金弹杆在穿甲过程中呈鳞状脆性剥落破坏，损失的弹丸破坏能较少。铀合金碎片有明火引燃作用，所以具有良好的后效。

2. 长杆弹侵彻半无限靶深度的经验关系

钢和高密度合金杆对不同强度的半无限厚钢靶的侵彻深度，如图 4-23 所示。

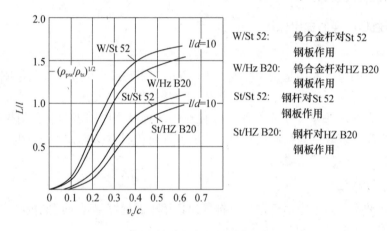

图 4-23　钢、钨弹在半无限靶中的侵彻深度

从图 4-23 可以看出，弹靶作用时碰击的相对侵彻深度 L/l 与碰击速度 v_c/c 的关系，基本呈拉长的 S 形，$c = 5950\text{m/s}$ 为钢的弹性波速。

在低速段有转折点，对应的速度为 v_d。在 $v_d \leqslant v_c \leqslant 2000\text{m/s}$ 时，钢弹和钨弹的 $L/l - v_c/c$ 曲线基本呈线性变化。对半无限靶的垂直穿深可用下式表示：

$$L_n = a_n d + \alpha_n l (v_c/v_d - 1) \tag{4-2}$$

式中，α_n 和 v_d 取决于弹体和靶的材料，如表 4-1 所示。

表 4-1　a_n、α_n 和 v_d 值

弹丸材料	$\rho /(\text{kg/m}^3)$	a_n	α_n	$v_d /(\text{m/s})$
钢	7.85×10^3	1.2	0.71	1150
钨合金	17.0×10^2	1.4	0.92	850

3. 中厚靶穿透的工程计算

经过理论推导和大量试验数据积累，得到长杆弹对中厚靶极限穿透速度的工程计算公式：

$$v_u = k\sqrt{C_e/(C_m \cos\alpha)}\, \sigma_{st}^{0.2} \tag{4-3}$$

式中，$C_e = b/d$ 为靶板相对厚度；$C_m = m/d^3$（kg/m^3）为相对弹芯质量；α 为入射法向角；

σ_{st} 为靶板材料的屈服强度（Pa）；k 为穿甲系数；其他符号同前。

其中，穿甲系数：

$$k = 1076.6 \sqrt{\frac{1}{\zeta + \dfrac{C_e \times 10^3}{C_m \cos\alpha}}} \qquad (4\text{-}4)$$

$$\zeta = k_d(\cos\alpha)^{1/3} / \left[C_e^{0.7}(C_m \times 10^{-3})^{1/n} \right] \qquad (4\text{-}5)$$

式中，C_m 的指数 n 是变化的，当 $C_m \leqslant 7 \times 10^4 \mathrm{kg/m^3}$ 时，取 $n=3$；当 $C_m > 7 \times 10^4 \mathrm{kg/m^3}$ 时，取 $n = 3 \sim 5$，k_d 为弹芯直径修正系数，对于 $\geqslant 20\mathrm{mm}$ 者，取 $k_d = 1.266$。

上述公式可适用于钢、钨合金或铀合金制成的杆式弹。只要已知弹、靶结构和材料性能，就可对其作用的极限穿透速度进行估算，其结果与已有试验数据相比较误差在 3% 以内，能满足工程使用要求。

从杆式弹对半无限靶侵彻深度的公式也可引出对有限厚板的穿透公式（Tate 公式）：

$$\frac{v_u}{v_d} = 1 + \frac{(b - \Delta)\sec\alpha - a_n d}{\alpha_n l} \qquad (4\text{-}6)$$

式中，Δ 为侵彻增量。其他符号同前。

对钨合金杆式弹穿透轧制均质板来说，$\Delta/d = 0.5 + 0.08 l/d$。

影响极限穿透速度的因素有很多：如靶板和弹芯硬度、密度、屈服强度；弹丸的几何条件（长度、直径和头部形状、结构）；靶厚和倾角以及弹丸的着靶攻角。在垂直入射时，弹丸攻角小于 3°，则极限速度增加量不到 1%，但在大倾角碰击时 1° 的攻角可使 v_u 增大 1% 以上。

4. 尾翼稳定脱壳穿甲弹对多层间隔靶的作用特点

多层间隔板为分层布置，各层之间有一定空间间隔的靶板系统。弹丸对其侵彻是在各层逐次发生作用的，对每一层的作用现象都与对均质靶的作用一样，但有对薄板以冲塞穿透为主、对厚板以侵彻为主的区别。然而，每次对下一层靶板实施侵彻的弹芯都因有质量和速度损失而不一样。

由于有间隔存在，使弹头受压有逐次卸载的机会，因而弹杆的质量损失比侵彻连续厚板时大一些。若间隔足够大，弹杆在间隔空间中的运动会使其在入射下一层靶板时入射角增大，甚至引入攻角。

适当的弹芯头部形状可以控制弹芯在穿透前几层薄板时的质量损失，并使弹芯主体不受或少受横向干扰，是对多层间隔靶穿透的有力措施。

5. 尾翼稳定脱壳穿甲弹对复合装甲的作用特点

复合装甲多以大倾角配置，其抗弹能力主要与其面、背板的钢材性质、厚度比例与布局、夹层材料的种类与厚度有关。

对薄板在前、厚板在后、中间夹有非金属材料的复合装甲穿甲时，弹芯首先碰击薄板，其背面有非金属材料的弹性支撑。薄板以冲塞穿透，弹芯顶着塞块进入非金属夹层，受到的阻力较大，弹头有所变形。弹芯在非金属夹层中发生弯曲变形、破碎。当弹芯到达背板仍有足够的能量时，将开始对厚钢甲的侵彻和穿透。但此时由于弹芯在非金属夹层中已变形，产生攻角和增大了入射角度，恶化了侵彻条件，更多地消耗了弹体的动能。

对于厚板在前、薄板在后的情况，在面（厚）板上的弹孔与穿透均质板时相同，但背（薄）板上也出现大鼓包，焊缝开裂，有时因弹芯折断或厚板钢塞在背板上击出两个孔洞。

4.5.2.3　尾翼稳定脱壳穿甲弹的穿甲作用

由于尾翼式脱壳穿甲弹具有弹体细长，初速高并采用高密度合金做弹体等特点，其穿甲作用的基本形态与普通穿甲弹具有明显的不同。主要特征是：

1）弹体在穿甲过程中是一边破碎，一边穿甲，最后仅剩下一小段尾部残体。

2）孔径大于弹径，一般为弹径的 1.5～2 倍，并且孔壁较粗糙。

3）大着角（可达 65°）穿甲时不易跳飞，且有明显的向装甲法线方向折转的现象。

大着角下射击时不跳飞，这也是尾翼稳定脱壳穿甲弹主要特点之一。大着角下穿甲现象在钢甲正面留下一个椭圆形的喇叭状孔，孔的边缘呈凸起的翻边，另一面是与弹体碰击方向相一致的滑坡，尾翼痕迹留在钢甲的外表面上，孔的内壁不光滑，在孔内可以发现许多黑色的金属残渣，是尾翼、弹体和钢甲金属经过高温之后的碎片。在孔的深处，孔径缩小，但仍大于弹径，同时穿孔出现明显的折转现象。

弹丸和钢甲一接触，即产生弹体和钢甲金属碎片的飞溅，有明亮的"火烟"产生。因为弹体是一边破碎，一边穿甲，所以弹体只剩下一小段尾部，在其周围是弹体的碎块。尾翼在入口处已经碰碎，在装甲背面首先形成鼓包，然后在最薄弱处。弹体和其碎块将钢甲突破，并冲出一块钢塞，伴随着火光，大量破片飞入装甲内部。整个穿甲过程发生在 0.4～0.6ms 的时间内，但发生的变化却是非常剧烈的。尾翼稳定脱壳甲弹的穿甲过程如图 4-20 所示。

根据穿甲现象，一般可把大着角对厚钢甲的穿甲过程分为三个阶段。

1. 飞溅成坑阶段

此阶段相应于弹丸着靶到靶前坑的形成，此时碰撞速度最高，碰击应力也最大。根据高速碰撞理论，正碰撞时压力的大小可用下式估算：

$$p = 1/2\rho v_c C \tag{4-7}$$

式中，p 表示正碰撞时的压力；ρ 表示质量密度；v_c 表示弹丸着速；C 表示纵波的传播速度。

此压力远远超过任何金属材料的强度极限。在弹丸和钢甲碰撞的高压区内，弹体钢和金属在高应力下破碎片向抗力小的方向飞溅，弹体不断破碎，不断飞溅，从而装甲的表面上形成一个口部不断扩大的坑。弹丸高速碰击装甲，使弹丸的动能迅速转化为热能，从而将金属破片加热到炽热温度，并飞溅出去。随着弹体的逐渐缩短，最后使尾翼碰击装甲表面而被破坏，并在装甲表面留下了尾翼的痕迹，此时弹体的运动方向基本不变。

2. 反挤侵彻阶段

弹体进入坑内后，由于碰撞压力仍然很大，所以弹体一边破碎，一边侵彻，并将弹体碎块反挤在弹体周围，从而将孔扩大。当弹体侵彻到一定深度后，在装甲背面出现鼓包，这时，装甲金属的抗力减小，最小抗力向法线方向折转。

从对装甲穿孔的纵向断面进行剖析可知，折转现象出现较明显的位置，大约处于侵彻装甲厚度一半以后的区域。

杆式脱壳穿甲弹在大着角射击时，并非不发生跳飞现象，而是弹体跳飞时由于高速碰撞，它原头部变成了破碎的金属飞溅出去（离开弹体），从而保证弹体后面的部分继续沿着原来的方向侵彻装甲。因此，在一定条件下，弹体的破碎对防止跳飞是有利的。

3. 剪切冲塞阶段

此时已是穿甲末期，弹体不再破碎，装甲背面的鼓包，因惯性作用而继续扩大；装甲的抗力也越来越小。最后，在最薄弱处剪切下一个钢塞；弹体的残余部分和破片以剩余的速度，从装甲背面的孔中高速喷出。至此，完成了全部穿甲过程。

穿甲作用的计算：在进行杆式脱壳穿甲弹的穿甲作用计算时，利用德马尔公式发现，穿甲系数 k 变化很大。因而不能正确地反映弹丸的穿甲规律。因此，推荐采用下列修正过的德马尔公式。

$$V_s = k \frac{(d_c + a) \cdot b^{0.5}}{q_c^{0.5} \cos \lambda \alpha} \tag{4-8}$$

式中，a 表示对弹体直径的修正系数，一般取 $a = 0.25$；d_c 表示弹体直径；b 表示钢甲厚度；λ 考虑单体转折的修正系数，一般取 $\lambda = 0.85$；α 表示着角；k 表示穿甲系数，一般取 $k = 2200 \sim 2400$。

式（4-8）是根据弹体直径为 $25 \sim 45$mm 的杆式弹，当着角为 $50° \sim 56°$ 时，对厚度为 $120 \sim 100$mm 的装甲靶板进行穿甲试验的结果整理的，所以，应用时必须考虑它的适用条件。

4.5.3　穿甲弹对装甲的毁伤仿真分析

穿甲弹对装甲目标的毁伤数值仿真，先要考虑对装甲目标防护装甲的侵彻计算。从装甲目标的结构特点分析，防护装甲的类型有很多，主要有均质装甲、复合装甲、反应装甲+复合装甲、结构（间隙）装甲等。而复合装甲又有多种形式，其夹层材料由玻璃钢、凯夫拉、陶瓷等。本书仅讨论穿甲弹弹芯对均质装甲、复合装甲（夹层材料陶瓷）和反应装甲的毁伤。

4.5.3.1　穿甲弹侵彻均质装甲的仿真分析

先建立穿甲弹模型并简化，将结构实体模型简化为弹体（弹芯）对均质装甲钢板的作用。在冲击过程中，弹芯和靶板都会发生大变形，考虑到光滑粒子流体动力学（Smoothed Particle Hydrodynamics，SPH）算法能够适应大变形物体的计算，因此对弹芯和靶板均采用 SPH 算法，计算模型为二维平面模型。其计算过程包括算法选择、材料的定义、炸药模型的选择、建模分析过程、AUTODYN 软件求解步骤及结果分析等。

由此建立弹芯与靶板的二维模型：弹芯直径为 26mm，长度为 640.7mm，靶板的厚度分别为 20mm 和 35mm，高度为 70mm。将高速弹芯表面视为由光滑粒子流构成，以考察弹芯表面各节点（如节点 1、5、6）的侵彻情况，建立其侵彻仿真模型，如图 4-24 所示。

仿真设置：弹体着靶速度分别为 1500m/s、1600m/s、1700m/s，弹芯材料分别为钨合金和铀合金，靶板材料为均质钢板，入射角分别为 30°、45°、68° 和 90°。

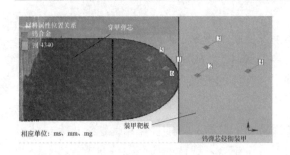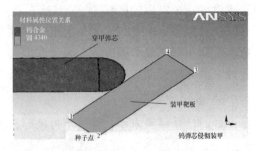

图 4-24　穿甲弹垂直、斜侵彻靶板仿真模型

　　仿真时，先选取弹芯直径为 26mm，长度为 640.7mm，靶板的厚度为 20mm，高度为 70mm，弹芯着靶速度为 1600m/s，入射角为 90°，弹芯的材料为钨合金，靶板材料为均质钢作为仿真输入参数，然后在 AUTODAY 软件中进行穿甲弹弹芯侵彻过程仿真。

　　当给定弹药结构坐标（图 4-24 中弹芯标定的节点 1、5、6）和装甲材料、厚度，进而可以仿真穿甲弹弹芯侵彻均质装甲的作用过程，如图 4-25 所示。

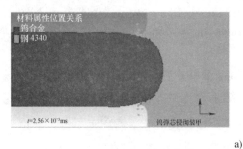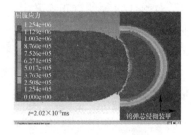

a)

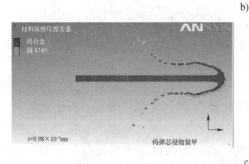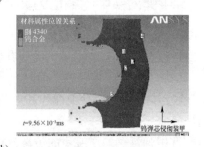

b)

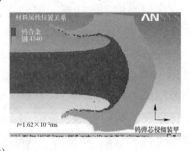

c)

图 4-25　穿甲弹弹芯侵彻均质钢板过程
a) 飞溅成坑；b) 反挤侵彻；c) 剪切冲塞

在图 4-25 中，飞溅成坑阶段，弹芯与均质钢靶板在碰撞的局部区域内发生破坏及变形；反挤侵彻阶段，弹芯杆长不断缩短，靶坑不断扩大，弹坑不断加深；剪切冲塞阶段，靶板背面鼓包增大。弹芯与靶板的物理形变情况基本上与穿甲弹穿甲作用的理论描述相一致。

在侵彻过程仿真的基础上，通过改变侵彻初速、入射角、弹芯材料和靶板材料、靶板厚度等因素，仿真分析不同因素对穿甲能力的影响规律。

1. 弹丸初速对穿甲的影响

在弹体质量和弹体直径保持不变的情况下，侵彻深度与着靶速度的平方成正比。

以仿真模型图 4-24 中的节点 1 为仿真考察对象，当其他影响因素相同的条件下，弹芯着靶速度在 1500m/s 和 1700m/s 时，节点 1 的速度变化情况，如图 4-26 所示。

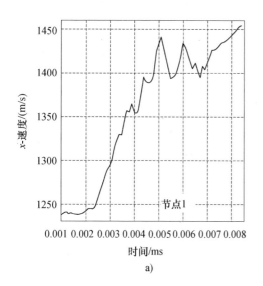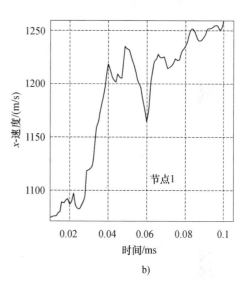

图 4-26 不同初速弹芯上节点 1 的速度变化
a）初速 1500m/s；b）初速 1700m/s

由图 4-26 可以看出，弹芯上节点 1 在开坑阶段，即 0.04ms 着装甲靶板时速度达到最大，接着弹芯反挤侵彻阶段速度下降，在 0.08ms 后速度趋于平缓，说明此刻弹芯达到冲塞阶段。当穿甲弹弹芯击穿装甲后，如果还有剩余速度即可对车内乘员造成伤害，而且速度越大，对人员的杀伤越大，由以上对比结果可以得出，在其他影响因素相同的条件下，如果穿甲弹的初速越大，那么穿甲弹对坦克装甲以及车内乘员的毁伤就越大。

2. 弹芯入射角对穿甲的影响

当弹芯速度一定，入射角较大时，会产生一个使弹芯向增大入射角的方向转动的力偶，使侵彻深度变浅。当弹体芯着靶速度都为 1500m/s 时，弹芯入射角分别为 30°、45°、68° 和 90° 时，靶板被侵彻的情况，如图 4-27 所示。

选取 0.15ms 时刻，在不同入射角的条件下，观察分析弹芯的速度情况。由图 4-27

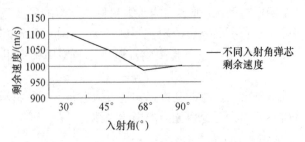

图 4-27   0.15ms 时不同入射角的弹芯速度对比

可知，在 0.15ms 时刻，靶板基本上已经被弹芯击穿，当入射角增大时，弹芯的剩余速度呈下降的趋势，其中在入射角为 68°时，弹芯剩余速度最小，剩余速度越小，弹体对车内装备及人员的杀伤就越小。

3. 弹芯材料对穿甲的影响

当靶板的材料为均质钢板，对穿甲弹的弹芯材料分别为钨合金和贫铀合金的情况进行穿甲仿真，得到钨合金弹芯和铀合金弹芯侵彻装甲靶板时，弹芯上节点 1 的速度变化情况，如图 4-28 所示。

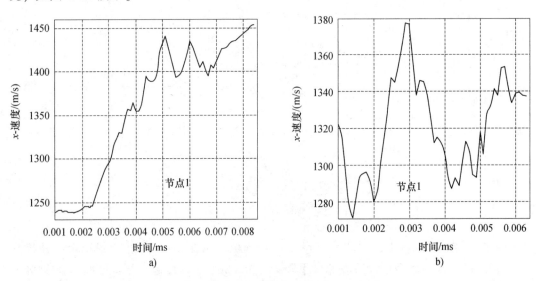

a)

b)

图 4-28   不同弹芯材料弹芯上节点 1 的速度变化

a）钨合金弹芯；b）贫铀合金弹芯

从 4-28 图可以看出，钨合金弹芯在 0.067ms 时刻达到剪切冲塞阶段，铀合金弹体在 0.43ms 达到剪切冲塞阶段；由此认为铀合金弹芯的穿透性比钨合金弹芯更强，即弹芯密度越大，穿透力越强。

当穿甲弹的弹芯材料为钨合金，装甲靶板的材料分别为均质钢板和复合材料时，仿真得到钨合金弹芯分别侵彻均质靶板和复合靶板时，弹芯上节点 1 的速度变化，如图 4-29 所示。

由图 4-29 可以看出，在 0.009ms 时刻，图 4-29a 中，侵彻均质靶板后，弹芯的剩余速度为 1280m/s 左右，而且还有继续上升的趋势；在图 4-29b 中，虽然侵彻复合靶板后

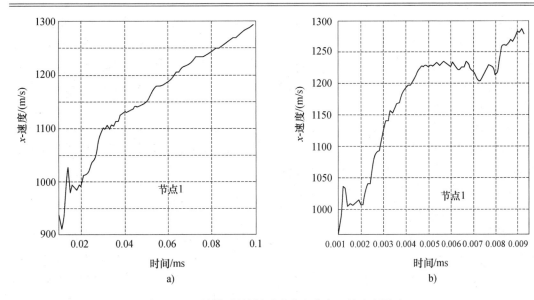

图 4-29　不同靶板材料对弹芯上节点 1 的速度影响
a）均质靶板；b）复合装甲板

弹芯的剩余速度也为 1280m/s，但是却有略微下降的趋势，说明弹芯的动能将继续被消耗，所以可得出复合装甲的防穿透能力比均质装甲要大得多。

4. 靶板厚度对穿甲的影响

在其他影响因素均相同的情况下，对比分析穿甲弹弹芯侵彻不同厚度的装甲靶板的情况，图 4-30 为穿甲弹芯分别侵彻 20mm 和 30mm 厚度的均质装甲靶板时，穿甲弹弹芯上节点 1 的速度变化。

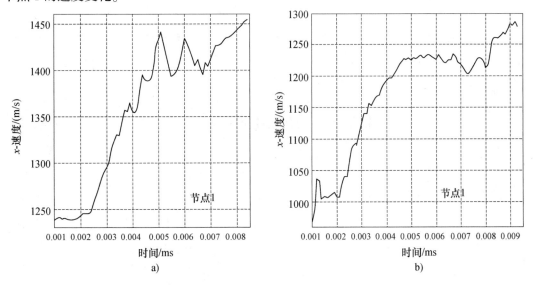

图 4-30　不同靶板材料厚度对弹芯上节点 1 的速度影响
a）20mm 厚靶板；b）35mm 厚靶板

从图 4-30 可以看出，弹芯侵彻 20mm 厚靶板时，弹芯在 0.005ms 达到剪切冲塞阶段，此后速度虽有波动，但幅度不大，速度稳定在 1450m/s 左右；当弹芯侵彻 35mm 厚靶板时，虽然弹芯也在 0.005ms 时刻达到剪切冲塞阶段，此后速度稳定在 1230m/s 左右，但侵彻过程明显变长，速度较小，说明消耗的动能比较多，由此得出靶板的厚度越大，穿甲弹的毁伤效果越不明显。

从上述穿甲弹侵彻仿真过程可以看出，穿甲弹在侵彻均质装甲的过程中，相同弹芯以不同侵彻速度侵彻均质钢板时，随着着靶速度的增加，侵彻深度逐渐增加。当弹芯质量和速度不变，改变均质靶板厚度，侵彻深度不变。

4.5.3.2 穿甲弹对复合装甲的侵彻仿真模型

1. 仿真计算模型

仿真计算模型如图 4-31 所示，由穿甲弹弹芯（也称动能杆）和复合靶板组成，弹芯材料为钨合金，弹芯的头部头为圆台形。复合靶板由七层组成，面板材料为 685 钢，第二、四、六层为相同材料的玻璃钢，第三、五层为相同材料的陶瓷，背板材料为 GY4 钢。

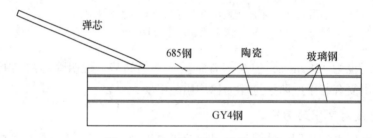

图 4-31 弹—靶系统初始状态图

2. 材料模型

（1）弹芯和靶板材料模型

弹芯和两层钢板均采用本构（Johnson-Cook）模型，该模型能描述与材料应变、应变率和温度相关的强度变化，所表示的屈服应力为：

$$\sigma_y = (A + B \, \overline{\varepsilon}^{p^n})(1 + C\ln\varepsilon^n)(1 - T^{*m}) \tag{4-9}$$

式中，A、B、C、n 及 m 为常数；$\overline{\varepsilon}^p$ 为有效塑性应变；$\varepsilon^* = \dfrac{\overline{\varepsilon}^p}{\varepsilon_0}$ 为无量纲塑性应变率；$\varepsilon_0 = 1\mathrm{s}^{-1}$；$T^* = \dfrac{T - T_{\mathrm{room}}}{T_{\mathrm{melt}} - T_{\mathrm{room}}}$ 为相对温度。

断裂处的应变由下式给出：

$$\varepsilon_f = [D_1 + D_2\exp(D_3\sigma^*)][1 + D_4\ln(\varepsilon^*)][1 + D_5T^*] \tag{4-10}$$

式中，$\sigma^* = \dfrac{p}{\sigma}$ 是压力与等效应力的比值，其中，$\overline{\sigma} = \left[\dfrac{3}{2}s_{ij}s_{ij}\right]^{\frac{1}{2}}$，$s$ 为偏应力；D_1、D_2、D_3、D_4 和 D_5 为常数。

当损伤参数的值达到 1 时，将产生断裂。

$$D = \sum \frac{\Delta \bar{\varepsilon}^p}{\varepsilon_f} \tag{4-11}$$

（2）陶瓷材料

陶瓷材料采用约翰逊–霍姆斯克陶瓷（Johnson Holmquist Ceramics）模型。该模型可用下式表示陶瓷材料的等效应力：

$$\sigma^* = \sigma_i^* - D(\sigma_i^* - \sigma_f^*) \tag{4-12}$$

式中，$\sigma_i^* = a(p^* + t^*)^n(1 + c\ln\dot{\varepsilon})$ 表示无毁伤时的特性；$D = \sum \Delta\varepsilon_p / \varepsilon_p^f$ 代表毁伤积累，用每个计算循环的塑性应变增量表示。

无损伤材料的动态压力为：

$$P = k_1\mu + k_2\mu^2 + k_3\mu^3 \tag{4-13}$$

式中，$\mu = \rho_0/\rho - 1$。

4.5.3.3　穿甲弹对反应装甲的侵彻仿真模型

1. 仿真计算模型

对穿甲弹侵彻反应装甲的仿真，先计算弹芯对单层平面夹层炸药、双层平面夹层炸药结构和 V 形结构反应装甲靶板的侵彻过程，进而仿真装甲结构对弹芯侵彻体侵彻能力的干扰，并分析反应装甲的结构对其干扰能力的影响。

由此建立的穿甲弹侵彻反应装甲模型，如图 4-32、图 4-33 所示。

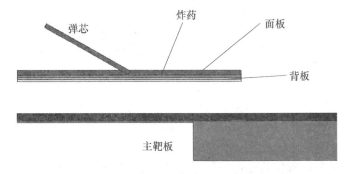

图 4-32　弹芯侵彻体侵彻平面夹层炸药结构模型

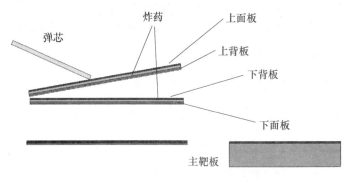

图 4-33　弹芯侵彻 V 形反应装甲模型

模型中包含的主要部件有：弹芯、夹层炸药、夹层炸药结构的面板、背板和主靶。弹芯的材料为钨，直径 5.5mm，长 120mm。V 形反应装甲上下两层结构相同，面板为 45# 钢，长 220mm。

2. 材料模型和参数

（1）夹层炸药

夹层炸药的材料模型为弹塑性模型（Elastic Plastic Hydro）；状态方程为点火与增长方程（Ignition-Growth-Ofreaction-In-He）。其基本材料参数，如表 4-2 所示。

表 4-2　夹层炸药的基本材料参数

参数	$\rho_0 /(\mathrm{g/cm^3})$	G/GPa	r_1 /GPa	r_2 /GPa	a	b	XP_1	XP_2
值	1.712	3.54	778.1	−0.05	524.2	7.678	4.2	1.1

此模型用于计算炸药冲击起爆（或由于炸药失效而发生爆炸）以及爆轰波在炸药中的传播规律。该模型适宜于少量炸药由于冲击加热而被点火，其反应率方程受压力及表面积所控制。

在相对低的初始压力（2～3GPa）条件下，利用弹塑性材料模型来计算未反应炸药参数，在较高压力条件下，利用一维应变能量热力学状态方程（John W. Lee）来计算未反应炸药状态参数。

对未反应炸药有：

$$P_e = r_1 \mathrm{e}^{-r5V_e} + r_2 \mathrm{e}^{-r6V_e} + r_3 \frac{T_e}{V_e} \tag{4-14}$$

对爆轰产物有：

$$P_p = a\mathrm{e}^{-xp1V_p} + b\mathrm{e}^{-xp2V_p} + \frac{gT_p}{V_p} \tag{4-15}$$

式中，$r_3 = \omega_e cvr$，$g = \omega_p cvp$；V_e、V_p、T_e、T_p 分别为未反应炸药及反应炸药的比容及温度。

（2）空气

计算时采用了任意拉格朗日-欧拉算法，因此，在炸药外包围了空气层，空气介质采用线性多项式（Linear-Polyno-Mial）状态方程进行模拟，线性多项式状态方程表示单位初始体积内能的线性关系。压力值由下式给定：

$$P = C_0 + C_1\mu + C_2\mu^2 + C_3\mu^3 + (C_4 + C_5\mu + C_6\mu^2)E \tag{4-16}$$

式中，C_0、C_1、C_2、C_3、C_4、C_5 和 C_6 为常数。

$$\mu = \frac{\rho}{\rho_0} - 1 \tag{4-17}$$

式中，ρ、ρ_0 分别为当前密度和初始密度。

仿真所用基本参数如表 4-3 所示。

表 4-3　空气材料的基本参数

参数	$\rho/(\mathrm{kg/cm^3})$	C_4	C_5	E_0/J
值	1.18	0.4	0.4	0.25

（3）弹芯和靶板

仿真计算时，弹芯、反应装甲面、背板和主靶板均采用本构（Johnson-Cook）模型和状态方程（Gruneisen）共同描述。弹芯的参数同前节，45#钢和 603 钢的主要参数，如表4-4 所示。

表 4-4　45#钢和 603 钢的基本材料参数

材料	$\rho/(\mathrm{g/cm^3})$	E/GPa	μ	A/MPa	B/MPa	C	n	m	$T_{\mathrm{melt}}/\mathrm{K}$	$T_{\mathrm{room}}/\mathrm{K}$
45#钢	7.8	210	0.22	350	300	0.014	0.26	1.03	1520	294
603 钢	7.8	210	0.22	792	180	0.016	0.12	1.0	1520	294

4.5.3.4　弹芯对平面夹层炸药的侵彻仿真

通过仿真计算弹芯对平面夹层炸药的侵彻过程，可分析平面夹层炸药爆炸后对弹芯的干扰机理，进而仿真研究平面夹层炸药结构、弹芯入射角度、平面夹层炸药背板距主靶距离等因素对干扰能力的影响。

1. 弹芯对平面夹层炸药的侵彻过程及入射角对侵彻的影响

选取放有平面夹层炸药（面板、炸药及背板厚度分别为 3mm、2mm、3mm）结构靶板，背板和主靶距离为 50mm，弹芯速度 1500m/s，弹芯以 60°的入射角侵彻靶板，仿真弹芯侵彻平面夹层炸药靶板作用过程，如图 4-34 所示。

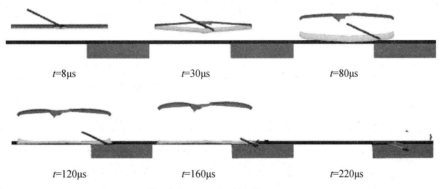

图 4-34　弹芯侵彻平面夹层炸药（3∶2∶3）过程

由图 4-34 可以看出，弹芯撞击平面夹层炸药结构后，内部的炸药爆炸，驱动面板和背板向上、下运动，弹芯和运动中的面板与背板相互作用，在此作用过程中，明显可以看出弹芯发生弯曲。

弹芯弯曲程度的大小，主要取决于背板作用的大小，而面板对弹芯的作用主要体现在使面板的入射孔增大，对弹芯弯曲作用不明显，如图 4-35 所示。

在弹芯侵彻靶板的过程中，弹芯的动能是不断变化的，其动能变化情况，如图 4-36所示。弹芯的动能主要消耗于弹芯侵彻面板和背板，前者所占的比例非常小。受干扰后的弹芯对主靶的侵彻深度为30.9mm，与不放平面夹层炸药情况相比，弹芯的侵彻能力下降49%，弹芯侵彻能力下降原因在于弹芯发生弯曲。

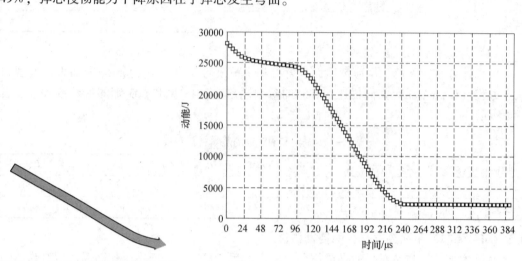

图 4-35　弹芯受干扰后的弯曲情况　　　　图 4-36　弹芯的动能变化

为研究相同侵彻速度条件下入射角和平面夹层炸药结构对侵彻的影响。取弹芯侵彻速度为1500m/s时，分别选取以不同的入射角侵彻两种结构平面夹层炸药（面板、炸药及背板厚度分别为3mm、2mm、3mm和3mm、2mm、1mm）进行计算，计算结果如表4-5所示。

表 4-5　不同入射角度情况下的干扰

入射角度（°）	面板：炸药：背板=3：2：3		面板：炸药：背板=3：2：1	
	侵深/mm	干扰程度（%）	侵深/mm	干扰程度（%）
45	41.3	52	71.3	17.2
50	37.9	51.6	64.1	18
55	38.2	45.3	56.7	18.7
60	30.5	49.8	48.4	20.5
65	19.2	62.7	38.1	25.9
68	13.0	71.5	32.5	28.7

从表4-5可以看出，平面夹层炸药结构的变化能大幅度改变对弹芯的干扰程度。其中背板对弹芯的干扰较大，背板厚度增加，对弹芯侵彻能力的干扰增强；面板对弹芯的干扰作用不明显，由于被抛射加速的面板与弹芯的后期作用过程中，被压穿形成长形弹孔；入射角对弹芯的侵彻能力有较大影响，随着入射角度的增大，弹芯对靶板的侵彻深度减小。当弹芯受到干扰侵彻靶板时，将使弹坑直径增大，侵彻路径发生偏转。

2. 平面夹层炸药结构面板和背板厚度变化对弹芯侵彻能力的影响

表4-5表明平面夹层炸药结构的变化对弹芯的干扰程度有较大的影响，为了进一步揭示干扰机理和夹层炸药结构对干扰的影响规律，通过改变面板和背板的厚度比，分析不同靶板结构情况下对弹芯的干扰。

当弹芯速度为 1500m/s，入射角度 60°，夹层内炸药为 2mm 保持不变，计算反应装甲的面板和背板的厚度比从 1∶5 变化到 5∶1 时弹芯对靶板的侵彻情况，计算结果如表 4-6 所示。

表 4-6　弹芯对靶板的侵彻计算结果（面板和背板厚度比变化）

面板和背板的厚度比	1∶5	2∶4	3∶3	4∶2	5∶1
杆对主靶的侵深/mm	20.4	20.4	30.9	27.0	25.6
干扰程度（%）	66.5	66.5	49.2	55.6	57.9

由表 4-6 的计算结果可知，面板和背板厚度差别越大，对弹芯的干扰程度越大，并且当背板厚度大于面板厚度时，对弹芯的干扰越大。

通过弹芯对不同面板和背板厚度比的夹层炸药结构靶板的侵彻仿真分析，得到弹芯侵彻不同面板和背板厚度比的夹层炸药结构过程，仿真出的典型时刻状态如图 4-37 所示。

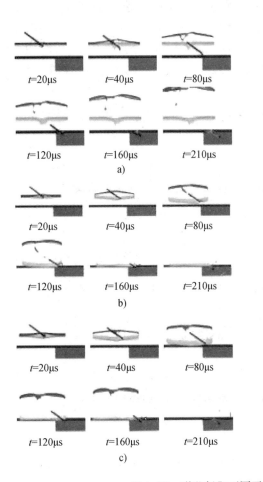

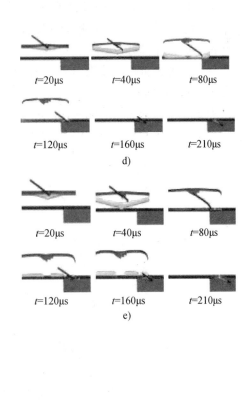

图 4-37　弹芯侵彻不同平面夹层炸药结构的过程状态图

a）面板∶背板=1∶5；b）面板∶背板=2∶4；c）面板∶背板=3∶3；
d）面板∶背板=4∶2；e）面板∶背板=5∶1

从图 4-37 可以看出，当面板和背板厚度比发生变化时，出现三种状态变化：①弹芯较早地穿过背板，并发生弯曲；②弹芯穿过面板发生弯曲，并追赶侵彻背板；③弹芯穿过面板发生弯曲，而追不上背板。

第一种状态，发生于面板厚度小于背板厚度的情况下，由于面板厚度小于背板，所以面板的速度大，背板的抛射速度小，弹芯很快就穿过了背板，由于背板较厚，使弹芯穿过背板后发生了明显的弯曲，如图 4-37a 所示。

第二种状态，发生于背板的速度略小于弹芯沿背板运动方向的分速度的情况下，如图 4-37b 所示，该情况弹芯穿过面板发生弯曲，其弯曲程度与面板的厚度有关，面板的厚度越大，弹芯弯曲的越严重。由于背板的速度略小于弹芯的分速度，弹芯边运动边侵彻背板。另外，弹芯是斜入射靶板，所以运动过程中，弹芯侵彻背板的位置也不断地变化，相当于弹芯侵彻的背板厚度增加，从弹芯的速度变化曲线（图 4-35）也可以看出，该情况弹芯和背板的作用过程中速度明显下降。

第三种状态，发生于背板速度大于弹芯沿背板运动方向的分速度的情况下，如图 4-37c、d、e 所示，由于背板的速度大于的弹芯的分速度，在作用过程的前期，弹芯运动在背板之后，对弹芯没有干扰作用，当背板撞到主靶时，弹芯和背板发生作用。若背板较厚，反弹的背板将进一步对弹芯进行干扰，如图 4-37c 所示，若背板的厚度较薄，反弹的背板对弹芯的干扰不明显。

弹芯对靶板的侵彻情况与面板的速度和弹芯的分速度密切相关，图 4-38、图 4-39 分别给出了面板速度和弹芯速度随时间的变化曲线。

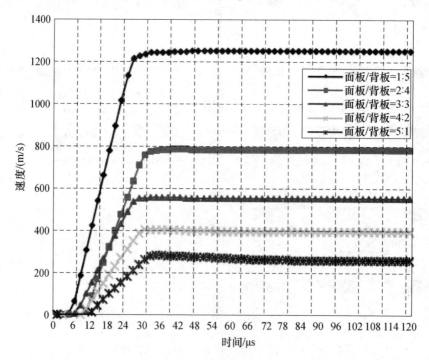

图 4-38　面板的速度随时间的变化曲线

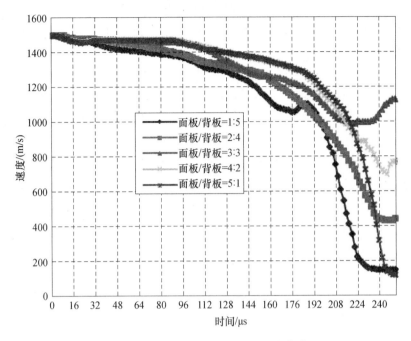

图 4-39　弹芯的速度随时间的变化曲线

通过上述仿真计算和分析，可以发现平面夹层炸药对弹芯侵彻体的干扰机理，主要表现为：①弹芯和运动的面板或背板作用过程中，使弹芯发生了弯曲，弯曲程度与靶板的厚度有关，靶板越厚，弹芯弯曲的越严重；②弹芯对运动的背板连续侵彻，消耗了弹芯的能量，能量的消耗量与弹芯和背板的作用时间长短有关，作用的时间越长，消耗的能量越高；弹芯和背板的作用时间长短与弹芯及背板的运动速度和方向有关；③撞到主靶的背板反弹后对弹芯的干扰，背板越厚，反弹后的干扰能力越强。

受到干扰的弹芯，由于弯曲及部分能量的消耗，致使其对主靶侵彻能力降低。整个过程非常复杂，弹芯所受的干扰是上述干扰机理中单个或多个干扰因素的综合结果，夹层炸药的结构、弹芯的撞靶速度不同，导致不同的干扰因素占主导地位。

3. 背板与主靶距离对侵彻能力的影响

上述的第二种干扰机理（弹芯对背板的连续侵彻耗能机理），除与弹芯和背板的运动速度有关外，还有一个影响因素，即背板与主靶的距离，该距离决定了当弹芯的分速度略大于背板的速度时是否有足够的时间追上背板以及和弹芯与背板的作用时间。为了分析该距离的影响，计算了反应装甲的背板与主靶距离变化时，弹芯对主靶的侵彻情况。计算方案为：弹芯以 1500m/s 的速度，①入射角度为 68°对面板：炸药：背板＝3：2：1 的夹层炸药的侵彻；②入射角度为 68°对面板：炸药：背板＝3：2：3 的夹层炸药的侵彻；③入射角度为 60°对面板：炸药：背板＝2：2：4 的夹层炸药的侵彻。反应装甲背板与主靶的距离由 0 变化到 6cm，间隔 1cm，计算 7 个距离，计算结果如表 4-7 所示。

表 4-7　背板距主靶的距离变化时的计算结果

背板距主靶的距离/mm		0	10	20	30	40	50	60
侵彻深度/mm	3∶2∶1/68°	29.0	33.5	32.8	32.8	32.7	32.5	32.7
	3∶2∶3/68°	20.9	21.9	20.6	21.5	21.8	21.9	21.8
	2∶2∶4/60°	35.2	34.9	33.4	28.7	24.4	20.4	16.5

由表 4-7 可以看出，当弹芯以 68°入射角侵彻夹层炸药时，背板距主靶距离变化对弹芯侵彻能力的影响不大；当弹芯以 60°的入射角侵彻 2∶2∶4 的夹层炸药时，随着背板距主靶距离的增加，弹芯对主靶的侵彻能力减少，即弹芯受干扰的程度增强。为了便于分析，当给定入射角和靶板结构时，计算出背靶距主靶不同距离条件下背板速度和弹芯（杆）的分速度随时间变化结果并绘制出变化曲线，如图 4-40、图 4-41 所示。

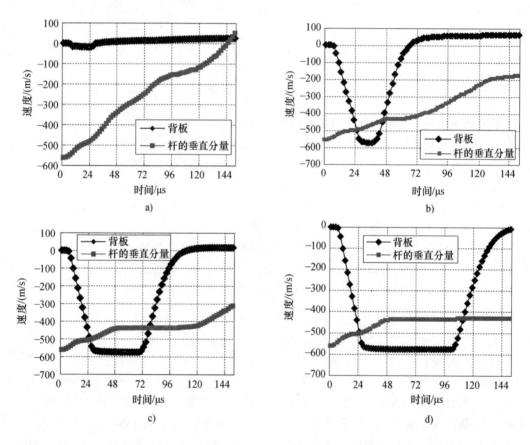

图 4-40　背板速度和弹芯（杆）分速度随时间的变化曲线（入射角 68°，反应装甲 3∶2∶3）
a）背靶距主靶的距离为 0mm；b）背靶距主靶的距离为 20mm；
c）背靶距主靶的距离为 40mm；d）背靶距主靶的距离为 60mm

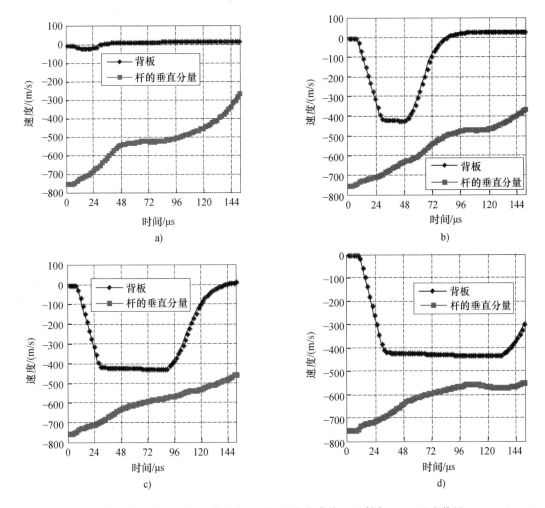

图 4-41　背板速度和弹芯（杆）分速度随时间的变化曲线（入射角 60°，反应装甲 2：2：4）

a）背板距主靶的距离为 0mm；b）背板距主靶的距离为 20mm；

c）背板距主靶的距离为 40mm；d）背板距主靶的距离为 60mm

　　由图 4-40 可以看出，反应装甲爆炸后，背板在撞击到主靶之前，背板的速度大于弹芯的分速度，不论背板距主靶的距离如何变化，它们的相遇点均在背板的反弹阶段，没有发生弹芯对背板的连续侵彻现象，所以背板距主靶的距离变化对弹芯侵彻能力的影响不大。

　　而当入射角和靶板结构改变时，即图 4-41 所呈现的结果，则与上述结果完全不同，在该条件下，背板在撞击到主靶之前，背板的速度小于弹芯的分速度，大约在 25μs，弹芯赶上了背板，并对背板进行连续性的侵彻，背板距主靶的距离越大，弹芯和背板的作用时间越长，消耗弹芯的能量越多，对主靶的侵彻能力降低。

　　综合上述研究，平面夹层炸药结构对弹芯侵彻体具有较强的干扰能力，其干扰机理表现在三方面：①弹芯和运动的面板或背板作用过程中，使弹芯发生了弯曲；②弹芯对运动的背板连续侵彻，消耗了弹芯的部分能量；③撞到主靶的背板反弹后对弹芯的干扰。

弹芯的弯曲是由于和面板及背板的作用引起的，面板、背板的厚度越大，使弹芯的弯曲越严重。当背板的速度小于弹芯的分速度时，出现弹芯对背板的连续性侵彻，背板距主靶的距离越大，背板的厚度越大，弹芯和背板的作用时间越长，消耗弹芯的能量越多，对主靶的侵彻能力越弱。

受干扰的侵彻体侵彻靶板时，使弹坑直径增大，侵彻路径发生偏转，对靶板的侵彻深度减小，减小幅度随着弹芯入射角度的增大而增大。

平面夹层装药结构，背板厚度大于面板厚度对弹芯的干扰能力强。

4.6　穿甲弹发展趋势

从动能穿甲弹的使用情况看，普通穿甲弹主要是发展小口径穿甲弹和半穿甲弹，它所对付的目标主要是飞机、导弹、舰艇和轻型装甲等；但对于重型装甲目标，则主要是发展尾翼稳定超速脱壳穿甲弹。目前，尾翼稳定超速脱壳穿甲弹虽然已在许多国家的军队中装备，但对尾翼稳定超速脱壳穿甲弹的研究工作仍方兴未艾，未来穿甲弹的发展趋势可以归结为两方面：其一是如何提高穿甲威力；其二是如何对付二代反应装甲。

4.6.1　提高穿甲威力

穿甲弹是靠弹丸动能进行穿甲的。根据冲击理论，弹丸对靶板的侵彻深度 L 可近似写为：

$$L = \alpha_\theta \frac{mv_c^2}{d^2} \tag{4-18}$$

式中，m 为弹丸质量；v_c 为弹丸着靶速度；d 为弹丸直径；α_θ 为系数。由式（4-18）可知，若想提高侵彻深度，必须增加 $\frac{mv_c^2}{d^2}$ 项的数值。

该项的物理意义是弹丸单位横截面积上的动能，常称为比动能。因此，只有提高弹丸着靶的比动能才能增加威力。一般情况，提高弹丸比动能的措施如下。

4.6.1.1　提高弹丸的着靶速度

由式（4-18）不难看出，弹丸的着靶比动能与着速的平方成正比，增加弹丸着速显然比增加弹丸的质量合算。

为了提高弹丸的着速，首先应提高初速。目前，高膛压火炮和新发射药的研制，在提高弹丸初速上还是行之有效的。此外，应尽量减少弹丸在弹道上的阻力损失，即设计最好的空气动力外形。其次，也可采用增速技术，有人提出以火箭增速提高弹丸速度，也有人提出"自燃增速式"铀合金穿甲弹的设想。该弹中心有一轴向通孔，后部有喷嘴，当发射时点火药进入通孔并点燃，此时弹丸将好像冲压式火箭发动机，使弹丸增速。该弹利用铀的可燃性和密度大的特点，使铀既是穿甲弹体，又是增速火箭的推进剂。

4.6.1.2　增加弹丸的长细比

由式（4-18）可知，弹丸长细比的增加自然会使 $\frac{m}{d^2}$ 的数值增大，即长细比提高，弹丸的威力增强。但是，长细比的提高，将会受到弹丸材料的限制。因而，在改进现有弹芯材料的基础上，继续寻求新的性能更好的材料。有人提出，弹芯材料与弹芯结构的搭配是影响穿甲弹威力大小的因素之一。这就是说，弹芯的材料和结构不是孤立的影响因素，而是结合在一起对威力起作用。由此可知，探讨飞行弹体的新结构、研究弹芯材料与结构之间的内在关系，对提高穿甲弹的威力和设计水平是有很大意义的。

4.6.1.3　采用高密度合金的弹杆材料

由式（4-18）可知，弹芯材料的密度增加必将使弹丸的比动能增加，从而使威力提高。因此，进一步提高弹芯材料的密度必然是尾翼稳定超速脱壳穿甲弹的发展趋势。上述提高弹丸初速、减少弹丸在外弹道上的速度降低量、增加弹丸的长细比和采用高密度材料作为弹芯等，是提高尾翼稳定超速脱壳穿甲弹性能的方向，也必然是它的发展趋势。

4.6.1.4　减少弹托质量

通过先进的设计理念，结合采用小密度、高性能的金属、非金属及复合材料，如碳纤维—铝复合材料、碳硅纤维—铝复合材料、碳纤维复合材料等，实现减少弹托质量，提高穿甲威力的目的。

4.6.2　对付二代反应装甲

反应装甲一般是将 2～3mm 的钝感炸药层夹在 1～3mm 的钢板中组成的爆炸块。当尾翼稳定超速脱壳穿甲弹击中它时引爆炸药，高压爆轰物推动前后钢板向相反方向运动，使弹芯偏转或断裂，降低其侵彻能力。近年来，反应装甲、复合装甲、贫铀装甲、主动装甲发展得很快。二代反应装甲将使穿甲弹的穿甲能力损失 16%～67%。

对付反应装甲的思路有两种：

1）在弹芯主侵彻体攻击坦克主装甲之前引爆反应装甲。

2）在反应装甲上打出一个"通道"，使主侵彻体在不引爆反应装甲的情况下侵彻主装甲。

为此，可改变现有穿甲弹的结构，设计出和串联结构的破甲弹类似的穿甲弹，采用"穿甲-穿甲"结构。如采用多节式穿甲弹芯（如 DM33 采用两节弹芯），也可以采用串联式弹芯。在攻击目标时先由分离机构适时射出前置弹芯打爆反应装甲的头部结构；或将前置弹芯推向弹的前部（与主弹芯间形成固定的距离），在反应装甲上打出通孔、开辟通道，主弹芯随后跟进。从而实现有效对付反应装甲的目的。

第5章　破甲弹与毁伤

5.1　破甲弹概述

"破甲弹"通常是指采用成型装药或聚能装药的破甲弹，故也称空心装药破甲弹或聚能装药破甲弹。所谓成型、空心或聚能装药，是指炸药装填在弹壳内成为一体药柱，其形状由弹壳内特定形状决定（如装填为空心、锥形聚能等），常包括精密压装、精密注装等加工方法制造的药柱成型技术实现。

破甲弹和穿甲弹是击毁装甲目标的两种最有效的弹种，穿甲弹靠弹丸或弹芯的动能来击穿装甲，因此，只有高初速火炮才适于配用。而破甲弹是靠成型装药的聚能效应压垮药型罩，形成一束高速金属射流来击穿装甲，不要求弹丸必须具有很高的弹着速度，其特殊的作用机制可不再完全依赖炮口初速，这是破甲弹最大的一个特征。因而，破甲弹能够广泛应用在各种加农炮、无坐力炮、坦克炮以及反坦克火箭筒上。

破甲弹的出现，得益于19世纪发现的带有凹槽装药的聚能效应。到了第二次世界大战前期，发现在炸药装药凹槽上衬以薄金属罩时，装药产生的破甲威力大大增强，因此聚能效应得到广泛应用。

1936—1939年西班牙内战期间，破甲弹开始得到应用。随着坦克装甲的发展，破甲弹出现了许多新的结构。例如，为了对付复合装甲和反应装甲爆炸块，出现了串联聚能装药破甲弹；为了提高破甲弹的后效作用，还出现了炸药装药中加杀伤元素或燃烧元素等随进物的破甲弹，以增加杀伤、燃烧作用；为了克服破甲弹旋转给破甲威力带来的不利影响，采用了错位式抗旋药型罩和旋压药型罩。

多年来，国内外就成型装药新结构新技术的研究从来就没有停止过，从20世纪60年代的变壁厚药型罩、喇叭形和双锥形药型罩，到后来的串联成型装药药型罩、截锥药型罩、分离式药型罩和大锥角自锻破片药型罩等，都是为了对付不断发展的装甲防护而提出的新型成型装药结构。到20世纪80年代，由于坦克装甲防护能力的不断增强，破甲弹性能也不断提高，破甲深度已由原来的6倍装药直径提高到8～10倍的装药直径。同时，为了提高远距离攻击装甲目标的能力，还出现了末段制导破甲弹和攻击远距离坦克群的破甲子母弹。

目前，许多反坦克导弹都采用了成型装药破甲战斗部；在榴弹炮发射的子母弹（雷）中也普遍使用了成型装药破甲子弹（雷）。

5.2　成型装药破甲弹结构

成型或聚能破甲弹是利用聚能效应形成的高速射流击穿装甲目标的弹药。聚能效应既广泛应用于枪榴弹、火箭弹和炮弹，也广泛应用于反坦克导弹、地雷和航空子母弹。

从稳定方式来看，目前所装备的破甲弹有旋转稳定式和尾翼稳定式两种。在一般情况下，无论哪一种破甲弹，它们都需要直接命中目标而起作用，因而要求具有较高的射击精度。与动能穿甲弹一样，破甲弹的威力指标也常以穿透一定倾角的装甲靶板厚度（即靶厚/倾角）的形式给出。为了保证破甲弹能够可靠地摧毁敌方的坦克目标，有时还对其后效作用提出明确的战术技术要求，例如，规定射流穿孔的出口直径，或者规定穿透一定厚度的后效靶板数。除此之外，还明确要求破甲弹具有一定的直射距离。

5.2.1　破甲弹一般结构

为了适应各种火炮的要求，加上多年来破甲弹本身在结构上的发展，使破甲弹的结构多种多样。一般来说，成型装药破甲弹大都由弹体、炸药装药、药型罩、隔板、引信和稳定装置等部分组成。它们的区别主要反映在火炮发射特点、弹形和稳定方式上。

破甲弹的结构一般由药型罩、炸药、弹体、引信等部件组成，如图 5-1 所示。

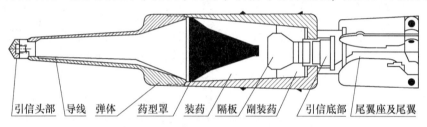

引信头部　导线　弹体　　药型罩　装药　隔板　副装药　　引信底部　尾翼座及尾翼

图 5-1　破甲弹弹丸结构

炮用破甲弹的弹体一般多为两端开孔的薄壁圆筒，前部安装头螺，后部安装底螺。非整体式弹体是装填战斗部装药和作用的需要。破甲弹头螺一般采用锥形，也有采用中空的杆型头部，头螺的前端安装压电引信的头部结构，并以内外电路与引信底部机构接通，引信底部机构从底螺中心孔装入，装入后应有闭气装置，防止火药窜入而不安全。

头螺的高度决定引信的炸高，头螺的作用是保证弹丸合理的气动外形，减少空气阻力；保证破甲弹的有利炸高，充分发挥破甲威力；安装压电引信头部机构、起连接导电作用。

弹体内装有锥孔装药和药型罩，这是破甲弹装药的基本特征。锥孔装药是产生聚能效应形成射流的能源，多为以黑索今为主的混合炸药，压装或铸装成型，其密度大、爆速高。金属药型罩是形成射流的母体，其形状多为锥形或双锥组合形，材料多为紫铜，具有塑性好、密度大等特点。

有些破甲弹在装药中设置惰性隔板，并增设副炸药柱。隔板用以改变爆轰波形，增大对药型罩的冲击波形，增大对药型罩的冲击载荷，提高金属射流的速度和质量，从而增大破甲威力。副药柱用于传递引信起爆的爆轰波，其密度比主药柱小一些，与引信的起爆能量匹配，能稳定地传递爆轰，使副药柱和主药柱能够迅速地达到稳定爆轰，保证破甲威力与稳定性。

破甲弹多配用压电引信。压电引信由头部机构和底部机构组成。头部机构安装在头螺顶端，内有压电晶体；底部机构安装在装药底部，内有电雷管和传爆装置。头部机构和底部机构之间，有由头螺、弹体、弹底螺等构成的外部电路和由导线构成的内部电路相接通。破甲弹碰击目标时，压电晶体受压产生高电压，电流经回路流经电雷管，使底部机构起爆。这恰好满足破甲弹从装药底部起爆的作用原理要求。压电引信瞬发度高，碰击目标后立即产生电流起爆，头螺还来不及很大的变形破坏，金属射流就形成了，这有利于保证破甲弹的有利炸高，发挥破甲效力。另外，破甲弹引信要求具有低灵敏度，这主要是为了在前沿阵地树丛中、庄稼地里射击时不至于引起弹道早炸。

破甲弹多采用尾翼稳定方式。因为高速旋转会使得金属射流在离心力作用下径向发散，致使破甲效力下降，故破甲弹一般采用尾翼稳定方式。但为了克服质量偏心、空气动力偏心和火箭增程弹推力偏心对散布精度的影响，尾翼稳定破甲弹往往采用涡轮、斜置或斜切尾翼、滑动弹带等措施，使弹丸在飞行过程中做低速旋转。尾翼稳定破甲弹多配用在滑膛炮上，但采用滑动弹带的尾翼稳定破甲弹，也可以配用到线膛火炮上，这种既可用于线膛炮，也可用于滑膛炮发射的穿甲弹，还有一种很特别的气缸式尾翼稳定破甲弹。

5.2.2 气缸式尾翼破甲弹

气缸式尾翼破甲弹，是因利用火药气体的压力，推动气缸内活塞使尾翼张开而得名的，气缸是压缩气体的气动元件。这种破甲弹的结构，如图 5-2 所示。

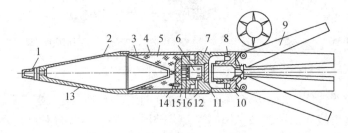

图 5-2　气缸式尾翼破甲弹的结构

1—引信头部；2—头螺；3—药型罩；4—弹体壳；5—主药柱；6—引信底部；7—弹底；8—尾翼座；
9—尾翼；10—活塞；11—橡皮垫圈；12—螺塞；13—导线；14—隔板；15—副药柱；16—支撑座

5.2.2.1 弹体

弹体由头螺、弹体壳、弹底和螺塞等零件组成，它们之间均用螺纹连接。在弹壳与弹底、弹底与螺塞连接处用橡皮垫圈密封。头螺高度是根据最有利炸高确定的，它考虑了弹丸的着速、药型罩锥角和引信作用时间等因素。在弹丸设计中，头螺的高度一般先按经验公式进行估算，然后经过试验考核再最后确定。常用的经验公式为：

$$H_1 = 2d_1 + v_e t \tag{5-1}$$

式中，H_1 为头螺的估算高度；d_1 为炸药装药直径；v_e 为弹丸着速；t 为弹丸碰击目标到炸药完全爆轰所需要的时间。

头螺材料一般用可锻铸铁或稀土球墨铸铁。弹壳的外形通常为圆柱形，其上有两条具有一定宽度的定心部。弹体壳长度的确定与炸药的威力、装药结构以及引信的配置等因素有关。弹体壳材料，一般采用合金钢。由于弹底在发射时需承受火药气体的压力，在飞行中又受到尾翼的拉力，为保证强度，一般采用高强度铝合金或合金钢等材料制造。

5.2.2.2　炸药装药

炸药装药是形成高速高压金属射流的能源。炸药的能量高，所形成的射流速度就高，其破甲效果也好，一般选用梯/黑（50/50）炸药或黑索今为主体的混合炸药或其他高能炸药。炸药的装填方法，可采用铸装、压装或其他装药方法。

5.2.2.3　药型罩

药型罩是形成聚能金属射流的关键零件，其形状有圆锥形、截锥形、双锥形、喇叭形和扇状错位形等，但常用的是圆锥形药型罩。药型罩材料对破甲性能的影响很大，一般采用紫铜。

5.2.2.4　隔板

隔板是改变爆轰波形，从而提高射流速度的重要零件，一般用塑料制成。

5.2.2.5　引信

该弹配用压电引信。压电引信一般可分为引信头部和引信底部两个部分。引信头部主要为压电机构在碰击目标时依靠压电陶瓷的作用产生高电压（可达 104V），供给引信底部电雷管起爆所需要的电能。引信底部包括有隔离、保险机构及传爆机构。引信头部和引信底部之间，一般以导线相连；也有利用弹丸本身金属零件作为导电通路的。

5.2.2.6　稳定装置

该弹的稳定装置是由活塞、尾翼、尾翼座和销轴等零件构成。活塞安装在尾翼的中心孔内，尾翼以销轴与尾翼座相连，翼片上的齿形与活塞上的齿形相啮合。平时六片尾翼相互靠拢；发射时高压的火药气体通过活塞上的中心孔进入活塞内腔。弹丸出炮口后，由于外面的压力骤然降低，活塞内腔的高压气体推动活塞运动，通过相互啮合的齿而使翼片绕销轴转动，将翼片向前张开并呈后掠状。翼片张开后，由结构本身保证"闭销"，而将翼片固定在张开位置。翼片张开的角度一般为 40°～60°。为提高设计精度，在翼片上制有5°左右的倾斜角，使弹丸在飞行中呈低速旋转。该弹翼片采用铝合金材料制成。

气缸式尾翼破甲弹的稳定装置具有翼片张开迅速，同步性好和作用比较可靠的特点，有利于提高弹丸的射击精度。其缺点是结构较为复杂，加工精度要求也高。

5.2.3　典型 105mm 破甲弹

常用在 105mm（线膛）坦克炮上的 105mm 破甲弹，由于弹的尼龙闭气环活套在弹体上，从而较好地解决了用线膛炮发射尾翼稳定弹的问题，与同类破甲弹相比，优势明显：

1）该弹采用了长伸杆式头螺，加之尼龙闭气环能较好地密闭火药燃气，使之具有较好的射击精度。

2）弹体内注装钝黑梯-1 炸药与双锥形药型罩配合，使该弹具有较强的破甲能力，可有效击穿 180mm/68 的轧制均质装甲板，并具有较好的后效作用。

3）该弹同时具有一定的对付反应装甲和混凝土工事的能力，还兼具杀伤作用。

4）该弹配用膛内储能式机电引信，具有较高的瞬发度和设计有落地炸机构，具有多用途功能。

配用的引信为膛内储能式双环静力保险型引信。分头部机构和尾部机构，头部机构内有一个闭合开关、落地炸机构和接线部件等；尾部机构有磁后坐电机、储能电容和电雷管、传爆管等。弹丸发射时引信尾部机构的磁后坐电机工作，产生电能并储能于电容中。弹丸着靶时，引信头部机构开关闭合，电路导通，电容放电，起爆电雷管和传爆管。

105mm破甲弹是定装式炮弹。全弹主要由引信、弹丸、药筒、发射药、带底火的传火管组成。

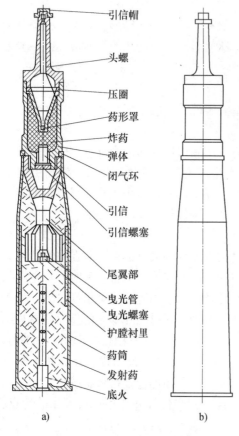

图5-3　105mm破甲弹结构
a）结构示意图；b）外形标志图

105mm破甲弹的基本结构，如图5-3所示。其中，弹丸由头螺、弹体、压圈、药型罩、锥孔装药（钝黑梯-1炸药）、闭气环、滑动弹带、尾杆、尾翼、Y-16曳光管及曳光螺塞等组成。长伸杆式头螺用铝合金锻造后经机械加工制成。头螺与弹体螺纹连接，头螺上部装有引信帽、落地炸机构、接线部件等零件。

头螺提供有利炸高，保证金属射流能较好地侵彻装甲。头螺的钝面飞行中产生稳定力矩，使弹丸稳定飞行。

弹体用合金钢锻造后经机械加工而成。它连接头螺和尾杆。弹体内腔装配压圈、药型罩、炸药、引信等，外形保证弹丸在膛内正确运动，弹体比较厚，生成的破片可杀伤有生力量。

压圈用中碳无缝钢管车制而成。起固定药型罩的作用，以减少发射时炸药底层的应力，防止撞击目标时药型罩前冲。

双锥形药型罩由专用铜板冲旋加工而成。在炸药爆轰波冲击作用下被压跨形成金属射流，侵彻装甲。

弹体内注装钝黑梯-1炸药1.2kg，是侵彻装甲的能源。

闭气环用尼龙66制成，活套在弹体上，可相对弹体转动。闭气环在膛内密闭火药气体，并高速旋转，以摩擦力带动弹丸低速旋转，以利于提高密集度，出炮口后，闭气环破碎飞散。尾杆和尾翼合称尾翼部，用铝合金制成，外表面经硬质阳极氧化处理。尾翼部在膛内发射时承受火药气体推力作用，出炮口后为弹丸提供飞行稳定力矩。

曳光管在膛内被火药燃气点燃，在弹丸飞行时发生强烈的红光，指示弹道。曳光螺塞用来使曳光管牢固的固定在尾翼内。

药筒为四六黄铜制成。内装发射药，护膛衬里、安装底火和弹丸结合成一体组成定装式炮弹。

发射装药由发射药和护膛衬里组成。护膛衬里由衬里布、聚酯薄膜、添加剂组成。用胶粘贴于药筒内壁，用以减轻对炮管的烧蚀、提高火炮寿命。发射药为三胍-11 15/7，约5.0kg，为多孔颗粒状，散装在药筒中。

该弹配用带长传火管的电底-18 式电底火,电底火从药筒内部拧入并用点卯方式将其固定,传火管内装黑火药。电底-18 底火在 24V 直流电作用下,不超过 3ms 发火,点燃传火管中黑药,黑药燃烧后通过传火孔点燃发射药。

5.2.4　105mm 多用途破甲弹

1. XM815 式 105mm 多用途破甲弹

典型的 XM815 式 105mm 多用途破甲弹,为美国 20 世纪 80 年代初研制的一种多用途破甲弹,兼有破甲、碎甲以及杀伤人员和破坏器材的功能,代替原有的 105mm 破甲弹、碎甲弹和榴弹。因而可以减少未来战场上坦克携带弹种,提高后勤保障能力。

该弹丸由 XM763 弹头激发弹底起爆压电引信、战斗部、折叠式尾翼稳定装置、闭气环和曳光管组成。它的结构特点是采用了结构性能较好地 6 片折叠式尾翼,这种尾翼稳定性好,阻力小,而且精度优于 M456 式 105mm 长杆式头螺破甲弹;采用了最新的精密空心装药战斗部药型罩技术,配装新研制的 XM763 式引信。

该引信是一种先进的弹头激发弹底引爆引信,主要部件由引信头部碰合开关、底部保险和解除保险装置以及 1 根连接两个部件的连接线组成。它采用磁后坐发电机做电源,主要特点是采用了弹丸头部内外锥罩式碰合开关,使得头部任何位置碰击目标时都能起爆,提高了大着角碰目标作用的可靠性。该引信具有瞬时、延期和擦地炸等功能及大着角发火性能,在着角为 0°～80°时,引信的发火可靠度达 95%;在着角为 89°～90°时,发火可靠度达 60%,擦地炸的可靠度为 85%。引信头部碰合开关对树枝、雨淋和其他非着火条件则不起爆。

由于该弹装有先进的电子部件和磁后坐发电装置,因此能经受住火炮和其他恶劣环境。此外,该引信的保险机构采用连锁惯性卡板链和前冲机构,安全性好。引信具有两道保险,其第一道保险在后坐加速度小于 2500g 时不解除保险,大于 4300g 时解除保险;第二道保险在爬行加速度小于 4g 时不解除保险,大于 8g 时解除保险。引信的炮口远解距离为 11～18m。

2. M456 系列 105mm 多用途破甲弹

美国 M456 系列 105mm 多用途破甲弹,为定装式尾翼稳定空心装药破甲弹,有长杆式头螺和固定式尾翼装置,用于攻击装甲目标兼具杀伤作用,是国外装备中较好的一种破甲弹。

M456 系列包括三种型号,M456 式、M456A1 式、M456E1 式。它们的不同点是在药筒内有无耐烧蚀衬层上。M456 式破甲弹药筒内部无衬层;M456A1 药筒内部有棉布衬层、其一面涂有石蜡—二氧化钛混合物并覆以聚酯薄膜;M456E1 式破甲弹药筒内有同样的石蜡—二氧化钛衬层但不覆以聚酯薄膜。

M456 系列 105mm 多用途破甲弹结构,如图 5-4 所示。

弹丸由装有塑料闭气环的锻钢弹体、长杆式头螺、铝合金尾翼装置、锥孔聚能装药和压电引信构成。弹体内装紫铜锥形药型罩和 B 炸药,尾翼底部装有 M13 式曳光管。所配用的 M509A1 式压电引信采用连锁式保险机构,炮口保险距离为 6～10m,压电元件和引信底部机构之间用导线连接。塑料闭气环与弹体之间可以相对滑动,既起到紧塞炮膛闭气

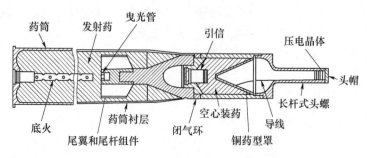

图 5-4　M456 系列 105mm 多用途破甲弹

的作用，又不至于把膛线所产生的转矩全部传给弹体，这是线膛炮发射尾翼稳定弹的一种解决方法。

当弹丸碰击目标时，长杆式头螺前端的压电元件在碰击压力下产生的电能传输到引信底部机构，起爆炸药药型罩被压垮，产生高速金属射流击穿装甲，同时炸药爆炸产生的冲击波和破片杀伤人员。

弹丸飞行过程中曳光燃烧时间不少于2.5s。

5.2.5　100mm 与 125mm 尾翼稳定破甲弹

随着 20 世纪 70 年代苏联 T-64 坦克的大量装备，100mm、125mm 坦克炮一度引起许多国家的高度关注，如苏联与俄罗斯，从 T-64 到 T-72、T-80、T-90 再到 T-14，100mm、125mm 坦克炮始终是陆军主力装备，先后相应配置了 HEAT-Cartridge 100mm、HEAT-FS 125mm 等尾翼稳定破甲弹。

1. HEAT-Cartridge 100mm 破甲弹

HEAT-Cartridge 100mm 破甲弹为定装式尾翼稳定破甲弹，装备于 DT10 式 100mm 坦克炮。初速 1013m，膛压 224.8MPa。

全弹由弹丸和药筒组成。弹丸由引信头部、药型罩、炸药装药、弹体、引信底部、弹带、定位环、尾杆和尾翼装置组成，如图 5-5 所示。

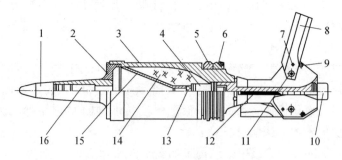

图 5-5　苏联 100mm 坦克炮用破甲弹

1—引信头部；2—头螺；3—弹体；4—起爆机构；5—活动弹带；6—压环；7—切断销；8—尾翼；
9—定位销；10—曳光管；11—销轴；12—尾杆；13—后传；14—炸药；15—药型罩；16—前传火管

　　该弹药筒为铜药筒，内装发射药和底火。弹丸采用了特殊的气动力外形，其战斗部由长杆式头螺、弹体头部与圆柱部相接触处有环形台阶，对弹丸能产生很大阻力，但可减少头部升力，因而可以提高弹丸的精度。引信分头部和底部，在引信底部机构前端装圆形钢板起隔板作用。

　　弹壁较厚，可以提高炸药爆轰波生成物压缩药型罩冲量，也有利于破甲。该弹采用陶铁弹带，弹头部和弹尾部均由铝合金制成。射击时，弹丸在发射药气体作用下沿炮膛运动，弹带嵌入膛线使弹丸获得一定的旋转速度。

　　弹丸采用后张式尾翼，翼展为 280mm，翼片用销轴固定在尾杆的翼座上。由于翼片质量中心较销轴中心距弹丸中心线更近，射击时，膛内惯性力矩和剪切销产生的力矩大于离心力矩，因此能防止翼片张开，保证翼片在膛内自锁牢固。

　　当弹丸出炮口后，在离心力和发射药气体作用下，剪切销切断，而翼片绕销轴后张到位并受离心力及迎面阻力的作用始终靠紧在定位销上，以保障弹丸飞行稳定。弹丸命中目标时，头部引信体变形，点燃头部雷管，爆轰波通过药型罩导火管点燃底部雷管，雷管点燃传爆药柱，起爆主装药，形成爆轰波，压垮药型罩，形成金属射流破甲。

　　该弹采用变壁厚紫铜药型罩，罩壁内表面涂醇酸树脂漆，外表面涂沥青漆，而导火管内外表面镀铜。药型罩重 323g，其内锥角为 36°10′，外锥角为 37°20′，药型罩体与导火管用锡焊连接。

　　该弹配用 ΠZ-42 式引信，重 0.36kg。该引信分为碰炸机构和底部起爆机构两大部分。它的特点是瞬发度较高，大着角发火性能好，安全性好，作用可靠，结构简单，但机械加工件多。此外，引信、头帽、雷管结构合理，保证了引信的瞬发度。

　　全弹重 20.3kg，弹丸重 9.46kg，弹体材料优质高碳钢，炸药采用 TT45/55，药筒采用钢药筒，发射药采用 Dg TP6.5×1.75/420-9 式双基管状药，重 4.45kg，底火采用 KB-4式，重 0.08kg。

　　2. HEAT-FS 125mm 尾翼稳定破甲弹

　　HEAT-FS 125mm 尾翼稳定破甲弹有 6 个折叠尾翼，发射前折叠，发射后自动打开稳定弹道。HEAT-FS 破甲弹的常规数据，弹头重量 19kg，弹头长度 680mm，装药重量 1624～1850g，初速 905m/s，膛压 30MPa，尾翼展开后直径为 343mm，射击立靶精度为0.21mil。其典型结构如图 5-6 所示。

图 5-6　HEAT-FS 125mm 尾翼稳定破甲弹

　　装备的典型 BK-12/BK-12M 破甲弹，主要用于对付装甲目标和工事。BK-12 使用钢制药型罩，BK-12M 使用铜制药型罩，I-238 引信是一个装有磁体感应的脉冲发生器的电雷管。引信头部变形，造成感应电容触发。在这种情况下，无延迟并直接触发电雷管，引发破甲射流。

当打击不能导致引信体变形的较为薄弱的目标时，触针由惯性力失位，此时触发具有0.005～0.25s 的延迟，因此，可以渗透到软目标内达到最佳杀伤效果。

还有 BK-14/BK-14M 破甲弹基本结构类似 BK-12，反过来，由代替钢插入件的使用铜插件的区分。采用新开发的 V15 引信，更加可靠。弹体前部增加了引流结构，显著提高了穿透能力。

5.3 破甲弹作用原理

5.3.1 聚能效应

为了说明聚能现象，先看一组不同结构装药破坏钢板能力的对比试验，如图 5-7所示。

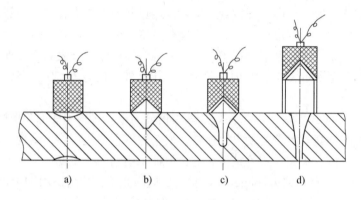

图 5-7 不同装药结构对靶板的破坏情况

a）圆柱形装药；b）带有锥形槽装药；c）锥形槽内衬有金属罩的装药；d）有炸高的带金属罩的装药

在同一块靶板上安置了 4 个不同结构形式但外形尺寸相同的药柱。当使用相同的电雷管对它们分别引爆时，将会观察到对靶板破坏效果存在极大的差异。

1）圆柱形装药柱直接放在钢板上如图 5-7a 所示，爆炸后在靶板上炸出很浅的凹坑。

2）药柱尺寸不变，在下端挖一锥形孔如图 5-7b 所示，爆炸后靶板上的凹坑加深了。

3）在炸药锥孔内放一个金属罩如图 5-7c 所示，爆炸后靶板上的凹坑更空了，达 80mm。

4）带有金属罩并距靶板一定距离的装药如图 5-7d 所示，爆炸后穿透了靶板。

由爆轰理论可知，一定形状的药柱爆炸时，必将产生高温高压的爆轰产物，可以认为这些产物沿炸药表面的法线方向向外飞散，因而在不同方向上炸药爆炸能量也不相同。这样，可以根据角平分线方法确定作用在不同方向上的有效装药，如图 5-8 所示。

圆柱形装药在靶板方向上的有效装药，仅仅是整个装药的很小部分，又由于药柱对靶板的作用面积较大（装药的底面积），因而能量密度较小，其结果只能在靶板上炸出很浅的凹坑。

当装药下端挖一锥形孔，形成凹槽后，虽然整个装药量减少，但有效装药量并不减少。凹槽部分的爆轰产物沿装药表面的法线方向向外飞散，并且互相碰撞、挤压，在轴线上汇合，最终将形成一股高温、高压、高速和高密度的气体流，如图 5-9 所示。

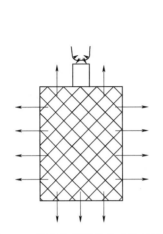

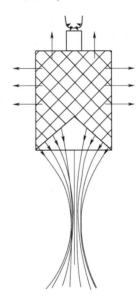

图 5-8　柱装装药爆轰生成物的飞散　　　　图 5-9　聚能装药爆轰产物的汇聚

由于气体流对靶板的作用面积减小，能量密度提高，故能炸出较深的坑。这种带有凹槽的装药能够使能量获得集中的现象就称"聚能效应"（亦称作"空心效应"）。

再将金属药型罩嵌入到成型聚能装药后，装药爆炸时，汇聚的爆轰产物驱动药型罩，使药型罩在轴线上闭合并形成能量密度更高的金属射流，使侵彻加深。

金属射流在冲击靶板之前被进一步拉长，靶板上形成了入口大、出口小的喇叭形通孔。由图 5-9 可以看出，在气体流的汇集过程中，总会出现直径最小、能量密度最高的气体流断面。该断面常称为"焦点"，而焦点至凹槽底端的距离称为"焦距"。不难理解，气体流在焦点前后的能量密度都低于焦点处的能量密度，因而适当提高装药至靶板的距离可以获得更好的爆炸效果。装药爆炸时，凹槽底端面至靶板的实际距离，常称为炸高。炸高的大小，无疑将影响气体流对靶板的作用效果。

5.3.2　金属射流

当带有金属药型罩的装药被引爆后，爆轰波将开始向前传播，并产生高温高压的爆轰产物。当爆轰波传到药型罩顶部时，所产生的爆轰产物将以很高的压力冲量作用于药型罩顶部，从而引起药型罩顶部的高速变形。随着爆轰波的向前传播，这种变形将从药型罩顶部到底部相继发生，其变形速度（亦称压垮速度）很大，一般可达 $1000\sim3500\mathrm{m/s}$。在药型罩被压垮的过程中，可以认为，药型罩微元也是沿罩面的法线方向作塑性流动，并在轴线上汇合（亦称闭合），药型罩闭合后，罩内表面金属的合成速度大于压垮速度，从而形成金属射流（或简称射流），汇合后的金属射流将沿轴线方向运动。金属射流的形成过程，如图 5-10 所示。

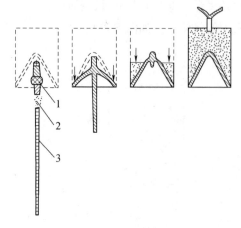

图 5-10　金属射流的形成
1—杵体；2—碎片；3—金属射流

在金属射流形成过程中，因药型罩外表面金属的合成速度小于压垮速度，从而形成杵状体（或简称杵体），从 X 光照相可以看到，射流呈细长杵状，直径一般只有几毫米，具有很高的轴向速度（8000～10000m/s），在其后边的杵体，直径较粗，速度较低，一般在 700～1000m/s。

金属射流是一个头部细、尾部粗的细长体。射流沿长度方向有速度梯度，头部速度一般在 5000m/s 左右，尾部速度低于 1000m/s，因而射流在空气中飞行时会不断拉长，颈缩以致拉断而离散。射流的速度和长度在一定程度上决定了破甲弹对目标的毁伤能力。

破甲弹形成的射流速度，可以通过定常不可压缩流体动力学理论导出：

（1）射流速度：

$$v_{ji} = \frac{v_{0i}\cos(\beta_i/2 - \alpha - \delta_i)}{\sin(\beta_i/2)} \qquad (5-2)$$

（2）杵体速度：

$$v_{si} = \frac{v_{0i}\cos(\alpha + \delta_i - \beta_i/2)}{\sin(\beta_i/2)} \qquad (5-3)$$

式中，v_{0i} 为罩体某微元 i 的压垮速度；β_i 为压垮角；δ_i 为飞散角；α 为药型罩半锥顶角。通常，罩体质量 m_{0i} 一般有 10%～30% 转化为射流。

（3）射流质量为：

$$m_{ji} = m_{0i}\sin^2\frac{\beta_i}{2} \qquad (5-4)$$

（4）相应的杵体质量为：

$$m_{si} = m_{0i}\cos^2\frac{\beta_i}{2} \qquad (5-5)$$

射流形成后，沿其轴向有速度梯度。这是因为金属射流沿药型罩母线方向的压垮速度是变化的。

从对药型罩压垮的过程分析可知，由于药型罩顶部处的有效装药量大、金属量少，因而压垮速度大，形成的射流速度高；而在药型罩底部，其有效装药量小、金属量多，因而压垮速度和相应的射流速度都比前者低。就整个金属流而言，头部速度高，尾部速度低，即存在着速度梯度。

金属射流在自由运动时，其纵向存在速度梯度，为保证射流充分拉伸而不断裂，每一种聚能装药结构均有一个最有利的炸高，在此炸高下破甲最深最稳。

而射流长度一般可延伸到罩母线长度的 4～5 倍仍能保持连续不断；射流的温度可达

800～1000℃，内部的压力与大气压相等，处于常压下的高温塑性状态。射流头部温度较高，塑性大，容易伸长；射流尾部的温度较低，伸长时消耗的塑性变形功较大，必须考虑材料的强度。随着射流的向前运动，射流将在拉应力的作用下不断被拉长。当射流被拉伸到一定长度后，由于拉应力大于金属流的内聚力，先在前部出现颈缩，进而断裂成许多不连续的小段，射流被拉断，并形成许多直径为 0.5～1mm 的细小颗粒，如图 5-11 所示。

射流断裂后破甲能力大大下降，射流颗粒翻转后则完全不能破甲，仅在靶板表面造成杂乱零散的凹坑。

当爆轰波达到药型罩底部端面时，由于突然卸载，在距罩底端面为 1～2mm 的地方将出现断裂，该断裂物以一定速度飞出，这就是通常所说的"崩落圈"，如图 5-12 所示。

图 5-11　金属射流被拉断　　　　图 5-12　形成崩落圈

从对金属射流的其他实验研究来看，射流部分的质量还与药型罩锥角的大小有关，一般只占药型罩总质量的 10%～30%。

总的来说，金属射流的形成是一个非常复杂的过程，一般可分为两个阶段：第一阶段是空心装药起爆，炸药爆轰，进而推动药型罩微元向轴线运动。在这个阶段内起作用的因素，是炸药性能、爆轰波形、药型罩材料和壁厚等。第二阶段是药型罩各微元运动到轴线处并发生碰撞，形成射流和杆体。在这个阶段中起作用的因素主要是罩材声速、碰撞速度和药型罩锥角等。

5.3.3　破甲作用基本过程

虽然金属射流的质量不大，但由于其速度很高，所以它的动能很大。射流就是依靠这种动能来侵彻与穿透靶板的。通常所说的破甲弹对目标的作用过程，就是指射流的侵彻过程。

根据破甲实验现象和理论分析可知，金属射流对靶板的侵彻过程大致可以分为以下三个阶段：即开坑、准定常侵彻和终止侵彻三个阶段，如图 5-13 所示。

1. 开坑阶段

也就是破甲的开始阶段，射流头部碰撞静止的钢靶，产生百万大气压的压力。从碰撞点

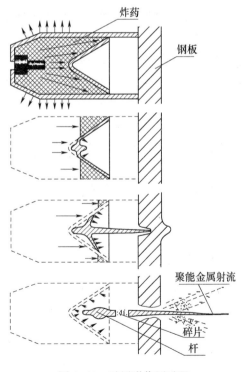

图 5-13　破甲弹作用过程

向靶板和射流中分别传入冲击波，靶板自由界面处崩裂，靶材和射流残渣飞溅，射流在靶板的碰撞点附近建立起一个高压、高温、高应变率的"三高区"。此阶段仅占孔深的一小部分。

2. 准定常阶段

射流碰靶形成"三高区"后，射流对处于"三高区"状态的靶板穿孔，碰撞压力随之减少。此阶段的射流能量分布变化缓慢，破甲参数变化不大，穿孔直径变化不大，基本上与破甲时间无关，故称准定常阶段。大部分孔深属于此阶段。

3. 终止阶段

此阶段情况较复杂，首先，射流速度已相当低，靶板强度的作用愈来愈明显。其次，由于射流速度降低，不仅破甲速度减小，而且扩孔能力也下降了，后续射流推不开前面已经释放能量的射流残渣，后续射流作用于残渣上，而不是作用于靶孔的底部，从而影响了破甲的进行。实际上在射流和孔底之间，总是存在射流残渣的堆积层，在准定常阶段堆积层很薄，在终止阶段愈来愈厚。最后，射流在破甲的后期产生颈缩和断裂，进而翻转和偏离轴线，对破甲过程将产生极为不利的影响，以致最后使射流破甲过程停止。

5.3.4 破甲威力影响因素

成型装药破甲弹主要是用来对付敌方坦克和其他装甲目标的，为了有效地摧毁敌方坦克，要求破甲弹具有足够的破甲威力，其中包括破甲深度、后效作用和金属射流的稳定性等。后效作用是指金属射流穿透坦克装甲后，杀伤坦克内部人员及破坏器材装置的能力；稳定性主要指穿深的跳动范围，通常穿深的跳动量（即最大侵彻深度与最小侵彻深度之差）越小越好。

破甲弹的破甲威力，主要取决于射流，而射流的形成离不开炸药的性能、药型罩的材料和结构。具体分析归纳起来，影响破甲威力的因素主要有炸药装药、药型罩、炸高、旋转运动、壳体、引信、隔板材料及形状等。

影响破甲弹破甲威力的因素有多方面，这些因素不是孤立的，而是相互制约。下面对各种因素对破甲威力影响进行详细分析。

5.3.4.1 炸药类型

炸药是药型罩闭合形成聚能侵彻体的能源，其他条件一定时，炸药性能影响破甲弹威力的主要因素是爆轰压力。试验表明，随爆轰压力的增加，破甲深度和孔容积都将增大。由爆轰理论可知，爆轰压力 p 的近似表达式为：

$$p = \rho D^2 / 4 \tag{5-6}$$

式中，ρ 为炸药装药的密度；D 为炸药装药的爆速。

由式（5-6）可知，欲取得较大的爆压 p，应增大炸药的装药密度 ρ 和爆速 D。因此，在聚能装药中，应尽可能采用高爆速炸药和增大填药密度。除此之外，破甲深度还与装药直径和长度有关。

5.3.4.2 药型罩锥角

圆锥形药型罩锥角的大小，对所形成射流的参数、破甲效果以及后效作用都有很大影响。当锥角小时，所形成的射流速度高，破甲深度也大，但其破孔直径小，后效作用及破甲稳定性较差；当锥角大时，虽然破甲深度有所降低，但其破孔直径大，并且后效作用及破甲稳定性都较好。

对药型罩锥角的研究表明，其锥角在 35°～60°选取为好。对中、小口径破甲弹，可以取 35°～44°；对中、大口径破甲弹，可以取 44°～60°。采用隔板时锥角宜大些，不采用隔板时，锥角宜小些。

5.3.4.3　罩材料

罩材料密度愈大，其破甲愈深。从原则上讲，要求药型罩材料密度大、塑性好，在形成射流过程中不气化。研究表明，钼药型罩形成的射流头部速度达 11km/s 以上。为提高破甲效果，目前正发展着"复合材料药型罩"，即药型罩内层用紫铜，外层用镁合金、钛合金和锆合金等具有燃烧效能的低沸点金属材料。

5.3.4.4　隔板

隔板是指在炸药装药中，药型罩与起爆点之间设置的惰性体或低速爆炸物。隔板的作用，在于改变药柱中传播的爆轰波形，控制爆轰方向和爆轰到达药型罩的时间，提高爆炸载荷，从而增加射流速度，达到提高破甲威力的目的。

隔板的形状可以是圆柱形、半球形、球缺形、圆锥形和截锥形等，目前多用截锥形。隔板材料一般采用塑料，因为这种材料声速低，隔爆性能好，并且密度小，还有足够的强度。

除惰性材料外，也可采用低爆速炸药制成的活性隔板。由于活性隔板本身就是炸药，它改变了惰性隔板情况下冲击引爆的状态，从而提高了爆轰传播的稳定性，对提高破甲效果的稳定性大有好处。

隔板直径的选择与药型罩锥角有很大关系，一般随罩锥角的增大而增大。当药型罩锥角小于 40°时，采用隔板会使破甲性能不稳定，因而必要性不大。实践表明，在采用隔板时，隔板直径以不小于装药直径的一半为宜。

隔板厚度与材料的隔爆性有关，过薄、过厚都没有好处，过薄会降低隔板的作用，过厚可能产生反向射流，同样降低破甲效果。

5.3.4.5　炸高

炸高是指聚能装药在爆炸瞬间，药型罩的底端面至靶板的距离。炸高对破甲深度的影响很大。一方面随炸高增加，射流伸长，从而破甲深度增加。另一方面随炸高增加，射流产生径向分散和摆动，延伸到一定程度后出现断裂，从而使破甲深度降低。

与最大破甲深度相对应的炸高，称为最有利炸高。有利炸高是一个区间，影响最有利炸高的因素很多，例如，药型罩锥角、材料，炸药性能和有无隔板等都有关系。

5.3.4.6　引信

引信与破甲弹的结构、性能有密切的关系。首先，引信能直接关系到破甲弹的破甲威力，引信的作用时间对炸高有影响，引信雷管的起爆能量、起爆的对称性、传爆药等都会直接影响破甲威力和破甲稳定性。所以，应根据具体的装药结构选择合适的引信。其次，引信的头部机构和底部机构在破甲弹上通常是分开的，在设计破甲弹结构时，必须考虑构成引信回路问题。

适合破甲弹破甲威力要求和结构要求的首选引信是压电引信。压电引信作用原理是由引信顶部的压电晶体在撞击装甲板时受压所产生的电荷，经导线回路传到破甲弹底部的电雷管，以起爆成型装药。压电引信瞬发度高，不需要弹上的电源，靠晶体受压产生电压，结构简单。作用可靠，因而在破甲弹上得到广泛应用。

5.3.4.7　靶板

靶板对破甲性能的影响主要有两方面，即靶板材料和靶板结构。靶板材料对破甲效果的影响很大，其中主要的影响因素是材料的密度和强度。当靶板材料密度加大、强度提高时，射流破甲深度减小。靶板结构形式包括靶板倾角、多层间隔靶、复合装甲以及反应装甲等。一般来说，倾角越大越容易产生跳弹，对破甲性能产生不利影响。多层间隔靶抗射流侵彻能力比同样厚度的单层均质靶强，由钢与非金属材料组成的复合装甲可以使射流产生明显的弯曲和失稳，从而影响其破甲能力。对于由夹在两层薄钢板之间的炸药所构成的反应装甲而言，当射流头部穿过反应装甲时，引爆炸药层，爆轰产物推动薄钢板以一定速度抛向射流，使射流产生横向扰动，从而使射流的破甲性能降低。

随着高强度靶板和新型靶板的应用，应对靶板材料的影响进行认真、深入的研究，以便有的放矢地对付坦克和装甲目标。

5.4　破甲弹的毁伤

5.4.1　破甲弹毁伤机理

破甲战斗部之所以能够击穿装甲，得益于带凹槽装药爆炸时的聚能效应。

以配置机电引信的破甲弹为例，当战斗部碰击目标时，压电引信的压电晶体便产生电荷，电荷的一个回路是内锥罩、药型罩、导电杆到引信的底部结构；另一个回路是风帽、弹体到引信底部结构。电流通过电雷管并使之起爆，进而引爆副药柱，再由副药柱引爆装药凹槽内衬有金属药型罩的装药，装药爆炸时，产生的高温高压爆轰产物迅速压垮金属药型罩，使其在轴线上闭合并形成能量密度更高的金属射流，从而侵彻直至穿透装甲。聚能射流破甲过程如图 5-14 所示。

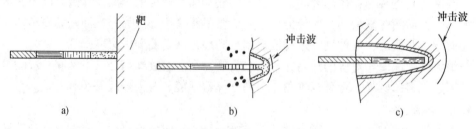

图 5-14　聚能射流破甲示意图
a) 射流侵靶；b) 射流破甲；c) 破甲完成

虽然射流形成的影响因素在前面已经详细分析，但射流对不同材料装甲目标的毁伤是有区别的，为此，首先应对破甲弹毁伤装甲情况进行理论分析。

破甲弹毁伤装甲依靠的是破甲弹作用后药型罩产生的射流，通过射流侵彻装甲，形成对装甲的毁伤。

破甲弹对装甲毁伤能力的大小，通常用射流侵彻装甲的深度和侵彻孔大小来表征，而破甲深度大小在一定程度上取决于连续射流与靶材相互作用界面的运动速度-侵彻速度 u，侵彻速度越大，侵彻深度越深。侵彻速度可根据理想的不可压缩定常流体理论得到，其表达式如下：

$$u = \frac{v_j}{1 + \sqrt{\rho_t/\rho_j}} \tag{5-7}$$

式中，v_j 为射流速度；ρ_t 和 ρ_j 分别为靶材和射流的密度。由式（5-7）可知，侵彻速度和射流速度成正比，和目标材料密度和射流密度比值的平方根成反比。

射流对装甲靶板的侵彻如图 5-15 所示。

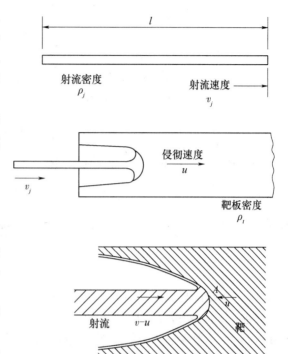

图 5-15　射流对装甲靶板的侵彻

5.4.1.1　射流的自由运动对均质装甲的侵彻深度

假设射流是连续线性拉伸，射流在自由飞行过程中头部和尾部速度保持不变，射流的形成与拉伸过程如图 5-16a 所示。速度沿射流线性分布，引入一个虚拟原点（z_0，t_0），在任意时刻 t，射流的速度分布如图 5-16b 所示。

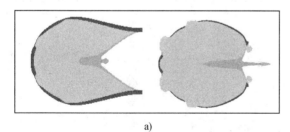

a)

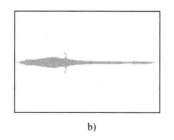

b)

图 5-16　射流形成及拉伸过程

a）形成过程；b）拉伸过程

设金属射流的头部速度为 v_j，尾部速度为 v_t，则射流中速度为 v 的材料运动轨迹，可根据对实验资料的整理和分析，得出如下 $v_j - v$ 关系：

$$\rho_j(v_j - v)^2 = \rho_t v^2 + \rho_j v_k^2 + 2\left(1 + \sqrt{\frac{\rho_t}{\rho_j}}\rho_j v^2 - 2\rho_j v_j v\right) \tag{5-8}$$

式中，ρ_j 为射流密度；v_j 为射流速度；v 为射流对靶板的侵彻速度；ρ_t 为靶板的密度；v_k 为临界侵彻速度。

对于理想不可压缩流体有：

$$\rho_j(v_j - v)^2 = \rho_t v^2 \tag{5-9}$$

在影响靶板材料抗射流侵彻能力的所有因素中，密度和强度是主要因素。对于理想刚塑性材料，其强度可取一维拉伸试验中的屈服极限值，而后，由试验结果的平均穿深来确定 v_k。此外，也可由试验确定材料的 σ_b 与 v_k 联系起来。经计算表明，σ_b 与 v_k 关系如下：

$$\frac{\rho_j v_k^2}{2} = 10\sigma_b \tag{5-10}$$

由此推导得到射流总的侵彻深度 p_1：

$$p_1 = s\left[\left(\frac{v_j}{v_t}\right)^{\frac{1}{\gamma}} - 1\right] \tag{5-11}$$

式中，s 为射流半径；v_j 为射流速度；v_t 为靶材速度。

$$\gamma = \sqrt{\frac{\rho_t}{\rho_j}} \tag{5-12}$$

5.4.1.2 射流的自由运动对均质装甲的侵彻孔径

射流对均质靶板侵彻孔的半径由射流传输给靶板的能量和靶板的材料强度决定，如图 5-15 所示。从射流和靶板的界面 A 点处观察，密度为 ρ_j 的射流材料以 $v - u$ 的速度从左边流入，以速度 u 向左流出；密度为 ρ_t 的靶板材料以速度 u 从右边进入，从左边流出。由于射流输出的能量和射流对靶板材料所做的功相等，则可推导出射流侵彻孔的半径 r_h：

$$r_h = \frac{r_j v}{1 + \gamma}\sqrt{\frac{\rho_j}{2\sigma_t}} \tag{5-13}$$

式中，r_j 为射流半径；r_h 为侵彻孔半径；σ_t 为靶板材料强度。

随着时间的推移，射流长度增加，单位长度的射流质量减少，所以侵彻的能量也相应减少，射流的半径为可表示为：

$$r_j(z) = \sqrt{\frac{m_z(z)}{\pi\rho(z)}} \tag{5-14}$$

将 γ_j 代入式（5-14），得到：

$$r_h = \frac{v}{1 + \gamma}\sqrt{\frac{\rho_j}{2\sigma_t}}\sqrt{\frac{m_z(z)}{\pi\rho(z)}} \tag{5-15}$$

通过侵彻深度和侵彻孔径大小的计算，就能得到破甲弹对目标的毁伤数据，评估毁伤效果。

在分析和评估破甲弹毁伤效果时，破甲弹的侵彻深度还可以用以下公式来表示。

理论上，射流的破甲深度 L 为：

$$L = l\sqrt{\rho_j/\rho_t} \tag{5-16}$$

式中，l 为射流长度。

由式（5-16）可知，破甲深度决定于射流的长度和射流密度与靶板密度之比，这与实际相符。但该式认为破甲深度与靶板强度和射流速度无关，则不符合于实际情况。研究射流破甲性能常用侵彻行程-时间曲线，亦称 $L_i - t$ 曲线。在侵彻初期射流速度很高，可以忽略靶板强度的影响，射流速度下降到一定值之后，靶材强度对破甲的影响逐渐明显，使理论曲线偏离了实验曲线。因此，该公式有一定的局限性。

在工程设计上，常用一些简单的经验公式估算破甲深度。

例如，根据新 40 破甲弹总结的经验公式为：

$$L = 1.7 \left(\frac{1}{2\tan\alpha} + \gamma \right) d_k \tag{5-17}$$

式中，L 为静破甲的平均深度；α 为药型罩半锥角；γ 为与药型罩锥角有关的系数；d_k 为药型罩口部内直径。

随着计算机技术的不断发展，在破甲弹设计和毁伤威力评估时，通常采用模拟仿真的方法，下面对破甲弹毁伤威力仿真进行介绍。

5.4.2　破甲弹毁伤威力仿真

破甲弹主要利用聚能效应将炸药能量集中作用在药型罩上，转变成高温高速、高能量密度、小截面的金属射流，击穿坦克装甲实施对坦克装备的损伤。理论计算侧重于对均质靶板的毁伤，下面通过仿真分析破甲弹对均质装甲、复合装甲的毁伤。

5.4.2.1　射流参数与对均质靶板的侵彻能力

在给定破甲弹结构参数的基础上，首先对射流的形成过程及对靶板的侵彻进行了计算，得到射流的形状及速度分布如图 5-17 所示。

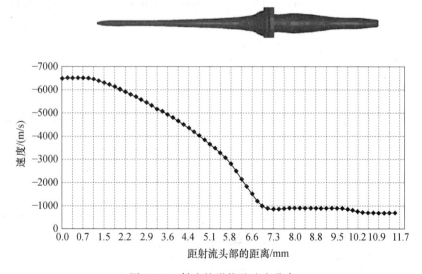

图 5-17　射流的形状及速度分布

计算结果为：射流出罩口速度约 6500m/s，头部直径约 4mm。射流头部着靶时，速度约 6520m/s。

计算该射流垂直侵彻 45# 钢靶时，侵彻深度为 241.2mm，垂直侵彻 603 装甲钢时，侵彻深度为 191mm。与相同结构破甲弹在同等条件下侵彻的试验实测结果（.垂直侵彻 45# 钢靶时，侵彻深度为 220mm；垂直侵彻 603 装甲钢时，侵彻深度为 186mm）相对比，误差分别为 9.6% 和 2.7%，满足精度要求，可用于仿真分析。

5.4.2.2 射流对靶板的侵彻仿真分析

为实现射流对靶板的仿真分析，在侵彻能力计算的基础上，建立仿真模型并选取相关材料的参数，计算聚能装药结构爆炸后形成金属射流，对复合装甲靶板及主靶的侵彻过程，分析复合靶板对射流侵彻能力的干扰机理。计算分析模型如图 5-18 所示。

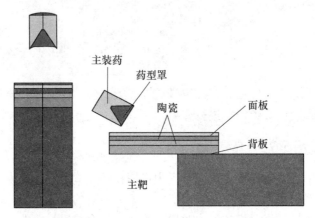

图 5-18　射流垂直侵彻复合靶板计算模型示意图

仿真分析，包括射流垂直侵彻和斜侵彻复合靶板两种情况。

模型主要包括复合靶板、主靶和聚能装药结构等三部分组成。复合靶板主靶为 45# 钢，面板材料为 685 钢，二三层为相同材料的陶瓷，背板材料为 GY4 钢。聚能装药结构由主装药和药型罩组成，主装药直径 56mm，药柱高度 73mm，药型罩为紫铜，口部直径 54mm，药型罩厚 1mm，药型罩顶角为 60°，炸高 80mm。

计算时，所用参数包括装药和药型罩的材料参数与相关状态描述方程等。

1. 主装药

主装药采用高爆炸性燃烧（High Eigh Explosive）模型和一维应变能量热力学状态方程来描述。爆轰产物的压力为：

$$P = A_{JWL}\left(1 - \frac{\omega\eta}{R_1}\right)e^{-\frac{R_1}{\eta}} + B_{JWL}\left(1 - \frac{\omega\eta}{R_2}\right)e^{-\frac{R_2}{\eta}} + \omega\eta\rho_r e \qquad (5-18)$$

式中，$\eta = \rho/\rho_r$，ρ 为爆轰产物密度；ρ_r 为炸药密度；e 为内能；A_{JWL}、B_{JWL}、R_1、R_2、ω 为炸药的材料特性参数。主炸药材料模型参数值如表 5-1 所示。

表 5-1　主炸药的基本材料参数

参数	$\rho_r/(\mathrm{g/cm^3})$	A_{JWL}/GPa	B_{JWL}/GPa	R_1	R_2	ω	$D/(\mathrm{m/s})$
主装药	1.787	581.4	6.801	4.1	1.0	0.35	8390

2. 药型罩

金属药型罩采用本构（Steinberg）材料模型和 Gruneisen 状态方程共同描述，Steinberg 模型适合高应变率下的大变形，在该模型中，剪切模量 G 和屈服应力 σ_Y 都随压力增加而增加，随温度增加而减少，当达到材料的熔化温度时，二者均接近于零。材料在熔化前的剪切模量：

$$G = G_0\left\{1 + bpv^{\frac{1}{3}} - h\left[\frac{E_i - E_c}{3R'} - 300\right]\right\}\exp\left[-\frac{fE_i}{E_m - E_i}\right] \tag{5-19}$$

式中，G_0、b、h、f 为实验确定的材料常数；p 为压力；v 为比容；E_c 为冷压缩能量；E_m 为熔化能量；E_i 为比内能；$R = R\rho/A$，R 为普适气体常数；ρ 为密度；A 为摩尔质量。

屈服强度：

$$\sigma_Y = \sigma'_0\left\{1 + b'pv^{\frac{1}{3}} - h\left[\frac{E_i - E_c}{3R'} - 300\right]\right\}\exp\left[-\frac{fE_i}{E_m - E_i}\right] \tag{5-20}$$

式中，σ'_0、b' 为材料常数。药型罩的计算模型主要参数如表 5-2 所示。

表 5-2　药型罩的基本材料参数

参数	密度/ (g/cm^3)	剪切模量/ GPa	$\sigma'_0/$ GPa	$b'/$ ($s^2 \cdot kg^{-2/3}$)	γ_0	$A/$ (g/mol)	$b/$ ($s^2 \cdot kg^{-2/3}$)
值	8.93	47.7	0.12	2.83	2.02	63.5	2.83

Gruneisen 状态方程用于模拟金属材料在高压下的行为特性。它定义的压缩材料压力为：

$$p = \frac{\rho_0 C^2\mu\left[1 + \left(1 - \frac{\gamma_0}{2}\right)\mu - \frac{a}{2}\mu^2\right]}{\left[1 - (S_1 - 1)\mu - S_2\dfrac{\mu^2}{\mu + 1} - S_3\dfrac{\mu^3}{(\mu + 1)}\right]} + (\gamma_0 + \alpha\mu)E \tag{5-21}$$

式中，C 为冲击波速度 $V_S - V_P$ 曲线的截距；γ_0 为 Gruneisen 系数；a 为对 γ_0 的一阶体积修正；S_1、S_2 和 S_3 是 $V_S - V_P$ 曲线斜率的系数。用相对体积定义压缩状态：

$$\mu = \frac{\rho}{\rho_0} - 1 \tag{5-22}$$

质点速度 V_P 采用下式与冲击波速度 V_S 相关联：

$$V_S = C + S_1 V_P + S_2\left(\frac{V_P}{V_S}\right)^2 V_P + S_3\left(\frac{V_P}{V_S}\right)^3 V_P \tag{5-23}$$

定义膨胀材料的压力为：

$$P = \rho_0 C^2\mu + (\gamma_0 + \alpha\mu)E \tag{5-24}$$

5.4.2.3　射流侵彻复合靶板的计算与分析

射流对复合靶板的侵彻分为垂直侵彻和斜侵彻两种情况。首先采用经过试验标定的装药和药型罩的参数，对放有复合靶板的主靶进行垂直侵彻的模拟计算。

1. 射流垂直侵彻复合靶板的计算及分析

通过计算射流的形成和射流侵彻体对复合装甲板的侵彻过程，得到射流对复合装甲板侵彻过程的典型状态示意如图 5-19 所示。

从计算结果可知，射流对复合靶板的侵彻，25μs 时射流头部撞击到复合装甲的面板，此时射流头部速度约为 7000m/s；28μs 时，射流头部进入陶瓷层；32μs 时射流穿出陶瓷

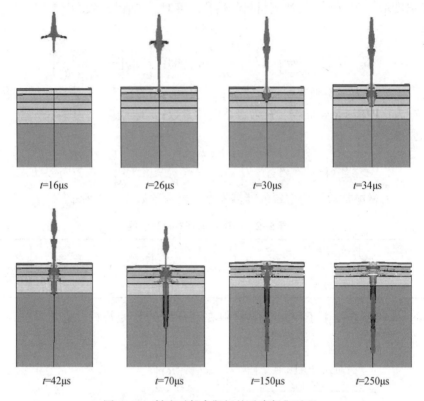

| $t=16\mu s$ | $t=26\mu s$ | $t=30\mu s$ | $t=34\mu s$ |

| $t=42\mu s$ | $t=70\mu s$ | $t=150\mu s$ | $t=250\mu s$ |

图 5-19　射流对复合靶板的垂直侵彻过程

层，进入背板；42μs 时穿出背板，整个过程历时 17μs。射流侵彻陶瓷层后，在陶瓷内有明显的漏斗形破碎锥，如图 5-20 所示。但漏斗形破碎锥的角度不大，这与射流的小直径和高速度有关。

图 5-20　射流穿过后陶瓷破坏情况

为了分析复合靶板抗射流的侵彻能力，同时计算了射流对和该复合装甲板面密度相同的均质装甲（厚度为 30.7mm）的侵彻过程，图 5-21 所示为射流出靶时刻的状态示意图。

射流对均质靶板的侵彻，25μs 时射流头部撞击靶板，36μs 时穿出靶板，整个过程历时 11μs。射流在侵彻两类靶板过程中头部速度变化曲线，如图 5-22 所示。

由图 5-22 曲线可以看出，射流对均质靶板和复合靶板的侵彻过程中，头部速度相差较大的地方主要在陶瓷层，陶瓷层的射流速度比均质靶板中的高，也就是说，在陶瓷层中消耗的射流长度小，这主要是因为陶瓷的密度低于均质钢板的原因。

此外，两者的主要区别是穿靶所需的时间不同，在面密度相同的条件下，复合装甲板比均质装甲板厚，所以射流侵彻复合靶板的时间长，出靶时头部速度低。因此，后续侵彻

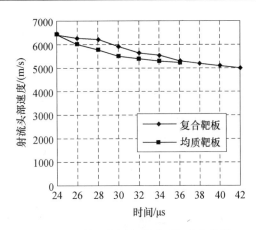

图 5-21　射流穿透相同面密度均质钢靶状态图　　图 5-22　射流头部速度随时间变化曲线

能力差，垂直侵彻主靶（均质装甲板）的深度计算结果为 205.8mm，垂直侵彻复合装甲的靶板时，射流对主靶的侵彻深度值为 154.8mm，侵彻深度减小了 24.8%，但实际上在复合装甲结构中含有 26mm 厚的钢板，由于陶瓷而使侵彻深度减小了 25mm，陶瓷加复合材料的厚度为 23mm。由此可知，陶瓷复合靶板抗射流的侵彻能力要强于均质靶板，但由于所分析的陶瓷层厚度较小，表现出的抗射流侵彻能力优势不是很明显。

对射流侵彻两种靶板后，主要射流参数的计算结果，如表 5-3 所示。

表 5-3　射流穿透复合靶板后主要性能数据表

	复合靶板	均质装甲钢板
射流头部速度/（m/s）	4996	5252
射流尾部速度/（m/s）	777	751
剩余射流长度/mm	150.7	135.7
射流头部直径/mm	2.575	2.575
穿靶时间/μs	17	11

分析计算结果表明，在射流垂直侵彻靶板条件下，复合装甲抗射流的侵彻能力比相同面密度的均质装甲略优，其程度大小与陶瓷层厚度有关。

2. 射流斜侵彻复合靶板的计算及分析

在采用经过试验标定的装药和药型罩参数，对放有复合靶板的主靶进行垂直侵彻的模拟计算的基础上，计算射流以不同的入射角度侵彻复合装甲的过程，得到金属射流以 68°角侵彻复合靶板过程的典型时刻状态，如图 5-23 所示。

计算中发现，射流穿过复合装甲后，在继续侵彻主装甲的过程中，通过复合装甲的后续射流发生了弯曲现象，如图 5-24 所示。

由于射流的弯曲，致使射流在靶孔中快速堆积，速度降低，对主靶板的后续侵彻能力降低。此时计算射流以不同的入射角度侵彻复合装甲得到的相关数据，如表 5-4 所示。

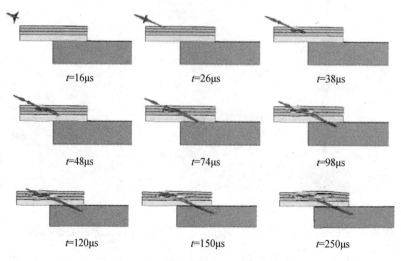

$t=16\mu s$ $t=26\mu s$ $t=38\mu s$

$t=48\mu s$ $t=74\mu s$ $t=98\mu s$

$t=120\mu s$ $t=150\mu s$ $t=250\mu s$

图 5-23　射流 68°侵彻复合靶板过程的典型时刻状态图

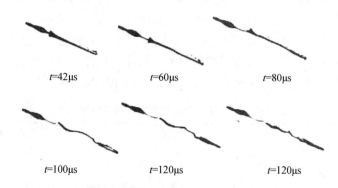

$t=42\mu s$ $t=60\mu s$ $t=80\mu s$

$t=100\mu s$ $t=120\mu s$ $t=120\mu s$

图 5-24　射流侵彻复合靶板过程中的形状（入射角 68°）

表 5-4　射流以不同的入射角侵彻复合靶板计算结果

角度	侵深/mm	减少	行程/mm	减少
45°	95.5	34.4%	135.6	34.1%
50°	83.4	37.0%	130.9	36.4%
55°	66.4	43.8%	115.5	43.9%
60°	52.2	49.3%	101.2	50.8%
68°	27.6	64.2%	76.2	63.0%

　　由表 5-4 可以看出，射流斜入射侵彻时，复合装甲使射流的侵彻能力降低，并且降低幅度随着入射角度的增加而增大。对于计算所用的复合装甲结构，射流的侵彻能力降低了 30%～65%。

　　射流弯曲导致射流穿过复合靶板后侵彻能力降低，那么致射流弯曲的原因是什么呢？为此，在相同装药和药型罩的参数条件下，计算射流对较厚单层陶瓷和多层陶瓷（中间无玻璃钢衬层）的斜侵彻，结果如图 5-25、图 5-26 所示。结果均无发现射流弯曲现象。

图 5-25　射流侵彻单层陶瓷

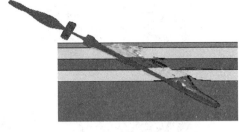

图 5-26　射流侵彻多层陶瓷

由此可知，陶瓷中传播的冲击波以及陶瓷的界面效应不是射流弯曲的主要原因，而陶瓷、玻璃钢之间的界面效应及由其引起的冲击波的反射、扰动是引起射流弯曲的主要原因。

通过射流对复合装甲的数值计算，可以得到如下结论：

射流对陶瓷复合靶板的侵彻能力要稍强于均质靶板，在垂直侵彻情况下，所表现出的抗射流侵彻能力的优势不明显。

在斜入射情况下，复合靶板中陶瓷、玻璃钢之间的界面效应及由其引起的冲击波的反射、扰动引起射流弯曲，致使射流在靶孔中快速堆积，速度降低，对后续靶板的侵彻能力降低。

在理论计算分析的基础上，再通过仿真方法，分析射流主要影响因素对侵彻能力的影响规律。

5.4.2.4　药型罩形状对侵彻能力的影响

选取锥形、半球形和喇叭形三种典型形状药型罩的计算模型，如图 5-27 所示。

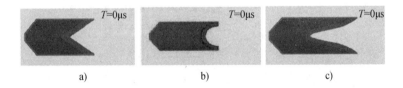

图 5-27　不同形状药型罩聚能计算模型
a）锥形；b）半球形；c）喇叭形

通过对三种典型药型罩射流形成过程的计算，得到相应的计算结果，如图 5-28 所示。

从图 5-28 可以看出，三种形状药型罩聚能装药，在爆轰波加载下射流头部速度迅速达到最大值，并趋于稳定，从爆轰波加载到射流头部速度到达最大值所用时间基本相当，约 15μs。另外，从图 5-28 还可以看出，三种形状药型罩聚能装药形成的射流头部速度最高的是喇叭形，这是因为喇叭形本质上属于双锥罩，药型罩锥顶锥角较小，罩底的锥角较大，而射流大部分是由药型罩的罩顶部分形成，故而有相当高的射流头部速度；半球形药型罩聚能装药形成的射流头部速度最低，这是因为爆轰波作用在半球形药型罩上使得压垮速度降低，从而半球形药型罩聚能装药射流的头部速度大大降低。

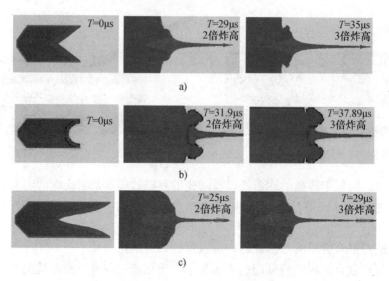

图 5-28　不同形状药型罩的装药聚能计算结果
a) 锥形罩；b) 半球形罩；c) 喇叭形罩

　　药型罩形状对侵彻能力的影响，主要表现在射流头部速度的变化上。通过对锥形、半球形和喇叭形三种典型形状药型罩聚能装药射流成形过程中射流头部速度的计算，可得到三种形状药型罩聚能装药形成射流头部速度随时间变化关系，如图 5-29 所示。

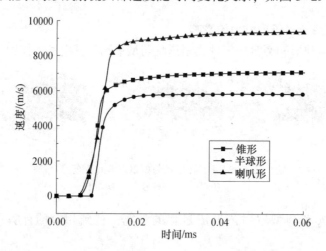

图 5-29　不同形状活性药型罩射流头部速度随时间变化关系

　　除了射流头部速度对侵彻的影响外，射流速度梯度的变化也是反映射流性能的重要指标，通过计算得到不同形状药型罩的速度梯度变化，如图 5-30 所示。

　　从图 5-30 可以看出，喇叭形药型罩聚能装药形成的射流速度梯度最大，射流头部速度可达 9500m/s，而杆体部分速度只有 200m/s，且杆体质量占药型罩总质量的 85%～90%，药型罩的材料利用率最低；半球形药型罩聚能装药射流头部速度可达 5700m/s，而杆体的速度为 1000m/s，且杆体部分质量很小，占药型罩总质量的 30%～40%，药型罩的

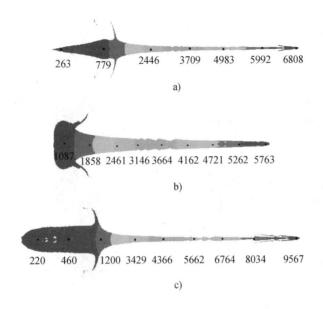

263　779　2446　3709　4983　5992　6808

a)

4087　1858　2461　3146　3664　4162　4721　5262　5763

b)

220　460　1200　3429　4366　5662　6764　8034　9567

c)

图 5-30　不同形状药型罩射流速度梯度变化

a）锥形罩；b）半球形；c）喇叭形

材料利用率最高；锥形药型罩聚能装药形成的射流速度梯度较大，且杵体部分质量占药型罩总质量的45%～55%，既保证了射流的速度梯度，又满足了射流质量转换率，是较为理想的药型罩形状。

5.4.2.5　药型罩锥角对侵彻能力的影响

锥角是药型罩结构设计中的重要参数之一，对射流成型、头部速度等有显著影响，常采用数值方法分析锥角对侵彻特性的影响规律。

选用和 5.2.4.2 节相同材料参数的药型罩，在其他条件相同的情况下，通过改变药型罩锥角，计算出不同锥角对射流的影响。分别取药型罩锥角为 0°、15°、30°、45°、60°、75°、90°，计算不同锥角的射流成型结果，如图 5-31 所示。

从图 5-31 可以看出，药型罩锥角对射流成形有显著影响，射流质量随药型罩锥角减小而减小。另外，药型罩锥角低于 30°时，射流质量过小，形貌也不理想，将造成射流侵彻性能不稳定；当药型罩锥角在 30°～70°时，射流最为理想。

药型罩锥角除了对射流成型影响外，还影响形成射流的头部速度。计算得到不同锥角药型罩聚能装药形成射流头部速度随时间变化关系，如图 5-32 所示。

从图 5-32 可以看出，射流头部速度随药型罩锥角减小而增加。其中，药型罩锥 15°时，射流头部速度从零加载到最大值所需时间较长，约 30μs，这是因为药型罩锥角为 15°时，药型罩罩高最大，爆轰波加载所需时间最大。当药型罩锥角超过 45°时，射流的头部速度从零加载到最大值所用时间基本相当，这是因为随着药型罩锥角的增大，药型罩罩高增加趋势缓慢，所以加载需要的时间基本相当，约 15μs。

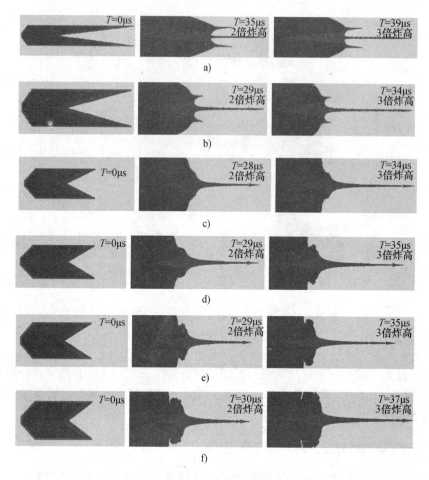

图 5-31　不同锥角药型罩射流成型计算结果

a）锥角 15°；b）锥角 30°；c）锥角 45°；d）锥角 60°；e）锥角 75°；f）锥角 90°

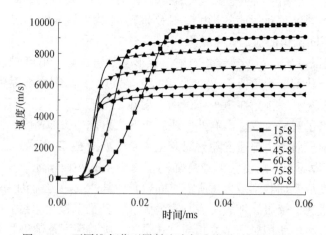

图 5-32　不同锥角药型罩射流头部速度随时间变化关系

　　不同锥角药型罩其速度梯度分布也是不同的，图 5-33 给出了不同锥角药型罩射流速度梯度分布。

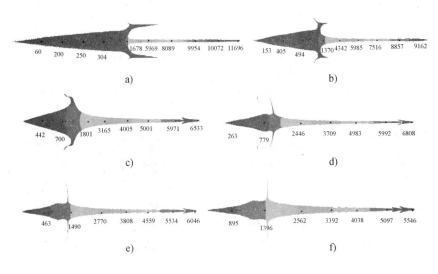

图 5-33　不同锥角药型罩射流速度梯度变化

a）锥角 15°；b）锥角 30°；c）锥角 45°；d）锥角 60°；e）锥角 75°；f）锥角 90°

　　从图 5-33 可以看出，药型罩锥角较小时，射流的速度梯度最大，射流的头部速度与杆体速度相差 500 倍。随着药型罩锥角的增大，射流的速度梯度逐渐减小，且杆体部分的速度也有所增加。当药型罩锥角超过 70°以后，虽然射流的速度梯度减小，但是射流头部速度降低，不利于射流的侵彻。

　　综上所述，药型罩最佳锥角范围为 45°～60°，和实际情况高度吻合。

5.5.2.6　药型罩壁厚对侵彻能力的影响

　　药型罩最佳壁厚随药型罩材料、锥角、直径以及有无外壳而变化。药型罩最佳壁厚随罩材料比重的减小而增加，随罩锥角的增大而增加，随口径 D 的增加而增加，随外壳的加厚而增加。

　　在其他参数不变的情况下，改变药型罩壁厚，仿真分析药型罩壁厚对射流的影响，如图 5-34 所示。

　　采用有限元仿真软件，对不同壁厚药型罩聚能装药射流成形过程进行数值仿真，可获得相应壁厚条件下射流的成型结果。图 5-34 为药型罩锥角为 55°，药型罩壁厚分别为 0.06D、0.08D、0.10D、0.12D 和 0.14D 条件下，射流形成的仿真计算结果。

　　由此得到射流各重要性能参数的变化关系，如图 5-35、图 5-36 所示。

　　图 5-35 给出了五种不同壁厚药型罩的射流头部速度随时间变化关系。

　　图 5-36 仿真了五种壁厚药型罩形成的射流速度梯度的变化关系。

　　仿真计算表明，罩厚对射流成型影响显著，射流头部速度随罩厚减小而增加，射流质量随罩厚减小而减小。罩厚低于 0.08D 时，射流质量过小，将造成射流侵彻性能很不稳定，当罩厚在 0.08～0.12D 时，射流具有足够的质量和速度，侵彻稳定性有保障，后效

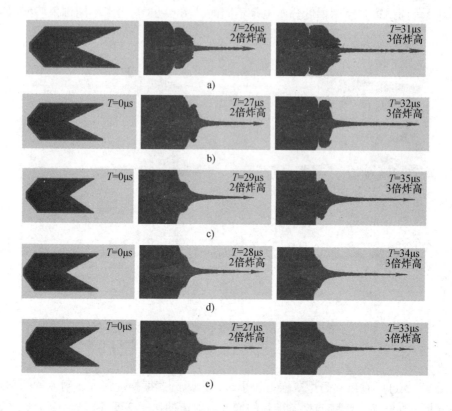

图 5-34　不同壁厚药型罩射流成形计算结果

a）0.06D；b）0.08D；c）0.10D；d）0.12D；e）0.14D

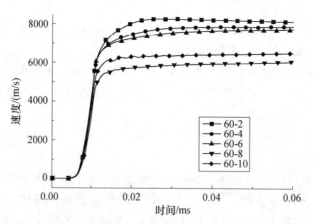

图 5-35　不同壁厚药型罩射流头部速度随时间变化关系

作用强；罩厚大于 0.12D 之后，射流形貌差，不利于侵彻。由此可知，药型罩最佳厚度范围为 0.10～0.12D。

通过仿真分析，验证了药型罩形状、锥角、壁厚对射流的影响，和理论分析是一致的，因此在定性分析时，也可以采用理论分析的方法。

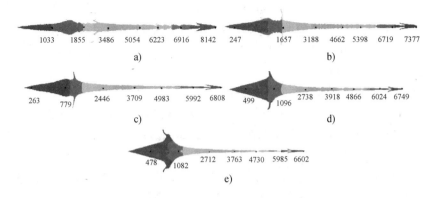

图 5-36　不同壁厚药型罩与射流速度梯度变化关系
a) 0.06D；b) 0.08D；c) 0.10D；d) 0.12D；e) 0.14D

5.5　破甲弹的发展方向

破甲弹总是在与坦克防护装甲的矛盾斗争中互相促进互相发展的。在 20 世纪 70 年代以前，坦克的装甲主要采用均质装甲，用增加装甲厚度的办法提高其防护能力。当时，破甲弹的发展方向是提高其破甲深度，追求穿透坦克首上装甲并具有一定的后效。这个时期破甲水平为：平均破甲深度为 5 倍装药直径，最佳炸高为 2～3 倍装药直径。

20 世纪 70 年代后，出现了复合装甲。由于复合装甲有非金属夹层，所以与均质装甲等重的复合装甲就厚得多，而且非金属材料对射流尤其是断裂射流干扰很大。对破甲弹，不仅要求破甲深度大，也要求大炸高性能好。也就是说，要求在大炸高下射流要保持稳定性与较好的直线度，且射流断裂时间要长。这一时期主要发展精密战斗部技术，以满足上述要求。所谓精密战斗部，就是精密炸药装药、精密药型罩和精密装配组合的战斗部。80 年代对精密战斗部进行了深入研究，并得到了广泛应用，使得破甲弹的破甲水平大幅度提高，且大炸高性能也较好。此时中大大口径战斗部的平均破甲深度为 8 倍装药直径（试验室已达到 10 倍），最佳炸高为 5～7 倍装药直径。当炸高为 15～20 倍装药直径时，破甲深度仅下降约 30%。

精密装药除了炸药装药的优化设计外，还要考虑药柱的成型方法与工艺。因为它直接关系到装药药柱的精密程度，影响破甲性能。装药对破甲性能的影响主要是炸药的性能和密度、装药尺寸和形状，尤其是装药的对称性、均匀性和一致性。目前，药柱成型主要有注装法和压装法两种方法。成型方法与工艺关系到药柱的制造质量、装药与罩的结合以及药柱的装配等，直接影响破甲性能。

对注装装药来说，应保证装药密度均匀，无缩孔、裂纹等疵病。由于注装装药容易出现疵病，故在裸装药条件下，与压装药相比破甲威力差一些，破甲跳动量较大。但当采用注装时，装药与弹体的贴合性好。特别是采用精密压注装药时，不但可避免上述注装疵病，而且装药密度及均匀性也超过压装药，动破甲稳定性和破甲威力都大幅度提高。如法国的"APILAS"破甲战斗部。

对压装药来说，如果主、副药柱是分开压制然后合装再装入弹体，除了应使压药密度均匀和使罩与装药贴紧外，还应保证主、副药柱之间及装药与药型罩之间的同轴性。带罩压药时应避免使药型罩在压药过程中有较大的变形；直接往弹体中压药时，应特别注意隔板位置及药型罩与装药的同轴性。

采用精密装药的目的就是要制造出对称性、均匀性和一致性好的聚能装药。国外在精密装药研究方面起步不算太早，但发展很快，效果也较好。在注装药方面，如德国在"米兰"和"霍特"等反坦克导弹上采用了筛网式压力注装法或筛网式真空振动压力注装法，这种方法制得的药柱 RDX 含量大（75%～90%），密度达 $1.73 \sim 1.78 \mathrm{g/cm^3}$，孔隙率小于2%，轴向最大密度差 $\Delta \rho$ 小于等于 $0.001 \mathrm{g/cm^3}$。在压装药方面，除了采用直接压药法外，又在自动加药方面做了大量工作。如美国在"陶"及"陶2"等反坦克导弹上采用了精密压装法压装高能塑性炸药 LX-14，使破甲水平及大炸高下破甲性能均有较大提高。

国内在压力注装法及真空振动法等方面也做了大量工作，并取得了较好的进展。在精密压装工艺方面，国内结合产品进行了较广泛深入的研究，成绩比较显著，压药密度差已提高到 $0.01 \mathrm{g/cm^3}$ 以内。

精密药型罩除了在结构上优化设计外，还要考虑其成型方法及工艺，即不仅考虑如何满足其外在的质量要求（几何尺寸及精度和表面质量），还要考虑其内在的性能参数（如晶粒尺寸及取向、结构等）也应满足要求。

近年来，国内外对药型罩材料的内部组织、药型罩的制造方法及工艺与破甲性能之间的关系做了深入的研究。研究结果表明，不仅罩的几何尺寸、精度以及表面质量对破甲性能有影响，其晶粒的大小、晶粒的取向以及结构等内部冶金学指标对破甲性能也有很大影响。因此，现代的药型罩制造技术既要满足其外在的质量要求，也要满足其内在的性能要求，目的就是使药型罩能形成符合要求的射流。在此研究的基础上，相继开发出一些药型罩加工的新技术和新工艺，以满足破甲威力对药型罩越来越高的要求。

这些新技术的特点是：高精度、高质量，尤其是改善了罩的内部组织结构，高效率和低消耗。主要包括电铸工艺、冷挤压成型工艺、摆碾成型工艺。这些工艺加工出的药型罩壁厚差为 $0.01 \sim 0.03 \mathrm{mm}$，表面粗糙度小于 $0.4 \mu \mathrm{m}$，晶粒尺寸为 $0.015 \sim 0.04 \mathrm{mm}$，且对称均匀。

当药型罩与装药的精密制造技术解决之后，下面就要解决精密起爆、传爆和精密装配技术问题，以及起爆的一致性和对称性问题。

对有主、副药柱的装药来说，在装配时要使主、副药柱的纵轴重合，以保证爆轰波形轴对称；主药柱与药型罩应保证同轴性。这要在装配条件上给予保证。

采取措施使起爆中心在装药的对称轴线上很重要。为了使引信的传爆药起爆后爆轰波在装药中的传播轴对称，采用起爆中心调整器是一条有效措施，如法国的"APILAS"破甲战斗部。

采用精密制造技术的"米兰"-2 反坦克导弹战斗部，其口径为 115mm，装填 Octol 炸药 1.8kg，炸高 280mm 时破甲深 970mm，炸高 1100mm 时破甲深 1100mm，炸高 2000mm 时破甲深 850mm。可见采用精密制造技术后，破甲威力、大炸高性能及破甲稳定性都达到较高的水平。

20 世纪 80 年代初，出现了反应装甲，而且成为当代主战坦克广泛采用的新型特种装甲。国内外的试验表明，第一代反应装甲可使破甲弹的破甲威力下降 50% 以上。反应装甲的出现给破甲弹带来巨大的冲击，有的人甚至对破甲弹的作用及发展提出了质疑。但是，装甲的发展也必然促使反装甲弹药的发展。比较成熟并得到推广应用的就是串联战斗部。目前，国外已研制成功第四代反应装甲并装备部队（既能防串联破甲弹，也能防穿甲弹），正在研究反串联破甲弹及穿甲弹的第五代反应装甲。这就给破甲弹提出了新使命——对付新型反应装甲。

坦克的防护重点是正面首上部位。正面装甲不易打，就在打顶甲、底甲、侧甲上想办法，侧甲雷、底甲雷和广域地雷，以及攻击坦克顶甲的末敏弹爆炸成型弹丸战斗部是聚能装药弹药发展的重点方向之一。

随着装甲技术的不断发展，反装甲武器近期对付的防护目标升级为 1.3m 轧制均质装甲和带有新型反应装甲或主动防护系统，对破甲弹的破甲能力提出了更高的要求。目前，国外导弹破甲战斗部均采用精密破甲战斗部技术，新材料、新工艺和新型装药结构研究非常活跃，破甲穿深已超过 10 倍装药直径，未来的目标是 16 倍装药直径。

瑞士某公司于 2006 年披露的 146mm 紧凑型战斗部，其壳体材料为铝合金，药型罩为钼制椭圆形结构，装药为 PBXW-11 炸药。PBXW-11 炸药为相对不敏感的塑性黏结炸药（PBX），组分包括 HMX。该战斗部有一个中心起爆药室，爆轰波经该公司研制的波形控制器向装药外围传播。其射流头部的最高速度可达 11500m/s。在该公司靶场进行的演示试验中，该战斗部侵彻深度为 10 倍装药直径（1.45m），靶板上的平均穿孔直径约20mm。破甲弹一直在与装甲防护的矛盾斗争中相互促进发展。现代战争中复合装甲、主动反应装甲的出现使传统破甲弹的穿深降低 50% 左右，对聚能破甲弹或破甲战斗部的应用构成了严重威胁。串联聚能战斗部能有效对付披挂爆炸反应装甲的目标，因此受到普遍重视，将成为装备和发展的主流。目前，世界范围内的反坦克导弹大多采用串联聚能破甲战斗部。

随着战场上坦克严重威胁的发展，为了解决首发命中以及全天候自主作战能力，采用破甲战斗部的反坦克导弹仍是发展的重点。通过加大战斗部直径、加大炸高、采用近炸引信、精密制造技术和先进的导引、控制技术，大幅度提高破甲战斗部的命中精度。总之，破甲弹药今后的发展方向除了要进一步提高破甲威力与大炸高性能外，主要将集中在以下几个方面。

1. 采用新型装药结构和药型罩结构

随着反应装甲技术的发展，聚能装药战斗部在原理、结构与工艺上应不断发展，如采用 K 型装药结构及 W 型药型罩、多级串联破甲战斗部、新型精密装药技术等。为了对付先进反应装甲及主动防御系统对破甲弹的干扰，国内外学者也在积极研究新原理破甲弹技术，如分离式串联破甲弹。

（1）研究和应用新型药形罩材料，尽可能地提高射流的长度和质量。国外从 20 世纪90 年代起，便研究铜以外的其他药形罩材料，如钼、钨、镍等纯金属材料，以及钨铜、铼铜、镍合金及超塑合金等合金材料，这些研究取得了一些满意的结果，出现了一些适合制造破甲弹药形罩的新材料，某些材料已经得到应用。例如，钼具有高声速（6400m/s）和高密度（10.2g/m³），与传统的铜罩相比，射流直径大，可提高侵彻深度30%，是形成高头部速度、高侵彻威力射流的一种理想药型罩候选材料。镍作为一种塑性优良的材料，密度与铜接近，声速却较高，形成射流的头部速度高达11400m/s，相比铜大约提高15%，也是一种性能优异的药型罩材料，"海尔法"Ⅱ导弹串联战斗部药型罩就是采用电镀镍。合金材料也取得了可喜成就，1992年瑞典粉末技术公司提出了一种高密度、高延展性镍基单相合金罩材。据称，该药型罩的侵彻能力远远高于纯铜药型罩。韩国经过6年研究，成功研制出钨铜合金高密度药型罩，其侵彻能力比以前提高20%～52%。

为扩大周向毁伤效果，美国根据"终点时能战斗部"原理提出一种用含能材料制作的战斗部，名为"BAMIE"成型装药。这种药型罩的化学能由罩材氧化反应提供，在射流形成过程中不释放，而在与目标作用时释放，其特点是对半无限混凝土靶的侵彻孔特别大。

（2）优化射流聚能形成过程，重点是进一步探索射流形成过程和影响因素，以及新兴波形控制器的设计等。国外研究人员对聚能装药射流的断裂时间进行了深入研究，发现单点起爆和环形起爆时，射流的断裂时间不同，在药型罩等壁厚的条件下，环形起爆要比单点起爆断裂时间长，如图5-37、图5-38所示。

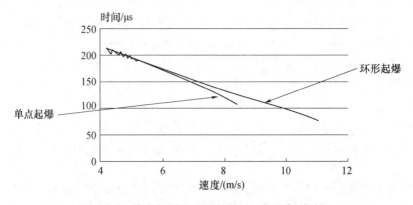

图5-37　单点起爆和环形起爆时的射流断裂时间

单点起爆聚能装药结构

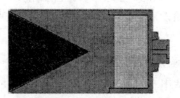

环形起爆聚能装药结构

图5-38　试验用聚能装药结构

2. 采用更高威力炸药和新材料药型罩

炸药装药对破甲弹聚能射流侵彻能力的影响主要取决于其猛度。国内外学者先后开展了以CL-20为代表的高威力炸药成型工艺及在破甲弹上应用的研究工作。药型罩材料方面主要是采用新型高密度、高延展性金属材料，如钽、钼等。开展新型金属合金的应用研究，如钨铜合金、钽钨合金、镍钨合金等。

3. 多用途和多功能化

为了对付多样化的战场目标，聚能装药战斗部向着多用途、多功能化方向发展。除了能穿透装甲目标及坚固工事外，还应兼有杀伤、爆破、燃烧等功能，以便能对付直升机、轻型技术兵器和有生力量等。如破/杀/燃战斗部、随进二次爆炸攻坚战斗部等。

4. 智能化

为了实现弹药的自主攻击性能、提高首发命中概率和效费比，破甲战斗部向着智能化、灵巧化方向发展，以便根据目标的变化，可以选择不同攻击方式攻击目标。并且在某种攻击方式下，可选择目标的薄弱部位进行攻击，从而达到高效毁伤目标的目的。

第6章 车载枪弹与毁伤

弹药是装有火炸药及其他装填物，能对目标起毁伤作用或实现其他用途的装置与物品。弹药对武器的射击距离、毁伤能力、射击精度及武器使用寿命有决定性影响，常在武器发展中起着先导作用。如车载武器中的车载自动武器，包括车载机枪、30mm 自动炮等都是车载武器发展的重要组成部分，它们分别使用各自口径的弹药，每种口径的弹药又有各自的型号，在某种程度上标志着车载武器常规弹药的发展现状。

6.1 车载枪弹武器系统

车载武器系统，除主要配置火炮等主武器系统外，还配置相应的车载枪弹武器系统，主要包括并列机枪、高射机枪，有的还单独或辅助配置 30mm 自动炮等车载自动武器。这里主要介绍车载枪弹武器系统。

6.1.1 7.62mm 并列机枪

车载枪弹武器系统自坦克等车载武器诞生以来，一直是其主要配置或辅助配置的常规武器系统，并随之发展而进步。在众多型号的车载枪弹武器中，以 7.62mm 并列机枪应用最为广泛，它是配备在坦克等车载武器上，与坦克火炮并列安装的自动武器，也是目前车载枪弹武器系统的主要装备，主要用于发射 7.62mm 枪弹，杀伤和压制 1000m 以内的有生力量和发射点，如图 6-1 所示。

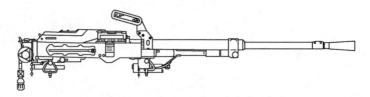

图 6-1 7.62mm 并列机枪

总体上，7.62mm 并列机枪主要由枪管、机匣、枪机、枪机框、复进机、击发机、受弹机、弹箱、附件等组成。

6.1.1.1 枪管

枪管用于赋予弹丸初速、旋转运动和飞行方向，如图 6-2 所示。

枪管固定在机匣上的枪管孔内，以定位板保证其结合正确，以枪管固定栓防止其转动和位移。枪管外部由防火帽、导气箍、气体调整器、枪管提把等组成。

(1) 防火帽：防火帽拧于枪管前端，并用开口销固定，用于减少射击时的枪口焰。

(2) 导气箍：导气箍安装在枪管中部，上有 1 个直径为 4.5mm 的导气孔，该孔与枪

图 6-2　枪管

1—枪管；2—提把

管中部的导气孔相通，用于在发射时从枪膛中导出部分火药气体冲击活塞后退，使枪机自动工作。导气箍右侧有气体调整器定位销，下端有排气孔，如图 6-3 所示。

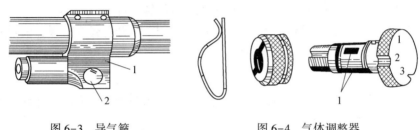

图 6-3　导气箍

1—定位销；2—导气孔

图 6-4　气体调整器

1—导气槽

（3）气体调整器：如图 6-4 所示。气体调整器借卡簧固定在导气箍上的横孔内，其圆柱体表面有 3 条宽度分别为 1.7mm、2.4mm、3.3mm 的导气槽，用于根据不同情况调节冲击活塞的火药气体量的多少，以保证机枪的活动部分正常工作。气体调整器端面有 3 个定位缺口，并标有数字 1、2、3，分别对应 1.7、2.4、3.3mm 的导气槽。在装定或调整气体调整器时，定位销应对正缺口，新枪通常使用 2 号导气槽，当发射约 3000 发子弹后，机件表面磨光，摩擦阻力减少，造成后坐撞击过猛影响射击精度，则应改用 1 号导气槽。在严寒地区涂油变稠或机件过脏使枪机框后退不到位时，应改用 3 号导气槽，但当战斗或射击结束后，应马上分解擦拭机枪，并根据情况将导气槽调回原来位置。在酷暑条件下射击或枪机后退力量过大时，应改用小 1 号的导气槽。

（4）枪管提把：便于取下射击时灼热的枪管。

6.1.1.2　机匣

机匣借助于固定耳和固定销固定在枪架上，用于结合机枪各机件，引导枪机框运动，并与枪机配合闭锁枪膛，如图 6-5 所示。

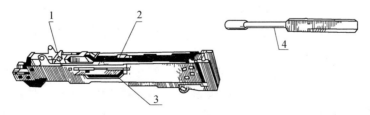

图 6-5　机匣

1—枪管固定栓；2—抛壳凸起；3—抛壳窗及护盖；4—活塞筒

机匣外部前方有活塞导气管，用于规正活塞的运动方向；上方有枪管固定栓，用于固定枪管；上方还有受弹机盖和受弹机的固定耳；机匣左侧有抛壳窗及防尘盖；右侧有装填拉柄；下方前后各有 1 个机枪固定耳。机匣内部有抛壳凸起、导向槽、左右闭锁卡槽、受弹窗、起动斜面、抛壳窗防尘盖推杆和衬铁等。

抛壳凸起位于机匣中部，用于和退壳钩配合，将弹壳从抛壳窗抛出。

导向槽用于规正枪机框与枪机的方向。

闭锁卡槽位于机匣内部前方的左、右壁上，用于与枪机闭锁凸笋配合闭锁枪膛。

受弹窗位于机匣中部上方，用于使取出的枪弹落于机匣内，以便枪机向前运动时推弹入膛。

起动斜面位于右闭锁卡槽前方，用于使枪机向右旋转、开锁。

抛壳窗防尘盖推杆用轴固定在机匣内左侧后端，用于推开抛壳窗护板，使弹壳从抛壳窗顺利抛出。其有上开窗弧面和回位凹槽。

6.1.1.3 枪机

枪机安装在枪机框上，用于推弹入膛，与机匣配合闭锁枪膛，撞击枪弹底火形成击发和退出弹壳，由机体、击针和退壳钩组成，如图 6-6 所示。

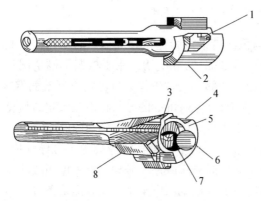

图 6-6 枪机
1—定型凸笋；2—机体；3—推弹凸笋；
4—制转面；5—左闭锁凸笋；6—退壳钩；
7—击针；8—右闭锁凸笋

1. 机体

机体为枪机的主体。主要由以下部件构成。

1）起动斜面：位于右闭锁凸笋上，用于与机匣上的起动斜面相互作用，迫使枪机在开锁前旋转，从而使枪机定型凸笋的后平面与枪机框定型凸笋槽的后平面脱离。

2）左右闭锁凸笋：它在闭锁后进入机匣的闭锁卡槽内，在发射瞬间闭锁枪膛，以防止枪机后退，并将火药气体压力传递给机匣。

3）制转面：闭锁后，它与机匣上衬铁的制转面贴合，以限制枪机继续向右回转。

4）定型凸笋：安装在枪机框的定型凸笋孔内，其上有开锁斜面、闭锁斜面、圆弧面、后平面、限制面。

5）开、闭锁斜面：用于与枪机框上定型凸笋槽的开、闭锁斜面配合完成开、闭锁动作。

6）圆弧面：在枪机框后退时被定型凸笋槽的圆弧面带动，使枪机向后。

7）后平面：在枪机框复进时定型凸笋槽的后平面被枪机框推动，使枪机向前。

8）限制面：在闭锁后被枪机框上定型凸笋槽的限制面挡住，使枪机不能向左回转，以防止枪机自行开锁。

此外，枪机上还有推弹凸笋和弹底巢。

2. 击针

击针用于撞击枪弹底火，如图 6-7 所示。

3. 退壳钩

退壳钩用于拉出射击后的弹壳，并与抛壳凸起配合将弹壳抛出，如图 6-7 所示。

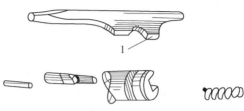

图 6-7　击针、退壳钩
1—定位凸起

6.1.1.4　枪机框

枪机框位于机匣内，用于承受并传递火药气体的冲量，带动枪机向后运动完成开锁、取弹、抽壳动作；击发时，在复进机的推动下，带动枪机向前运动，完成推弹、进膛、闭锁和击发等动作。它由机框体和活塞组成，如图 6-8 所示。

图 6-8　枪机框
1—活塞；2—活塞杆；3—钩形取弹机；4—定型凸笋槽；5—复进簧导槽；
6—输弹滚轮斜面；7—左规正槽；8—右规正槽

1. 机框体

机框体为枪机框的主体。主要由以下部件构成。

1）取弹机：用于从弹链上取下枪弹并带动枪弹运动到受弹窗上方。

2）定型凸笋槽：用于容纳定型凸笋，并与定型凸笋相互配合完成开、闭锁动作。

3）输弹滚轮斜面：位于机框体的左侧，用于与输弹滚轮配合完成拨弹齿的向左运动。

4）输弹凸起导棱：位于机框体的右侧，用于与输弹凸起配合完成拨弹齿的向右运动。

5）击发阻铁槽：位于机框体下方，用于与击发阻铁配合使枪机成待击发状态。

6）复进簧孔：用于容纳复进簧。

2. 活塞

位于机框体前端，用于承受并传递火药气体的冲量，使机框体向后运动，它由活塞头和活塞杆组成。

6.1.1.5　复进机

复进机位于枪机框复进簧孔内，用于储存活动机件后坐时的部分能量，以推动枪机框向前运动到位，它由复进簧、复进簧导杆和定向器组成，如图 6-9 所示。

图 6-9　复进机

1、3—复进簧；2—复进簧导杆；4—定位器

6.1.1.6　击发机

击发机位于机匣的后端，用于封闭机匣、控制待击发、操纵击发和实现保险，如图 6-10 所示。主要由以下部件构成。

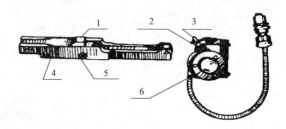

图 6-10　击发机

1—击发阻铁；2—手击发片；3—保险片；4—本体；5—保险装置；6—电继动器

1）本体：用于容纳击发阻铁。

2）击发阻铁：用于与机框体上的击发阻铁槽配合，将枪机框控制在待击发位置，下方有一弹簧，其张力使击发阻铁保持向上。

3）手击发片及保险片：当推保险片向前、压下手击发片时，可实现手击发。

4）杠杆组：由小杠杆、大杠杆、击发杠杆组成，用于传递动力。小杠杆用于将电继动器衔铁的动力传至大杠杆；大杠杆用于传递动力至击发杠杆；击发杠杆用于接受大杠杆的动力向前运动使击发阻铁向下运动松开阻铁槽。

5）保险装置：用于防止偶然击发。它由保险手柄及轴、定位器组成。当手柄扳到前方位置时，机枪成击发状态，扳到后方位置时，为保险状态。

6）电继动器：用于电击发。它由电枢、电磁铁绕组、推杆、电线及插头组成。

6.1.1.7　受弹机

受弹机位于机匣前上方，用于移动弹链、阻止弹链回滑、将取出的枪弹压落在受弹窗内。主要由受弹机座、受弹机盖、输弹杠杆构成。

（1）受弹机座

用于引导并规正弹链及枪弹的运动方向和保证被取出的枪弹准确地落下，由限制枪弹的前、后限制凸笋和受弹窗组成。

（2）受弹机盖

用于关闭机匣和阻止弹链回滑并将取出的枪弹压落在受弹窗内，主要由如下部件构成。

1）受弹机盖卡笋：用于卡住受弹机盖，防止在射击中弹开。

2）卡弹齿：用于阻止输送枪弹到位的弹链回滑。

3）压弹挺：用于将取出的枪弹压落在受弹窗内。

（3）输弹杠杆

用于输送枪弹。主要由如下部件构成。

1）拨弹齿：用于拨送弹链，其上部有拨弹齿，中部有输弹凸起部，下部有输弹滚轮。

2）输弹滚轮：安装在拨弹杠杆下端，用于在枪机框输弹滚轮斜面的作用下，使拨弹齿向左运动。

3）输弹凸起部：位于拨弹杠杆中部，用于在枪机框输弹突起导棱的作用下，使拨弹齿向右运动。

4）输弹护板：用于保护拨弹齿和使弹链滑动方便。

6.1.1.8　弹箱

弹箱用于盛装枪弹，内有 1 条可装250 发枪弹的套箍式弹链，如图 6-11所示。

6.1.2　12.7mm 高射机枪

12.7mm 高射机枪是目前车载自动武器常用机枪，典型结构如图 6-12 所示。常安装在坦克等炮塔顶部，主要用于压制、消灭地面有生力量、火力点和轻型装甲车辆，抵御低空目标的攻击。

图 6-11　弹箱及弹链

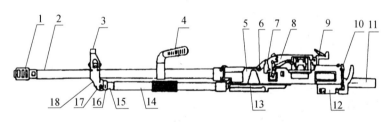

图 6-12　12.7mm 高射机枪

1—制退器；2—枪管；3—准星座；4—提把；5—机匣；6—供弹机锁；7—枪管固定栓；8—供弹机；

9—表尺座；10—枪尾卡笋；11—枪尾；12—击机；13—枪机框；14—活塞导管；

15—活塞杆；16—定位簧片；17—气体调整器；18—导气箍

高射机枪主要由枪管组件、机匣、闭锁机构、复进机构、击发机、供弹机构、瞄准机构、枪尾等组成。

6.1.2.1　枪管

高机枪管如图 6-13 所示，主要赋予弹丸初速、旋转和飞行方向。枪管外部前端结合有制退器，中间结合有准星、导气箍、气体调整器和提把等，后端为与机匣结合的部分。

制退器用于减少后坐力和提高射击精度。导气箍用于导出部分火药气体，以推动活塞

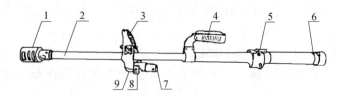

图 6-13　12.7mm 高射机枪枪管
1—制退器；2—枪管；3—准星座；4—提把；5—定位键；
6—固定槽；7—定位簧片；8—气体调整器；9—导气箍

向后运动。气体调整器用于调整导出的火药气体有效作用能量的大小，以确保正常的发射速度和各机构、装置动作可靠。

　　在正常情况下，新枪通常使用 2 号导气槽，当发射约 1000 发子弹后，机件表面磨光，摩擦阻力减少，造成后坐撞击过猛影响射击精度，或在炎热的夏季使用射速有明显提高时，则应改用 1 号导气槽；在严寒或风沙、淋雨、高原气压等特殊条件下射击，后坐能量不足时，应将调整器调至"3"的位置。准星供对地面目标瞄准使用。

6.1.2.2　机匣

　　机匣为结合机枪各机件的基体，其前端内腔与枪管连接，并通过机匣固定栓方孔内的固定栓与枪管尾端的固定槽配合，使枪管固定；前端下部的缺口用于和活塞导管后端的凸笋配合，使复进导管定位；机匣中部上方通过销轴连接供弹机，左侧装有导弹板，右侧装有脱弹器和导链板；机匣体内两侧的直线导轨与枪机框两侧带滚轮的导槽配合，对枪机框前后运动进行导向；机匣两侧的方孔，用于枪机复进到位时使闭锁卡铁前端张开入内以闭锁枪膛；机匣后部下方两侧的梯形槽用于连接击发机；机匣尾端以断隔齿方式与枪尾相结合，并通过定位卡笋锁定；机匣前端两侧的斜槽，与托架前端相同斜度的支持轴配合，构成枪身在托架上安装的前固定点，如图 6-14 所示。

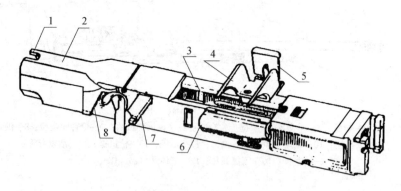

图 6-14　机匣
1—枪管定位槽；2—机匣体；3—闭锁室；4—脱弹器；5—导链板；
6—托弹板；7—枪管固定栓安装；8—安装固定斜槽

6.1.2.3　闭锁机构

　　闭锁机构安装在机匣内，由枪机和枪机框组成，用于与枪管和机匣配合闭锁枪膛、完成击发、退壳动作。闭锁方式为倒钩式卡铁闭锁，以枪机框开、闭锁凸笋完成强制闭锁和开锁动作。

枪机装在枪机框上，如图 6-15、图 6-16 所示，由机体、闭锁卡铁、击针、拉壳钩、拉壳钩簧、抛壳挺等组成，并随枪机框在机匣内前后运动，用于输弹、闭锁、击发和退壳。

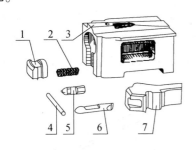

图 6-15　枪机
1—拉壳钩；2—拉壳钩簧；3—机体；4—销子；
5—击针；6—抛壳挺；7—闭锁卡铁

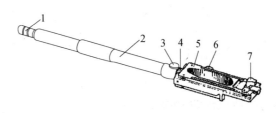

图 6-16　枪机框
1—活塞杆；2—活塞导管；3—定位凸块；4—连接器；
5—枪机框；6—机柄；7—开、闭锁凸笋

枪机框是活动部分的基体，用于带动枪机和供弹机工作。其前端通过联接器与活塞杆相连，右侧机柄（圆柱凸台）与供弹机的曲柄相作用。当活塞杆在火药气体作用下后退时和在复进簧作用下复进时，即带动枪机框相应地运动，进而带动枪机、供弹机等部件工作。

闭锁机构主要用于完成开、闭锁动作，如图 6-17 所示。

闭锁动作：当枪机复进到位，枪机框继续向前运动，枪机框开、闭锁凸笋闭锁面迫使闭锁卡铁向外张开进入机匣的闭锁室，闭锁卡铁前端顶住枪机体，后端抵在机匣上，完成闭锁。

开锁动作：弹丸通过导气孔以后，枪机框在火药气体作用下后退，枪机框开、闭锁凸笋开锁面撞击闭锁卡铁开锁斜面，迫使闭锁卡铁向内收拢完成开锁。

6.1.2.4　复进机

复进机如图 6-18 所示。用于推送枪机框、枪机等向前运动，并带动供弹机工作。由复进簧、活塞导管和活塞杆等组成。击发后火药气体进入导气室，在火药气体压力的作用下，活

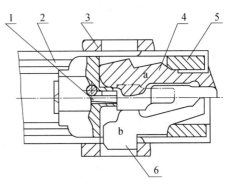

图 6-17　开、闭锁动作
1—击针；2—枪机框；3—机匣；
4、6 闭锁卡铁；5—枪机

塞杆沿活塞导管向后运动并带动枪机框、枪机、供弹机等运动，同时压缩复进簧贮存复进能量；复进时复进簧伸张，带动枪机框进而带动枪机、供弹机运动和工作。本枪复进机为整体式结构，通过联接器与枪机框连为一体。活塞导管后端的定位凸块与机匣下端的定位槽配合，使活塞导管固定。

6.1.2.5 击发机

击发机结合在机匣的后端下方，用于控制枪机、枪机框等运动部件的运动。枪机框后坐至后方时，撞击解脱块，解脱块迫使滑块向前运动，同时压下阻铁，随后在弹簧力的作用下，滑块后退，其凸起强制阻铁抬起，枪机框复进时即被阻铁挂住，从而控制了运动部件的运动，击发时枪尾上的击发杠杆下端向前推动滑块压下阻铁，解脱对枪机框的约束，形成击发。击发机上配有保险装置，当击发机右侧的旋钮扳至"F"位置，保险被打开，机枪随时可以射击；当将保险旋钮扳至"S"位置，滑块被保险轴锁定无法移动，机枪处于保险状态，不能射击。击发机机体左侧下部槽孔内带弹簧的卡笋与滑座尾部的定位块相配合，构成枪身在托架上的后安装固定点，如图6-19所示。

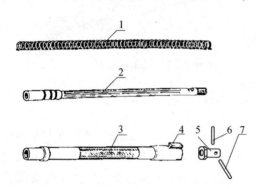

图 6-18　复进机

1—复进簧；2—活塞杆；3—活塞导管；4—定位凸笋；
5—连接器；6—连接器销；7—枪机框销

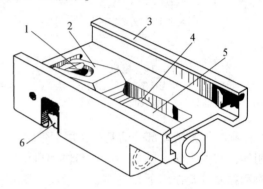

图 6-19　击发机

1—解脱块；2—阻铁；3—本体；4—保险轴；
5—滑块；6—固定卡笋

6.1.2.6 供弹机构

供弹机构为卡式弹链、杠杆传动、双程输弹、一次进膛的弹链式供弹机构，通过连接销结合在机匣进弹口处上部，用于拨送枪弹至输弹线上。主要由供弹曲柄、压弹板、拨弹滑板、拨弹杠杆等组成。供弹机上结合有供瞄准用的卧式表尺。其工作原理是：枪机框后坐时，带动供弹曲柄、拨弹杠杆使内外滑板各自移动半个节距，内拨弹齿将枪弹规正到预备进膛的位置，外滑板则反向运动，其拨弹齿滑过并抓住次一发枪弹；枪机框复进时，枪机推弹进膛，枪机框带动供弹曲柄及拨弹杠杆，使内外滑板又各自移动半个节距，外拨弹齿将枪弹交给内拨弹齿，内拨弹齿接替外拨弹齿拨弹。供弹机构如图6-20所示。

6.1.2.7 瞄准机构

瞄准机构用于对地面目标射击。瞄准时采用准星照门机构，瞄准角的装定为卧式表尺，由游标沿表尺前后移动装定，表尺射程为1600m，表尺分划为16个。

6.1.2.8 枪尾

枪尾如图6-21所示。枪尾与机匣通过断隔齿牢固扣合，并用定位卡笋锁定，用于封闭机匣、缓冲后坐撞击、完成击发。枪尾上装有击发拨叉，枪尾缓冲管内装有缓冲簧，以缓冲枪机框到位后的撞击作用。

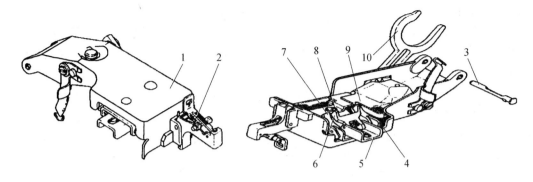

图 6-20　供弹机构

1—供弹机本体；2—表尺；3—连接销轴；4—内滑板；5—外滑板；6—外拨弹齿；
7—内拨弹齿；8—拨弹杠杆；9—压板；10—供弹曲柄

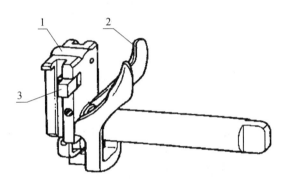

图 6-21　枪尾

1—本体；2—击发拨叉；3—定位卡笋

6.1.3　5.8mm 并列机枪

5.8mm 并列机枪是常配备在步兵战车上的并列自动武器，主要使用 5.8mm 机枪弹、机枪曳光弹，必要时也可使用 DSP87 式 5.8mm 普通弹，配有 1500 节的弹链，可实施短点射、长点射和连续射击，其有效射程为 1000m，在此范围内可以有效地杀伤敌集团或单个有生目标。其外形如图 6-22 所示。

图 6-22　5.8mm 并列机枪

机枪固定于机枪座架上。机枪座架的前部固定在摇架的支座上，后部借助于固定 100mm 炮或 30mm 炮备用击发钢索的备用支架，固定在 100mm 炮套圈上，且在支架上指明这些钢索的位置标记。

为了保证机枪在后坐和复进时的移动，设有前滑块和后滑块，借助于销将机枪固定在它的上面。在前滑块上布置有缓冲簧，用于吸收机枪在射击时的后坐能量，使机枪在射击之后回复到初始状态，并使机枪保持在该状态的任何一个仰角或俯角。

在校准时为了校正机枪的姿态，设有带有螺母的校正器。当旋转螺母时可使机枪座和机枪沿垂直与水平方向移动。在必要时可调整机枪座前部的高度，通过在机枪座架上取下或装上垫片实现。

为了将弹链供给机枪，将输弹槽和供给装置固定在机枪座架上。在机枪座架的右方固定着排壳器及弹壳收集袋。

该并列机枪主要由枪管组件、机匣组件、自动机组件、复进机组件、电发火机组件、拉柄组件、前、后滑板部件及弹链组件组成，典型 5.8mm 并列机枪如图 6-23 所示。

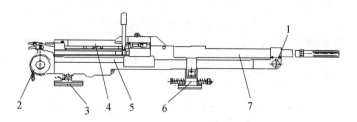

图 6-23　典型 5.8mm 并列机枪

1—气体调整器；2—电发火机组件；3—后滑板部件；4—受弹机盖；5—机匣组件；6—前滑板部件；7—枪管组件

6.1.3.1　枪管组件

枪管组件用于赋予弹丸初速、旋转运动和飞行方向。固定在机匣上的枪管孔内，以定向键来保证其结合正确，以枪管固定栓防止其轴向移动。

枪管内部统称为枪膛，由弹膛、坡膛、线膛三部分组成（弹膛与坡膛也称弹药室）。弹膛用于容纳枪弹的弹壳部分；坡膛用于使弹丸顺利嵌入线膛；线膛内有 4 条右旋膛线用于使弹丸做旋转运动，保持弹丸的飞行稳定性。

枪管外部有枪口防跳器、导气箍、气体调节器部件、定向键，如图 6-24 所示。

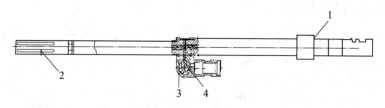

图 6-24　枪管组件

1—定向键；2—枪口防跳器；3—导气箍；4—气体调节器部件

枪口防跳器：拧于枪管前端，用螺纹拧紧固定，用于减少射击时枪口的跳动，提高射击精度。

导气箍：装在枪管的中部，用于在发射时从枪膛中导出部分火药气体冲击活塞后退，使枪机自动工作。导气箍上有调节器部件定位孔和槽，其右侧端面标有数字 1、2、3 及刻线，分别对应调节器部件上的三个不同尺寸的导气槽，用于准确固定调节器部件位置。

气体调节器部件：借定位销固定在导气箍上的孔和槽内，其圆柱表面有三个不同尺寸的导气槽，并有一端为外六面体，上有一条刻线，用于根据不同情况转换气槽的大小，使火药气体被排放的程度和作用在活塞上的有效能量各不相同，从而达到调节的作用。在装定或调整调节器部件时，应使调节器部件上的定位销对正活塞箍上的定位孔（使气体调节器部件上的刻线与导气箍上的刻线对齐），如图 6-25 所示。

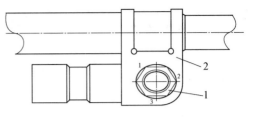

图 6-25　导气箍和气体调整器
1—气体调整器；2—导气箍

机枪在开始使用时用"2"号导气槽，当累计射弹约 3000 发子弹后或在炎热的夏季使用时，如射速有明显提高，则改用"1"号导气槽。在恶劣环境下，自动机的能量不足时，可视需要选择"3"号导气槽，"3"号导气槽为最大导气槽。为确保机枪寿命，只要能可靠射击，应尽量选用较小导气槽。

6.1.3.2　机匣组件

机匣组件是结合机枪各机件的基体，借助立轴和固定销与前、后滑板组合装在枪架上，引导自动机组件运动。它主要由机匣本体、受弹机座、受弹机盖、发射机部件、退壳挺组成，某机匣组件示意如图 6-26 所示。

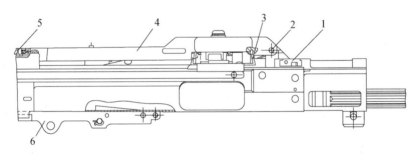

图 6-26　某机匣组件示意图
1—枪管固定栓；2—受弹机盖连接销；3—受弹机座；4—受弹机盖；5—受弹机盖卡销；6—发射机部件

机匣本体：外部前方有活塞筒，用于规正活塞的运动方向。前方还有节套，节套上有闭锁齿及枪管固定栓，用于与机枪闭锁面配合闭锁枪膛及固定枪管。机匣部件内部还有导轨用于规正自动机组件的运动方向。

受弹机座：用于阻止弹链回滑并将枪弹从弹链上取出后对准枪管轴线并定位，以利于推弹进膛。

受弹机盖：采用的是杠杆传动单程输弹一次进膛的开式弹链供弹方式，通过联接轴结合在机匣进弹口处的上部，用于拨送枪弹至输弹线上。主要由受弹机盖、拨弹齿、大杠杆、拨弹滑板等组成。

拨弹齿通过轴和拨弹齿簧结合在拨弹滑板上，用于将枪弹拨到预备进膛的位置。

大杠杆在自动机的带动下，用于带动小杠杆、拨弹滑板和拨弹齿。它通过大杠杆轴、紧定螺母和杠杆轴弹簧安装在受弹机盖上。

拨弹滑板用于带动拨弹齿，由拨弹滑板和 4 个滑板滚轮等组成。

6.1.3.3　自动机组件

自动机组件承受并传递火药气体的冲量，使机框向后运动，带动受弹机盖部件完成供弹动作。击发时，在复进簧的推动下，完成推弹、进膛、闭锁和击发动作。它由枪机部件和枪机框部件组成，如图6-27所示。

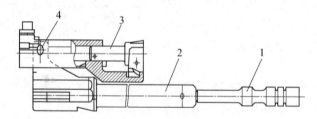

图6-27　自动机组件

1—活塞；2—枪机框；3—枪机；4—枪机框连接销

枪机部件安装在枪机框上，用于送弹入膛、与机匣组件配合闭锁枪膛，以击针撞击底火形成击发和拉出弹壳，它由枪机、击针、拉壳钩、拉壳钩簧等组成。

枪机：它为枪机部件的主体。枪机上面有运动凸榫、闭锁面。

运动凸榫使枪机部件在枪机框的带动下，迫使其闭锁和开锁时旋转，从而使枪机闭锁面与机匣组件上的闭锁齿面结合和脱离。

闭锁面在枪机部件进入节套后，在发射瞬间闭锁枪膛，以防止枪机后退，并将火药气体压力传递给机匣组件。

此外，枪机上还有推弹凸榫和弹底巢。

击针：用于撞击枪弹底火。

拉壳钩：用于拉出射击后留在枪管弹膛内的弹壳，并与退壳挺配合将弹壳抛出。其内装有拉壳钩簧并用拉壳钩销定位。

枪机框部件由枪机框、机框尾座和活塞组成。用于承受并传递火药气体的冲量，带动机框体向后运动。

枪机框：位于枪机框部件上，与枪机部件配合完成闭锁和开锁动作，并带动受弹机盖部件完成供弹动作。击发时，在复进机组件的推动下带动枪机部件向前运动，完成推弹、进膛、闭锁和击发动作。

机框尾座：其下方有击发阻铁槽，用于与复进机组件配合使机枪成待击发状态。机框尾座上还有复进簧孔，用于容纳复进簧。

6.1.3.4　复进机组件

复进机组件位于自动机复进簧孔内，用于储存自动机组件后座时的部分能量，并推动自动机运动到位。它由复进簧、复进簧座、复进簧导杆等组成，如图6-28所示。

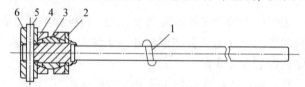

图6-28　复进机组件

1—复进簧导杆；2—挡圈；3—内环；4—外环；5—缓冲销；6—复进簧座

6.1.3.5　电发火机组件

电发火机组件用卡槽连接在机匣组件的后端。用于控制发射机部件，实现电击发或手动击发。它由电发火机本体、推杆、铁芯、电线等组成，一般电发火机组件如图 6-29 所示。此外，它还起到枪尾的作用。

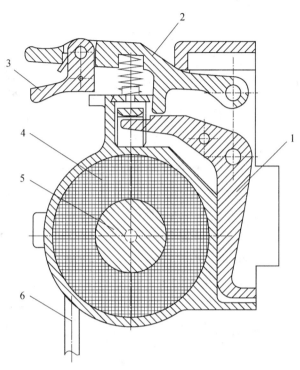

图 6-29　电发火机组件

1—击发杠杆；2—手击发杠杆；3—手击发保险；4—线圈；5—铁芯；6—导线

6.1.3.6　拉柄组件

拉柄组件位于机匣的右侧，用于首发装填。

6.1.3.7　前、后滑板部件

前、后滑板部件用于将机枪与车上的机枪架联结。机枪安装时前滑板按箭头所示方向，后滑板安装时连接销卡簧应朝后，然后沿后导轨装上枪架。机枪校正时，应检查后滑板槽与枪架后导轨间隙，当间隙过大时，应及时更换后滑板部件；然后检查前滑板部件的缓冲螺母是否松动，若松动可将缓冲螺母拧紧。检查完成后，方可按要求调整机枪摇架对机枪进行校正。

前滑板部件用于将机枪安装在枪架上，射击时能减少机枪的振动。由前滑板本体、缓冲杆，前缓冲簧、后缓冲簧和螺母等组成，如图 6-30 所示。

后滑板部件用于将机枪安装在枪架上。由后滑板、连接销和连接销簧、后滑板连接销卡簧和防脱螺钉组成。各组部件组装起来，可构成车载并列机枪武器系统，用于发射相应的车载枪弹。

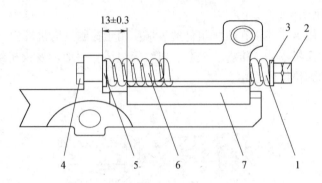

图 6-30　前滑板部件
1—螺母；2—垫圈；3—缓冲杆；4—垫圈；5—后缓冲簧；6—前滑板；7—前缓冲簧

6.2　车载枪弹组成与分类

为车载枪弹武器系统配置与使用的相应弹药，称为车载枪弹。从用途上看，车载枪弹和车载炮弹都是用来杀伤和破坏目标的。一般来说，枪弹和炮弹是以口径来区分的，以20mm 为界限，口径大于 20mm 的称为"炮弹"，小于 20mm 的称为"枪弹"。枪弹也俗称"子弹"，泛指配用于各种枪械，由枪管内膛发射的弹药，它不仅广泛装备于车载武器，更为部队广泛使用。

6.2.1　车载枪弹分类及其特点

车载枪弹是主要依据车载机枪武器系统配置的弹药，按车载枪弹武器系统配置，主要有并列机枪弹和高射机枪弹，并按用途不同发射不同的枪弹。按口径大小可分为小口径（6mm 以下）、大口径（12mm 以上）和介于二者之间的普通口径枪弹；按用途可分为普通弹、特种弹和辅助弹。车载枪弹的主要种类，如图 6-31 所示。

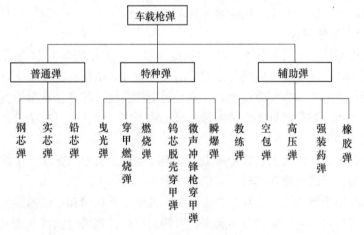

图 6-31　车载枪弹的种类

6.2.1.1　普通弹

普通弹这里主要是用于杀伤有生目标的枪弹，如图 6-32 所示。主要包括铅芯弹、钢芯弹和实芯弹。

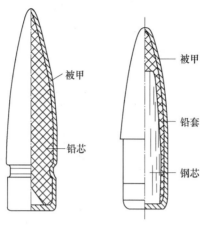

图 6-32　普通枪弹

普通弹是手枪、步枪、机枪和冲锋枪的基本弹种，消耗量最大。普通弹如无特殊标识，其被甲内装铅芯（铅饼合金）或钢芯（低碳钢），故称铅芯弹或钢芯弹。

1. 铅芯弹

铅芯弹由两个零件组成。外面是具有一定强度和塑性的弹头壳，内充以铅芯。弹头壳过去都用紫钢、黄铜或铜钢合金制造，现在都用复铜钢或低碳钢镀铜来制造。

铅芯是硬铅（铅锑合金，铅 94%～98%，锑 6%～2%）做的，它的主要成分是软铅（即纯铅），因此比重较大，加入少量锑后，可提高硬度和强度，从而可以避免弹丸嵌入膛线时的延伸现象。铅芯的成本较高，现已被钢芯代替。

手枪铅芯弹弹丸如图 6-33 所示。手枪普通弹弹丸内装铅芯，初速不大，只适于射击近距离目标。由于手枪弹射程近，外形小，为了在不增加弹丸长度的条件下增加弹丸重量，以提高杀伤力，因此弹丸做得较圆钝，弹丸弧形部近似于半球形。

图 6-33　手枪铅芯弹弹丸

图 6-34　7.62mm 铅芯弹弹丸

机枪普通弹，有轻弹和重弹两种。轻弹弹丸底部呈锥孔形，发射时，在火药燃气压力作用下能够扩张，有较好的闭气作用。

7.62mm 机枪普通弹，也有轻尖弹和重弹两种。7.62mm 铅芯弹弹丸如图 6-34 所示。

铅芯底部呈锥孔形，发射时，在火药燃气压力作用下弹尾能够稍微膨胀扩张，因而初速下降较小，从而更好地嵌入膛线，使磨损了的枪管仍有较好的闭气作用。这样有利于提高射击密集度和延长枪管寿命，尤其有利于在枪管磨损的枪械上射击。此外，锥孔可使弹丸质心前移，有利于弹丸飞行的稳定性。但该弹丸较轻，飞行中速度下降快，有效射程较小，不宜在机枪上使用。重弹弹丸较重，弹尾部呈截圆锥形，有利于减少空气阻力，因而弹速下降较慢，有效射程大，适宜在机枪上使用。

2. 钢芯弹

由于普通弹的产量大，为节省有色金属铅和降低成本，目前普遍采用钢芯弹结构，即弹芯由铅套和钢芯两件组成，如图 6-35 所示。

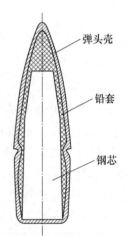

图 6-35　7.62mm 普通
钢芯弹弹丸

由于钢的比重比铅小，钢芯弹头的长度比同重量的铅芯弹头要长些。钢芯是用低碳钢冲压成的，不仅成本较低，而且强度好，有利于提高侵彻效力。为减轻对枪膛的磨损，钢芯与被甲之间还衬有铅套。

3. 实芯弹

早期的弹丸曾使用实芯弹头，这种弹头的整个弹体是用同种材料制成的，通常采用比重大的铜合金或铅合金材料制成单件实心体。例如，法国的"D"型弹就属于此类。因为其强度低，不适于高初速情况，且材料较浪费，故铜合金或铅合金的实芯弹早已被淘汰。若用低碳钢制造实芯弹头，由于对枪管磨损过于严重，使枪管寿命大大降低，故未被采用。

弹丸应满足以下要求：适当的弹重；足够的末速；对有生目标的杀伤效果好；射击密集度大，具有良好的散布精度；在有效射程内弹道低伸，弹形好，结构简单。

6.2.1.2　特种弹

1. 曳光弹

曳光弹主要用以试射、指示目标和做信号，命中干草能起火。

曳光弹主要用以显示弹道，修正射击偏差，穿入易燃物时也可能引起燃烧。必要时，也可代替信号枪发射信号。弹丸由被甲、铅芯、曳光管和固定环组成。

铅芯装在被甲头部，以保持弹丸有一定的重量，曳光管内压装曳光剂和引燃剂。发射时，火药气体点燃引燃剂，出枪口 100m 左右点燃曳光剂开始曳光（红色），以免暴露射击位置。曳光距离：7.62mm 曳光弹为 800～1000m，白天夜间都能看到。固定环的用途是在生产中防止被甲卷边时，曳光管受力变形，使引燃剂松散而影响点火和射击密集度。

曳光弹弹尾是圆柱形的，导引部没有环槽，以避免曳光剂压碎。曳光弹的弹道与普通弹相似，通常用于机枪射击时与普通弹配合使用。

2. 燃烧弹

燃烧弹用以引燃易燃物体。主要用于射击薄壳油箱及木材、草堆等易燃目标。弹丸结构如图 6-36 所示。

7.62mm 燃烧弹弹丸前部装燃烧剂，中部为普通钢心，后部为曳光管。弹着时，钢心冲击燃烧发火。

14.5mm 燃烧弹弹丸内装燃烧剂、着发装置和曳光管。

3. 穿甲燃烧弹

穿甲燃烧弹主要用以对薄壁装甲目标射击，能穿透装甲后引燃易燃物。如射击油箱、油槽车和轻型装甲目标等。

被甲内装淬火的高碳钢弹芯及铅套，燃烧剂有装在弹芯前和弹芯后两种。

燃烧剂装在弹芯前部，弹着时，靠弹芯冲击钢甲使燃烧剂发火。这种弹丸结构简单，但燃烧剂不能全部进入钢甲的穿孔内。

燃烧剂位于弹芯后端的，所有装填物均由弹头部装入，再用弹头帽封闭。弹着时，靠铅盂和被甲的惯力冲击，使燃烧剂发火，并随弹芯穿过钢甲，燃烧剂不易分散，因而燃烧力较强。

枪弹用燃烧剂通常为镁铝合金粉 50% 做可燃物，硝酸钡 50% 做氧化剂，在强冲击下发火，燃烧温度可达 1000℃以上。

4. 钨芯脱壳穿甲弹

钨芯脱壳穿甲弹主要用以对付低空飞机、直升机，也可击穿步兵战车的侧、后装甲。

12.7mm 钨芯脱壳穿甲弹，具有钨合金弹芯和脱壳两大结构特点，其弹丸由弹托、弹芯、曳光剂、底托和闭气环组成，如图 6-37 所示。

尼龙弹托沿轴向开有三道削弱槽，弹丸出枪口后，弹托在离心力作用下沿削弱槽断裂成三瓣飞散，底托与闭气环在空气阻力作用下也与弹芯分离，钨弹芯作惯性飞行，依靠自身动能侵彻轻型装甲。该弹可在 1000m 距离上击穿 15mm/45°的钢甲，侵彻过程中钨芯和钢甲高速碰撞，在局部产生高温，足以引燃钢甲后的油箱。

5. 微声冲锋枪穿甲弹

微声冲锋枪穿甲弹弹头部较尖，被甲早期为黄铜冲制，后改用复铜钢，弹芯为银亮钢制成，被甲与弹芯之间有铅套。发射药为双基球状药。用微声冲锋枪射击时：

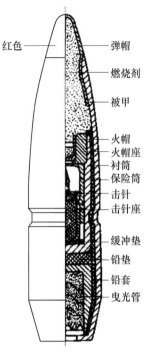

红色 —— 弹帽
—— 燃烧剂
—— 被甲
—— 火帽
—— 火帽座
—— 衬筒
—— 保险筒
—— 击针
—— 击针座
—— 缓冲垫
—— 铅垫
—— 铅套
—— 曳光管

图 6-36 燃烧弹丸结构

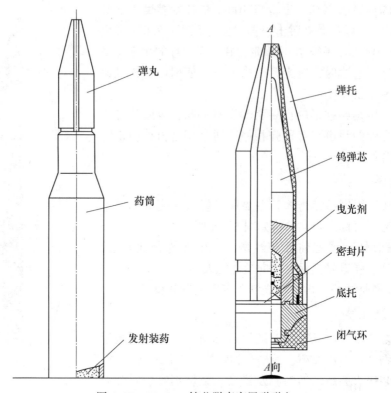

图 6-37　12.7mm 钨芯脱壳穿甲弹弹丸

1）微声，夜静距枪口 100m 处听不到枪声。

2）微光，夜间单发射击枪口无火焰，距枪口 50m 处观察有火星的弹数不超过射弹的 20%。

3）微烟，白天或月明夜射击，不影响射手瞄准，距枪口 50m 任何方向都不易暴露发射位置。

6. 瞬爆弹

瞬爆弹主要用于射击飞机和储油器及木质建筑物等。弹丸由被甲、药壳、炸药、碰炸装置和曳光管等组成。药壳是钢质的，强度较好，用以承受弹丸挤入膛线时的压力。内装太恩炸药及少量黑药，底部有传火孔与曳光剂相通，前端与碰炸装置相连。碰炸装置包括装在雷管套内的雷管、侵彻管及弹帽等。

发射时，在膛内，曳光管的引燃剂被点燃，出枪口一段距离之后开始曳光，显示弹道。弹着目标时，弹帽变形，压缩侵彻管内的空气，产生高温点爆雷管，加上弹帽和侵彻管的破片对雷管的冲击，使雷管爆炸，引起弹丸爆炸。这时弹丸已侵入目标，故爆炸效果较好。若曳光管已燃到最后，而弹丸尚未碰击目标，这时曳光剂的火焰经传火孔点燃黑药，引爆炸药，使弹丸在空中自毁。这时弹丸距离枪口约 2000m。

由于瞬爆弹内装有炸药和雷管，在勤务处理时更应注意安全。

6.2.1.3　辅助弹

辅助弹包括教练弹、空包弹、高压弹、强装药弹和橡胶弹。空包弹主要用以演习和发射枪榴弹，一种没有弹头，弹壳口收口压花并密封，另一种装有易熔易碎的塑料弹头；教练弹主要用以练习装退弹、击发等动作，外形和质量与普通弹相似，弹壳上有三道凹槽，无发射药，底火为橡胶制成；高压弹用于对武器进行机械性能和抗力实验；强装药弹用于增大弹头射程。

6.2.2　枪弹的一般构造

一般而言，枪弹由弹丸（又叫弹头）、药筒（又叫弹壳）、发射药、火帽四部分组成，如图 6-38 所示。

弹丸是发射到敌方完成战斗任务的部分。其外形通常是头部呈圆弧锥形，中部呈圆柱形，尾部呈截圆锥形（又叫船尾形）。这样，在飞行中可减少空气阻力，使弹速下降较慢，有利于增大射程和便于侵彻目标。

弹丸中部直径略大于枪械的口径，如 7.62mm 步机枪普通弹的圆柱部直径为 7.92～7.87mm。这样，发射时可挤入枪管膛线，确实密闭火药燃气，并引导弹丸沿膛线旋转前进，使弹丸出枪口时具有一定的初速和旋速。所以圆柱部又叫导引部。一定的初速和旋速是保证弹丸达到一定的射程、密集度和侵彻力的重要条件。目前步机枪弹的初速一般为 800～1000m/s。

为使弹丸与药筒紧密结合，弹丸圆柱部上通常有一环槽，与药筒结合时便于紧口，增大拔弹力，以增加弹丸与药筒结合的牢固性，保证弹丸在勤务处理和装填时不致松动和脱落。

弹丸由被甲（又叫弹头壳）和装填物组成。被甲过去都用紫铜、黄铜或铜镍合金制造，现在都用复铜钢或低碳钢镀铜来制造。复铜钢是以低碳钢板为主体并在其两面压合有薄黄铜层的复合材料，钢镀铜是低碳钢板，成型后表

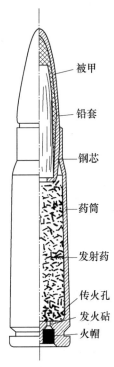

图 6-38　枪弹的一般构造

被甲
铅套
钢芯
药筒
发射药
传火孔
发火砧
火帽

面镀黄铜。这两种材料韧性较好，强度适当，具有较好的防锈能力，成本较黄铜低。装填物是由弹丸对目标的作用决定的，随弹种不同而不同。如普通弹丸被甲内装铅芯或低碳钢芯；曳光弹丸前端装铅芯，后部装曳光管；燃烧弹则装燃烧剂等。

1. 弹头

主要用以杀伤敌人的有生力量，攻击敌装备器材。弹头中部直径略大于枪的口径，以使发射时弹头外层软金属被甲完全挤入膛线，从而密闭膛内火药气体，加大对弹头的推力。枪弹弹头结构可分为弹头壳、铅套和弹芯（内部配件）三部分。弹头壳是用来保持弹头外形，组合各元件成为一个整体，并在发射时嵌入膛线赋予弹头旋转运动的元件。铅套的作用是在弹头装配时，易使各元件填充紧密，发射时缓冲弹头嵌入膛线时所承受的压力，防止内部配件被压坏，还能减少对枪膛的磨损。例如，普通钢芯、穿甲钢芯、曳光管、击针等。

2. 药筒

药筒用以连接弹头、底火并盛装发射药。弹头和弹壳的结合部涂有密封漆；底火装在弹壳底部的底火室内，其结合部涂有防潮漆。发射时起闭气作用，有些武器还靠弹壳传递开锁动力。弹壳按其外形不同，大致分为直筒形和瓶形两种，如图6-39所示。

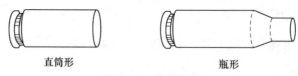

直筒形   瓶形

图6-39 药筒外形

直筒形弹壳多用于制作威力较小的手枪弹。瓶形弹壳可以多装发射药，在发射时闭锁更严密，有利于增大初速，多用于制作威力较大的步枪、机枪弹。

药筒一般由筒口、斜肩、筒体、底缘及底火室组成。药筒外形有圆柱形和瓶形两类，圆柱形药筒构造简单，但容积有限，要增大装药量，必须加长药筒，但药筒增长，会增大与枪膛之间的摩擦力，使退壳困难，而且还增长了枪机往复运动的行程，不利于速射。所以圆柱形药筒只适用于初速小的枪弹，如手枪弹。瓶形药筒其筒体直径加大，而且筒体上部稍细，下部略粗，呈锥形，有利于装填和退壳。瓶形药筒在容积不变的条件下，药筒长度缩短了，枪机的行程小，可以增大射速。

筒口部缩小的程度一般用瓶形系数 Ψ 表示。瓶形系数过大，则药筒底部直径加大，相应地增大了枪膛和枪机的直径，从而增大了枪的质量。所以瓶形系数应适当，一般取1.25～1.50。

底缘主要有全底缘式和无底缘式两种。全底缘式药筒利用凸出的底缘抵住枪管后切面，定位准确，并靠底缘退壳，缺点是送弹较困难，因送弹时底缘有时会卡住下一发枪弹，引起故障。7.62mm步机枪弹属于此类。无底缘药筒的底缘部，直径与筒体相同，车有退壳槽，用以退壳，装填时靠斜肩抵住枪的坡膛定位。属于此类的有7.62mm步机枪弹和高射机枪弹等。它的优点是送弹方便，枪机横断面小；缺点是当斜肩与坡膛配合不准确时，枪弹进入枪膛过深，可能引起击针不能击发的现象。

药筒常用的材料有黄铜、复铜钢和软钢三种。过去多用黄铜，后改用成本较低的复铜钢代替，现在又用成本更低的软钢代替。黄铜不仅机械性能（有足够的强度和较好的韧性）适合于做药筒，而且防锈性能较好；复铜钢的机械性能和防锈性能与黄铜相近，但在切口处和底缘附近软钢裸露的地方容易生锈；软钢主要是防锈性能差，曾采用镀铜防锈，现采用电泳涂漆等新工艺、新材料，防锈问题已基本解决，故已广泛采用。

药筒壁的厚度是在不影响勤务处理和发射时的强度的原则下采取最小的厚度，以利于增大药筒的容积和减轻药筒的质量。

药筒壁的厚度是由筒口向下逐渐加厚的。为了可靠地密闭火药燃气，筒口部较薄，便于发射开始时，在火药燃气压力作用下，很容易产生膨胀变形，紧贴在枪膛上，保证了火药燃气不外泄。筒体下部加厚是为了保证勤务处理和射击时必要的强度及刚度。

3. 发射药

发射药通常直接散装于药筒里。发射药燃烧产生高压火药燃气推送弹丸加速运动，获得一定的初速和旋速。一般采用单基药，有单孔粒状药、球状药、方片状药、七孔药等。为了有效利用发射药的能量，要求发射药在弹丸出枪口前全部燃完。根据配用枪械不同，发射药有以下几种。

（1）手枪弹、空包弹发射药

这类武器枪管短、药室容积小，要求火药必须具有速燃性，即火药应有较高的燃烧速度。为此，要提高火药的热量（即提高硝化棉含氮量或硝化甘油含量）；或降低火药热量，增大火药的微孔性，使火药的燃烧面积增加，从而提高火药的气体生成速率。在药形上可选用多孔性单基球形药、单基方片药、单孔粒状药，或双基球形药、方片药等。如"多-45""多-125"等。

（2）步机枪弹发射药

这类步机枪枪管长，为了不增大最大膛压而又能尽量多装药，以提高弹丸的初速，故采用表面加光并钝化的单孔颗粒单基药，如"3/1 樟""2/1 樟"等。

（3）高射机枪弹发射药

这类武器口径较大，枪管长，要求初速大。采用多孔形的增面燃烧火药，或多孔钝感处理火药，即采用樟脑进行钝感处理，使火药燃烧成渐猛性，从而达到增面燃烧的效果，如"4/7""5/7""5/7 高樟"等。

4. 火帽

枪弹底火装在弹壳的底火室里，作用是击发时产生火焰，迅速确实地点燃发射药。火帽压入药筒火帽室并与发火砧对正，射击时，击发剂受击针与发火砧的冲挤而发火，火焰通过 2 个传火孔传入药筒内点燃发射药。有的枪弹（如 14.5mm 高射机枪弹）在一段时期生产中，不用发火砧，而在火帽室内铆一钢珠代替发火砧，这种弹在包装箱上标有"钢球"字样。

为了防潮，枪弹在装配时，在药筒口部内壁先涂一层特制的沥青漆（叫筒口内涂漆），它填充于弹丸与药筒之间形成一个密封圈，起到密封作用。使发射药不致受潮或挥发而变质。还在药筒口与弹丸的接缝处涂一圈硝基清漆，在火帽与药筒的接缝处，也涂硝基清漆防潮（叫底火点胶）。但仍应注意防潮，并应注意在擦拭枪弹时不要涂油太多，否则，油仍可能侵入药筒，使发射药燃速减慢，造成迟发火。

6.3　典型车载枪弹及其作用

车载枪弹是车载武器系统中重要的组成部分，是直接对付目标作用的，只有通过它才能最终完成既定毁伤任务。车载枪弹性能的好坏，直接影响到装甲装备战斗力的强弱和作用效果。为了管好、用好枪弹，充分发挥其战斗性能，就必须了解各种枪弹的构造性能、识别和配用，掌握正确保管和使用的方法。

配置在车载武器系统的枪弹五花八门，仅从车载枪弹的口径来看，目前广为车载武器配置与应用的主要有典型的 5.8mm、7.62mm 和 12.7mm 枪弹。

6.3.1　5.8mm 枪弹

5.8mm 车载机枪可使用 5.8mm 机枪弹、普通弹和曳光弹，如图 6-40 所示。

图 6-40   5.8mm 机枪弹

5.8mm 并列机枪主要采用 5.8mm 机枪弹和机枪曳光弹，必要时也可使用 5.8mm 普通弹，5.8mm 机枪弹质量为 13.5g。这几种 5.8mm 枪弹常由弹头、弹壳、底火和发射药四部分组成，如图 6-41 所示。

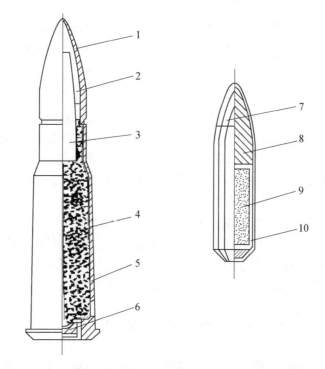

图 6-41   5.8mm 枪弹组成
1—被甲；2—铅套；3—钢芯；4—发射药；5—药筒；6—底火；
7—识别标记；8—铅芯；9—曳光剂；10—曳光管壳

5.8mm 普通枪弹弹头由弹头壳（被甲）、铅套、钢芯组成，弹形更尖锐，药筒材料为软钢；发射药采用了双基 A 型扁球药，药量为 1.73g；底火是枪弹通用底火，是底-18 式底火的改进型。

弹头由弹头壳（被甲）、铅套和硬钢芯组成。弹头壳有两种材料：一种为铜质；另一种为特制复铜钢。采用铜质弹头壳对增加弹头重量，增大极转动惯量，或在相同弹头重量条件下，减短弹头长度以及改善飞行稳定性和散布密集度有利。同时，可减少侵彻目标时的能量消耗，有利于侵彻力的提高。

铅套底都有较厚层的铅，位于钢芯后面，侵彻时这部分铅推动钢芯向前进，有利于侵彻力的提高。同时，厚底的铅使弹头质心后移，对减小弹尖出枪口时的初始扰动和提高散布密集度有利。

采用尖头硬钢芯，并且钢芯前端无铅，钢芯弧形与弹头壳内弧形直接接触，侵彻目标时钢芯容易穿透弹头壳，并且不变形，有利于侵彻力的提高。

弹头外弧形部由原来的 R55 改为 R40 和 R100 两段弧组成，使弹头靠中径部分较肥。有利于减小弹头在膛内自由行程的偏差和使弹头平缓地挤入线膛，对提高散布密集度有利；使弹头靠尖端部分较瘦，有利于减少空气阻力，提高存速及存能，对提高侵彻力有利。

为了区别 5.8mm 枪弹的弹种，在弹头尖部涂有识别颜色。其主要诸元和识别颜色，如表 6-1 所示。

表 6-1　枪弹主要诸元素和识别颜色

枪弹类型	全弹长/mm	全弹重/g	弹头重/g	弹头涂色	
				原涂色	现涂色
钢芯弹	76.91	21.5～23.5	9.45～9.75	银白色	不涂
曳光弹	77.16	20.9～23.1	9.4～9.6	绿色	绿色

6.3.2　7.62mm 枪弹

7.62mm 车载机枪常配用 7.62mm 普通钢芯弹和曳光弹，如图 6-42 所示。这两种枪弹一般由弹丸、弹壳、发射药、底火四部分组成。

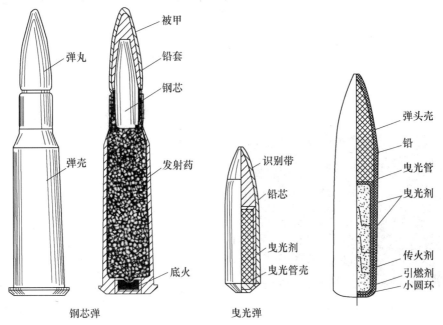

图 6-42　7.62mm 枪弹组成

7.62mm 枪弹的弹种识别颜色，同 5.8mm 枪弹。这里主要介绍 7.62mm 曳光弹。

7.62mm 曳光弹弹丸主要是由被甲、铅芯、曳光管、曳光剂、引燃剂、小圆环（固定环）等元件构成。

曳光弹丸铅芯装在被甲头部，以保持弹丸有一定重量，曳光管内压装曳光剂和引燃剂。曳光管内的曳光剂和引燃剂接触面压成凹凸形，以增加传火面积，将引燃剂表面压成花纹，目的是增加点火面积，易于点着，使弹丸出枪口后不远即开始曳光。

在弹头内底部有环状小垫（称曳光垫或固定环），其作用是：在生产中防止被甲卷边时曳光管受力变形，使引燃剂松散而影响点火和射击密集度。

这种曳光管的缺点是：曳光剂在膛内即开始燃烧。加速了枪管的烧蚀，降低了武器寿命，并影响内弹道性能（初速和膛压）。另外，出枪口即发光，易于暴露射击位置。当曳光药剂压药密度不足时，由于发射药产生的气体冲击其表面，使曳光药剂破碎而不能正常曳光。因此，曳光药剂的压力应大大超过最大膛压。

发射时，火药气体点燃引燃剂，出枪口 100m 左右点燃曳光剂开始曳光（红色），以免暴露射击位置。曳光距离：800～1000m，白天夜间都能看。

曳光弹弹尾是圆柱形的，导引部没有环槽，以避免曳光剂压碎。曳光弹的弹道与普通弹相似，通常用于机枪射击时与普通弹配合使用。

曳光弹按曳光颜色可分为红色、绿色和白色三种。其中，白色由于白天不易分辨，已被淘汰，目前常用红色。曳光剂按生成物又可分为烟剂和光剂两种。烟剂在夜间不易分辨，已不使用，目前均采用光剂。

6.3.3　12.7mm 枪弹

12.7mm 车载机枪可发射 12.7mm 穿甲燃烧曳光弹、穿甲燃烧弹和钨合金脱壳穿甲弹，这几种枪弹一般由弹丸、弹壳、发射药、底火四部分组成，外形如图 6-43 所示。

（1）穿甲曳光弹弹头，被甲内除装铅芯外，还装有曳光剂和曳光管，使曳光剂燃烧生成的气体沿弹轴方向喷出，如图 6-44 所示。

（2）穿甲燃烧弹弹头，在被甲内装有高碳钢芯和燃烧剂，击穿装甲后引燃可燃物，如图 6-45 所示。

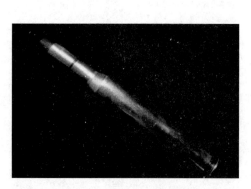

图 6-43　12.7mm 枪弹外形

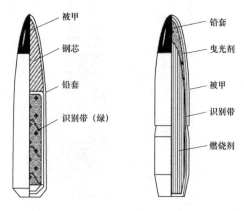

图 6-44　曳光弹头　　图 6-45　穿甲燃烧弹头

标准穿甲燃烧弹的弹头为非流线型，弹芯略短于被甲，弹尖内装燃烧剂。穿甲燃烧弹弹丸尖部涂黑色，弹头部为黑色，其上涂有红条。穿甲燃烧曳光弹弹丸尖部涂紫色，其上有红条。曳光距离可达 1500m。这种穿甲弹主要用于击穿轻型装甲目标和对付有一定防护能力的敌人。例如，薄钢板、轻型装甲车辆，以及个人防护用的钢盔、防弹衣等。若配合燃烧剂等，可毁坏敌军用设施。在弹药的基数中配备一定的穿甲弹是十分必要的。

（3）普通穿甲弹结构的主要特点是：具有一个强度很高且较尖的穿甲弹芯（常用的有钢芯、钨芯等）。典型的穿甲弹，是由弹头壳、铅套和穿甲钢芯三个元件组成的，如图 6-46 所示。

穿甲钢芯为高碳工具钢制成。铅套的作用有：一是减少弹丸对枪管膛线的磨损；二是当弹丸击中目标时，铅套能对穿甲钢芯起一定的缓冲作用，减少尖部遭受破坏的可能性；三是可以减少跳弹的概率。

（4）12.7mm 钨合金脱壳穿甲弹，穿甲钢芯的形状虽然对穿甲性能具有一定的影响，但钢芯的动能对穿甲效果的影响更为显著，因此，常采用比重较大的材料作穿甲弹丸。如目前较为广泛使用的 12.7mm 钨芯脱壳穿甲弹弹丸，就是采用比重较大的金属钨做穿甲弹芯，如图 6-47 所示。

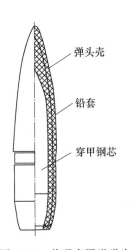

图 6-46　普通穿甲弹弹头

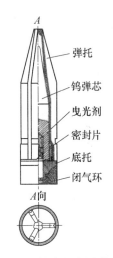

图 6-47　钨合金穿甲弹弹头

6.3.4　车载枪弹的作用

由于车载枪弹弹丸是直接对目标作用的，不同类型的枪弹，其作用是不同的。

（1）普通枪弹，主要用于杀伤敌有生力量。

（2）曳光弹的作用为显示弹道，修正射击偏差，穿入易燃物是也可能引起燃烧。必要时，也可代替信号枪发射信号。

（3）穿甲燃烧曳光弹主要用于射击油箱、油槽车及轻型装甲车辆，并能显示弹道，便于修正。

（4）燃烧弹主要由于射击薄壳油箱及木材、草垛等易燃目标。例如，14.5mm燃烧弹，弹丸内装燃烧剂、着发装置和曳光管。着发装置中的衬筒又被甲上的环槽所固定，内装有火帽、击针、保险筒及缓冲铅垫。保险筒与击针座点卯成一体，击针不能移动，保险筒底部将击针和火帽隔开构成保险。射击时，保险筒因惯性而后坐，筒底被击针刺穿，点卯错位，保险筒后坐到位时和击针仍为一体。出枪口后，由于保险筒和衬筒之间的摩擦力，不能向前移动。弹着时，击针和保险筒因减速惯性力一起前冲，击发火帽，点燃燃烧剂，同时被甲破裂，火焰引燃易燃物。

（5）由于各种弹丸用途不同，则有不同的弹种及弹丸结构。弹丸的结构不同，作用效果也不一样。弹丸结构的设计，总是为了造成有生目标最大的创伤效果。但对弹丸结构也有一定的限制，譬如英国和德国曾使用过的"达姆弹"，由于其被甲尖端被切去而露出铅芯，命中时铅芯被压扁呈蘑菇状，严重地破坏人体组织，将出口扩大了许多倍，且铅毒侵入肌体易使人丧生或造成残疾，因此国际上禁用该类型弹。

（6）弹丸的贯穿能力取决于弹丸结构及发射能量大小。大家知道，典型7.62mm自动步枪的有效射程规定为400m，而其最远射程可达2000～3000m，这是因为有效射程主要是根据弹丸的贯穿能力和命中的准确度来决定的。如某自动步枪用普通弹头7.9g，枪口动能为218kg·m，当飞行到400m距离时，由于空气阻力的影响，其速度锐减，动能也降至73kg·m，1000m处动能只有24kg·m。当动能小于所需杀伤或贯穿目标的能量时，弹丸也就起不到杀伤目标的作用了。实际规定有效射程处的弹丸能量，都超过了杀伤或破坏目标所需的能量。

为了便于参考和比较，在此列出部分杀伤有生目标或击穿个体防护装备所需弹丸动能的评价标准：

1）使有生目标（无防护）失去战斗力所需动能为8～10kg·m（78.4～98N）。

2）命中有生目标目部，只需1～2kg·m（9.8～19.6N）动能即可致伤。

3）12层尼龙防弹布合在一起大约能吸收20kg·m的能量。

4）用7.62mm普通弹击穿美制钢盔的一侧并穿入头部约需31kg·m动能。

5）用5.56mm铅芯弹头穿透尼龙护甲或钢盔，需有41.5kg·m的动能。

仅有弹头的贯穿能力是不够的，还需要准确命中，二者相互结合才能起到弹丸对目标的有效作用。一般步枪视力瞄准最有效的距离是4～165m，而75m以内命中率最高。目标越远就越看不清楚，瞄准也越困难，而且弹丸在飞行中受外界条件的影响也越大。对于瞄准基线长为480mm的半自动步枪，在正常的气象条件下瞄准射击时，如果准星与缺口偏差1mm，那么，在100m距离处就偏差210mm（偏差＝实际距离×准星偏差量/瞄准基线长），在400m距离处偏差840mm。一般目标宽度如果为900mm，那么在左右方向上命中目标的可能性就很小了。

总之，弹丸的杀伤或破坏作用，与目标的性质、弹头结构、射程和瞄准等诸多因素都有密切的关系。

为了对付目标的需要，部队在装备序列、战术和使用方面，会对武器和弹药提出各种新的要求，使其性能得到不断改进与更新。例如，罪犯或敌人若具有轻型防盾、防护车辆、钢盔、防弹衣等防护手段，就要求提高弹丸侵彻能力；当目标运动速度加快时，则要求提高弹丸的飞行速度，缩短飞行时间；科学技术上出现新成就（如新材料、新能源、新工艺），也会引起弹药改变原来旧的面貌，以提高性能和增加产量；工艺水平提高，可以采用代用材料来降低成本时，也需要改变弹药的制造方案（如用钢弹壳代替铜弹壳、钢芯弹代替铅芯弹等）。此外，在勤务方面也会对枪弹提出改进意见。

6.4　车载枪弹的毁伤与评估

车载枪弹的威力是指弹头（丸）在一定距离上杀伤、破坏目标的能力，这种能力与弹头（丸）对目标的作用效果、射击精度和弹道性能等有关。

车载枪弹的威力可用下式表示：

$$M = E \times n \times p \tag{6-1}$$

式中，M 为威力；E 为击中目标的能量；n 为战斗射速；p 为命中率。

车载枪弹的威力 M 与击中目标的能量 E、战斗射速 n 和命中率 p 相关。能量 E 是保证武器威力的必要条件，但不是决定条件，对目标的破坏效果，不仅取决于能量大小，更主要的是取决于侵彻目标过程中传递给目标能量的多少，能量传递越多，对目标的破坏效果越好。战斗射速 n 和命中率 p 关系到对目标的命中概率，命中概率越高，武器威力越大。

6.4.1　枪弹毁伤效果影响因素

6.4.1.1　弹头（丸）对目标的作用效果

弹头（丸）对目标的作用效果与弹头（丸）的种类、结构、材料及目标的性质等有关，各种不同用途的弹头（丸）对它们有不同的要求，评定的标准也随目标的性质与弹头（丸）的性能不同而异。

例如，普通枪弹主要用于杀伤有生目标，所以它对目标的作用效果主要以杀伤作用来评定；穿甲枪弹主要用于射击装甲目标，所以它对目标的作用效果首先以穿甲作用来评定；榴弹发射器用杀伤弹以杀伤目标为主，故通常以杀伤半径或杀伤面积来评定。

6.4.1.2　射击精度

要使弹头（丸）能够杀伤或破坏目标，其首要的条件是要能打得准，即要求它的命中率高。只有命中精度高，才能在短时间内用最少量的弹药消灭敌人。为此，就要求弹头有良好的射击准确度和合理的散布密集度，几种步枪发射 5.56mm 枪弹时的散布如图 6-48 所示。

射击准确度是指射弹散布中心与目标中心的偏差，对于狙击武器而言，就是指射弹落点与目标点的偏离程度。

射击散布密集度是指射弹的密集程度，通常用射弹散布的中间误差来表示。通常有以下几种表示方式：

1）散布圆半径，如半数散布圆半径 R_{50}、全数散布圆半径 R_{100}，这是枪弹最常用的方式。对狙击步枪弹来说，最常用的是全数散布圆直径 R_{100}，即射击 3 发或者 5 发的全部散布圆直径。

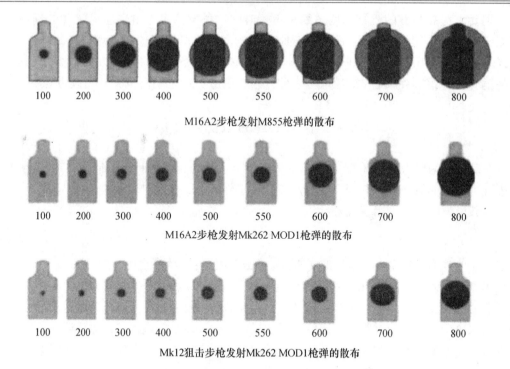

M16A2步枪发射M855枪弹的散布

M16A2步枪发射Mk262 MOD1枪弹的散布

Mk12狙击步枪发射Mk262 MOD1枪弹的散布

图 6-48　几种步枪发射 5.56mm 枪弹时的散布示意图

2）中间误差（在射击学中也称概率误差），包括距离中间误差 E_x、高低中间误差 E_y 和方向中间误差 E_z，一般枪弹或者榴弹通常用高低和方向中间误差表示。

产生射弹散布的原因是多方面的，有武器和弹药发射时的差异等原因：①弹丸质量公差。②发射药质量公差。③发射药药形尺寸公差导致火药燃烧的不一致。④发射时环境温度不一致。⑤弹药膛内位置不一致导致弹丸挤进过程的差异。⑥武器振动导致的身管弯曲变形不一致。⑦各发弹的弹膛温度不一致。⑧弹丸空中飞行时空气温度、密度的变化。⑨飞行过程中风的大小和方向在不同时刻、不同位置的差异。

这些差异的存在，使得即使射击诸元完全相同，射弹也不会落在同一点上。

对于引起射弹散布的因素，除了环境因素难以人工控制和解决外，主要还是从弹、药自身，以及弹和武器匹配等方面来努力提高射弹密集度，其途径就是要减小初速、弹道系数、射角和膛口章动角的散布。具体地说，有如下几个方面：①弹的质量、弹形和尺寸、火药成分和质量、药室容积等要尽量一致。②弹头（丸）质量偏心、推力偏心和枪口章动角等要尽量减小。③弹头（丸）要有足够的飞行稳定性等。

6.4.1.3　弹道性能

弹道性能武器弹道参数主要有口径、质量、初速、有效射程、弹形系数、最大膛压、药室容积等。

良好的弹道性能是弹头（丸）命中目标的保证条件。在具体设计时，还需考虑所设计弹种各个方面的要求，综合考虑确定。例如，普通枪弹，它除要求有良好的弹道性能外，还要求弹头命中目标后能产生较大的杀伤效果。这就需要全面考虑各个方面的要求。

在车载武器直接瞄准射击时，目标距离常常改变，为了易于命中目标，应该力求使弹道诸元的组合能使弹道尽量低伸，使弹头能在尽量短的时间内到达目标。由图 6-49 可以看出，比较低伸的弹道 B 比弹道 A 的

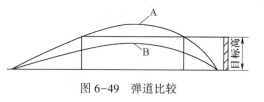

图 6-49　弹道比较

杀伤区大（当射程相同时）。同时，当目标移近时，可避免变动表尺。为了得到低伸的弹道，可以采取提高初速（如增加装填密度、增加装药量、改进火药性能、增长枪管等方法）或减少空气阻力（如改进弹形、增大断面密度等）的方法，但二者均有一定限制，合理的弹道方案也是保障射击精度的重要条件。

直射射程（直射距离）是衡量弹道低伸性能的标志，直射射程以最大弹道高等于目标高的全水平距离来表示，也就是不调整表尺，瞄准线上的弹道高不超过目标高的最大射击距离。

6.4.1.4　连发精度

武器自动化带来的主要问题之一，是连发射击精度。影响连发精度的因素很多，但就弹道方案本身而言，主要与枪口冲量有关。

如美 M16 型 5.56mm 自动步枪连发精度好，在 46m（50yd）处，最大散布为 4.32cm。在同等条件下，苏 AK47 型 7.62mm 自动步枪最大散布为 9.14cm，两者相差一倍多。

由于枪弹的主要作用对象为人员和具有一定防护的轻型装甲目标与武装直升机，因此，对枪弹的毁伤评估主要集中在对人员的损伤和命中轻型装甲目标与武装直升机后对目标的毁伤。通常枪弹对人员毁伤主要取决于命中部位、作用机理和剩余动能。

其中钨芯脱壳穿甲弹主要用于对付低空飞机、直升机，也可击穿步兵战车的侧、后装甲。12.7mm 高机钨芯脱壳穿甲弹具有钨合金弹芯和脱壳两个结构特点。弹丸出炮口后，弹托在离心力作用下沿削弱槽断裂成三瓣飞散，底托与闭气环在空气阻力作用下也与弹芯分离，钨弹芯作惯性飞行，依靠自身动能侵彻轻型装甲，该弹可在 1000m 距离上击穿 15mm/45° 的钢甲，侵彻过程中钨芯和钢甲高速碰撞，在局部产生高温，足以引燃钢甲后的油箱。

对于反坦克武器或高射武器来说，直射距离或高射性比远射性更有意义。

在直射距离内，射手可以不改变表尺分划、直接瞄准目标进行不间断地射击，瞄准动作可以简化，这样就保证了对活动目标射击的快速性和精确性。营属反坦克武器的直射距离一般不应小于 300～500m，团属反坦克武器一般不应小于 1000～1500m。

高射性是指在最大射角时弹丸飞至最大高度的能力。射高分为最大射高和有效射高，有效射高约为最大射高的一半（小口径高炮）到四分之三（中口径高炮）的范围内。一般小口径高炮的有效射高要求为 4000～5000m，中口径高炮为 12000～15000m。

增大远射性和高射性的基本方法是保持一定弹丸质量条件下，增大弹丸的初速，同时，应从弹丸的外形和质量分布上减少空气阻力对弹丸飞行的影响，并保证弹丸有良好的飞行稳定性。此外也可以采用火箭增程装置、底排装置等增大射程。

实践经验表明，不论是打枪还是打炮，在射击诸元相同的条件下打出几发甚至几十发弹丸时，弹着点总不会重叠在一起，而是分散在一个范围内，这种现象叫作射弹散布。射

弹散布的范围越小，弹着点越密集，射击密集度就越好。对弹药的基本战斗要求之一，就是密集度好。

射击密集度的好坏是用"中间误差值"或"中间误差值与平均最大射程的比值"来衡量。对地面目标射击的弹药用距离中间误差和方向中间误差表示，对立靶射击的弹药用高低中间误差和方向中间误差表示。

6.4.2 车载枪弹对目标的毁伤

车载枪弹对目标的毁伤效果和车载枪弹弹药对目标的毁伤规律、弹药对目标的命中概率、单发弹药对目标的毁伤概率密切相关。其中，命中概率是指预期命中弹数与发射总弹数的比值，则对目标的毁伤律就是从概率意义上表示弹药对目标的毁伤规律。它取决于弹丸和目标的参数以及射击条件，如弹丸的结构、质量的大小及弹丸的威力，目标的几何结构、强度、关键性的部位及其数量，弹丸的着速、着角等。有关弹药对目标毁伤律和毁伤概率的计算将在 7.4.1 节、7.4.2 节中探讨，这里仅讨论车载枪弹的命中概率问题。

6.4.2.1 弹药命中概率及其影响因素

车载枪弹（也适用于对目标直接作用的弹药）对目标射击时，命中概率的大小，主要取决射弹散布中心相对目标的位置、目标大小、射弹散布椭圆大小和射击方向等。

1. 散布中心相对目标的位置

在目标面积相同、散布椭圆相同、射向一致的情况下，散布中心越靠近目标中心，命中概率越大；反之，命中概率越小。

如图 6-50a 所示，散布中心与目标中心重合，命中概率为 100%；图 6-50b 中，散布中心通过目标上边缘中央，命中概率为 50%；图 6-48c 中，散布中心脱离目标较远，命中概率约为 0。

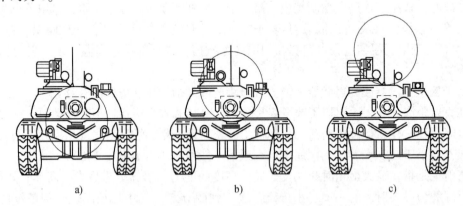

a)   b)   c)

图 6-50　散布中心相对目标的位置

2. 目标大小

在其他条件相同的情况下，目标越大，命中概率越大；反之，命中概率越小。如图 6-50 所示，图 6-50a 中坦克的投影面积大于图 6-50b 中反坦克炮的投影面积，坦克的命中概率大于反坦克炮的命中概率。

3. 射弹散布椭圆大小

在散布中心位于目标中心且其他条件相同的情况下，散布椭圆越小，命中概率越大；反之，命中概率越小，如图 6-51 所示。

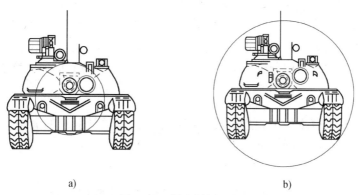

a)　　　　　　　　　　　　　　　b)

图 6-51　散布椭圆面积

对正面坦克射击，图 6-51a 中的散布椭圆面积小于图 6-51b 中的散布椭圆面积，图 6-51a 坦克的命中概率大于图 6-51b 坦克的命中概率。

4. 射击方向

在其他条件相同时，由于距离散布大于方向散布，因此，对水平的狭长目标射击时，射击方向与目标纵长部分一致，命中概率大；反之，命中概率小。

射击方向对命中概率的影响如图 6-52 所示。图 6-52a 中射向与桥梁目标的长度方向一致，命中概率最大；图 6-52b 中射向与桥梁的长度方向垂直，命中概率最小；图 6-52c 中射向与桥梁的长度方向成一定角度，命中概率介于图 6-52a、b 所示的命中概率之间。

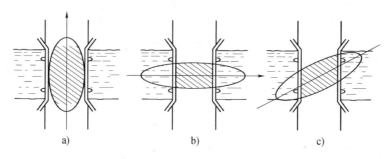

a)　　　　　　　　　　b)　　　　　　　　　　c)

图 6-52　射击方向对命中概率的影响

6.4.2.2　弹药命中概率的常用计算方法

命中概率是指预期命中弹数与发射总弹数的比值，表示在一定的射击条件下命中目标的可能性，通常用百分数表示。

命中概率的计算有两种情况：一种是射弹散布中心相对于目标中心的位置关系已知；另一种是射弹散布中心相对目标中心的位置关系未知。在上述两种情况下，计算命中概率的基本方法是一样的，所不同的有两点：一是弹着点分布的概率误差（中间误差）不同；二是弹着点分布的中心不同。在前一种情况下，弹着点分布的概率误差就是射弹散布概率误差，弹着点分布中心就是已知的射弹散布中心。在后一种情况下，弹着点分布的概率误差是射击误差的概率误差，弹着点分布中心是预期命中点（一般是目标中心）。

由于射击误差中大多数是正态分布随机误差，计算命中概率实质上就是计算弹着点出现在目标范围内的概率。计算命中概率的基本方法是对弹着点在目标所在平面上分布的二维概率密度函数进行重积分；但在实际工作中，通常仅知单个方向上的弹着点分布概率密度函数，此时应首先分别计算高低（距离）命中概率 P_g 和方向命中概率 P_f，常用计算方法主要有：概率密度函数积分法和误差梯尺法等；然后再计算总的命中概率 P 为：

$$P = P_g \times P_f \qquad (6-2)$$

考虑到计算命中概率的方便性，实际工作中，采用的计算总的命中概率的方法主要有：体形系数法、散布率网法等。

1. 体形系数法

体形系数法通常用于散布面覆盖整个目标的情况，步骤如下：

（1）做包络目标的矩形。

（2）求出弹着点落在矩形内的概率 P_1。

（3）将 P_1 乘以目标体形系数 M_C，即得弹着点落在目标内的概率（命中概率）P，即：

$$P = P_1 M_C = P_g P_f M_C \qquad (6-3)$$

目标体形系数 M_C 是目标的实际面积 S_m 与包络目标的矩形面积 S 之比值，即：

$$M_C = S_m / S \qquad (6-4)$$

为了求体形系数 M_C，可分别计算目标实际面积 S_m 和包络目标的矩形面积 S，然后求出体形系数，也可用作图法求出体形系数。典型目标的体形系数如表 6-2 所示。

表 6-2　各典型目标的体形系数

目标名称	体形系数	目标名称	体形系数
正面坦克	0.86	火炮	0.80
斜面坦克	0.76	土木质发射点	0.86
坦克发射点	0.90	无坐力炮	0.86
正面装甲输送车	0.80	火箭筒	0.70
侧面装甲输送车	0.83	机枪	0.66
斜面装甲输送车	0.85	半身靶	0.84
反坦克炮	0.90	正面跑步人形靶	0.84

2. 散布率网法

用散布率网法求命中概率与用散布梯尺求命中概率相似，其方法如下：

（1）绘出散布梯尺，将梯尺中区分公算偏差的短线延长，即可得到 64 个小方格。

（2）计算出各方格相应的概率，并标示在各方格内，即制成散布率网，如图 6-53 所示。

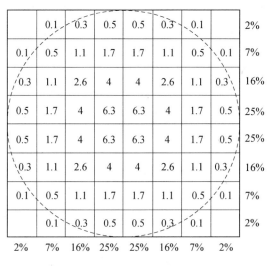

	0.1	0.3	0.5	0.5	0.3	0.1		2%
0.1	0.5	1.1	1.7	1.7	1.1	0.5	0.1	7%
0.3	1.1	2.6	4	4	2.6	1.1	0.3	16%
0.5	1.7	4	6.3	6.3	4	1.7	0.5	25%
0.5	1.7	4	6.3	6.3	4	1.7	0.5	25%
0.3	1.1	2.6	4	4	2.6	1.1	0.3	16%
0.1	0.5	1.1	1.7	1.7	1.1	0.5	0.1	7%
	0.1	0.3	0.5	0.5	0.3	0.1		2%
2%	7%	16%	25%	25%	16%	7%	2%	

图 6-53 散布率网图

（3）以相同的比例，根据散布中心与目标中心的位置关系，将目标标在散布率网上。

（4）将目标所占方格相应的概率相加，即得目标的命中概率。

当选定弹药对目标的毁伤律，在计算出命中概率后，参阅 7.4.1 节、7.4.2 节就能够计算出车载枪弹弹药对目标的毁伤概率。

6.5 车载枪弹发展趋势

随着科学技术和武器运用战术的发展，武器、弹药都在不断地改进和发展，枪弹也不例外，也在不断改进发展中。

6.5.1.1 穿甲弹及脱壳穿甲弹

为了提高对飞机、战车的穿甲能力，研制了钨合金穿甲枪弹、铀合金弹芯、塑料弹托的脱壳枪弹、旋转脱壳穿甲枪弹等。旋转脱壳穿甲枪弹由弹芯和弹托两部分组成。

弹芯由被甲（弹头壳）、燃烧剂及穿甲钢芯构成，用于射击装甲目标。弹托用轻金属、塑料或玻璃钢制成，在膛内导引弹芯运动，在膛外要求它出枪口后可靠的脱掉。这种结构，可显著地提高初速，保存速度的能力较大，因而提高了穿甲能力。

6.5.1.2 双头弹及多头弹

为了提高枪弹的命中率，有的国家研究采用双头弹或多头弹。例如，美 M198 双头弹，弹丸分为前后两个，出枪口后，利用空气阻力的作用，两个弹丸在目标处略有散布，相当于同时向目标发射两发枪弹，提高了命中率。有的研究用滑膛枪发射箭形弹丸，弹丸细而长，后端有尾翼稳定，弹着时，借弹丸翻转提高杀伤效果；有的研究发射集束箭形弹丸，即用弹托固定若干支细如钢针的箭形弹丸，发射出枪口后，弹托飞散，箭弹成群飞散，以增大杀伤范围。

6.5.1.3 无壳弹

枪弹药筒为可燃药筒，发射时可燃药筒烧掉，无金属壳可退，因而又称无壳弹。无壳弹不仅弹重轻，同时取消了武器上的退壳装置，因而减轻了武器的重量。

德国于1982年研制出发射无壳弹的G11步枪，是世界上第一种发射无壳弹的步枪。G11步枪的主要优点是：①尺寸小，重量轻；②系统密封，操作安全；③三发点射命中概率高；④使用轻便，训练简单。

1982年用G11步枪安全连续发射100发无壳弹，无"烤燃"现象。北约各国从7.62mm口径枪弹发展到5.56mm口径枪弹，并没有达到技术飞跃，也没有提高命中概率。但G11步枪以三发点射（点射最后一发弹离枪管后，后坐力才作用）达到了理想的命中概率，堪称步枪的根本性变革。

G11步枪是一种自动导气式武器，结构如图6-54所示。

G11步枪批生产型重3.6kg，由约100个零件组成。包括100发无壳弹在内（50发放在弹匣内，50发由射手携带），全系统重约4.3kg。步枪运动部分是浮动配置在密闭的机匣内，可单发、三发点射和连发。长度只有75cm，根据需要，在枪管护套上还可装刺刀座和两脚架。

无壳弹是G11步枪系统的重要组成部分。现有4.7mm口径弹丸，全弹长34mm，其中，21mm是可燃尽的发射药粒，其批生产的结构断面为边长9mm的正方形，底火在发射药的底部。无壳弹结构如图6-55所示。

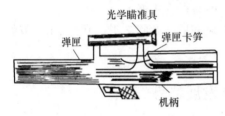

图6-54　发射无壳弹的G11步枪

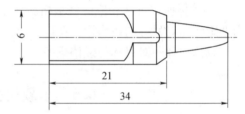

图6-55　无壳弹结构图

最初发射药采用压制的硝化棉火药，因吸湿和自燃温度低（178℃），1980年以来发展到使用带黏结剂的高能和高点火温度的新型发射药，同时，在结构上采取了措施，在射弹数量少时消灭了"烤燃"现象。

方形弹减小了通常圆形枪弹在弹匣内的空挡，提高了弹匣容量。弹药族中有普通软铅芯弹、普通软铅芯曳光弹、塑料练习弹和教练弹。

综上来看，车载枪弹的发展趋势主要有以下几个方面。

1. 缩小枪弹口径

步机枪弹趋向缩小口径，提高初速和射击精度。在保持一定威力的前提下，减轻弹重，以增大携弹量，改善后勤保障。

2. 研制装备穿甲弹

为了提高对飞机、战车的穿甲能力，研制了钨合金穿甲弹、铀合金弹芯、塑料弹托的脱壳枪弹、旋转脱壳穿甲枪弹等。

3. 研制双头弹和多头弹

为了提高枪弹的命中率，有的国家开始研制双头弹和多头弹，例如，美国M198双头弹，弹丸分为前后两个，出枪口后，利用空气阻力的作用，两个弹丸在目标处略有散布，相当于同时向目标发射两发弹丸，提高了命中率。

4. 无壳弹

枪弹药筒为可燃药筒，发射时可燃药筒烧掉，无金属壳可退，又称无壳弹。无壳弹不仅弹重轻，同时取消了武器上的退壳装置，减轻了武器的重量。

第 7 章　反坦克导弹与毁伤

导弹是指携带战斗部，依靠自身动力装置推进，由制导系统导引、控制其飞行轨迹并导向目标的一类飞行器。目前，世界上能自行研制导弹的国家有 20 多个，装备导弹的国家和地区多达 100 个左右。据不完全统计，近 50 年来，各国研制和列装的各类导弹（含改进型），总数共计 600 种左右。其中车载武器配置的导弹通常称为反坦克导弹和炮射导弹。

7.1　导　弹　概　述

因导弹种类繁多，为便于了解、研究、设计、生产和使用，通常要将导弹进行分类。导弹的分类方法虽然很多，但每一种分类方法都能概括地反映导弹某个侧面的主要特征。此外，导弹尚处在迅速发展之中，新的型号还在不断出现，因此分类方法还会有所变化和发展。

7.1.1　导弹的分类

导弹按照发射点和目标位置不同，可分为四大类：面对面、面对空、空对面、空对空导弹。此外，还可按照作战使命、结构与弹道特征、射程远近，以及所攻击的目标等进行分类。

7.1.1.1　按照发射点和目标位置分类

按照发射点和目标位置不同，可将导弹分为面对面、面对空、空对面和空对空导弹。发射点和目标位置可分别在地面、地下、水面（舰船上）、水下（潜艇上）和空中（飞机、导弹或卫星），约定地面（包括地下）或水面（包括水下）统称为面。

（1）面对面导弹

面对面导弹是指从地面（地下）或水面（水下）发射，用于攻击地面或海面目标的导弹。

（2）面对空导弹

面对空导弹是指从地面（地下）或水面（水下）发射，用于攻击空中目标的导弹。面对空导弹又称为防空导弹。

（3）空对面导弹

空对面导弹是指从空中飞机、直升机、空间飞行器等发射，攻击地面（地下）或水面（水下）目标的导弹。

（4）空对空导弹

空对空导弹是指从空中发射，攻击空中目标的导弹。

7.1.1.2　按照作战使命分类

按照作战使命，可将导弹分为战略导弹和战术导弹。战略导弹是指用于完成战略任务的导弹，如攻击敌方重要城市、工业能源基地、导弹和核武器基地、交通和通信枢纽等。战略导弹一般使用核战斗部，射程较远。像远程面对面导弹、空对面导弹及用于保卫重要城市、战略要地设施的远程地对空导弹均属于战略型导弹。战术导弹是指用于地面、海域或空中作战的，完成攻击某个具体战役和战术目标任务的导弹。战术导弹一般使用常规战斗部，也可使用核战斗部，射程通常在 1000km 以内。

7.1.1.3　按照结构与弹道特征分类

按照导弹结构和飞行弹道特征，可将导弹分为弹道式导弹和有翼式导弹。

弹道式导弹是指不依靠气动翼面产生升力，并且在推力终止后按抛物体运动飞行的导弹。其飞行弹道除一小段是有动力并进行制导的主动段外，其余绝大部分弹道是按自由抛物体弹道飞行的被动段。弹体没有弹翼，只有少数导弹有安定面。该导弹适合攻击固定目标。远程、洲际导弹大多数为弹道导弹。

有翼式导弹又分为巡航导弹和其他有翼式导弹。巡航导弹有一对很大的平面弹翼，外形与飞机很相像。这种导弹由于机动能力较差，故只适用于攻击地面固定目标或低速运动的目标（如舰艇）。其飞行弹道有自己的特点，大部分是水平飞行段。其他有翼式导弹是指除巡航导弹外的，利用翼面和舵面气动力控制和稳定其飞行轨迹的导弹。其弹道由翼面升力、发动机推力及导弹重力所决定。可随目标的机动而变化。弹体由弹身、弹翼、舵及安定面组成，适合攻击活动目标。

7.1.1.4　按照射程远近分类

按照射程远近可将导弹分为四类。近程导弹是指射程在 1000km 以内的导弹；中程导弹是指射程在 1000～3000km 的导弹；远程导弹是指射程在 3000～8000km 的导弹；洲际导弹是指射程在 8000km 以上的导弹。

7.1.1.5　按照攻击的目标分类

按照导弹所攻击的具体目标，可将导弹分为反坦克导弹、反飞机导弹、反辐射导弹、反导弹导弹等。

7.1.2　导弹的组成与功能

对于不同导弹，由于其担负的使命不同，其大小、重量、复杂程度等也各不相同，但就其基本组成来说，一般由动力装置、制导系统、战斗部、弹体和弹上电源五大部分组成。

7.1.2.1　动力装置

导弹飞行的动力组成部分称为动力装置，或称为推进系统。它是以发动机为主体的，为导弹提供飞行动力的装置，以保证导弹获得需要的射程和飞行速度。

导弹上的发动机都是喷气发动机，有火箭发动机（固体和液体火箭发动机）、空气喷气发动机（涡轮喷气和冲压喷气发动机）以及组合型发动机（固-液组合和火箭-冲压组合发动机）。

有的导弹采用两台发动机，如反坦克导弹和地对空导弹。一台做起飞时助推用的发动机，用来使导弹从发射装置上迅速起飞和加速，称为助推器；另一台做主要发动机，用来使导弹维持一定的速度飞行以便能追击坦克或飞机，称为续航发动机。

7.1.2.2　制导系统

制导系统是导弹的核心组成部分，是导引和控制导弹飞向目标的仪器、装置和设备的总称。为了能够将导弹导向目标，一方面需要不断测量导弹与目标的相对位置及其偏差，并形成修正偏差的控制指令信息，向导弹发出修正偏差或跟踪目标的控制指令；另一方面还需要保证导弹稳定飞行，操纵导弹改变飞行姿态，控制导弹按所要求的方向和轨迹飞行而命中目标。完成前一方面任务的部分是导引系统，完成后一方面任务的部分是控制系统。两个系统合在一起构成制导系统。制导系统的组成和类型很多，它们的工作原理也多种多样。制导系统可全部装在弹上，如自寻的制导系统。有很多导弹，弹上只装控制系统，导引系统则设在地面制导站内，如遥控制导系统。制导系统可全部装在弹上，如自寻的制导系统。但有很多导弹，弹上只装有控制系统，导引系统则设在指挥站（如地面、舰艇或飞机上）。

7.1.2.3　战斗部

战斗部是导弹上直接毁伤目标、完成战斗任务的部分，它是导弹的有效载荷。由于战斗部大多放置在导弹的头部，人们又习惯称它为弹头。

由于导弹所攻击的目标性质和类型不同，相应地有各种毁伤作用和不同结构类型的战斗部。通常将战斗部分为常规战斗部、核战斗部和特种战斗部三种类型。常规战斗部有：杀伤战斗部、连续杆战斗部、爆破战斗部、杀伤爆破战斗部、聚能战斗部、集束战斗部、半穿甲战斗部和破甲战斗部等；核战斗部有：原子弹头、氢弹头和中子弹头等；特种战斗部有：激光战斗部、化学毒剂战斗部及生物战斗部等。

7.1.2.4　弹体

弹体是导弹的主体，它是由各舱、段、空气动力翼面、弹上机构及一些零组件连接组成的、有良好的气动力外形的壳体，用以安装战斗部、控制系统、动力装置、推进剂及弹上电源等。当采用对接战斗部、固体火箭发动机时，它们的壳体就是弹体外壳的一部分。空气动力翼面包括产生升力的弹翼、产生操纵力的舵面及保证导弹稳定飞行的安定面（尾翼）。对弹道式导弹由于其大部分时间在大气层外飞行，因此没有弹翼或根本没有空气动力翼面。

对于弹体，一方面要求其具有合理的外形，以保证导弹具有良好的气动性能；另一方面要求其有足够的强度和刚度，以保证导弹在运输、发射和飞行过程中能够承受发动机推力、重力、气动力和惯性力的作用，不发生断裂和大的结构变形。另外，在满足上述要求的前提下，弹体应尽可能的轻。

7.1.2.5　弹上电源

弹上电源是供给弹上各分系统工作用电的电能装置。除电池外，通常还包括各种配电和变电装置。弹上电源可以采用电池，也可采用小型涡轮发电机来供电。有的导弹（如AFT07反坦克导弹）弹上没有电源，由地面电源供弹上使用。

从导弹的定义及其一般组成来看，导弹所具有的区别于其他武器弹药的特殊功能，主要由其各组成部分的作用来确定：

1）载有战斗部是武器的基本属性，即导弹具有毁伤能力，这是导弹区别运载火箭（载荷为卫星、飞船等民用产品）的基本要素，不同的导弹，战斗部装填不同的物质，如普通炸药、核装料或化学战剂。载有普通炸药战斗部的导弹称为常规导弹；载有核装料战斗部的导弹称为核导弹；载有生化战剂战斗部的导弹称为生化导弹。

2）依靠自身动力装置推进是导弹区别制导炮弹和制导炸弹的显著要素，导弹可以依靠火箭发动机推进，也可依靠空气喷气发动机或组合型发动机推进。

3）是否安装制导系统是导弹区别火箭弹的标志，修正火箭弹可以减少初始散布的影响，但无法消除飞行过程中的偏差，其精度较导弹要差得多。

4）导弹在空中飞行而鱼雷在水中航行，其速度、动力学参数和制导控制都有较大区别。导弹之所以成为武器，就是因为载有摧毁目标的战斗部。不同类型、不同用途的导弹载有不同类型的战斗部。因此，导弹根据特性不同可分为多种类型。

7.2　反坦克导弹

对付坦克装甲目标等的车载反坦克导弹，源于导弹技术及现代战争发展的需求，是车载武器系统中增配的辅助武器，并随着科学技术与战争的发展，渐次成为地面轻型无人装备等的主要武器，在现代无人化作战、智能化作战中起到越来越重要的作用。

7.2.1　反坦克导弹分类

反坦克导弹尽管数量很多，但其分类方法常用一种，即按照其出现的年代和制导方式来进行分类，一般将其分为三代。

7.2.1.1　第一代反坦克导弹

第一代反坦克导弹是指 20 世纪 50 年代到 60 年代初的产品，其典型代表有苏联的"赛格尔"、法国的"SS·10"、联邦德国的"柯布拉"等。当导弹发射后，射手目视飞行中的导弹与目标的相对位置关系，保持瞄准具、导弹和目标三点始终在同一条直线上。若导弹偏离瞄准点，则射手凭经验估计出偏差量，并用手操纵控制盒（箱）上的手柄给出控制指令，指令通过导线传输到导弹上，从而将导弹控制到瞄准线上来，使导弹能最后击中目标。

第一代反坦克导弹的主要特点是：目视瞄准与跟踪、三点法导引、手动操纵、有线传输指令。武器系统结构简单，体积小，重量轻，价格便宜，多数适合单兵或兵组携带使用。但导弹飞行速度低（约 100m/s）；射手直接参与制导，对其素质要求高，需经过严格的训练；命中率与射手的因素有密切关系，一般命中率仅在 70% 左右；近距离死区大。

7.2.1.2　第二代反坦克导弹

第二代反坦克导弹是指 20 世纪 60 年代初到 70 年代初的产品，其典型代表有美国的"龙""陶"，法国和联邦德国的"霍特""米兰"等。它们大多数是在第一代弹技术基础上发展起来的，保持了原有的"目视瞄准"和"有线传输指令"两个特点，而把"目视跟踪"改为"红外跟踪"，将"手动操纵"改为"自动形成控制指令"。当导弹发射后，射手只需将光学瞄准镜的十字刻线中心对准目标即可。若导弹偏离瞄准线，与瞄准镜同轴安装的红外测角仪便能自动测出导弹与瞄准线的偏差，并将此偏差送给控制箱，控制箱自动产生控制指令，经传输线送到弹上，纠正导弹的飞行偏差，直至命中目标。

第二代反坦克导弹的主要特点是：光学瞄准、红外跟踪、三点导引、半自动有线传输指令。与第一代导弹相比，减轻了射手负担，自动化程度提高，命中率也提高了（>90%）；导弹飞行速度提高（在高亚声速范围）；死区缩小，大多数采用筒式发射，可全方位射击。但整个武器系统结构复杂，成本高，抗干扰能力差，跟踪导弹过程中，射手与发射制导装置不可分离，易遭敌方攻击。

第二代反坦克导弹分为轻型和重型两种。轻型导弹的弹径较小，重量约为14kg，最大射程2000m左右，适合单兵和兵组作战使用，如美国的"龙"，法国、德国联合研制的"米兰"等。重型导弹的弹径较大，重量超过20kg，最大射程超过4000m，用于机动车辆和直升机上的发射，如美国的"陶"，法国、德国联合研制的"霍特"等。

20世纪70年代以来，第三代主战坦克采用了复合装甲、间隔装甲和主动装甲等新型装甲，反坦克导弹原有战斗部的威力已不能有效地毁伤这类坦克。因此，许多国家在研制新型导弹的同时，还注重提高第二代反坦克导弹战斗部威力的改进工作。如"陶-Ⅱ"导弹，将原"陶"战斗部直径由127mm增大到152mm，战斗部重量由原来的3.65kg增加到5.9kg；"霍特-Ⅱ"导弹将原战斗部装药更换成高能新型装药；"陶-Ⅱ""霍特-Ⅱ""米兰-Ⅱ"等导弹在头部都增添了前伸杆，用于增大炸高的办法来提高战斗威力。与此同时还研制了一些具有新型战斗部结构的导弹，如瑞典的"比尔"导弹，战斗部轴线与弹体轴线成30°的下倾角。当导弹碰到坦克前装甲时，战斗部所产生的聚能射流能沿最短的路径侵彻前装甲。该导弹还配有近炸引信，可攻击坦克的顶部装甲。

7.2.1.3　第三代反坦克导弹

第三代反坦克导弹是在20世纪70年代中期以后研制的产品，它是在第一、第二代反坦克导弹发展和改进的基础上，面临新型坦克的挑战而研制出来的。该代导弹有的已研制成功并装备部队，但大多数还处于进一步研究和发展之中。

目前，人们对第三代反坦克导弹的理解还不尽一致，尤其是对某些制导方式和弹型的分类归属有不同看法，因此，对于反坦克导弹的分类便有二代半、三代、四代之说。但普遍认为，第三代弹同第一、第二代弹相比，采用的制导方式应更先进，武器系统工作的自动化程度应更高。有不少的第三代弹发射后就不用管了，不需要射手任何的操纵，导弹便可自动跟踪命中目标。

目前，对于新研制的一些新型反坦克导弹究竟归属哪一代，这并非特别重要，关键是弄清其制导方式和工作原理。第三代反坦克导弹的典型代表有：美国的"海尔法"（激光半主动自寻的制导）、"马伐瑞克"（电视制导）、"FOG-M"（红外热成像制导），英国的"军刀"（激光半主动自寻的制导），以色列的"玛帕茨"（激光驾束制导）等。

7.2.2　反坦克导弹一般结构

反坦克导弹与其他类导弹一样，作为一种武器，其任务就是将战斗部（可控弹药组件）导向坦克等装甲目标或其附近，加以引爆并杀伤目标，主要由战斗部、推进系统、制导系统和弹体等部分组成。

7.2.2.1　战斗部

导弹战斗部是导弹上用以破坏目标的部件，也是导弹成为武器的基本条件。为了获得良好的战斗效果，依据对付不同目标就会采用不同类型的战斗部，反坦克导弹也如此配备战斗部，常见的导弹战斗部类型如图 7-1 所示。

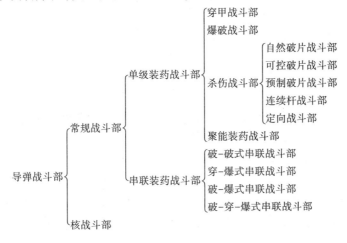

图 7-1　导弹战斗部分类

战斗部（全备）一般由壳体（弹体）、装填物（摧毁剂）和引信组成。常见的战斗部由破片杀伤战斗部、连续杆式杀伤战斗部、定向杀伤型战斗部、穿甲战斗部和破甲战斗部。

1. 破片杀伤战斗部

破片杀伤战斗部是现役装备中最常见和主要的战斗部之一，其特点是应用爆炸方法产生高速破片群，利用破片对目标的高速碰击、引燃和引爆作用杀伤目标。这种类型的战斗部作为对付空中、地面活动低生存目标以及有生力量具有良好的杀伤效果，战斗部结构如图 7-2 所示。

图 7-2　破片杀伤战斗部

2. 连续杆式杀伤战斗部

连续杆式杀伤战斗部，又称条状层叠式杀伤战斗部，是在非连续杆式杀伤战斗部基础上发展起来的一种战斗部。连续杆式战斗部是目前空对空、地对空、舰对空导弹上常用战斗部类型之一。这种战斗部与破片式战斗部相比，最大优点是杀伤率高，缺点是对导弹制导精度要求高，生产成本也比较高，战斗部结构如图 7-3 所示。

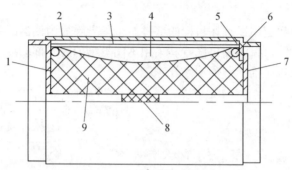

图7-3　连续杆战斗部构造

1—前端盖；2—蒙皮；3—杆；4—波形控制器；5—杆的焊缝；
6—切断环；7—后端盖；8—传爆药；9—炸药

3. 定向杀伤型战斗部

定向杀伤型战斗部是近年发展起来的一类新型结构的战斗部。传统的破片杀伤战斗部的杀伤元素的静态分布沿径向基本是均匀分布的（通常称为"径向均强性战斗部"）。这种均匀分布实际上是很不合理的，因为当导弹与目标遭遇时，不管目标位于导弹的哪一个方位，在战斗部爆炸瞬间，目标在战斗部杀伤区域内只占很小一部分。

也就是说，这种战斗部杀伤元素的大部分并未得到利用。因此，人们想到能否增加目标方向的杀伤元素（或能量），甚至把杀伤元素全部集中到目标方向上去，这种能把能量在径向相对集中的战斗部就是定向战斗部，如图7-4所示。为此可采用偏心起爆式定向战斗部，如图7-5所示。

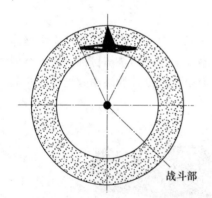

图7-4　空中目标在径向均强性战斗部
杀伤区域横截面图

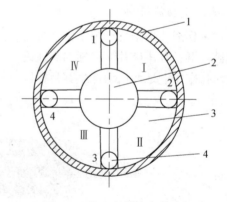

图7-5　偏心起爆定向战斗部

1—破片层；2—安全执行机构；3—主装药；4—起爆装置

定向战斗部的应用将大大提高对目标的杀伤能力，或者在保持一定杀伤能力的条件下，减少战斗部的质量。在使用定向战斗部时，导弹应通过引信或弹上其他设备，提供目标脱靶方位的信息并选择最佳起爆位置。

4. 穿甲战斗部

穿甲战斗部是利用高强度弹芯在发射后所具有的相当高的动能，撞击目标来击穿装甲的。也就是说，利用动能转变为破坏能以摧毁装甲。由于这种破甲方式要求战斗部碰甲时具有足够的着速，着速大，着靶时比动能（单位面积上的动能）高，则穿甲能力强，故目前这种战斗部一般都配备于加农炮。因加农炮膛压高，容易获得高初速和大着速；对于攻击远距离坦克的反坦克导弹，未采用穿甲战斗部。穿甲战斗部结构如图 7-6 所示。

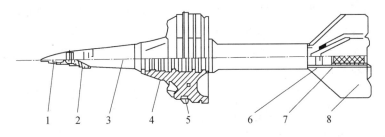

图 7-6　穿甲战斗部

1—风帽；2—被帽；3—弹体；4—卡瓣；5—弹带；6—曳光管；7—压螺；8—尾翼

5. 破甲战斗部

破甲战斗部是利用炸药的聚能效应来穿透装甲的。其基本原理是利用战斗部爆炸时形成的高温高速和高能量密度的金属射流破坏装甲。这种破甲方式不要求战斗部有很高的着速和数量很多的有效装药，因而战斗部重量较轻。目前，这种破甲战斗部被广泛应用在一些近战的反坦克火箭武器和对付较远距离上装甲目标的反坦克导弹上，战斗部结构如图 7-7 所示。

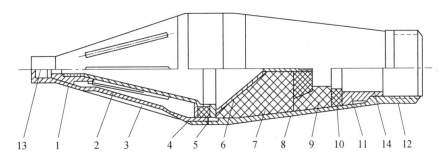

图 7-7　破甲战斗部

1—定位套；2—内锥罩；3—风帽；4—压螺环；5—绝缘环；6—药型罩组件；
7—主药柱；8—隔板；9—副药柱；10—绝缘垫圈；11—衬套；
12—弹壳；13—引信头部机构；14—引信底部机构的空间

反坦克导弹，除可配置上述各种战斗部外，还有相应壳体、装填物和引信部等部分，其结构和功能因与炮弹相似，在此不再做过多介绍。

7.2.2.2　推进系统

推进系统是给导弹运动提供动力来源，主要是有发动机。导弹上使用的发动机有火箭发动机、空气喷气发动机和火箭-冲压组合发动机。

在二级导弹（如二级地对空导弹）上，其发动机有主发动机和助推器。助推器是用来使导弹在发射后不久，即在很短的时间内获得较大的速度，保证导弹正常飞行，并使导弹在续航段能很快的攻击目标。一般助推器采用固体火箭发动机，用完即抛掉。主发动机是使导弹能在较长的时间内继续飞行，它是导弹的主要动力。

根据发动机的位置安排，发动机的总体结构型式可分为串联和并联两种型式。

对于反坦克导弹，为了及时攻击活动目标，通常采用起飞（增速）和续航两级发动机。起飞（增速）发动机（又称助推器）使导弹在极短的时间内获得所需飞行速度，续航发动机则主要用来克服空气阻力和重力影响保持一定的飞行速度。它们在导弹上的位置安排，视总体要求可以呈串联式或并联式。为其工作可靠、结构紧凑，两级发动机经常采取不可分离的结构型式。

反坦克导弹采用的固体火箭发动机一般是双推力方案，即起飞段和续航段（或增速段和续航段）两种推力。为了使反坦克导弹迅速达到一定的飞行速度，一般起飞（或增速）发动机的推力较大，工作时间较短（0.2～2s）。续航发动机的推力较小，工作时间较长（10～30s）。

1. 起飞（发射）发动机

一般情况下，起飞发动机由发动机壳体、装药和点火系统组成，其外形如图 7-8 所示。

图 7-8　起飞发动机

（1）壳体

发射发动机壳体采用超高强度合金钢旋压而成，主要包括燃烧室和喷管。

燃烧室用于存放、固定推进剂，发动机工作时推进剂药柱在燃烧室内燃烧。燃烧室是半封头结构，圆柱段是长细比大的薄壁构件，燃烧室外形如图 7-9 所示。

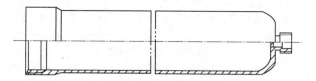

图 7-9　发射发动机燃烧室

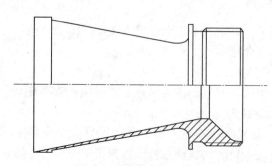

图 7-10　发射发动机喷管

喷管控制燃烧室内的压力，同时还是发动机的能量转换装置，它使高温高压的燃气加速膨胀，从而产生推力。发射发动机的喷管为单喷管构件，扩张段采用薄壁的锥形结构，如图 7-10 所示。

（2）装药

装药采用吊挂式，包括挂药板和四根组合药柱。挂药板用于固定支撑组合药柱，挂药板前端的螺纹通过固定螺与燃烧室固定，其圆柱端面与燃烧室内头端平面用涂GD414 室温硫化硅橡胶的方法达到密封，如图 7-11 所示。

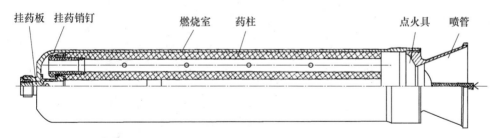

图 7-11　发射发动机装药

组合药柱是发动机的能源，由挂药销钉、嵌套和管状药柱构成，如图 7-12 所示。挂药销钉和嵌套为连接构件，采用胶黏剂与药柱黏结而成一个整体。通过嵌套上的槽，与挂药板相嵌，保证了径向和轴向固定。

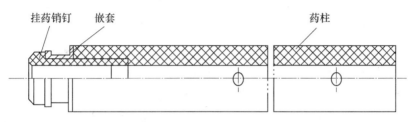

图 7-12　发射发动机组合药柱

（3）点火系统

点火系统是发动机工作的启动装置，其功能是在极短的时间内可靠地点火。点火系统包括电起爆器、喷管堵、药盒盖和点火剂等，如图 7-13 所示。

2. 飞行（续航）发动机

飞行发动机是保证反坦克导弹能以足够的续航速度飞行的动力装置。在导弹飞行动力段，连续为导弹提供增速与续航飞行所需的动力。

飞行发动机采用单室双推力固体火箭发动机，位于导弹中部，是导弹的安装骨架，发动机壳体前、后分别设有定心带，构成发动机的实际轴线，并作为导弹几何参数的测量基准。飞行发动机由燃烧室壳体、装药、喷管座和点火具等部件组成，外形如图 7-14 所示。

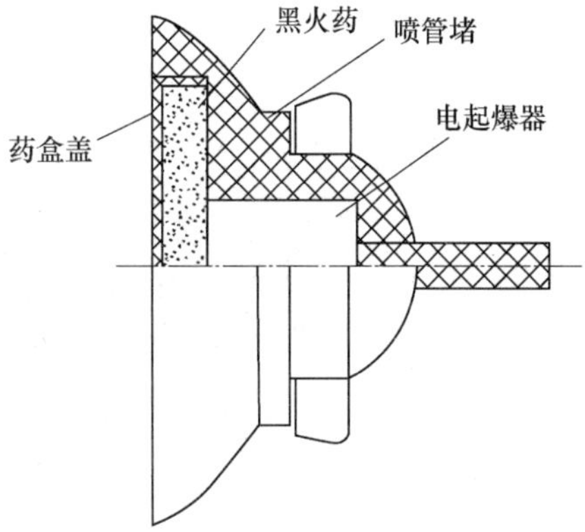

图 7-13　发射发动机点火具

（1）燃烧室壳体

燃烧室壳体由金属壳体和粘接在内壁上的隔热衬层组成，其结构形式为半封闭式。燃烧室壳体与喷管座构成燃烧室，装药在燃烧室内燃烧，产生高温高压燃气，将推进剂的化学能转化成热能。

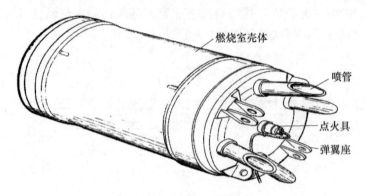

图 7-14 飞行发动机外形

（2）装药

装药是由整体药柱和侧面包覆组成，整体药柱的增速级药形为七角星形，续航级为端面燃烧药形。装药的两级推进剂均由化学物质构成，是飞行发动机的推进能源；推进剂药柱的外层是阻燃层，其功能是使药柱按预定的燃面变化规律燃烧，实现所设计的推力方案。

装药在单一燃烧室内燃烧，燃气通过一组斜置的 4 个喷管，在飞行动力段连续为导弹提供增速与续航飞行所需的动力。

（3）喷管座

喷管座主要由金属后盖、非金属隔热衬层和喷管等组成。喷管座除与燃烧室壳体构成燃烧室外，要完成下述结构功能：安装喷管、固定点火具、焊接弹翼座、安置锁弹孔和连接四舱的螺纹孔、固定点火具的导线。

（4）点火具

点火具由电起爆器、点火药盒和固紧屏蔽帽等组成。点火具的主要功能是点燃装药，启动飞行发动机工作，飞行发动机剖面如图 7-15 所示。

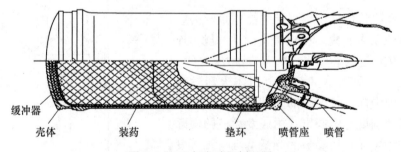

图 7-15 飞行发动机剖面图

该发动机与其他类型的固体火箭发动机一样，将装药燃烧产生的热能通过喷管转换成动能，以反作用力的形式为导弹飞行提供动力。所不同的是飞行发动机的增速续航两级推力参数和内弹道性能，是通过设计不同燃面药形和选用不同燃速的推进剂，并使其按预定的装药燃面变化规律燃烧来实现的。采用这种组合装药和两级共用喷管的单室双推力动力形式，为导弹飞行提供增速、续航两级推力。

7.2.2.3　制导系统

制导系统是导弹的核心组成部分，正是因为有了该部分才使导弹成为可控，而区别于其他非制导武器。制导系统是导引和控制导弹飞向目标的仪器、装置和设备的总称。为了能够将导弹导向目标，一方面需要不断测量导弹与目标的相对位置及其偏差，并形成修正偏差的控制指令信息；另一方面还需要保证导弹稳定飞行，操纵导弹改变飞行姿态，控制导弹按所要求的方向和轨迹飞行而命中目标。完成前一方面任务的部分是导引系统，完成后一方面任务的部分是控制系统。两个系统合在一起构成制导系统。制导系统的组成和类型很多，它们的工作原理也多种多样。

制导系统可全部装在弹上，如自寻的制导系统。但有很多导弹，弹上只装有控制系统，导引系统则设在指挥站（地面、舰艇或飞机上）。

对有翼导弹而言，制导系统是必不可少的，尤为重要的是它的准确度和可靠性，制导系统在导弹武器系统中占据着十分重要的地位。

1. 导弹的导引系统

导引系统通过探测装置确定导弹相对目标或发射点的位置形成引导指令。探测装置对目标和导弹运动信息的测量，可以用不同类型的装置予以实现。例如，可以在选定的坐标系内，对目标或导弹的运动信息分别进行测量，也可以在选定的坐标系内，对目标与导弹的相对运动信息进行测量。探测装置可以是制导站上的红外或雷达测角仪，也可能是装在导弹上的导引头。

导引系统根据探测装置测量的参数，以设定的引导方法形成引导指令，指令形成之后送给控制系统，有些情况要经过相应的坐标转换。

导引系统的设备可能全部放在弹上，也可能放在制导站或导引系统的主要设备放在制导站。

根据导引系统的工作是否与外界发生联系，或者说导引系统的工作是否需要导弹以外的任何信息，制导系统可分为非自主制导与自主制导两大类。

从导弹、制导站和目标之间在导弹制导过程中的相互联系，导引系统的作用距离、结构和工作原理以及其他方面的特征来看，不同制导系统间的差别很大，在每一类制导系统内，导引系统的形式也有所不同，因为导引系统是根据不同的物理原理构成的，实现的技术要求也不同。

但基本组成都包括信息获取装置、信息处理装置、弹目位置测定和形成控制指令等。如电视制导反坦克导弹的导引系统由导弹控制盒、电视测角瞄准镜、电视测角仪和激光电源计数器等组成。

其中导弹控制盒接收炮长操纵台的工作状态信号，完成各种工作状态的处理、显示，并完成系统自检、导弹发射和控制其飞行特性。为测角仪提供电源并接收测角仪电路盒的角偏差信号，形成正比于导弹在俯仰和水平方向上相对瞄准线的线偏差数字量，通过校正、判断、剔除和滤波等程序形成相应的控制指令，完成对导弹的飞行控制，以及导弹发射前后对瞄具保护窗的开窗控制与判断。

电视测角瞄准镜为射手提供观察和瞄准目标的光学设备，在其光轴上同轴安装导弹系统测角仪的光学探测部件——电荷耦合器件（Charge-Coupled Device，CCD）变焦系统。完成对目标的观瞄和对导弹弹标光源的捕获与跟踪。

测角仪电路盒接收瞄准镜中测角仪探测部件 CCD 变焦系统捕获导弹弹标光源的信息，实时处理出弹标光源和瞄准镜瞄准线的水平与俯仰方向的角偏差数字量信号，提供给导弹控制盒。

激光电源计数器用于激光测距的计算。它能计算出激光束发射与接收的时间间隔，将此时间参数转化为距离参数，输送到显示器上用数字直接显示出实际距离。

2. 导弹控制系统

控制系统直接操纵导弹，要迅速而准确地执行导引系统发出的引导指令，控制导弹飞向目标。控制系统另一项重要的任务是保证导弹在每一飞行段稳定地飞行，所以也常称为稳定回路。稳定回路中通常含有校正装置，用以保证其有较高的控制质量。而且，随着导弹技术及其相应科学技术的发展，导弹控制系统更倾向称为导弹姿态控制系统，是指自动稳定和控制导弹绕质心运动的弹上整套装置，主要包括敏感装置（如陀螺仪、加速度计等）、控制计算装置（如计算机）和执行机构（如舵机）等组成。

其中，敏感装置和控制计算装置相较其他领域应用具有一定的技术通用性，故在此仅对导弹控制系统中的执行机构（一般称为舵机）部分予以介绍。

舵机是导弹控制系统的执行机构，根据控制指令带动装在续航发动机喷管上的摆舵按指令偏摆，使燃气流偏斜，产生改变导弹飞行姿态所需的控制力。

典型反坦克导弹的舵机由本体和壳体、电磁滑阀机构、滤杯、两个活塞和摆帽组成，如图 7-16 所示。

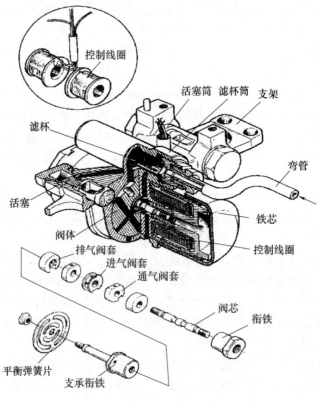

图 7-16　舵机

（1）本体和壳体

本体是舵机的装配骨架，控制部件通过本体连接在续航发动机喷管座上。一侧安装有由塑料压制而成的隔热罩，在本体上面有一个滤杯筒和两个作动筒壳体，其分别安装滤杯和活塞。滤杯筒、作动筒壳体与阀体之间分别有气路相通。滤杯筒与阀体之间有气路的进气孔。每个作动筒壳体两端和阀体之间的气路是通气孔。

（2）电磁滑阀机构

电磁滑阀机构如图 7-17 所示。为了保护壳体内的线圈，在过滤器的电磁滑阀机构由两个电磁铁、阀芯、阀套、衔铁、衬套、支承杆和平衡弹簧片组成。

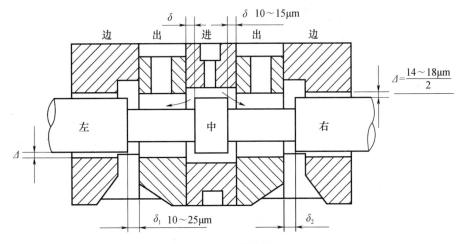

图 7-17　电磁滑阀机构

电磁铁是舵机的电、力变换元件，将控制指令电信号变成磁力，吸引阀芯往复运动，使相应阀套的气路开闭。电磁铁由线圈、壳体、铁芯和衔铁组成。壳体、铁芯和衔铁都采用了良好的导磁材料，铁芯和壳体之间用螺纹连接，左右衔铁用导磁性能良好的铁镍合金材料制成，分别用螺纹连接在阀芯的两端，当线圈通过电流产生磁场时，在磁力的作用下，衔铁带动阀芯运动，如图 7-18 所示。

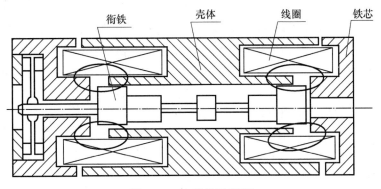

图 7-18　电磁铁示意图

平衡弹簧片放在内、外垫圈之间，用螺母固定在支承衔铁的一端，如图 7-19 所示。

其作用是利用弹簧片变形力的反弹，以提高阀芯反向运动的初始速度。其中，选用不同厚度的内垫圈来调节铁芯和衔铁的间隙，外垫圈的两个凸台分别镶在弹簧片的两个月牙槽内用以支撑弹簧片，使弹簧片四周悬空，凸台的厚度用来保证平衡弹簧片产生 $20\sim40\mu m$ 的轴向自由浮动量。

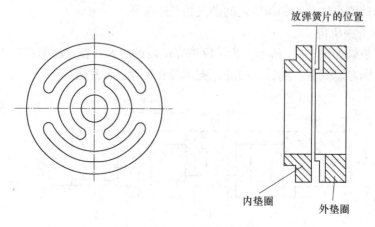

图 7-19　弹簧片及内外垫圈

（3）滤杯

滤杯装在舵机本体的滤杯筒内，对过滤器送来的燃气做最后过滤。滤杯是最后一道细滤网，滤网呈杯状，由不锈钢丝编织而成。为了润滑和降温，滤网上涂有高温润滑脂。在高温燃气的作用下，润滑脂迅速变成油雾，使运动零件之间润滑，同时能吸收一定的热量，又可对燃气起降温的作用。

（4）活塞

活塞装在舵机本体的活塞筒内，由电磁滑阀机构相应阀套分配来的燃气交替地进入活塞筒两端，在压力差的作用下，推动活塞往复运动。摆舵支耳套装在续航发动机的喷管口上，其支耳插在活塞长方形孔中，随活塞的运动带动摆舵支耳偏摆。摆舵支耳的偏摆角 $\pm14°$，频率与控制指令电信号变化规律一致。

（5）摆帽

摆帽由限位器、摆轴、摆轴销、紧固销、摆舵外壳和衬套组成，如图 7-20 所示。

衬套装入摆舵的外壳内，并用保护盖来保护摆舵的初始位置处于零位。外壳和衬套可绕摆轴摆动，摆角为 14°，限位器用来限制摆角。摆舵的支耳插在活塞中间的槽孔内，活塞的平动带动摆舵绕摆轴摆动。

摆舵用连接螺钉压紧舵机和续航喷管连接在续航喷管座上。

导弹控制力的产生是利用摆舵的偏摆，引起喷管喷出的燃气在摆舵内发生偏斜来达到的。

7.2.2.4　弹体

弹体是导弹的一个重要组成部分，它的任务是将导弹的各个组成部分牢靠地连接成一个有机整体，并使导弹形成良好的气动外形。一般导弹的弹体包括弹身、弹翼、舵面等部分。

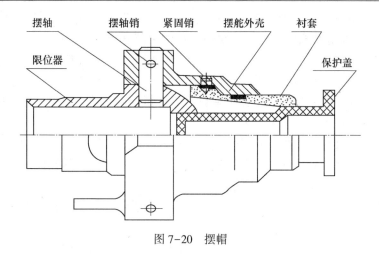

图 7-20　摆帽

1. 弹身

弹身的功能是安装战斗部、控制设备、燃料及动力装置等，并将弹翼、舵面等部件连接成一个整体。当采用固体火箭发动机和受力式整体燃料箱时，它们本身也是弹身的一个部分。

2. 弹翼

弹翼的功能与导弹的类型有关。对于巡航导弹，主要产生升力，用以克服重力，维持导弹在大气层中作水平飞行；对于反飞机导弹、空对地导弹、反坦克导弹等，则主要产生法向力，用来操纵导弹作曲线飞行（机动飞行）。

典型反坦克导弹的弹翼机构以飞行发动机喷管座为基座，安装在导弹中部飞行发动机后，每套弹翼机构均由四个结构和组成完全相同而且各自独立的分机构组成。每个分机构均由弹翼、弹翼座、锁紧块、张开簧、锁紧簧、压簧、翼轴和锁紧轴等零件组成，如图7-21 所示。

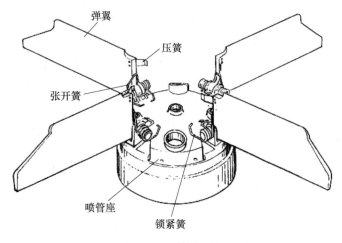

图 7-21　弹翼机构

弹翼为流线型直臂平面翼，在导弹飞行状态，由弹尾向前看，四片弹翼在弹上呈"十"字形布局，为导弹机动飞行时提供所需要的大部分控制力和稳定力矩。

弹翼座焊接在强度和刚度都很好的飞行发动机后盖上；弹翼座是弹翼和锁紧块的刚性支承座，可靠地保证了弹翼准确的工作位置精度。

锁紧块用于弹翼张开到位后，锁定弹翼，防止弹翼在气动力作用下再次折合，保证弹翼工作时正确的后掠角。

张开簧和锁紧簧均为并列双扭簧，前者要求有准确的力矩特性。

张开簧提供弹翼由合拢状态到张开状态转化所需的扭矩；锁紧簧提供弹翼张开时，锁紧块转动到位所需要的扭矩。

压簧采用弹性不锈钢带制成，结构简单、工作可靠。弹翼张开到位后，使弹翼开关压合。

翼轴和锁紧轴均为弹性圆柱销，分别与弹翼和锁紧块采用胀紧性配合，分别为弹翼和锁紧块的支承及转动轴。

3. 舵面

舵面的功能是用来操纵导弹和使导弹稳定飞行。对于"X"形和"+"形气动型式的反飞机导弹，其舵面是根据控制系统给出的信号，在舵机和操纵机构的推动下绕舵轴转一定角度，舵面上产生升力，此升力使弹体绕重心转动，从而改变了导弹的飞行姿态，使导弹作俯仰或偏航方向飞行。

7.3 反坦克导弹作用原理

导弹之所以能够准确地命中目标，是由于能按照一定的引导规律对导弹实施控制。控制导弹的飞行，根本点是改变导弹飞行方向，而改变飞行方向的方法就是产生与导弹飞行速度矢量垂直的控制力。

在大气层中飞行的导弹主要受发动机推力 P、空气动力 R 和导弹重力 G 作用，这三种力的合力就是导弹上受到的总作用力。导弹受到的作用力可分解为平行导弹飞行方向的切向力和垂直于导弹飞行方向的法向力，切向力只能改变导弹飞行速度的大小，法向力才能改变导弹飞行方向，法向力为零时，导弹做直线运动。导弹的法向力，由推力、空气动力和导弹重力决定，导弹的重力一般不能随意改变，因此，要改变导弹的控制力，只有改变导弹的推力或空气动力。

在大气层内飞行的导弹，可由改变空气动力获得控制，有翼导弹一般用改变空气动力的方法来改变控制力。

在大气层中或大气层外飞行的导弹，都可以用改变推力的方法获得控制。无翼导弹主要是用改变推力的办法来改变控制力，因无翼导弹在稀薄大气层内飞行时，弹体产生的空气动力很小。

下面以改变导弹空气动力的方法为例说明导弹飞行控制原理。

导弹所受的空气动力可沿速度坐标系分解成升力、侧力和阻力，其中升力和侧力是垂直于飞行速度方向的；升力在导弹纵对称平面内，侧力在导弹侧平面内。所以，利用空气动力来改变控制力，是通过改变升力和侧力来实现的。由于导弹的气动外形不同，改变升力和侧力的方法也略有不同，现以轴对称导弹为例来说明。

这类导弹具有两对弹翼和舵面，在纵对称面和侧对称面内都能产生较大的空气动力。如果要使导弹在纵对称平面内向上或向下改变飞行方向，就需改变导弹的攻角，攻角改变以后，导弹的升力就随之改变。

作用在导弹纵对称平面内的受力如图 7-22 所示。各力在弹道法线方向上的投影可表示为：

$$F_y = Y + P\sin\alpha - G\cos\theta \tag{7-1}$$

式中，θ 为弹道倾角；Y 为升力。

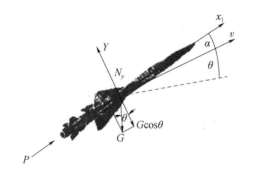

图 7-22　轴对称导弹在纵对称平面内的控制力

导弹所受的可改变的法向力为：

$$N_y = Y + P\sin\alpha \tag{7-2}$$

由牛顿第二定律和圆周运动可得如下关系式：

$$F_y = ma \tag{7-3}$$

即

$$N_y - G\cos\theta = m\frac{v^2}{\rho} \tag{7-4}$$

式中，v 为导弹的飞行速度；m 为导弹的质量；ρ 为弹道的曲率半径。

而曲率半径又可表示成：

$$\rho = \frac{\mathrm{d}S}{\mathrm{d}\theta} = \frac{\mathrm{d}S/\mathrm{d}t}{\mathrm{d}\theta/\mathrm{d}t} = \frac{v}{\dot{\theta}} \tag{7-5}$$

式中，S 为导弹运动轨迹，则有：

$$N_y - G\cos\theta = mv\dot{\theta} \tag{7-6}$$

即：

$$\dot{\theta} = \frac{N_y - G\cos\theta}{mv} \tag{7-7}$$

由此可以看出，要使导弹在纵对称平面内向上或向下改变飞行方向，就需要利用操纵元件产生操纵力矩使导弹绕质心转动，来改变导弹的攻角。攻角改变后，导弹的法向力 N_y 也随之改变。而且，当导弹的飞行速度一定时，法向力 N_y 越大，弹道倾角的变化率 $\dot{\theta}$ 就越大，也就是说，导弹在纵对称平面内的飞行方向改变得就越快。

同理，导弹在侧平面内的可改变的法向力为：

$$N_z = Z + P\sin\beta \qquad (7-8)$$

由此可见，要使导弹在侧平面内向左或向右改变飞行方向，就需要通过操作元件改变侧滑角 β，使侧力 Z 发生变化，从而改变侧向控制力 N_z。

显然，要使导弹在任意平面内改变飞行方向，就需要同时改变攻角和侧滑角，使升力

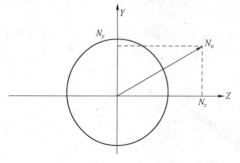

和侧力同时发生变化。此时，导弹的法向力 N_n 就是 N_y 和 N_z 的合力，如图 7-23 所示。

要使力的改变和弹丸理想运动趋势相一致，需要一系列的装置来实现，这套系装置包括由探测系统，控制指令形成，到操纵导弹飞行的所有设备，这就是导弹制导系统（也就是通常所说的飞行控制系统），制导系统的作用是使导弹保持在理想弹道附近飞行。

图 7-23　轴对称导弹在任意平面内的控制力

通常情况下，制导系统是一个多回路系统，如图 7-24 所示。

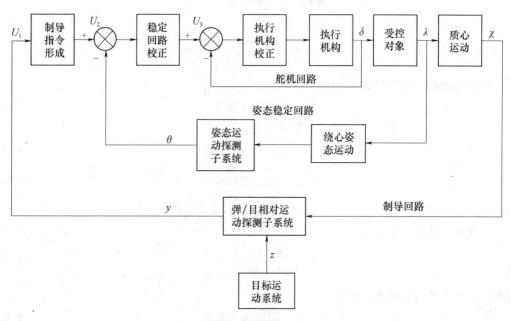

图 7-24　导弹制导系统的一般组成

稳定回路作为制导系统大回路的一个环节，它本身也是闭环回路，而且可能是多回路（如包括阻尼回路和加速度计反馈回路等），而稳定回路中的执行机构通常也采用位置或速度反馈形成闭环回路，其组成当然并不是所有的制导系统都要求具备上述各回路。例如，有些小型导弹就可能没有稳定回路，也有些导弹的执行机构采用开环控制，但所有导弹都必须具备制导系统大回路。

稳定回路系统是制导系统的重要环节，它的性质直接影响制导系统的制导准确度，弹

上控制系统应既能保证导弹飞行的稳定性，又能保证导弹的机动性，即对飞行有控制和稳定的作用。

7.4　反坦克导弹的毁伤与评估

终点毁伤效能评估是对实战条件下战斗部打击特定目标的毁伤能力与毁伤效果进行度量，是导弹武器研制、试验鉴定、装备部署乃至实战运用全寿命过程中至关重要的内容。导弹战斗部对目标的毁伤是一个极为复杂的过程，涉及目标特性及易损性、战斗部毁伤机理、毁伤能力和作战条件等多方面因素。如何准确客观地评估战斗部对目标的毁伤能力和效果，一直是相关领域的研究重点，涌现出了毁伤概率评估法、毁伤树评估法、降阶态评估法等常用评估方法。

目前，常用的反坦克导弹多数采用破甲原理实施对目标打击与毁伤，因而也常采用传统的毁伤概率评估方法进行毁伤效能评估。毁伤概率评估方法综合考虑了导弹战斗部命中某点的概率以及在该命中条件下目标的毁伤概率，并以毁伤概率来度量武器弹药系统毁伤目标的可能性，以实现弹药系统打击目标的毁伤效能评估。

7.4.1　目标毁伤律

由于装甲目标等都具有一定的战斗职能，当目标失去完成战斗职能的能力时，称为目标被毁伤。不同的战术情况下，目标被毁伤的具体含义是不同的。

目标毁伤律就是从概率意义上表示弹药对目标的毁伤规律。目标毁伤律研究的是目标在战斗部命中条件下的毁伤概率（以下简称为条件毁伤概率），随战斗部命中发数或命中点坐标变化的规律，即确定条件毁伤概率与命中发数 n 之间的函数关系 $K(n)$，或与命中点坐标 (x, y, z) 之间的函数关系 $K(x, y, z)$。它取决于弹丸和目标的参数以及射击条件，如弹丸的结构、质量的大小及弹丸的威力，目标的几何结构、强度、关键性的部位及其数量，弹丸的着速、着角。显然，一个确定的毁伤规律对应于一个确定的弹丸及目标的组合。如果目标和弹药不同了，目标毁伤律就不同了。

目标毁伤律可分成两类：一类是依赖于命中弹数的，主要用于直接作用式弹丸对坚固点目标射击时。当命中数达到 n 时，目标一定被毁伤，即认为 n 发弹毁伤目标不互相独立。物理意义在于：向某目标发射 n 发弹丸，若任意一发的单独作用（如命中目标）都不能毁伤目标；但 n 发弹丸共同作用可毁伤目标，显然，这 n 发弹毁伤目标不相互独立，即弹对目标的毁伤作用有积累效果，这种现象称为有毁伤积累。

另一类是与有毁伤累积相对应的 n 发弹毁伤目标相互独立的情况，主要依赖于炸点坐标，用于依靠破片、冲击波等对目标构成毁伤时。即 n 发弹中任意一发毁伤目标的概率与其他任意的 $k(1 \leqslant k \leqslant n-1)$ 发弹对目标造成的毁伤无关。物理意义在于：向某目标发射 n 发弹丸，若任意一发的单独作用（如命中目标）都能毁伤目标，命中即毁伤，这 n 发弹毁伤目标就是相互独立的。n 发弹毁伤目标相互独立就是弹丸对目标的毁伤作用无积累，每发弹丸是独立毁伤目标的，这也可以说目标无毁伤积累。

对于车载武器及其主要的作战对象坦克等装甲目标，因其不易命中即毁伤，主要研究依赖于命中弹数的目标毁伤律，即毁伤目标的概率与命中目标的弹数之间的函数关系。

设 $K(n)$ 表示在 n 发弹命中目标时毁伤目标的概率，则 $K(n)$ 称为目标毁伤律。

依赖于命中弹数的目标毁伤律有下列特性：

1）$K(n) = 0$，即不命中时不能毁伤目标。

2）$K(n) \leq K(n+1)$，即随着命中弹数的增加，目标毁伤的概率不会减少。

3）$\lim\limits_{n \to \infty} K(n) = 1$，即随着命中弹数的无限增加，目标必然被毁伤。

下面给出几种常用的目标毁伤律形式。

7.4.1.1　0-1 毁伤律

0-1 毁伤律基于如下假设：至少命中 m 发以上战斗部，目标被毁伤；少于 m 发，目标没有毁伤。则 0-1 毁伤律具有如下形式：

$$K(n) = \begin{cases} 0 & n < m \\ 1 & n \geq m \end{cases} \tag{7-9}$$

0-1 毁伤律简单易行，但因其没有体现 m 发弹中每发弹的"毁伤积累"，只适用于点目标等简单目标。

7.4.1.2　阶梯毁伤律

为了改进 0-1 毁伤律假定的不合理之处，又可提出下列假定：引入的阶梯毁伤律是基于如下假设：每一发战斗部的命中都使所打击目标的条件毁伤概率增加 $1/m$，则当命中 m 发以上战斗部时，目标一定被毁伤。则阶梯毁伤律具有如下形式：

$$K(n) = \begin{cases} \dfrac{n}{m} & n = 1, 2, \cdots, m-1 \\ 1 & n \geq m \end{cases} \tag{7-10}$$

阶梯毁伤律在描述目标的"毁伤累积"方面具有优势，缺点是不便于实际应用。

当目标的尺寸与射弹散布范围相比较小时，就可做下面的两个假设：

（1）命中弹在区域 D 上是均匀分布的，其中 D 是目标在散布平面上的投影区域。

（2）命中目标的任何部位独立。

在上面的假设条件下，如果已知目标各组成部分在散布面上投影面积及易毁程度，就可计算出目标毁伤律 $K(n)$。

假设目标由三个部位组成，如图 7-25 所示。弹着点在目标各处均匀分布。弹命中部位 Ⅰ，目标就毁伤；部位 Ⅱ 要命中 2 发弹，目标才毁伤；部位 Ⅲ 要命中 3 发弹，目标才毁伤。目标各部位 Ⅰ、Ⅱ、Ⅲ 在散布平面上的投影面积分别为 1、2、3。试求目标毁伤律。

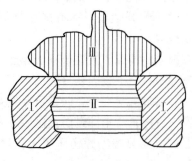

图 7-25　目标部位图

解：由题意得各部位 Ⅰ、Ⅱ、Ⅲ 在散布平面上的投影面积与目标在散布平面上的总投影面积之比分别为 1/6、1/3、1/2。因此，在弹丸命中目标的情况下，命中部位 Ⅰ、Ⅱ、Ⅲ 的概率分别是 1/6、1/3、1/2。

$n = 1$（目标被命中 1 发弹）时，要使目标毁伤，该弹必须命中部位 I，所以 $K(1) = 1/6$。

$n = 2$（目标被命中 2 发弹）时，要使目标毁伤，2 发弹必须"至少 1 发命中部位 I"，或"2 发弹都命中部位 II"，由概率加法定理和乘法定理得：

$$K(2) = [1 - (1 - 1/6)^2] + (1/3)^2 = 5/12 \qquad (7\text{-}11)$$

$n = 3$（目标被命中 3 发弹）时，先计算目标不被毁伤的概率，即"2 发命中部位 III，另 1 发命中部位 II"，其概率为：

$$\overline{K(3)} = [C_3^2 (1/2)^2] \cdot 1/3 = 1/4 \qquad (7\text{-}12)$$

因此，目标被毁伤的概率为 $K(3) = 1 - \overline{G(3)} = 3/4$。

$n = 4$（目标被命中 4 发弹）时，无论这 4 发弹在各个部位如何分布，目标均被毁伤，因此 $K(4) = 1$。所以目标毁伤律为：

则目标阶梯毁伤律 $K(n)$ 的曲线，如图 7-26 所示。

$$K(n) = \begin{cases} 0 & n = 0 \\ 1/6 & n = 1 \\ 5/12 & n = 2 \\ 3/4 & n = 3 \\ 1 & n = 4 \end{cases} \qquad (7\text{-}13)$$

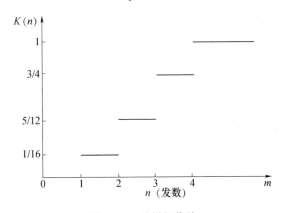

图 7-26　阶梯毁伤律

7.4.1.3　指数毁伤律

指数毁伤律基于如下假设：每一发命中战斗部对目标的条件毁伤概率均相等。设每一发命中战斗部对目标的条件毁伤概率均为 $K(1)$，则指数毁伤律具有如下形式：

$$K(n) = 1 - [1 - K(1)]^n \qquad (7\text{-}14)$$

据此可以推导出以平均所需命中发数 ω 为参数的指数毁伤律，此时具有如下形式：

$$K(n) = 1 - \left[1 - \frac{1}{\omega}\right]^n \qquad (7\text{-}15)$$

指数毁伤律的不足在于没有完全体现目标的"毁伤累积"，但由于形式简单实用，在命中发数为有限值时，较为符合实际情况，因此，得到了广泛应用。

7.4.1.4　破片毁伤律

破片毁伤律基于如下假设：破片对目标的毁伤作用取决于战斗部爆炸点相对于目标的

空间位置坐标。设战斗部在 (x, y, z) 点爆炸时，全部破片对目标的条件毁伤概率为 $K(x, y, z)$，将全部破片分为 n 个质量级，第 i 个质量级的破片数为 N_i，平均质量为 q_i，其中一块破片对目标的条件毁伤概率为 K_i，则全部破片不毁伤面目标的条件概率为：

$$\bar{K}(x,y) = \prod_{i=1}^{n} (1 - K_i)^{N_i} \tag{7-16}$$

一般情况下，由于 K_i 很小，可采用指数法进行近似计算，则：

$$\bar{K}(x,y) = \prod_{i=1}^{n} \exp(-K_i N_i) = \exp\left(-\sum_{i=1}^{n} K_i N_i\right) \tag{7-17}$$

则全部破片毁伤面目标的条件毁伤概率，即破片毁伤律为：

$$K(x,y) = 1 - \bar{K}(x,y) = 1 - \exp\left(-\sum_{i=1}^{n} K_i N_i\right) \tag{7-18}$$

破片毁伤律的计算较为复杂，应用过程中需要对其进行简化。

7.4.2 毁伤概率计算

获得目标毁伤律后，可藉此计算目标的毁伤概率。

通常情况下，毁伤目标这一事件是命中目标和命中条件下目标被毁伤这两种情况的共现事件，故目标毁伤概率等于命中概率与目标毁伤律的乘积。

设发射 m 发战斗部时，目标毁伤概率为 P_m，则有：

$$P_m = \sum_{n=1}^{m} p(n) K(n) \tag{7-19}$$

式中，$p(n)$ 为命中 n 发的概率；$K(n)$ 为目标毁伤律。

在式（7-19）中，若 $K(n)$ 为指数毁伤律，则计算毁伤概率 P_m 相对容易，此时目标毁伤概率为：

$$P_m = 1 - \prod_{i=1}^{m} \left(1 - \frac{p(i)}{\omega}\right) \tag{7-20}$$

式中，$p(i)$ 为第 i 发战斗部的命中概率；ω 为毁伤目标所需命中发数的数学期望。

特别地，当战斗部的命中概率相同且均为 p 时，可得到 m 发战斗部的目标毁伤概率为：

$$P_m = 1 - \left(1 - \frac{p}{\omega}\right)^m \tag{7-21}$$

7.4.3 毁伤试验方法

对目标的毁伤评估，除上述理论分析计算外，常采用毁伤试验方法。毁伤试验方法有不同的适用范围，针对不同的战斗部类型，按照不同类型战斗部毁伤试验考核需求，确定对应的毁伤试验方法需要遵循一定的原则和步骤。

根据确定的原则和步骤，在对反坦克导弹战斗部类型与机理分析的基础上，对整体侵彻爆破类、整体杀伤爆破类、整体串联类战斗部等典型战斗部的毁伤试验方法进行简要分析。

7.4.3.1 基本原则

战斗部毁伤试验方法确定应遵循如下基本原则。

（1）分清阶段，满足需求

确定战斗部毁伤试验方法，应认清需要进行毁伤试验战斗部所处产品研发的具体阶段，视情选择满足试验需求的毁伤试验方法。通常，在设计试验时，要视情先安排单项、后逐步联合进行多项试验项目的思路。

（2）便于实施，效费比高

确定战斗部毁伤试验方法，应客观分析当时可以利用的靶场或实验室现有条件及可能的补充建设条件，在满足试验需求的前提下，选择一种效费比较高的试验方法。

（3）效果可查，便于评价

试验的目的是为了客观评价战斗部的某一指标，因此，在确定战斗部毁伤试验方法时，应尽可能选择一种效果可追溯或现场能保留的试验方法，避免出现问题时难以查清原因，不利于后续试验的组织与安排。

（4）验考结合，综合评估

在确定战斗部毁伤试验方法时，要切记每一种试验方法的优缺点与不同的适用范围。设计战斗部毁伤试验，应综合利用多种方法，做到方法考核、验证相结合，实现毁伤效能的综合评估。

7.4.3.2 一般步骤

为考核战斗部毁伤效应，确定战斗部毁伤试验方法应遵循的一般步骤如下。

（1）认清战斗部毁伤机理

研究拟试战斗部毁伤机理，分析清楚战斗部主要的毁伤模式，这是制定战斗部毁伤试验方法的基础。

（2）理清目标类别及特性

研究拟试导弹战斗部打击的目标，分析目标所处的地理位置、环境、主要功能与结构等特性，理清打击目标的类别，奠定毁伤试验靶标设计的基础。

（3）研透弹目作用全过程

结合战斗部毁伤机理与打击目标的类别与特性，系统分析弹目作用全过程，准确掌握弹目作用机理与作用方式。

（4）确定毁伤试验的项目

根据毁伤试验在导弹武器研发过程中所处的阶段，结合前述分析内容的结果，准确、客观地分析、确定战斗部毁伤试验需要考核、验证的项目以及实施试验所需要的保障条件。

（5）掌握试验方法及条件

对国内外毁伤试验方法的现状与发展趋势有比较全面的了解，掌握每一种实现方法和多种试验方法组合可考核的项目及程度、国内进行毁伤试验靶场的现状与条件保障建设情况，这是保证毁伤试验切实可行的基本要求。

（6）确定合理的试验方法

系统分析战斗部毁伤试验需要考核的项目、各种方法能完成的试验项目及达到的试验目的、所需要的靶场保障条件与现有靶场保障条件现状及发展趋势，按照高效费比等原则确定科学、合理的战斗部毁伤试验方法。

7.4.3.3 整体侵彻爆破战斗部毁伤试验方法

整体侵彻爆破战斗部一般采用计层、计时引信对重要建筑物、机场跑道、防护工事等目标进行打击。

1. 考核项目与考核方法

基于整体侵彻爆破战斗部打击典型目标的弹目作用机理，通过毁伤试验需要考核的相关项目主要包括命中精度、着靶参数、结构强度、装药安定性、侵彻性能、引信强度与功能、引战配合性能和毁伤效果等。

（1）命中精度

对于整体式战斗部而言，由于其打击目标为点目标，要求具有较高的命中精度，即命中精度是试验考核的重点内容。影响命中精度的因素较多，主要有导弹的制导误差、瞄准误差、飞行环境影响等，地面试验无法模拟上述条件，一般通过飞行试验进行考核，也可在一定的前提条件下通过计算机进行仿真模拟，但模拟的结果有赖于所建模型的准确性。

（2）着靶参数

着靶速度和姿态等着靶参数不但影响引信对目标的发火率，还会影响战斗部的侵彻/钻地效果。影响战斗部着靶速度和姿态的主要因素是弹头的设计、弹头的牵引速度和落点气象条件等。

在飞行试验中，战斗部在特定靶区条件下以真实速度、姿态攻击目标，并可以通过高速摄像等手段获取；而在地面试验中，因战斗部几何尺寸和重量均较大，一般只能利用火箭撬（或大口径平衡炮）对设定的速度、姿态进行模拟。

（3）结构强度

结构强度是在战斗部高速侵彻目标后保证战斗部结构完整性的关键指标。只有战斗部结构强度满足要求，才能使得战斗部在穿透预定目标后，保持其装药结构完整。

在地面试验中，利用火箭撬（或大口径平衡炮）试验可以有效考核战斗部高速穿透典型模拟靶标后的结构完整性，在飞行试验中，战斗部在导弹真实飞行环境中打击拟定典型目标，是验证性考核战斗部结构强度的有效方式。

（4）装药安定性

装药安定性是与战斗部结构强度密切联系在一起的重要指标。战斗部结构强度满足要求是能够有效考核装药安定性的重要前提。

战斗部装药安定性考核方式与战斗部结构强度部分的内容类似，具体可参见"结构强度"部分。

（5）侵彻性能

以重要建筑物、机场跑道等为打击目标的整体式战斗部，其侵彻性能主要表现为：在速度、姿态一定的情况下，对特定打击目标的侵彻深度，影响因素主要有侵彻体形态与质量、结构强度、着靶速度及姿态、目标特性等。

通过地面试验方式考核战斗部侵彻性能，可以利用火箭撬（或大口径平衡炮等）模拟侵彻体的速度和着靶姿态，对等效靶标进行穿透试验，能够考核各种极限边界条件下的侵彻能力、重复性好、经济性好，而通过飞行试验方式，战斗部头体分离、再入、机动变轨及着靶侵彻为一连续过程，状态真实，可以对战斗部在相对真实飞行环境下打击典型目标的侵彻性能进行考核，但是，难以考核对应的边界条件，可控性较弱，并且，如果采用飞行试验方式，则要求靶场具备较大规模的靶标，经费投入较大，重复性较差。

（6）引信强度与功能

引信强度与功能是确保战斗部引信可靠发火的重要指标，并且，引信强度满足要求是考核发火功能的基本前提。

引信强度对引信的作用类似于战斗部结构强度对战斗部的作用，考核引信强度一般是在战斗部结构强度考核过关之后或与战斗部结构强度合并在一次试验中进行。

引信对目标的发火性能取决于引信自身性能和目标特性。通常，引信功能考核也是与战斗部结构、引信结构等项目合并在一起进行的，但时序在后。在地面试验中，采用火箭撬（或大口径平衡炮）模拟战斗部着靶速度和姿态等，通过设置单层靶标考核定时引信的发火率，通过设置多层靶标，考核计层引信是否在预先装订的层数发火。

相比而言，通过地面试验方式考核引信定时/计层等功能比飞行试验更具有优越性，前者具有较强的可控性、经济性、重复性。尽管通过飞行试验方式具有更强的真实性，但战斗部打击目标的侵彻点位置、姿态与速度具有较强的随机性，不可控因素过多，经济性较差，因此，飞行试验一般是以验证性考核为目的。

（7）引战配合性能

引战配合是战斗部有效毁伤目标的关键指标。引战配合性能好，才能保证可靠地引爆战斗部装药，实现对目标的有效毁伤。

在地面试验中，引战配合性能考核一般是结合战斗部其他毁伤试验项目一起进行，通常不因单独考核引战配合性能项目而组织大规模的地面毁伤试验。

（8）毁伤效果

毁伤效果主要是指战斗部侵彻到目标内部一定位置并爆炸以后，战斗部装药爆炸冲击波、振动、碎片、引燃等效应对目标的毁伤程度。整体式战斗部毁伤效果主要取决于战斗部装药的 TNT 当量大小、装药内的预制破片等添加元素、预设的爆炸空间特性等。

通常，实体战斗部的毁伤效应考核主要通过地面静爆试验、火箭撬或大口径平衡炮试验、飞行试验等三种方式。这三种方式的本质差异在于静爆试验不能考核导弹飞行给战斗部爆炸带来的牵连速度影响。尽管后两种方式能够考虑战斗部爆炸牵连速度的影响，但是，经验表明，从战斗部攻击目标的方式上又可以分为两种情况：一是战斗部从目标侧面侵入目标内部爆炸的情况，火箭撬或平衡炮试验、飞行试验具有基本等同的毁伤效果；二是战斗都从目标顶部侵入内部爆炸的情况，火箭撬或平衡炮试验需要模拟战斗部向下攻击目标的情况，实现难度相对较大，而飞行试验方式的问题只是在于毁伤试验靶标的建设问题。

关于牵连速度给战斗部爆炸带来的效应问题，主要原因是战斗部装药都具有壳体而且经常是在运动过程中爆炸，这些都直接影响着爆炸作用场。一方面，战斗部爆炸后，炸药释放出的能量一部分消耗于壳体的变形、破碎和破片的飞散，另一部分消耗于爆炸产物的膨胀和形成空气冲击波，因此与无壳装药相比，空气冲击波的超压和比冲量要减小；另一方面，装药的运动本身具有动能，这会使运动装药比静止装药的爆炸冲击波的超压和比冲量增大。仿真计算表明，当整体侵爆战斗部的牵连速度低于 500m/s 时，牵连速度对爆炸威力的影响范围一般会低于 5%。

2. 试验方法

基于整体侵彻爆破战斗部毁伤效应考核项目与考核方法分析如表 7-1 所示，该类型战斗部毁伤效应考核可以分为以下两种情况。

表 7-1　整体侵彻爆破战斗部考核项目与考核方法的作用关系

试验方法 待考核项目		地面试验		飞行试验		等效试验	
		实现性	程度	实现性	程度	实现性	程度
命中精度				√	完全	√	完全
着靶参数				√	完全	√	完全
结构强度		√	完全	√	完全	√	完全
装药安定性		√	完全	√	完全	√	完全
侵彻性能		√	完全	√	完全	√	完全
引信强度与功能		√	完全	√	完全	√	完全
引战配合性能		√	完全	√	完全	√	完全
侧面攻击目标	毁伤效果	√	完全	√	完全	√	完全
顶部攻击目标	毁伤效果	√	不完全	√	完全		

（1）侧面攻击目标情况

针对整体侵彻爆破战斗部从侧面攻击目标的情况，通过地面静爆试验可以对战斗部爆炸冲击波超压、破片散布等静态战技指标进行较准确考核；通过地面火箭撬（或大口径平衡炮）试验方式对战斗部动态打击目标的结构强度、装药安定性、侵彻性能、引信强度与功能、引战配合性能、动态毁伤效果等战技指标进行考核。鉴于实弹飞行试验的高投入、高风险和侵彻点不可控等因素的影响，利用飞行试验可以对配备整体侵彻爆破战斗部导弹的命中精度、着靶参数、结构强度、装药安定性、侵彻性能、引信强度与功能、引战配合性能、动态毁伤效果等进行考核或验证性考核。据此分析，如果利用惰性导弹飞行试验考核导弹的命中精度及战斗部着靶参数，利用战斗部静爆试验、火箭撬（或大口径平衡炮）试验命中精度及战斗部着靶参数，利用战斗部静爆试验、火箭撬（或大口径平衡炮）试验相结合对结构强度、装药安定性、侵彻性能、引信强度与功能、引战配合性能、动态毁伤效果等毁伤效应参数进行考核，同样可以达到战斗部毁伤试验的目的，该方法就是惰性弹飞行试验与地面全态毁伤试验相结合的等效毁伤试验方法。

整体侵彻战斗部实弹侧面对地面工事方堡射击，毁伤效果为正面破口约 2m，顶部向内塌陷，堡体内壁基本完整。图 7-27 为射击前后对比图。

以实体战斗部毁伤试验结果为基础，辅以战斗部毁伤效应仿真试验，即可获得对战斗部打击典型目标毁伤效能进行评估所需要的大量数据。

因此，对于从侧面攻击目标整体侵彻爆破战斗部的毁伤效应考核方法，可以总结为：地面试验+飞行试验+仿真试验方法或者地面试验+等效试验+仿真试验方法。

图 7-27　整体侵彻战斗部命中方堡前后对比

（2）顶部攻击目标情况

与侧面攻击目标的战斗部相比，对于从顶部攻击目标的战斗部，其毁伤试验方法的区别主要是在地面试验中，利用火箭撬（或平衡炮）试验不仅难以模拟战斗部向下攻击目标的情况，而且难以把建筑物、机场跑道等典型目标垂直旋转 90° 进行建设，如果不能做到这一点，则难以较客观地模拟弹目作用的实际情况，即在一定的经费投入约束下，利用地面试验方式难以实现对战斗部打击典型目标的爆炸毁伤效应考核。

因此，对于从顶部攻击目标整体侵彻爆破战斗部的毁伤效应考核方法，可以总结为：地面试验+飞行试验+仿真试验方法。

7.4.3.4　整体杀伤爆破战斗部毁伤试验方法

整体杀伤爆破战斗部一般采用感应式近炸引倍、触地瞬发引信，主要用于打击重要建筑设施、装备阵地、作战阵地等目标。

1. 考核项目与考核方法

基于整体杀伤爆破战斗部打击典型目标的弹目作用机理，通过毁伤试验需要考核的相关项目主要包括命中精度、着靶参数、引信功能、引战配合性能和毁伤效果等。其中，与整体侵彻爆破战斗部毁伤试验考核相关项目相比，着靶参数、毁伤效果等具有与之不同的明显特点，需要特别说明。

（1）着靶参数

根据整体杀伤爆破战斗部的分类方式，其着靶参数的理解也有所不同。

针对空中爆破类战斗部，其打击目标方式主要是在距离目标表面一定高度的空中爆炸，通过冲击波、破片等方式毁伤目标，则着靶参数不是传统意义上的概念，即不是战斗部与目标接触时的相关参数，而是战斗部爆炸瞬间所带有的姿态、速度等特性。

针对触地爆破战斗部，其打击目标方式主要是通过撞击目标表面获得一定的撞击过载而触发引信，从而引爆战斗部毁伤目标，则着靶参数是战斗部与目标接触瞬间的姿态、速度等特性。

对于空中爆破类战斗部的速度特性，因战斗部爆炸时距离地面一定高度，如在地面试验中建设模拟导弹飞行末段打击目标实际毁伤情况的靶场，则需要火箭撬运动末端打击目标上表面距离一定高度，在建设经费、时间等方面的实现代价较大，在地面毁伤试验中一般不模拟战斗部的速度特性，而只模拟其姿态特性。

对于触地爆破类战斗部，鉴于难以准确估计战斗部爆炸瞬间的速度参数，并且战斗部装药设计一般采用中心轴对称方式，通常在地面毁伤试验中不采用动态毁伤试验方式。

（2）毁伤效果

空中爆破、触地爆破两类整体杀伤爆破战斗部的毁伤目标方式是基本一致的，主要是通过装药爆炸冲击波、振动、碎片、引燃等效应毁伤目标。

对于整体杀伤爆破战斗部毁伤效应考核，主要考虑静爆试验、飞行试验两种方式。这两种方式的本质差异也是在于静爆试验不能考核导弹飞行给战斗部爆炸效应带来的牵连速度影响。下面分别结合两类战斗部的特点予以简要说明。

对于空中爆破类战斗部，采用距离目标一定高度的静爆试验（采用支架架设）考核毁伤效应，可以得到冲击波超压、破片散布等战斗部的静态毁伤指标，但不能有效模拟牵连速度影响问题，其毁伤效应与实际飞行试验结果具有较大差别，尤其是破片散布指标。因此，考核空中爆破类战斗部毁伤效应，单靠静爆试验方式通常难以得到客观考核结果。

对于触地爆破类战斗部，鉴于战斗部在毁伤目标时，由于战斗部撞击目标而速度指标在瞬间大幅降低的实际情况，其毁伤效果在地面静爆试验中可以得到比较客观的考核，与实弹飞行试验对目标的动态毁伤效能相比不具有明显差异性。从单纯考核毁伤效应的角度分析，一般不需要以实弹飞行试验方式考核其毁伤效能。

2. 试验方法

基于整体杀伤爆破战斗部毁伤效应考核项目与考核方法分析如表7-2所示，对应战斗部毁伤效应考核方法可以归结为以下两种情况。

表7-2　整体杀伤爆破战斗部考核项目与考核方法的作用关系

待考核项目 \ 试验方法		地面试验		飞行试验		等效试验	
		实现性	程度	实现性	程度	实现性	程度
命中精度				√	完全	√	完全
着靶参数				√	完全	√	完全
引信功能		√	完全	√	完全	√	完全
引战配合性能		√	完全	√	完全	√	完全
空中爆破	毁伤效果	√	不完全	√	完全	√	不完全
触地爆破	毁伤效果	√	基本完全	√	完全	√	完全

（1）空中爆破战斗部

针对空中爆破战斗部打击目标的情况，通过地面试验（如火箭撬等方式）对引信功能、引战配合性能进行摸底考核；通过地面静爆试验（距离地面一定高度）可以对战斗部爆炸冲击波超压、破片散布等静态战技指标进行较准确考核，但不能考核动态毁伤效果；通过飞行试验可以对导弹命中精度、着靶参数、引信功能、引战配合性能、动态毁伤效应等战技指标进行客观检验。但是，对于空中爆破战斗部，不宜采用等效试验方法进行毁伤效应考核。对应毁伤试验方法可以总结为：地面试验+飞行试验+仿真试验方法。

（2）触地爆破战斗部

针对触地爆破战斗部打击目标的情况，通过地面试验（如火箭撬等方式）对引信功能、引战配合性能进行摸底考核；通过地面静爆试验可以对战斗部爆炸冲击波超压、破片散布等静态战技指标进行较准确考核；通过飞行试验可以对导弹命中精度、着靶参数进行考核，对引信功能、引战配合性能、动态毁伤效应等战技指标进行客观检验。但由于靶场建设经济性、地面毁伤试验与实弹飞行试验效果的非明显差异性，一般不必要采用实弹飞行试验对动态毁伤效能进行考核。

杀爆弹实弹侧面对地面工事方堡射击，毁伤效果迎弹面破损严重，堡体正面入口宽约2m，顶部坍塌，堡体内壁基本完整，堡体内羊右眼充血，躯干无外伤。图 7-28 为射击前后对比图。

图 7-28　杀爆战斗部命中方堡前后对比

因此，对应毁伤试验方法可以总结为：地面试验+等效试验+仿真试验方法，必要情况下也可以采用地面试验+飞行试验+仿真试验方法。

7.4.3.5　整体串联爆破战斗部毁伤试验方法

整体串联爆破战斗部主要采用过载触发、延时触发、智能触发等引信综合作用，对大型舰船、重要工事等具有多层或强防护措施的目标进行打击。打击方式可以分为从侧面打击、从顶部打击两种情况。

1. 考核项目与考核方法

基于整体串联爆破战斗部打击典型目标的弹目作用机理，通过毁伤试验需要考核的相关项目主要包括命中精度、着靶参数、结构强度、装药安定性、一级开孔性能、级间配合性能、二级侵彻性能、引信强度与功能、引战配合性能和毁伤效果等。鉴于整体串联战斗部是由前级聚能破甲战斗部、后级整体侵彻爆破战斗部的特殊构成，其中：针对前级战斗部需要考核的相关项目主要包括引信功能、引战配合性能、一级开孔性能；针对后级战斗部需要考核的相关项目主要包括结构强度、装药安定性、二级侵彻性能、引信强度与功能、引战配合性能和毁伤效果等。

下面仅对其中具有特殊内涵的指标进行说明，其他相关内容可参见整体侵彻爆破战斗部、整体杀伤爆破战斗部部分。

（1）一级开孔性能

一级开孔性能主要是指前级战斗部引信作用以后，该级战斗部聚能装药爆炸产生前向射流，射流使目标初始防护层沿弹头方向形成孔道，以备后级战斗部跟进并侵入目标内部。

一级开孔性能主要与战斗部着靶参数、装药设计、TNT当量等因素密切相关。

关于毁伤试验考核方法，通过地面试验方式考核战斗部一级开孔性能，利用火箭撬（或大口径平衡炮等）模拟侵彻体的速度和姿态，对等效靶标进行开孔性能试验，可以考核前级战斗部在各种极限条件下的开孔性能；通过飞行试验方式考核战斗部一级开孔性能，战斗部头体分离、再入及着靶侵彻等为一连续过程，状态其实可以对战斗部在相对真实飞行环境下打击典型目标的一级开孔性能进行验证性考核。但是，难以考核对应的边界条件，可控性较弱，并且，如果采用飞行试验方式，则要求把场建设具有较大族的靶标，经费投资较大，重复性较差。因此，对一级开孔性能考核宜采用地面试验方式进行，待该指标与其他相关指标在地面试验中过关并具备进行飞行试验条件时，再通过飞行试验方式对相关指标进行验证性考核。

（2）级间配合性能

级间配合性能主要是指前级战斗部引信作用后，战斗部爆炸并对目标进行开孔过程中，相关动作对后级战斗部跟进及其引信、引战配合功能的影响情况。

关于级间配合性能的试验考核方法分析类似于一级开孔性能考核。

2. 试验方法

基于整体串联爆破战斗部毁伤效应考核项目与考核方法分析如表7-3所示，对应战斗部毁伤效应考核方法可以归结为以下两种情况。

表7-3　整体串联爆破战斗部考核项目与考核方法的作用关系

待考核项目		地面试验		飞行试验		等效试验	
		实现性	程度	实现性	程度	实现性	程度
命中精度				√	完全	√	完全
着靶参数				√	完全	√	完全
结构强度		√	完全	√	完全	√	完全
装药安定性		√	完全	√	完全	√	完全
一级开孔性能		√	完全	√	完全	√	完全
级间配合性能		√	完全	√	完全	√	完全
二级侵彻性能		√	完全	√	完全	√	完全
引信强度与功能		√	完全	√	完全	√	完全
引战配合性能		√	完全	√	完全	√	完全
毁伤效果	侧面攻击目标	√	完全	√	完全	√	完全
	顶部攻击装备目标	√	基本完全	√	完全	√	完全
	顶部攻击设施目标	√	不完全	√	完全		

（1）侧面攻击目标工况

针对战斗部从侧面攻击目标的工况，通过地面试验（如火箭撬试验方式）可以对战斗部结构强度、装药安定性、一级开孔性能、级间配合性能、二级侵彻性能、引信强度与功能、引战配合性能和毁伤效果等战技指标进行较准确考核；利用飞行试验可以对配备整体串联战斗部导弹的命中精度、着靶参数、结构强度、装药安定性、一级开孔性能、级间配合性能、二级侵彻性能、引信强度与功能、引战配合性能、毁伤效果等指标进行考核或验证性考核。据此，如果利用惰性导弹飞行试验考核导弹的命中精度及战斗部着靶参数，利用战斗部火箭撬（或大口径平衡炮）试验考核结构强度、装药安定性、侵彻性能、引信强度与功能、引战配合性能、动态毁伤效果等毁伤效应参数，同样可以达到战斗部毁伤试验的目的，即采用惰性弹飞行试验与地面全态毁伤试验相结合的等效毁伤试验方法。

因此，对于从侧面攻击目标的整体串联爆破战斗部的毁伤效应考核方法，可以总结为：地面试验+飞行试验+仿真试验方法或者地面试验+等效试验+仿真试验方法。

（2）顶部攻击目标工况

顶部攻击目标工况视目标性质又分为装备、设施两种情况。

1）目标为装备的情况。针对目标为装备的情况，如大型舰船等，基于装备典型打击部位与装备本体的结构关联关系，可以设计等效典型局部结构的毁伤试验靶标。在地面毁伤试验中，采用合理的连接方式把该靶标固定在靶道末端，利用火箭撬等试验设备等效模拟弹目作用时的战斗部着靶速度与姿态，可以实现导弹毁伤效应飞行试验中战斗部毁伤目标的考核目的。

因此，对于整体串联战斗部从顶部攻击大型舰船类目标的毁伤效应考核方法，可以归结为：地面试验+飞行试验+仿真试验方法或者地面试验+等效试验+仿真试验方法。

2）目标为设施的情况。与整体串联战斗部从侧面攻击目标的情况相比，对于从顶部攻击设施类目标的整体串联战斗部，其毁伤试验方法的区别主要是：在地面试验中，利用火箭撬（或平衡炮）试验不仅难以模拟战斗部向下攻击目标的情况，而且难以把具有特殊设计的强防护工事等典型目标垂直旋转 90° 进行建设，如果不能做到这一点，则难以较客观地模拟弹目作用及爆炸毁伤效应的实际情况，即在一定的经费投入约束下，利用地面试验方式难以实现对整体串联战斗部打击设施类目标的爆炸毁伤效应考核。

因此，对于整体串联战斗部从顶部攻击设施目标的毁伤效应考核方法，可以归结为：地面试验+飞行试验+仿真试验方法。

7.5　反坦克导弹发展趋势

7.5.1　反坦克导弹特点

反坦克导弹一般由战斗部、制导部和推进部三部分组成，是一种威力大、射程远、精度高、机动性强、可靠性高的反坦克武器。反坦克导弹一般采用破甲战斗部，破甲深度达 400～500mm 轧制均质装甲，改进后达 700～800mm 轧制均质装甲，最大可达 1400mm 轧制均质装甲。

反坦克导弹可以由步兵便携，车载和机载结合使用，从地面和空中攻击坦克。为了加大破甲威力或对付反应装甲，大多数导弹装有串联式战斗部。为了加大威力采用的多级串联复合聚能装药战斗部，弹体内接连装有两个（或两个以上）聚能装药部分。两级装药之间设有截断器。起爆时，后级装药的金属射流穿前面药型罩的顶部。截断器将其切为两部分，被切药型罩的前端形成初始射流。

反坦克导弹通常从水平方向攻击装甲车辆，但也有些反坦克导弹以"跃飞"或"掠飞"方式打击装甲车辆顶部。"跃飞型"攻顶导弹在发射后跃飞至高空，识别、锁定装甲车辆后，飞临装甲车辆上方，以近乎垂直的角度打击车辆顶部。较多数的攻顶反坦克导弹采用这种攻击方式。

典型第三代反坦克导弹，外形如图 7-29 所示。该导弹的战斗部采用串联空心装药战斗部，前置空心装药用来破坏目标披挂的爆炸反应装甲，主装药可击穿裸露的目标主装甲，反坦克装甲效果较好，以 68°射角命中目标时，可击穿披挂 PBFY-1 型制式反应装甲的 320mm 厚均质钢装甲。导弹中部和尾部分别有四片呈"十"字形配置的折叠弹翼，飞行时张开。

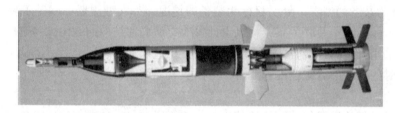

图 7-29 典型第三代反坦克导弹

典型第三代反坦克导弹的动力装置由起飞发动机和续航发动机组成，飞行能力较强，具有较强的抗干扰能力，可克服战场上烟、雾、火光和背景的干扰，也可对付敌人的主动干扰。武器系统的发射制导装置由反坦克导弹发射筒、热像仪、电视测角仪和激光传输器等部分组成。该发射制导装置比较先进，采用了光学瞄准、发射筒发射、电视测角、激光指令传输、三点导向和数字化控制技术。发射后，射手要做的只是始终将瞄准线对准目标，制导装置自动发出激光指令，控制导弹飞向目标。

7.5.2　反坦克导弹发展历程

反坦克导弹等攻击活动目标的导弹均属有翼式导弹。它是用来摧毁敌方坦克、装甲车辆以及加固掩体的导弹。这种导弹可以在地面、运输车或直升机上发射袭击目标。

第一次世界大战期间，战场上出现了坦克。紧接着便出现了各种反坦克武器，但因受当时各方面条件限制，这些反坦克武器都不能十分有效地在战场上同坦克抗衡。

直到第二次世界大战期间，德国凭借已有的火箭、导弹技术和领先的破甲技术，于1943 年开始设计，研制了"X-7"（俗称"小红帽"）反坦克导弹，该武器系统由导弹和发射制导装置组成。导弹由空心装药战斗部、两级固体火箭发动机、带十字形翼的弹体和弹上制导装置组成。发射装置有滑轨式发射架和手柄电位计式控制箱，一个手柄控制导弹的俯仰运动，另一个控制其偏航运动。导弹重 15kg，破甲厚度 200mm，射程 1000～2000m，飞行速度 90m/s。其性能较其他反坦克武器具有威力大、重量轻、射程远、可以控制等优点。但这一新型武器还未来得及使用，第二次世界大战便结束了。"X-7"虽未使用，但其却代表了反坦克武器的发展方向，引起了许多国家的高度重视。于是，第二次世界大战结束后，许多国家便投入大量的人力、物力和财力，开始了反坦克导弹的发展研究。

法国于1946年开始了研制工作，并于1956年首先装备了"SS·10"反坦克导弹。三年后，又相继装备了"SS·11"、"安塔克"和"SS·12"。随后又与联邦德国联合研制了"米兰""霍特"第二代反坦克导弹。1973年设计定型了激光驾束制导、火炮发射的"阿克拉"第三代反坦克导弹。

英国于1955年开始研制，先是同澳大利亚合作，于1959年定型并装备了重型反坦克导弹"马尔卡拉"，后又独自设计了"派森"和"警惕"两种弹型。"派森"因经费不足，而半途而废；"警惕"于1963年研制成功并装备部队。后来又与比利时联合研制了"阿特拉斯"激光半主动式反坦克导弹，并又独自设计了超声速、激光半主动制导的"军刀"空对地导弹，主要用于攻击坦克和装甲目标。

"甲鱼"是苏联20世纪50年代初开始研制的第一代重型反坦克导弹，于1961年装备部队。20世纪60年代设计并装备了具有代表性、性能较好的第一代反坦克导弹"赛格尔"，并大量出口，在第四次中东战争中曾大量使用过。20世纪70年代初，将其改进成"赛格尔改进型"第二代反坦克导弹，并研制了"塞子"轻型二代弹，计划逐步取代原装备的"赛格尔"。苏联研制的"螺旋"远程反坦克导弹，采用无线电指令或激光驾束制导，最大射程5000m。

美国从1955年起，利用俘虏的德国"X-7"导弹设计人员，于1956年就研制出了"标枪"导弹，但因笨重、复杂，且造价高未装备就淘汰了。美国此后又研制出了"龙"轻型反坦克导弹和"陶"第二代重型反坦克导弹，于20世纪70年代初装备部队。紧接着又研制了直升机载、激光半主动制导的重型、第三代反坦克导弹"海尔法"。主要配备在AH-64攻击直升机上，也可由地面车辆上发射。该导弹采用模块化设计方式，可根据战术需要和气象条件，配备不同的导引头。20世纪80年代装备部队的是激光半主动制导的反坦克导弹。目前正在研制毫米波制导、热成像制导等一些较先进的反坦克导弹武器系统。

反坦克导弹作为一种最有效的反坦克武器，在世界局部战争中也被多次使用，取得了较好的战绩。

在1972年的越南战争中，美国派了3架载有"陶"式反坦克导弹的UH-1B型直升机，共发射101枚导弹，击中目标89枚，命中率达88%。其中被击中的目标中的40%为坦克，60%为其他目标（如汽车、火炮、弹药库等）。

在1973年的第四次中东战争，埃、叙、以都以坦克作为主要突击力量，这次战争从某种意义上说，可谓是一场坦克战。作战各方在正面战线上，共投入坦克约5500辆。坦克的使用，必然会引起各种反坦克导弹的大量使用。这次战争，埃、叙损失坦克约1700辆，以色列损失坦克约800辆。其中被损坦克中，有80%是被"赛格尔"和"陶"式反坦克导弹击毁的。

在1991年的海湾战争中，多国部队采用空中三个梯次的反装甲作战战术：距离4000m以内，用AH-1S直升机发射"陶"式导弹；5000m左右用AH-64A直升机发射"海尔法"反坦克导弹；5000～10000m用A-10对地攻击机发射"小牛"导弹；地面

1000m 左右用"龙"式导弹；中距离（2200～3500m）使用便携式和车载"陶"式导弹；在 100 小时的地面战斗中共击毁伊军前线部署的 4000 辆坦克中的 3000 辆、2870 辆装甲车中的 1900 辆和 3110 门火炮中的 2100 门；这是人类历史上使用反坦克导弹型号最多、数量最大的一次战争。

从经济角度来看，一枚反坦克导弹价值为 2000～3000 美元，而一辆主战坦克的成本都在 25 万美元以上。反坦克导弹被一些西方军事家誉为"战车的克星"。

反坦克导弹从问世至今，虽历史不长，但它战绩卓著，引人注目，已成为各种反坦克武器的后起之秀。在几次世界局部战争中，发挥了重大作用。反坦克导弹大量使用所取得的显著成效，引起了各国的高度重视，一致认为"用反坦克导弹打坦克是极有价值的"。因此，未来反坦克导弹技术的发展将会更加迅速，并且在一定程度上会影响到作战方式、指挥方式和其他军事技术的发展。

7.5.3 反坦克导弹发展方向

导弹技术虽然已经发展到了相当高的水平，但是，由于现代战争的更高要求以及科学技术飞跃发展，导弹还在进一步向前发展，其发展的主要动向有以下几个方面。

1) 增强导弹的通用性。一弹多用，模块式组装导弹，以减少导弹品种。

2) 改进制导技术。采用复合制导方法，提高导引精度和抗干扰能力，使用固态电路和标准模件，实现微小型化，提高系统可靠性。

3) 采用先进的动力系统。发展组合式发动机，提高发动机的比冲，简化导弹结构，减小导弹的体积和重量。

4) 提高机动性。一方面提高导弹在飞行中追踪目标的机动性；另一方面提高武器系统野战机动性，装载采用机动性能良好的自行车辆，便于快速展开、撤收和转移。

5) 发展全天候和反应快的完全自动化的导弹系统。

6) 对某些战术导弹，提高射程和战斗部威力也是发展的重要方面。

第8章 炮射导弹

所谓炮射导弹，就是在弹头装有末端制导系统，只需对坦克的火力控制系统稍做修改，就可以用标准的坦克炮来发射的反坦克导弹，同时还可以像常规炮弹那样装填和射击，炮射导弹发射后，能自动捕获目标并准确命中目标。

8.1 炮射导弹概述

炮射导弹总体外观与制式火炮弹药类似，在尺寸和重量方面与制式火炮弹药相近。坦克炮炮射导弹主要用于摧毁活动或固定的装甲目标及其他目标。

制导炮弹的产生，使以往只能进行面射的榴弹炮、加农炮、火箭炮、迫击炮等，有了对点目标实施远距离精确打击的可能。至于坦克上配备炮射导弹的思路，主要是想在现有坦克火炮的基础上增加坦克火力的射程，而且，随着信息制导技术的进步，将会使制导炮弹具有同时攻击多个目标的能力。

8.1.1 坦克炮射导弹特点

坦克炮射导弹武器系统技术的优势在于，保留原有系统反应快、火力猛，仍以穿甲弹为主弹种的功能，不改变其成员建制和分工，不过多的增加子系统的复杂性，使精确制导技术与常规坦克炮达到有机的结合。

目前，俄罗斯炮射导弹的发展水平仍处于世界领先地位，是世界上成系列开发并在主战坦克上大量装备炮射导弹的唯一国家。俄罗斯拥有的炮射导弹有 100mm、115mm、125mm 和 155mm 多种口径可供选择。这几种炮射导弹性能优异，功能多样。射程最短的有 1~1.5km，最远的 10km，导弹飞行速度最高达 800m/s。与常规坦克炮弹相比，有如下几个显著特点。

8.1.1.1 有效射程远

有效射程是指在规定的目标和射击条件下，达到预定指标的最大射程。它是坦克武器的重要战斗性能指标。

坦克炮射导弹本身有增速发动机，具有较强的续航能力。坦克炮射导弹的有效射程为 4000m，最大射程甚至可达 6000m，是坦克普通炮弹的 2~3 倍，可以在敌方反击火力作战区域之外赢得战斗的胜利，这对远距离作战并争取先敌开火、首发命中有重要意义。有效射程远是坦克炮射导弹武器系统的主要特点。

目前，俄罗斯装备于 T-55、T-62、T-72 和 T-80 等多种型号主战坦克以及 BMP-3 步兵战车上的各类炮射导弹，大大增强了坦克的火力范围，其有效射程分别达 4km 和 5km。而拉哈特导弹从陆地平台上发射时，射程为 6~8km；从空中平台（如直升机等）

发射时，射程可达13km。显然，配用炮射导弹的坦克在射程方面具有明显的优势，使其能有效地实施远距离作战。

8.1.1.2　命中概率高

坦克炮射导弹武器系统采用半自动激光架束制导技术，激光束单色亮度高，方向性强，相干性好，可准确地定向发射；可进行多种编码，用于驾束制导，抗干扰能力好，弹上设备简单。飞行中的坦克炮射导弹能自行判断出相对于激光信息光束中心的偏差位置，并自动修正弹道，激光发射器可提供高单色性和小束散角1.06μm波长的激光光束，具有很强的抗干扰能力和穿透烟雾灰尘的能力，从而显著提高了抗干扰能力和命中精度。

坦克炮射导弹与坦克普通炮弹相比，具有制导系统，可以有效地控制导弹的飞行姿态，并能自动导引炮射导弹命中目标。100mm坦克炮射导弹武器系统在4000m距离上对坦克的命中概率为80%，而125mm坦克普通炮弹在2000m距离上对坦克的首发命中概率为40%，随着距离的增加命中概率迅速减小，在4000m距离上的命中概率为10%左右。

坦克炮射导弹武器系统与一般架式或管式反坦克导弹相比，具有较高的炮口速度，可有效地抑制炮口初始扰动、阵风、推力偏差等对弹道初始段的干扰，并能使炮射导弹顺利进入激光信息场接受制导。因而比反坦克导弹的制导精度高。

坦克炮射导弹的弹道比较平直，主要攻击目标的前装甲（包括反应装甲）。但有的为了防止敌探测到被激光照射而采取规避行动，经过制导仪的改进，可使导弹先沿抬高的弹道飞行，待其运动到目标的附近时，再瞄准对目标实施攻击。

炮射导弹是一种精确制导武器，是摧毁装甲目标的最有效的手段。在增大了坦克射程的同时，其命中精度也得到了大幅提高。俄罗斯列装的各种类型的炮射导弹除"眼镜蛇"采用无线电指令制导外，其他均采用激光驾束制导，因此命中精度都相当高，直接命中率均达到0.8以上。拉哈特导弹采用激光半主动寻的制导体制，其弹道是经过精密计算的，在这一弹道上，导弹摧毁目标的圆概率偏差（Crcular Error Probable，CEP）可达0.7m。

8.1.1.3　毁伤威力大

坦克炮射导弹采用串联破甲战斗部，由前置战斗部和后置战斗部组成，前置战斗部用来击爆披挂反应装甲，在前置战斗部爆炸后，通过延时装置，引爆后置战斗部，在延迟时间内，反应装甲已经被击穿，因此排除了反应装甲的干扰，确保后置主战斗部击穿装甲目标。它可破坏爆炸反应装甲和穿透深度达600~800mm的主装甲，能有效摧毁现在已知的装甲目标。

坦克炮射导弹与穿甲弹、破甲弹和杀伤爆破榴弹战术搭配，能对最大射程内的可攻击区上的敌方坦克、装甲车、反坦克阵地、小型目标、有生力量、作战物资以及低空慢速飞行或悬空的武装直升机进行打击，可执行多种任务，使坦克武器系统在对抗中的作战效能提高4~5倍。

俄罗斯的炮射导弹全部选用了传统的聚能破甲战斗部，正面直瞄攻击弹道，为对付爆炸反应装甲，在后期的炮射导弹上采用了串联战斗部。"眼镜蛇"导弹破甲厚度达650mm。而棱堡导弹、谢克斯纳、芦笛等导弹破甲厚度达650~700mm。拉哈特导弹采用性能先进的高爆串联破甲战斗部，实现曲射弹道，以较大的俯冲角攻击坦克的顶装甲，因此破甲效能大大提高。这种战斗部可以摧毁所有的现代装甲，穿甲能力达800mm。美国的两种炮射导弹都具有更强的破甲威力，斯达夫（STAFF）导弹使用一种超长的双层药型罩自铸成型侵彻战斗部，这将使其破甲威力较常规弹提高33%。而坦克增程弹药计划-动能方案（TERM-KE）则配装长杆穿甲战斗部，侵彻深度也相当大。

8.1.1.4 操作简便

坦克炮射导弹在发射前具有与坦克普通炮弹大致相同的外观尺寸，并配置在标准弹药架上，在装弹动作和发射方法上与坦克普通炮弹没有区别。坦克炮射导弹与一般架式或管式反坦克导弹相比，采用半自动激光驾束制导系统，可保证控制通道具有良好的抗干扰性；导弹发射后，射手只需始终瞄准目标，炮射导弹就能自动纠正飞行中的弹道偏差而命中目标，而不需要根据导弹和目标的相对位置来控制导弹，操作十分简便。

各种坦克炮射导弹具有与火炮制式炮弹相同的外形尺寸、装填和发射方式，并布置在坦克装甲车辆的制式弹舱中。控制仪器采用通用组件，独立协调地配置在坦克内，且不改变坦克的外形，因此瞄准手操作简便。例如，拉哈特导弹同其他弹药一样储存在弹药架内，当用在坦克上时，采用现有的光电设备和发射程序，并同任何一种其他弹药一样从火炮中装填和发射。

8.1.1.5 飞行时间长

飞行时间是指导弹发射后，导弹在空中飞行，直至命中目标所需要的时间。它取决于导弹的飞行速度和目标的距离。

由于坦克炮射导弹武器系统一般用于远距离作战，目标距离一般在2000m以外，且坦克炮射导弹最大飞行速度约为375m/s，所以坦克炮射导弹的飞行时间比较长。对4000m距离上的目标进行射击时，其飞行时间约为13.5s，而一般炮弹的射击反应时间一般在3～4s，是坦克普通炮弹的3倍。在战斗中，因为飞行时间长，射手往往会由于目标的机动而丢失目标；导弹飞行中要求坦克原地停留，因而往往会遭到敌人炮火的打击。飞行时间长是坦克炮射导弹武器系统最大的弱点。

由于飞行时间长的缘故，从而导致射击反应时间比较长。射击反应时间是评定射击效率的重要指标，也是坦克武器系统战术性能重要指标。

8.1.1.6 受战场环境制约大

任何武器射击都是在一定战场环境下进行的。这些战场环境包括环境温度、风力风向、雨雪雷电、地形地貌、海拔高度、电磁干扰，等等。坦克炮射导弹武器系统在作战使用中，要求射手始终瞄准跟踪目标，直至炮射导弹命中目标，这就需要良好的通视条件和战场环境。而在战场上，随着地理位置、季节气候及气象条件的不同，射击条件会发生很大变化。地形起伏、硝烟弥漫、尘土飞扬、雨雪天气、海浪潮汐都会造成战场的不通视或者使射手丢失目标，电磁干扰、季节天候和气象条件也对炮射导弹武器系统的射击精度和可靠程度有很大影响。所以在恶劣的战场环境下，不宜使用坦克炮射导弹武器系统射击。

8.1.1.7 应用范围广

炮射导弹应用范围很广，几乎可以用来攻击地面上所有军事目标。其作战对象包括坦克、步兵战车和装甲输送车等坦克装甲车辆，以及非装甲车辆、反坦克装置、防御工事和有生力量，还可以打击武装直升机类型的低速、低空目标。例如，俄罗斯T-55、T-62坦克装备的9M117导弹，T-72、T-80主战坦克装备的9M119导弹在静止间和行进间对装备有爆炸反应装甲的现代坦克作战，摧毁防御工事和武装直升机等；拉哈特炮射导弹可以从隐蔽的地方发射，能摧毁 8km 距离内的重型装甲目标。

8.1.2 坦克炮射导弹的组成

坦克炮射导弹是利用坦克的火炮、观瞄系统，以及指挥制导系统将导弹发射出去，并导向目标。炮射导弹系统主要由坦克炮、控制装置、整装导弹、检测仪器及模拟训练器等组成。

1）控制装置主要是发现、识别目标，并发射用于控制导弹飞行的激光束信息场。它主要由瞄准制导仪、变流器及全套连接电缆等组成。

2）整装导弹主要由导弹、药筒及弹带组成，如图 8-1 所示。

图 8-1　炮射导弹外形图

8.1.2.1 导弹结构

导弹结构是按模块式原理制作，由舵机舱、战斗舱、增速发动机、仪器舱、弹托部件等组成，飞行中的导弹是由除弹托外的其他部分组成，如图 8-2 所示。

图 8-2　导弹的结构图

舵机舱主要用途是借助气动力舵翼控制导弹航向和俯仰。导弹发射前，舵翼折叠在舵机舱内，覆以护板，在导弹飞出炮膛后，舵片张开机构抛掉护板，将舵片张开并定位于工作位置。

战斗舱由战斗部和电子延迟装置组成。其远距离解除保险机构能保证引信在距坦克规定的距离外才能解除保险；自毁机构能保证导弹在未击中目标和瞎火时自动销毁。电子延时装置位于前置战斗部的底部。

增速发动机是一台单室固体火箭发动机，用以保证导弹在弹道上获得一定飞行速度。

仪器舱用来装所有控制装置和弹翼（除舵机外）。

弹托由本体、活塞、药室、感应器座、触头及节流阀等组成。为使弹托在导弹发射出炮口时能及时脱落，在药筒与弹托本体底部空腔间设置了过滤器和节流阀。当导弹在炮膛内运动时，火药燃气通过过滤器及节流阀进入弹托底部空腔，导弹飞出炮口后弹托底部空腔和弹后空间便形成压力差，将弹托与弹体的连接螺钉切断，将弹托抛出，同时弹翼张开。

8.1.2.2 药筒部件构造及作用

药筒是炮射导弹的重要组成部分，与导弹结合组成炮射导弹，主要由挡药筒、发射装药、药筒壳体等组成，如图8-3所示。

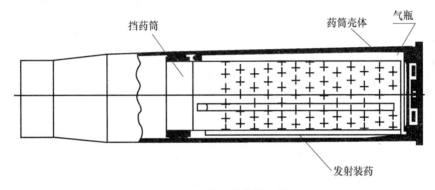

图8-3 炮射导弹药筒组件

发射装药主要提供弹丸出炮膛的动力。发射药燃烧产生的高温高压的火药气体推动导弹在炮膛内运动，直至导弹被发射出炮膛。

药筒主要用于盛装发射药并连接导弹。

药筒部件多用于在导弹发射时，发射装药燃烧，产生的火药气体将导弹由火炮中射出，并赋予导弹一定的初速，同时，药筒内的3个气瓶释放出二氧化碳气体，将膛内的一氧化碳等有害气体从炮口吹出，以减少有害气体对乘员的伤害。

8.2 典型100mm炮射导弹

炮射导弹通常依据导弹口径进行分类，现有炮射导弹为100mm、105mm、120mm和125mm等多种口径炮射导弹。也有按照制导方式进行分类的，主要有红外制导（美国早期研制的炮射导弹"橡树棍"）、无线电指令制导（苏联研制的第一种"红宝石"坦克炮射导弹）、激光制导（采用激光驾束制导的"阿克拉"导弹9M112、9M117、9M119等；采用超视距激光制导的印度"弩马"；采用激光制导的以色列"拉哈特"）。目前装备的炮射导弹多采用激光制导，该类炮射导弹武器系统主要由控制装置、整装导弹等组成。

8.2.1 100mm 炮射导弹系统及其控制装置

典型俄 9M117 型 100mm 炮射导弹，主要用于攻击 100～4000m 范围内的主战坦克和其他装甲车辆、地面防御工事和悬停状态下的武装直升机。炮射导弹通过火炮发射，采用激光驾束制导，导弹在飞行中能自动判断出相对于激光信息光束中心的偏差位置，并进行纠正。它有较高的抗干扰能力和命中精度，与常规反坦克武器相比，它的初速和平均速度有显著提高，射程明显增加，这样就缩短了作战时间，延长了作战距离，更适合与实战使用，其外形如图 8-4 所示。

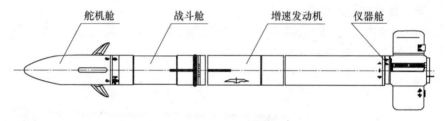

图 8-4 炮射导弹飞行外形示意图

9M117 型 100mm 炮射导弹装备于 BMP3 系列战车。弹长 1048mm，全弹重 22kg，导弹重 17.6kg，平均飞行速度 300m/s，有效射程 4000m，需要人工装填，采用空心装药破甲战斗部。其改进型 9M117M 炮射导弹弹长 1185mm，全弹重 24.5kg，有效射程 5500m，可采用自动装弹机装弹，命中率高达 90%。

该导弹的控制装置主要是发现、识别目标，并发射用于控制导弹飞行的激光束信息场。控制装置主要由瞄准制导仪、变流器等组成。

瞄准制导仪安装在战车的战斗部上，通过电缆与火炮发射装置连在一起。击发时，制导仪产生的"发射"指令使激光器进入工作状态；火炮后坐时制导仪产生"脱离"指令，并延时 0.2s 打开快门，发出激光，在 250m 处形成一个直径为 6m 左右的激光信息场。"脱离"指令后，延时 0.8s 激光变焦系统工作，保证导弹在整个飞行中始终处在一个直径为 6m 左右的激光信息场中，直至命中目标。

激光信息场是经过调制的，导弹根据激光接收机接收到的激光信号频率及其持续时间，判别出导弹偏离控制场中心的方位和距离，弹上控制系统则根据此偏差信号形成控制导弹飞行的俯仰和偏航指令。

为了消除炮口烟尘以及炮口附近的地貌对发射炮射导弹的影响，100mm 炮射导弹具有高飞弹道，因此制导仪上设有平飞和高飞两种弹道模式挡位。在平飞状态下，通过计算机控制，火炮炮轴相对瞄准线的射入角为高 7mil、左 3mil，以保证导弹进入激光信息场内；在高飞状态下，火炮炮轴相对瞄准线的射入角设定为高 21mil，保证导弹进入激光信息场内。在高飞凸轮系统与变焦系统的综合作用下，使导弹在高飞状态时的弹道相对瞄准线抬高了 3.5m。

由于瞄准制导仪的上反系统是双稳系统，使战车在行进中可以发射控制炮射导弹，打击运动目标。

8.2.2 典型 100mm 整装导弹

9M117 型 100mm 炮射导弹系统的整装导弹由导弹、药筒及弹带等组成。炮射导弹结构框图，如图 8-5 所示。

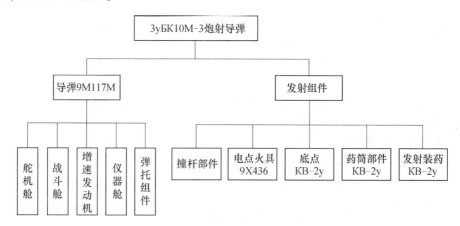

图 8-5 炮射导弹结构框图

8.2.2.1 导弹

导弹由舵机舱、战斗舱、增速发动机、仪器舱、弹托组件等五部分组成。导弹飞出炮口后，弹托分离，舵翼和弹翼张开，成飞行状态。

1. 舵机舱

舵机舱由舵机和前置战斗部组成。舵机舱位于导弹的前端，其功能是将制导电信号变成舵机的机械运动，借助于气动舵机对导弹进行偏航与仰俯控制；前置战斗部安装在舵翼机构的前端，用以对付带有反应装甲的装甲目标。

9M117M 导弹舵机舱如图 8-6 所示。

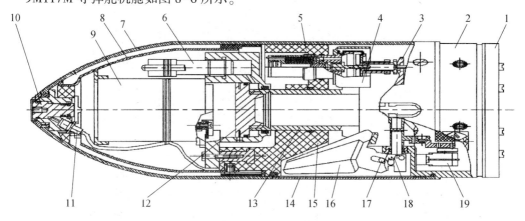

图 8-6 9M117M 导弹舵机舱

1—放大器；2—本体；3—杠杆；4—气动阀；5—螺帽；6—舵机电点火器；7—整流罩；
8—内罩；9—前置战斗部；10—堵头；11—气道点火具；12—活塞；13—拉杆；
14—护板；15—底座；16—舵片；17—销；18—弹簧；19—电位器

舵机由舵翼、驱动机构、电位计和放大器、电路板等部件组成。

当导弹飞离炮口后，控制系统点燃舵机电点火具，打开折叠在舵机内的舵翼，使其固定在工作状态。在打开舵翼的同时，点火电路点燃气道点火具，吹掉弹体头部的堵头，打开进气通道。导弹在飞行过程中，空气流经过进气孔进入舵机舱段的高压区，成为供驱动机构工作的能源。带动舵机运动的是以压缩空气为能源的电磁阀驱动机构。平行于弹轴在四个象限内对称布置了四个电磁阀，位于对角线的一对电磁阀通过力臂，连杆各自控制一对舵翼。为了保证舵翼输出角与控制指令成线性比例关系，电位计将舵翼输出角位移转成点信号，反馈到放大器输入端与指令信号综合。电位计的线圈部件固定在壳体上，其电刷通过连杆传动装置固定在舵片输出轴上，从而完成反馈信号的采集和回送。

放大器的功能是将控制指令信号和舵翼输出角位移反馈信号综合并经校正滤波后，由触发电路将连续信号转换成离散的方波信号，再经过功放电路放大后输给电磁阀的电磁线圈，操纵电磁阀按指令信号工作。

舵机的主要功能是对导弹实现偏航和仰俯控制，两对舵翼在导弹飞入激光控制场后，接受放大器输出的控制指令，使换向阀换向，将一对舵机电磁阀的工作腔与高压储气室接通，而另一对舵机电磁阀的工作腔与低压室接通，在压差的作用下活塞移动，驱动舵翼偏转，对导弹实现控制。当放大器加法器中的陀螺仪输入信号和电位计信号之差的符号不变时，舵翼偏转的方向不发生变化。

2. 战斗舱

导弹战斗舱由主战斗部和电子延时装置组成，如图 8-7 所示。

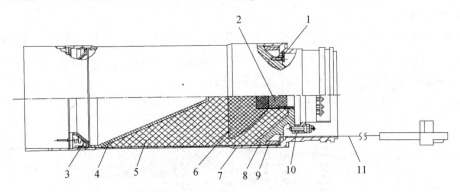

图 8-7　战斗舱结构图

1—垫圈；2—传爆药柱；3—开口环；4—药型罩；5—主装药；6—隔板；7—外壳；
8—垫圈；9—衬垫；10—引信；11—带状电缆

3. 增速发动机

导弹的增速发动机位于导弹中部，是单室双推力固体燃料火箭发动机。它的作用是为飞离炮口的导弹提供动能，使导弹增到最大飞行速度。它主要由壳体、喷管、电点火具、点火药包、点火药柱、主装药、前盖、后盖、堵盖和线束等组成，如图 8-8 所示。

燃烧室是由带喷管的圆筒壳体部件、带绝热衬层和中心导管的前盖及后盖部件组成的环形空腔。前盖、后盖与圆筒壳体采用半圆形卡环连接，圆筒壳体上焊有两个斜切喷管，

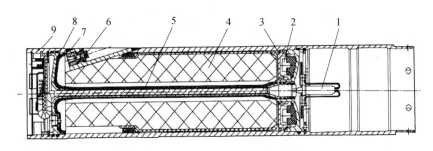

图 8-8 增速发动机结构图

1—电点火具；2—点火药柱；3—后盖；4—主装药；5—线束；6—堵盖；7—喷管；8—前盖；9—壳体

在喷管座内装有钼棒加工而成的喷管镶块以承受主装药燃烧时高温燃气的冲刷。

带中心导管的前盖和后盖采用轻压配合并用两个密封圈径向密封，以防止主装药燃烧气体进入中心导管，中心导管内有导线束通过，以保证战斗部、舵机与电子舱的电气连接。

后盖部件是由支承盖和后盖组成。两者用卷边卡环固定并用环形密封环密封。两者形成的空腔构成发动机的点火预燃室。在预燃室内装有点火药包和点火药柱，在后盖上安装有点火火具。在支承盖上有两个喷孔，在预燃室内燃烧的燃气从喷孔喷出时形成一股对准主装药的旋转气流，增加气流对主装药的传热，以便更好地点燃主装药。

带包覆层的主装药为双基推进剂，微烟，具有较高的强度，能够承受导弹发射时 3500g 左右的过载。装药的轴向定位由后盖上的四片弹性支承垫片和套在药柱外侧的台阶形轴向定位片完成。

4. 仪器舱

仪器舱位于导弹的尾部，以弹翼装置为安装基体，装有连接体、陀螺坐标仪、电子装置、热电池部件及气动开关等，如图 8-9 所示。

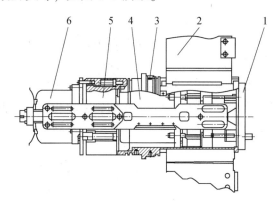

图 8-9 导弹仪器舱结构图

1—连接体；2—弹翼装置；3—气动开关；4—陀螺坐标仪；5—电子装置；6—热电池

弹翼装置由壳体部件、翼面部件、轴、卡销、钮簧、销等组成。它为导弹提供升力和转速。壳体部件是一个铸钢杯形件，在它的外圆上均布安装着 4 个翼面部件。翼面部件与弹翼装置的纵轴有一定的安装角，用来保证导弹飞行中的转速；在一对翼面部件迎风面的后部中间位置安装有一薄片，用来稳定导弹飞行中的转速，减小转速的变化。在发射前，翼面部件由弹托部件将其收回成折叠状态。

连接体由激光接收机、顶杆开关、示踪灯、尾座、插座、接线板等组成。它是一个光电转换和电子元器件构成的部件。

激光接收机是在连接体的尾部，可接受激光信息的光学器件，用以接收并选择有用的激光信息信号，滤去其他光信号的干扰，将有用的激光信号转换成电信号的装置。

顶杆开关是一个电气开关机构。装入导弹后，顶杆被弹托部件压缩回去，切断了弹上热电池电源通往其他机构的电路，保证了导弹在膛内的安全；导弹从炮管中发射出去并抛掉弹托后，顶杆在弹簧的推动下伸出，接通弹上电路保证导弹正常工作。

示踪灯用胶粘结在尾座的弧面坑内，其管角焊接入相关电路内，此弧面上镀有反光材料，对灯光有聚光反射作用。白天发射导弹将示踪灯点亮，可指示弹道。

接线板是一条中间为双面印刷线路布板，上下面盖有单面覆铜布板的电路接线板，通过该板完成弹上电路连接。

陀螺坐标仪是由外环轴输出双通道信号的燃气三自由度陀螺仪。陀螺仪的装配方式为外环轴沿导弹纵轴安装，陀螺转子轴垂直于弹体纵轴。陀螺不工作时，转子轴通过锁紧机构与陀螺壳体、弹体固连在一起，防止运输过程中碰撞，同时保证转子轴、内环轴相互垂直。

陀螺转子驱动能源是用转子内腔药柱点燃后所产生的高压燃气，经喷管喷出的高速气流所产生的切向推力推动转子。在导弹飞行期间，陀螺依靠转子惯性运转工作。当陀螺解锁后，转子获得三个转动自由度，成为一个自由陀螺仪，陀螺转子轴在空间的方向保持稳定不动，为导弹提供一个姿态测量基准，测量弹体滚动姿态角。

在陀螺壳体上安装有外环接触片传感器，电刷座安装在外环轴上的叉形件上，齿轮通过其螺纹拧在叉形件上，并用胶粘固定。此电刷座既可以绕外环轴转动，又能被叉形件带着沿外环轴移动。确定电刷座位置的摆锤组建只能相对外环轴转动，而不能沿外环轴移动。当陀螺处于锁紧状态时，电刷座通过卡锁与摆锤组合件组成一体，可以绕外环轴任意转动。在重力作用下，摆锤组件始终处于重力方向，因此，电刷座上的电刷在空间的位置由摆锤位置所确定，这使炮射导弹的装填与制式弹一样方便。当陀螺解锁后，电刷座与摆锤组件脱开，电刷座上的4个电刷即刻与传感器的接触片和集流环相接触，有摆锤所确定的电刷位置被陀螺所记忆稳定，由此重力基准方向被装定到弹上，实现了大地坐标系向弹体坐标系的转换。

电子装置是一个电子部件，由规模集成电路、晶体管阵列和其他分立电子元件所组成。它将激光接收机传来的信号，经放大器、门限电路处理后传送给选通滤波器。选出有用的 f_1、f_2、f_3、f_4 四种频率信号。它们按 Y 和 Z 坐标的控制信道分析输入信号。各选通滤波器把选通后的信号频率变换成方波信号。由于信号频率 f_1、f_2 是反应导弹在 Z 向（左右）的偏离，f_3、f_4 是反映导弹在 Y（上下方向）向的偏离。因此，f_1、f_2、f_3、f_4 分别送往两路整形放大电路进行整形放大。经过整形放大的方波脉冲信号输入坐标鉴别电路，坐标鉴别电路将各脉冲信号变成一个各控制信道与控制场中心偏离量成比例的直流分电压。

直流电压幅值比例于导弹偏离控制中心距离的大小。同时，在放大器上加入补偿电压，以补偿导弹因重力引起的弹道下沉。

热电池部件，在火炮击发过程中将电池击活，向弹上各点火系统和控制系统提供三路电压。

气动开关的作用是在装配状态下外接导弹检测仪，检测时通过接通的一对触头对激光接收机和电子装置线路进行检测。当导弹发射时，发射药燃烧生成的燃气在高压作用下，活塞部件向前运动顶在套管的底部，使原来接通的一对触头断开，另一对触头被接通，结果使检测线路断开，保证弹上线路的正常工作。

5. 弹托组件

弹托组件主要用来保护仪器舱免受发射装药燃气的损害。由壳体部件、活塞部件、药室部件、感应部件等组成，如图 8-10 所示。

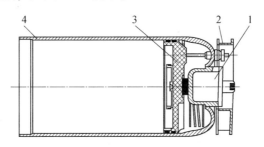

图 8-10　导弹弹托结构示意图
1—感应部件；2—药室部件；3—活塞部件；4—壳体部件

壳体部件内装着一个可活动的活塞部件，活塞与壳体间用两个密封圈保证密封性。装在壳体部件底部的触头部件与装在活塞部件上的接电套连接，用以接通仪器舱中热电池电点火具的点火线路。装在壳体部件底部的节流阀用以控制燃气通过的流量。装在节流阀上的过滤器是避免发射药的燃烧微粒进入节流阀孔堵住气流通过。

感应部件由磁环、两组线圈绕组、衔铁和铁芯组成。炮射导弹发射时，撞杆在底火燃气的高压作用下，撞击感应器的顶杆，引起磁路的变化，线圈绕组中将产生电动势，从绕组的输出端输出，分别点燃热电池和发射电点火具。

8.2.2.2　发射组件

9M117M 炮射导弹发射组件的主要用途是用于装定导弹并使炮射导弹在炮膛内定位，发射药赋予导弹以炮口初速度（≥222.5m/s），并保证发射过程中作用在导弹上的最大轴向过载不超过 3500g，炮膛内极限压力不大于 82.4MPa。由药筒部件、击发机构、点火机构等组成，如图 8-11 所示。

炮射导弹发射组件受火炮药室直径与容积的限制，导弹弹底相对药筒必须前移，在弹底与药筒底之间的空间内装药。由于弹底到药筒底有一段距离，由火炮击针撞击底火，直接击发的方案已不再适用，为了适应火炮药室的结构，炮射导弹的击发方案为：由火炮击针撞击底火后，靠底火火药气体做功，推动击发撞杆运动、撞击导弹底部的感应部件，产生发射点火电压。由于火炮身管短，为保证导弹的外弹道性能，保证导弹控制要求以及与

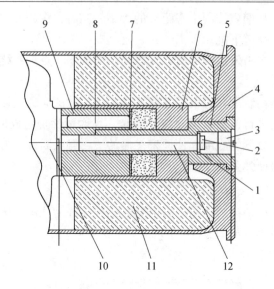

图 8-11　导弹发射组件机构图

1—垫片；2—螺钉；3—底火；4—药筒壳体；5—套筒；6—挡药筒；7—挡片；
8—点火具；9—衬套；10—感应部件；11—发射药；12—撞杆

制导仪的匹配性，导弹的炮口初速不能太低。因此，除改变装药结构外，发射药（改为装填密度大的多孔颗粒药）还会使导弹的增速发动机提前工作。

火炮撞针在弹簧力的作用下，撞击药筒底部的底火，底火发火后产生一定压力的燃气使撞杆部件的垫片变形并推动撞杆，撞杆作用于导弹的感应部件使推杆移动，此时感应部件的绕组感应产生两种电脉冲，其中一组电脉冲点燃电点火具，电点火具发火点燃助燃药，助燃药通过挡片与衬套之间的间隙及挡药筒圆周分布的 20 个孔点燃主发射药，主发射药燃烧产生的高温高压燃气推动导弹向前运动，从而完成导弹的发射过程。

1. 药筒组件

药筒组件由挡药筒、套管、药筒等组成。

药筒是一个空芯的钢制圆筒，其前端在炮射导弹收口时压入装在增速发动机上的螺环的槽内。套管从药筒底部拧入，其上固定挡药筒；挡药筒内装有助燃药，挡药筒距口部约 20mm 处，圆周均布两圈小孔。导弹与药筒部件对接时，套管伸入衬套的孔内并顶住端面从而使导弹与药筒部件的轴向位置相对固定，而衬套是和导弹弹托组件的感应部件一起由螺钉固定在弹托的尾部。

2. 击发机构

击发机构由底火、撞杆部件和螺母等组成。

底火拧在药筒部件的套管内。撞杆部件由垫片和撞杆等组成，撞杆部件由螺母固定在药筒部件的套管内。

3. 点火机构

点火机构由电点火具、主发射药和助燃药等组成。

电点火具借助于螺钉和挡片固定在衬套内。其壳体上引出两根导线与感应部件的其中两个输出端连接，在电点火具内装有点火药、延时药和烟火药等。发射药由主发射药和助燃药组成，主发射药装在挡药筒和药筒壳体之间的药室内，为管状颗粒药，用纯棉白布缝制成长 320mm、宽 100mm、上部分成 6 格、下部互相连通的长方形药包内。助燃药为散装颗粒药，借助于两个药垫装入挡药筒的空腔内。

发射组件的工作原理如下：发射时，火炮撞针在弹簧力的作用下，撞击药筒底部的底火，底火发火后产生的燃气压力使撞杆部件的垫片变形并推动撞杆运动，撞杆作用于导弹的感应部件使推杆移动，此时感应部件的绕组感应产生两组电脉冲，其中一组电脉冲点燃电点火具，电点火具发火点燃助燃药，助燃药火焰通过挡片与衬套之间的间隙及挡药筒圆周分布的传火孔点燃主发射药，主发射药燃烧产生的高温高压燃气推动导弹向前运动，从而完成导弹的发射过程。

8.2.2.3　导弹各舱段间的机械、电气连接

战斗舱位于舵机舱后，用径向螺钉与舵机舱对接，通过粘贴在战斗舱内壁的带状电缆的插头与舵机舱完成电气连接，发动机与战斗舱通过开口螺环对接，发动机与战斗舱上均有一条白色对接标记线，装配时将两条线对准用来实现两者的角定位。发动机的前后堵盖上装有插座，用于连接战斗舱和仪器舱的电路，插座之间的电缆通过中心导管使其免受高温高压火药气体的烧蚀。仪器舱与发动机由径向螺钉对接，并由销子实现角定位，仪器舱内的各组件由印刷电路连接。弹托与仪器舱也是靠径向螺钉对接，由气动开关实现角定位，通过插头插座完成电气连接。

8.3　炮射导弹工作原理

炮长发现目标后，控制操纵台使瞄准指标对准目标中心，当时机成熟时按击发按钮并使瞄准标记始终对准目标中心，瞄准制导仪上的激光发射器开始工作，导弹上的各种控制电路启动，发射药燃烧使导弹按一定初速飞出炮口。导弹由驾束制导，当激光制导仪发出"发射"指令时，激光器进入工作状态，在火炮后坐给出"脱离"指令后制导仪快门打开，发出激光，在 250mm 处形成一个直径为 6m 左右的激光信息场。导弹出炮口时，发射装置给瞄准制导仪发出脱离信号，使瞄准制导仪的变焦系统开始工作，从而形成一个对准目标的经过编码的激光信息场，该信息场按固定的程序进行变焦，激光信息场直径保持在一定尺寸，能量集中于导弹尾部的激光接收机上。导弹飞离炮口后，弹尾部的弹托脱落，尾翼张开，弹上激光接收机接收激光信息场的指令，控制舵机的舵片进行俯仰和偏航运动，调整导弹的飞行姿态，使导弹飞向目标中心。

目标跟踪回路是由瞄准制导仪和目标组成的闭合回路。在跟踪目标时，炮长控制操纵台，使激光束中心始终对准目标。导弹控制回路是导弹相对于激光束轴线位置的闭环自动控制系统。弹上控制系统包括激光接收器、前置放大器、限幅放大器、门限电路、选通滤波器、比较电路、整形电路、坐标鉴别电路、校正滤波电路、陀螺坐标仪、气动舵机等。飞行中导弹底部的激光接收器，敏感其在激光信息场中相对于控制场中心的位置，鉴别出导弹偏离瞄准线偏差信息，把接收到的光信号变成电脉冲信号。弹上控制电路将脉冲信号

处理成与导弹在控制场中的 Y、Z 坐标成比例的电信号。Y 为铅垂方向偏差值，Z 为水平方向偏差值。弹上控制电路的校正滤波器将与坐标成比例的信号进行转换后，在其输出端形成既与导弹在控制场中的坐标成比例，又与坐标变化速度成正比的信号 Y'、Z'，这种转换确保导弹在控制过程中稳定。然后将 Y' 加上常值重力补偿。弹上陀螺坐标仪将信号 Y'、Z' 转换到弹体坐标系中，再供给舵机。由舵机执行控制指令，使两对舵片偏转，从而改变导弹的姿态，引起弹上气动力的变化，纠正弹道偏差，使导弹返回到瞄准线上，最终得以命中目标。

火炮击发机构击发时，撞针撞击底火，底火作用后产生的高压燃气推动撞杆向前运动，撞击弹托上感应部件的推杆，推杆切断销子带动衔铁一起运动，使感应器产生两个电脉冲，并送到弹上热电池电点火具和发射电点火具。热电池电点火具激活电池进入工作状态，热电池上点燃陀螺电点火具，使陀螺坐标仪进入正常工作状态。

火炮击发后，发射电点火具在延时 1.5s 后点燃辅助装药和发射药，推动导弹向前运动。同时，弹上的气动开关被打开，切断弹上检测电路。发射惯性使前置引信和主战斗部引信的惯性开关闭合，电点火具发火，并点燃延时药柱。

导弹在飞出炮口后抛掉弹托。连接体上的顶杆开关闭合，热电池上的电源电压分别送到示踪灯、增速发动机电点火具、舵机电点火具和气道电点火具并使激光接收机检测点接地。气道电点火具接通后立即发火将舵机头部的堵头推出，打开舵机进气道。弹托从导弹上分离的瞬间，弹翼在弹簧作用下张开并固定在展开位置。舵机电点火具在顶杆开关闭合后延时一定时间发火推动舵机活塞切断固定销向前运动，由此推动舵翼顶开护板呈张开状态，并被锁定在展开位置。增速发动机电点火具在顶杆开关闭合后延时 0.3s 后发火点燃点火药包、点火药柱及发动机主装药。发动机工作 6s 后使导弹获得最大的飞行速度。

导弹在飞离炮口一定距离，前置引信和主战斗部引信的远距离解除保险机构解除保险，引信处于待发状态。

导弹撞击目标时，头部的整流罩与内罩闭合，前置战斗部作用，攻击反应装甲，延时一定时间后引爆主战斗部，摧毁主装甲。导弹若没有击中目标，自毁机构在 30s 左右自行引爆主战斗部。

8.4 炮射导弹的毁伤

毁伤是压制、歼灭、破坏、妨碍等的总称，是一个概括的、笼统的概念。对坦克炮射导弹武器系统，毁伤是指在一定条件下，坦克使用炮射导弹，对某一特定目标射击时，弹药对目标的作用效果。可见，炮射导弹毁伤目标问题研究是建立在特定目标和弹药的基础上的，弹药和目标是毁伤问题研究的基本对象。

8.4.1 坦克炮射导弹毁伤原理分析

在战场上，所有目标均要执行或完成一定的军事作战任务，作战任务完成的程度是目标战术技术性能发挥程度的反映。完成特定作战任务时目标各种功能的正常发挥是其生命力的具体表现。从这个意义上讲，目标毁伤意味着部分或全部功能的丧失。以坦克为例，它作为一个地面作战武器系统，具有攻击、机动、防护和通信的综合功能。其作战功能结构如图 8-12 所示。

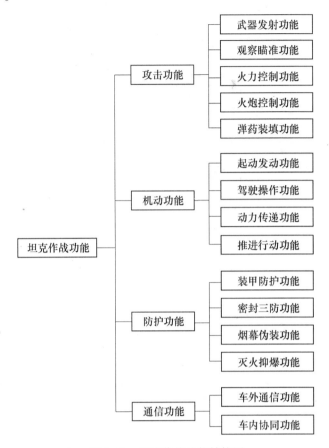

图 8-12　坦克作战功能结构图

一方面，坦克炮射导弹武器系统射击的目标，主要就是坦克等装甲车辆目标，这些目标结构复杂、功能多样。目标的毁伤可能是各种功能的同时丧失，也可能是部分功能的丧失或部分功能不同程度的丧失。因此，目标毁伤问题比较复杂，过去研究较少，也有很大的局限性。

而从图 8-12 可以看出，整个坦克系统具有四大功能，即攻击功能、机动功能、防护功能和通信功能。其中，攻击功能由武器系统来完成；机动功能由动力系统、操纵系统、传动系统和行动系统来完成；防护功能由防护系统来完成；通信功能由通信系统来完成。各子系统又由实现其自身功能的若干个系统、装置、人员或部件组成。整个坦克的系统结构如图 8-13 所示。

由图 8-13 可以看出，整个坦克系统由若干个子系统构成，这些子系统又由许多部件组成，构成坦克的所有部件。根据其在毁伤元作用下对坦克系统整体功能的影响，大致可分为两种类型，即关键部件和惰性部件。若某类的部件毁伤能导致坦克毁伤，则该类部件为关键部件，否则为惰性部件。例如，坦克火炮，它的毁伤将使坦克丧失主要攻击功能，

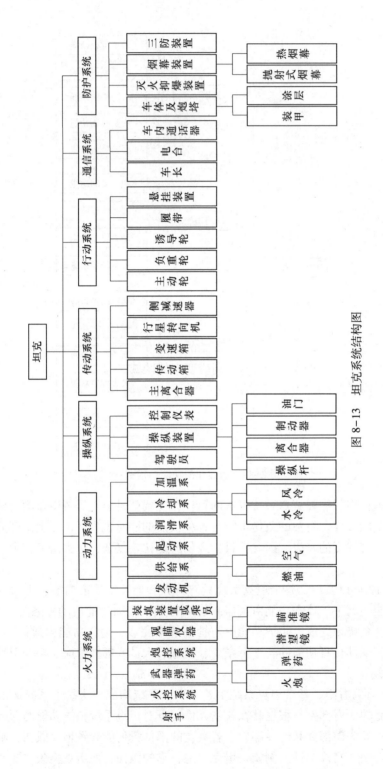

图 8-13　坦克系统结构图

故为关键部件；而坦克高射机枪，它的毁伤不至于引起整个坦克的毁伤，因而属于惰性部件。关键部件是相对坦克所具有的某种功能而言的，有些部件对某种功能来讲，是关键部件，但对其他部件来讲则可能是惰性部件。如坦克电台，对坦克的通信功能来讲是关键部件，但对坦克的防护功能来讲则无关紧要，就不是关键部件。

同时，还应区分关键部件与功能部件的关系，目标完成某种功能所必不可少的部件，称为功能部件；其余部件为辅助部件。功能部件肯定是关键部件，而关键部件不一定是功能部件，因为关键部件还包括一些辅助部件。如坦克内的机枪弹药，对坦克来讲，它不是必不可少的部件，但它若被弹丸或破片撞击而引爆，就会导致周围许多功能部件的毁伤，从而引起坦克的毁伤，因此属于关键部件。

另一方面，坦克炮射导弹系统对付这些目标的战斗部，通常采用二级串联破甲战斗部，由前置战斗部和后置战斗部组成。前置战斗部用来击爆披挂反应装甲，在前置战斗部爆炸后，通过延时装置，引爆后置战斗部。在延迟时间内，反应装甲已经被击穿，因此排除了反应装甲的干扰，确保后置主战斗部击穿装甲目标。可见，研究坦克炮射导弹毁伤原理，主要应从炮射导弹系统本身配置的主战斗部及其对付的目标特性等两方面来考虑。

而坦克炮射导弹系统通常配置的破甲主战斗部，基本作用原理与一般破甲弹近似相同，其破甲作用也是通过聚能射流对装甲的撞击来实现的。射流侵彻靶板时，与靶板发生碰撞，碰撞点的压力可达 20 万 MPa，温度达 5000K。射流与靶板材料碰撞后，速度降低，在靶上因射流冲击形成一个孔洞，碰撞点周围的金属发生高速塑性变形，应变率很大。因此，在碰撞点附近形成一个高温、高压、高应变率的区域。

射流对"三高区"的靶板进行碰撞，使靶板孔底材料与射流以相同的速度运动，从而扩大孔径并不断向靶板中侵彻，依靠这种侵彻作用穿透装甲使目标内部部件遭到毁伤。此外，射流也能点燃燃料，引爆爆炸物。在侵彻过程中，射流由于其速度梯度使自身不断拉长，当延伸到一定长度时会出现颈缩与断裂，不连续射流的侵彻能力明显下降。射流的毁伤效能主要与射流头部速度 v_{j0}、射流尾部速度 v_j、射流初始长度 l_0、射流密度 ρ_j 及材料的动态延伸率 α 有关。

8.4.2 侵彻深度与剩余穿深

目前，还没有特定的理论公式来计算坦克炮射导弹的破甲深度。为了研究方便，根据坦克炮射导弹的构造原理，把坦克炮射导弹的侵彻深度计算等效为破甲弹的侵彻深度计算。关于侵彻深度的计算，主要有以下三种方法。

8.4.2.1 定常破甲理论计算公式

因为金属射流的速度很高，在撞击靶板时将产生高达 20 万 MPa 的局部压力，这比靶板的强度要高得多，在不考虑靶板强度的前提下，提出了定常破甲理论，认为金属射流的速度是均匀的，侵彻速度（破甲速度）也是不变的，把靶板作为理想的不可压缩的流体来处理，从而建立定常破甲理论的破甲深度计算公式，即：

$$L = l \sqrt{\frac{\rho_j}{\rho_t}} \tag{8-1}$$

式中，L 为破甲深度；l 为金属射流长度；ρ_j 为金属射流密度；ρ_t 为靶板密度。

从式 (8-1) 可知, 破甲深度与射流长度有关, 射流长度越长则破甲深度越深; 另外与射流和靶板的密度有关, 射流密度越高则破甲深度越深, 靶板密度越小则破甲深度也越深。

8.4.2.2 破甲深度的经验公式

两个较为适用的经验公式。

其一, 装药结构中有隔板的计算公式:

$$L = \eta(-0.76 \times 10^{-2}\alpha^2 + 0.593\alpha + 0.475 \times 10^{-7}\rho_0 D^2 - 9.84)l_m \qquad (8-2)$$

其二, 装药结构中无隔板的计算公式:

$$L = \eta(0.0118 \times 10^{-2}\alpha^2 + 0.16\alpha + 0.25 \times 10^{-7}\rho_0 D^2 - 0.53)l_m \qquad (8-3)$$

式中, L 为静破甲深度 (mm); α 为药型罩半锥角 (°); l_m 为药型罩母线长 (mm); ρ 为装药密度 (g/cm³); D 为装药爆炸速度 (m/s); η 为考虑药型罩材料、加工方法以及靶板对破甲的影响系数, 如表 8-1 所示。

表 8-1 药型罩材料、加工方法以及靶板对破甲的影响系数

药型罩	紫铜车制		紫铜冲压		钢冲压	铝车制	玻璃
靶板	碳钢	装甲钢	碳钢	装甲钢	装甲钢	装甲钢	装甲钢
η	1.00	0.88~0.93	1.10	0.07~1.02	0.77~0.79	0.30~0.39	~0.22

8.4.2.3 考虑战斗部性能的计算公式

$$L = 1.7\left(\frac{d}{\tan\alpha} + \frac{3 \times 10^{-5} r \times d \times D^2}{v_k}\right) \qquad (8-4)$$

式中, L 为静破甲深度 (mm); d 为药型罩口部内径 (mm); α 为药型罩半锥角 (mm); D 为弹丸直径 (mm); v_k 为射流侵彻目标的临界速度 (m/s); r 为考虑到药型罩锥角影响的系数, 如表 8-2 所示。

表 8-2 型罩锥角影响的系数

2α	30°	50°	60°	70°
r	1.9	2.05	2.15	2.2

从上述两个经验公式可以看出, 破甲深度都与药型罩的结构和材料有关, 所以, 要想提高破甲深度, 就要改进药型罩的结构和材料。

8.4.2.4 剩余穿深

为了研究毁伤问题的方便, 作为统一的评价标准, 可将各种反装甲弹药的杀伤威力在贯穿装甲目标主装甲后的剩余能量定义为剩余穿深, 它是造成装甲目标毁伤的主要评价因素。即: H_s (剩余穿深) = L (破甲深度) - L_r (等效装甲厚度)。

坦克炮射导弹剩余穿深的大小是衡量其毁伤能力的重要依据。如果炮射导弹的破甲威力只足以击穿装备的主装甲, 或者在击穿装备主装甲后, 剩余能量不能对装甲内部件构成威胁, 那么, 除了炮射导弹撞击目标时所引起的冲击振动可能造成某些部件的功能损失外, 一般不会造成目标的彻底毁伤。从一定意义上讲, 炮射导弹只有在穿透装甲后, 同时具有相当的剩余能量的情况下才能对装甲目标造成毁伤。

在武器射击效能评估研究中, 毁伤目标是射击活动的最终目的, 但毁伤目标却是射击

学中的一个模糊概念。弹丸命中目标后，如何判定目标是否毁伤，毁伤程度多大，没有统一的标准。通常的研究方法是将目标简化为具有规则形状的等效靶板，这种方法可以概略评定坦克武器毁伤目标的能力。为了更加准确合理地反映目标的毁伤情况，可以根据目标功能丧失的情况对其毁伤进行分级。

8.4.3 目标毁伤等级

在炮射导弹对坦克目标进行射击时，预期的作用效果是使坦克内部部分或全部机构、装置、人员及部件遭到破坏并失效，从而使坦克的四个功能部分或完全丧失，达到毁伤的目的。因此，毁伤坦克的根本是使其内部机件或人员受到弹丸的作用，坦克毁伤程度也是根据其内部系统的破坏情况来评定的。

在战斗中，期望一举摧毁坦克比较困难，但只要发射的炮弹命中目标，就可使坦克达到某种程度的毁伤，为了研究方便，通常以坦克内部关键部件的破坏情况来划分坦克的毁伤等级，并以此作为坦克毁伤程度的判定标准。

美军在评定坦克毁伤程度时，只考虑单发射弹命中的效果，不考虑坦克当时的战斗任务，也不考虑坦克被命中时对乘员的心理影响等因素。对坦克各毁伤等级划分情况，如图8-14所示。

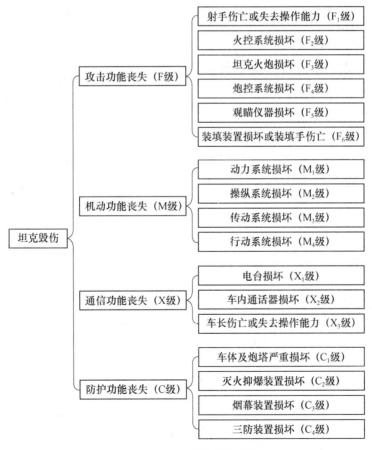

图8-14 坦克毁伤等级划分

具体毁伤等级划分如下：

（1）M级毁伤（运动性毁伤）：坦克瘫痪，不能进行可控运动，且不能由乘员当场修复。

（2）F级毁伤（火力性毁伤）：坦克主要武器及配套设备的功能丧失，且不能由乘员当场修复或射手已丧失操作能力。

（3）K级毁伤（摧毁性毁伤）：坦克被摧毁，各部分功能几乎完全丧失，无机动性，根本无法修复。

结合坦克射击的实际，在只考虑单发射弹命中目标，不考虑毁伤积累及坦克所遂行的战斗任务，也不考虑坦克被命中时对乘员的心理影响的情况下，根据坦克所具有的四大功能及完成这些功能所需要的关键部件，将毁伤等级分为4级。

（1）攻击功能丧失（F级）：坦克火炮、火控系统、炮控系统和装填装置全部或部分损坏无法当场修复或射手及二炮手伤亡、失去操作能力。

（2）机动功能丧失（M级）：动力系统、操纵系统、传动系统和行动系统全部或部分损坏无法当场修复，其中操纵系统损坏包括驾驶员伤亡或失去操作能力。

（3）通信功能丧失（X级）：电台、车内通话器全部损坏无法当场修复或车长伤亡、失去操作能力。

（4）防护功能丧失（C级）：车体及炮塔严重破坏、灭火抑爆装置、三防装置和烟幕装置损坏无法当场修复。

对于各个毁伤等级，还可根据毁伤的具体情况将各个毁伤等级进一步细化。如对于F级毁伤，可根据其毁伤部位分为5个等级：射手伤亡或失去操作能力（F_1级）、火控系统损坏（F_2级）、坦克火炮损坏（F_3级）、炮控系统损坏（F_4级）、观瞄仪器损坏（F_5级）、装填装置损坏或二炮手伤亡、失去操作能力（F_6级）。

8.5 炮射导弹目标毁伤评估方法

8.5.1 目标毁伤评估

炮射导弹对坦克目标进行射击时，弹药产生的毁伤元在不同条件下的作用大小、作用位置都不同，因而对目标的毁伤效果存在很大的随机性。为了定量描述射弹对目标的毁伤效果，采用条件毁伤概率来对目标毁伤进行评估。这里的条件毁伤概率，是指在某种弹药命中并产生作用的条件下，目标被毁伤的可能性，即在射弹命中目标的条件下，目标的条件毁伤概率越大，目标毁伤的可能性也越大。在计算某发射弹对目标的条件毁伤概率时，首先应确定该发射弹对目标的各部位所造成的破坏情况，并判定属于某种等级的毁伤。在此用毁伤树分析法分析目标功能丧失的情况。

8.5.1.1 目标毁伤评估方法

通过建立炮射导弹对坦克造成F级毁伤的毁伤树，分析装甲目标坦克的毁伤情况。例如，坦克F级毁伤树如图8-15所示。

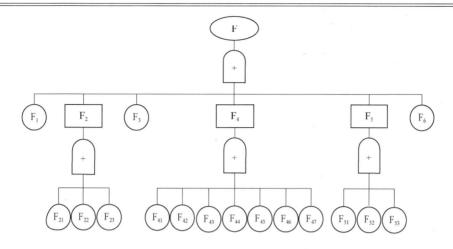

图 8-15　坦克 F 级毁伤树图

F：坦克 F 级毁伤；F_1：一炮手身亡；F_2：火控系统毁伤；F_3：火炮毁伤；F_4：炮控系统毁伤；F_5：观瞄仪器毁伤；F_6：二炮手身亡。

F_{21}：火控计算机毁伤；F_{22}：控制盒毁伤；F_{23}：倾斜传感器毁伤。

F_{41}：操纵台毁伤；F_{42}：炮控箱毁伤；F_{43}：启动配电盒毁伤；F_{43}：陀螺仪组毁伤；F_{45}：电机扩大机毁伤；F_{46}：炮塔方向机毁伤；F_{47}：垂直向稳定器电液伺服系统毁伤。

F_{51}：视场稳定测距瞄准镜毁伤；F_{52}：激光电源计数器毁伤；F_{53}：微光夜视仪毁伤。

再依据毁伤树研究坦克目标易损性。目标易损性与目标的结构、坚固性、幅员、形状、关键部件的数量及位置有关。目标中各部件对不同类型毁伤元的抗毁伤能力不同，因而目标易损性是相对某种弹药的。

坦克使用炮射导弹对坦克目标射击时，炮射导弹所产生的毁伤元总是首先破坏目标的防护装甲，如果毁伤元在穿透目标防护装甲后，还余有一定的毁伤力，并能对坦克内部的关键部件构成毁伤，致使坦克丧失部分功能，即可构成对坦克的毁伤；否则，若毁伤元不能穿透目标的防护装甲，或穿透后再没有毁伤坦克内部关键部件的能力，坦克的主要功能没有下降或损失，则不能构成对坦克的毁伤。由此可见，坦克目标的易损性包括两部分内容，即目标防护装甲的易损性和内部关键部件的易损性。

防护装甲的易损性与装甲板的材料、结构、厚度、倾角等因素有关。防护装甲的特性直接影响其易损性，材料强度越大，易损性越低；装甲厚度越大，易损性越低；装甲倾角越大，易损性越低；反之，防护装甲的易损性就高。复合装甲的易损性也比均质钢装甲低。坦克装甲的配置也有一定的原则和依据。一般以战场上坦克车体和炮塔各部位实际遭受火力攻击并导致毁伤的情况，作为装甲配置的依据。装甲配置的主要原则是：

1）不同部位采用不同类型、不同材料的装甲。

2）不同部位采用不同厚度的装甲。

3）对重要部位中弹毁伤率较高的装甲进行倾斜设置。

4）为提高侧面抗破甲弹的能力，在行动部分外侧附加屏蔽裙板，在炮塔两侧安装屏蔽栅栏。

5）避免在车体和炮塔正面开设门、窗、孔、洞。对某一给定的坦克来讲，其防护装甲的配置是有规律的，正面的装甲防护能力最强，两侧次之，顶部、底部和后部最弱。

有关装甲的倾斜角度，弹丸终点效应中将该角定义为装甲法线与水平面的夹角。通常来说，倾角越大，防护力越好；而按后一种定义方法，则是倾角越大，越易被穿透，因而这里采用前一种定义方法。正面装甲板的倾角较大，而两侧和顶部的倾角较小。一般情况下，防护装甲以车身纵轴线为中心呈对称分布，几种典型坦克的防护装甲配置如表 8-3 所示。

表 8-3　几种典型坦克的防护装甲配置

坦克型号		T-55	T-62	T-72	M60A3	M1
车体装甲厚度、倾角及结构	前上	100/60	100/60	230/68（复）	110/65	50～125
	前下	100/35	100/55	85/60	110/55	25～32
	侧部	80～20	80/0	70～80	80/0	25～50
	尾部	36	35/6	30/30	75/0	
	顶部	33	30～15	30～15	75（铝）	
炮塔装甲厚度、倾角及结构	前部	203/弧形	220/弧形	310/弧形	110/弧形	25～125
	侧部	150～173/弧形	150～173/弧形	230/弧形	63/弧形	
	顶部	63/弧形	65/弧形	100/弧形	63/弧形	25
	后部	39	30/弧形	35	25.3	
	防盾		220/弧形	300	178/弧形	

坦克表面防护装甲配置的不同，决定了其易损性的不同，也就是说，对目标射击时，炮弹毁伤元命中目标不同位置时，穿透目标防护装甲的能易程度不同。一般来讲，坦克车体及炮塔后部、两侧的易损性较高，其防护装甲易被穿透；车体及炮塔正面的易损性较低，其防护装甲不易被穿透。

坦克内部各关键性部件的易损性与其体积、位置、结构、材料、防护能力等有关。体积越大，被毁伤元命中的可能性也越大，易损性越高；部件位置越明显，越靠近车体或炮塔壁，越容易被毁伤，其易损性越高；部件的结构越复杂，被命中后毁伤的可能性越大，其易损性也越高；部件材料强度越低，被命中后毁伤的可能性越大，其易损性也越高；部件的防护能力越弱，被命中后毁伤的可能性越大，其易损性也越高。下面对坦克内部关键部件的易损性进行分析。

1. 乘员

坦克乘员既是一个特殊的关键部件，又是一个极易受损的部件。乘员伤亡或失去操作能力，则坦克的某项功能将丧失或受到影响。弹药对乘员的损伤集中体现在使其丧失执行任务的能力。由于坦克乘员的任务不同，因而使其丧失操作能力的受伤程度也不同。例如，驾驶员下肢受伤，则影响驾驶，但若一炮手下肢受伤，则对其操作武器影响不大。

乘员分有防护和无防护两种情况，根据国内外的研究，对坦克乘员裸露部位的杀伤能量为：头颅，69.9J；胸腹部，120.5J；四肢，168.5J。

有防护时则视具体情况而定。有关试验显示，乘员是易损性较高的关键部件之一。脱壳穿甲弹从正面命中坦克并穿透装甲，一般至少可以使一名乘员重伤或死亡，多则使全部乘员重伤或死亡。

2. 弹药

坦克普通炮弹由弹丸、药筒和发射药组成。坦克普通炮弹的药筒用黄铜制成，厚2mm，极易被破片击穿。发射药主要为硝化棉或硝化甘油，其引燃温度为170℃。药筒被击穿后，极易引起发射药的燃烧或爆炸，甚至导致车内弹药的爆炸，从而使坦克受到严重毁伤。弹药的易损性除与其自身的防护及特性有关外，还与其数量和配置方式有关。以典型88坦克为例，其携弹量为33发，其中车体内弹架油箱内存放20发，车体右侧3发，左侧3发，发动机前10发，炮塔尾舱5发，炮塔右侧2发。国外几种典型坦克的弹药基数如表8-4所示。

表 8-4　国外几种典型坦克的弹药基数

坦克型号	T-72	M1	M60A3	梅卡瓦
弹药基数	30	30（120mm）	63	62
配置方式	炮弹全部放在弹药室弹药隔舱内	38发在炮塔尾部，其余在车体内	炮塔左侧二炮手脚下有弹药架、其座位前部有弹仓，炮塔尾部有弹药架	炮塔内10发，其余52发装入非燃性容器固定在战斗室后部两侧，均位于炮塔座圈下

弹药存放位置多，迎弹面积大，则易被破片击中。在有关试验中，无论是穿甲弹还是破甲弹，几乎每发射弹都能使弹药遭受损伤。

3. 坦克燃料

大多数坦克都采用柴油作为燃料，为保证其最大行程，柴油的携带量也较大。一般来讲，坦克所携带的柴油分几部分存放在不同的位置。几种典型坦克的燃油携带量如表8-5所示。

表 8-5　几种典型坦克的燃油携带量

坦克型号	T-72	M1	M60A3	梅卡瓦
燃油携带量		18621	1319.381	
配置方式	驾驶员位于车体前部中间位置，其两侧为主油箱，右侧翼板上有外部油箱，车尾备有200L桶型副油箱	共4个油箱，2个位于战斗室中驾驶员左右，2个在发动机室内	—	车体前部装甲的内外层之间、车体上部侧面装有自封闭式燃料箱

以典型88坦克为例，柴油总携带量为983L，其中，包括前组柴油箱、弹架油箱和外组油箱。油箱外壳由钢板制成，一般厚2mm。根据试验，油箱被进入车内的破片击中后，可能发生三种毁伤效果：穿孔漏油、燃烧和爆炸。油料是否着火，视油箱的容积和破片所具有的能量大小而定。若油料燃烧，则极易引起油料或弹药的爆炸，导致坦克的严重毁伤。

4. 火炮

穿甲弹和破甲弹直接命中坦克后，除对火炮的车内部分易造成损伤外，一般不会对火炮身管造成损伤。但若榴弹直接命中坦克正面，其弹丸破片易造成火炮身管损伤以致造成身管报废。

5. 发动机

为减轻重量，坦克发动机外壳一般用铝合金制造。发动机一般横置，受弹面积较大，正面命中坦克的弹丸破片，易击中发动机，使其受损。发动机的构造极其复杂，内部有不少油管和水管，任一处受损，也会影响整个发动机的正常工作。试验证明，发动机是坦克的易损部件之一。

6. 行动部分

坦克行动部分包括履带、主动轮、负重轮、诱导轮、悬挂装置等。有关试验结果表明，用穿甲弹或破甲弹对坦克射击时，除直接命中行动部分外，一般不会对坦克行动的行动能力产生较大影响。但若榴弹命中邻近位置或穿甲弹、破甲弹直接命中，将会对坦克行动部分造成严重损伤。

7. 其他内部部件

坦克内的其他部件，种类繁多，形状各异，抗破片侵彻能力也各不相同。为了便于研究各部件的抗毁伤能力，将各部或其外壳等效为一定厚度的钢板，以等效钢板的厚度来代表其抗侵彻能力。各部件或其外壳的等效钢板厚度如表 8-6 所示。

表 8-6　各部件或其外壳的等效钢板厚度

钢板厚度（mm）	部件名称
2	乘员（有防护）、发动机、火炮弹药
7	发动机缸体、裸露的弹药、柴油箱（击穿）、机油箱、火控电缆等
20	传动箱、变速箱、主离合器、行星转向机、操纵系统、弹药箱

从表 8-6 可以看出，在同等状态下，坦克乘员、发动机壳体和弹药易损性较高。坦克内部主要部件的易损性除与其本身的等效钢板厚度因素有关外，还与弹药的种类、命中部位、贯穿方向等因素有关。

8.5.1.2　目标毁伤准则

目标毁伤准则又可简单的定义为判断部件是否毁伤的一个判据。早在 19 世纪末，研究子弹或破片对人员的杀伤时，就提出了类似"毁伤准则"的概念，当时称为杀伤标准，它用来表示使人员丧失活动能力，要求子弹或破片所必需的临界动能，通常可用下式来表示：

$$P_{K/H} = \begin{cases} 1 & e_p \geq E_s \\ 0 & e_p < E_s \end{cases} \tag{8-5}$$

式中，$P_{K/H}$ 为破片命中目标的条件下毁伤目标的概率；e_p 为命中目标破片的动能；E_s 为杀伤动能。

上述准则也称为动能准则，用该准则判定的毁伤属于普通毁伤集，也就是说"非此即彼"。在实际应用中，这种准则存在着明显的不合理之处，故有些国家又采用了比动能准则。该准则可用下式来表示：

$$P_{K/H} = \begin{cases} 1 & e_p \geq E_s \\ 0 & e_p < E_s \end{cases} \tag{8-6}$$

式中，e_p 为破片的比动能，$e_p = mv^2 \sqrt{S}$；E_s 为杀伤比动能。

对坦克目标而言，其毁伤可分为两部分，即穿透防护装甲和毁伤关键部件。因此可根据这一特点，分别建立防护装甲毁伤准则和关键部件毁伤准则。

1. 防护装甲毁伤准则

用穿甲弹和破甲弹对坦克目标射击时，弹丸产生的毁伤元首先要穿透坦克装甲，而后才能对坦克内部的关键部件造成毁伤。但如果毁伤元不能穿透坦克装甲，就不能破坏内部关键部件，从而不能毁伤坦克。因此，坦克防护装甲的毁伤属于普通毁伤集，即能穿透就毁伤，穿不透就不毁伤。记毁伤元命中位置的装甲厚度为 b，毁伤元的最大侵彻深度为 $h_{\max}$，c 为毁伤元穿透装甲的概率，则防护装甲的毁伤准则可用下式来表示：

$$c = \begin{cases} 1 & h_{\max} > b \\ 0 & h_{\max} \leq b \end{cases} \tag{8-7}$$

2. 关键部件毁伤准则

坦克内部关键部件可分为人员和机件两类。人员的毁伤是指人员伤亡或失去操作能力。目前，世界各国普遍采用破片的动能作为其杀伤人员衡量标准。美国规定动能大于78J 的破片为杀伤破片，低于 78J 的破片则被认为不具备杀伤能力。我国规定的杀伤标准为的 98J。因此，这里将美国标准和我国标准作为人员毁伤所需动能的上限和下限。

记破片的动能为 w，则单个破片对人员的毁伤可定义为：$w \geq 98J$ 时，则人员肯定毁伤；$w < 78J$ 时，人员肯定不毁伤。其隶属函数为：

$$\mu_{\underset{\sim}{D}}(w) = \begin{cases} 0 & w < 78 \\ \dfrac{w - 78}{98 - 78} & 78 < w < 98 \\ 1 & w \geq 98 \end{cases} \tag{8-8}$$

设破片动能的概率密度函数为 $p(w)$，则人员的毁伤概率为：

$$P_{\underset{\sim}{D}} = \int_0^\infty \mu_{\underset{\sim}{D}}(w) p(w) \, \mathrm{d}w \tag{8-9}$$

该式即为人员的毁伤准则。

同样，利用这种方法可以得到其他关键部件的毁伤准则。若部件的等效钢板厚度为 b_1，部件壳体的等效钢板厚度为 b_2，破片对部件的侵彻深度为 h，则部件的毁伤可定义为：当 $h < b_2$ 时，部件肯定不毁伤；当 $h \geq b_1$ 时，部件肯定毁伤，其隶属函数为：

$$\mu_{\underset{\sim}{D}}(h) = \begin{cases} 0 & h < b_2 \\ \dfrac{h - b_2}{b_1 - b_2} & b_2 < h < b_1 \\ 1 & h \geq b_1 \end{cases} \tag{8-10}$$

设破片侵彻深度的概率密度函数为 $p(h)$，则部件的毁伤概率为：

$$P_D = \int_0^\infty \mu_D(h) p(h) \, dh \qquad (8-11)$$

该式即为部件的毁伤准则。

8.5.2 炮射导弹目标的条件毁伤概率计算

由于坦克炮射导弹价格昂贵，用于实战甚至用于毁伤目标试验的数量都很少，即对坦克炮射导弹毁伤情况的研究尚不具备大量的试验实测数据可以借鉴。再鉴于炮射导弹的战斗部常为两级破甲战斗部，毁伤原理和毁伤效应近似，与破甲弹相同，所以，炮射导弹的毁伤概率研究可以借鉴破甲炮弹的毁伤研究。

8.5.2.1 炮射导弹穿透主装甲后各关键部件的毁伤概率

1. 破片数量和散布

破甲战斗部穿透目标装甲后，会产生大量的破片，破甲弹的有效破片数与其剩余穿深有关。随着后效板厚度的增大，其有效破片数急剧下降。

破甲弹穿透主装甲后产生的破片也基本呈椭圆锥形分布。破片散布范围的试验数据如表 8-7 所示。

表 8-7 破片散布范围的试验数据

序号	主破片散布范围（°）	破片总散布范围（°）
1	3.1/5.8	10.2/13.6
2	1.8/3.9	11.7/12.2
平均	2.5/4.9	11.0/12.9

从表 8-7 可以看出，破甲弹的主破片散布范围在 2°~6°，平均为 3°左右；总散布范围在 9°~14°，平均为 11.5°左右。

同时，试验发现，破片的散布中心一般要低于弹孔中心，试验测得的破片散布中心低于弹孔中心的角度如表 8-8 所示。

表 8-8 破片散布中心低于弹孔中心的角度

弹种	序号	破片散布中心低于弹孔中心的角度（°）
破甲弹	1	2.3
	2	1.8
新批破甲弹	1	0.3
	2	1.1

2. 破片毁伤的关键部件

破甲弹穿透装甲后，会对破片散布范围内的部件构成毁伤。有关车内毁伤试验的结果如表 8-9 所示。

表 8-9　车内毁伤试验结果表

弹种	序号	命中部位	车内毁伤情况（损坏的部件）
破甲弹	1	前上装甲	弹架油箱、发动机排烟管
	2	炮塔正面	一炮手操纵台、炮塔尾舱弹药
	3	车体左侧	左侧第二、第三负重轮，左侧第四负重轮平衡肘支架、加温锅起火

3. 关键部件的毁伤概率

目标的受弹面积与目标的状态及朝向有关。以坦克为例，正面、侧面及斜面坦克在与射击方向垂直的平面上的投影面积不同，因而受弹面积也不同，如图 8-16 所示。

图 8-16　目标受弹面积和坦克朝向关系示意图

目标表面装甲厚度和材料不同，其防护能力和易损性又不尽相同。在目标受弹面内，可以明显地分出部分区域，弹丸命中这些区域后，目标必然被毁伤。同时，也存在另外一些区域，弹丸命中后不能毁伤目标。这样，称前一部分区域为易损区域。目标表面装甲不是均匀分布的，但其分布是有规律的。因此，可以根据目标防护装甲的分布将其受弹面分为易损性不同的若干个区域，以坦克为例，正面坦克可分为易损性不同的 4 个区域。

根据以上试验统计结果，可以得出炮射导弹穿透坦克装甲后产生破片的数量、散布范围和毁伤效果，从而进一步确定车内各部件的毁伤概率。破片毁伤的关键部件与弹丸命中的部位和破片散布中心的贯穿方向有关，也与坦克车内总体布局、破片的数量、散布范围和毁伤效果有关，大量的数据要通过试验来获得，精确计算十分困难。为便于处理，可结合试验统计结果，采用专家评估的方法确定。坦克炮射导弹命中 T-72 坦克正面各部位后车内各关键部件的毁伤概率 $P(A_i)$，如表 8-10 所示。

表 8-10　炮射导弹命中 T-72 坦克正面各部位后车内各关键部件的毁伤概率

命中部位		1	2	3	4
剩余穿深/mm		100	200	300	300
各关键部件的毁伤概率	驾驶员	0.3	1.0	0.1	0.2
	一炮手	0.9	0.8	0.1	0.1
	装填系统	0.9	0.7	0.2	0.1
	弹架油箱	0.3	1.0	0.2	0.1
	火炮	0.9	0.7	0.1	0.1
	蓄电池	0.3	0.9	0.2	0.1
	火控系统	0.8	0.7	0.1	0.1
	操纵系统	0.5	0.9	0.1	0.2

命中部位		1	2	3	4
剩余穿深/mm		100	200	300	300
各关键部件的毁伤概率	电台及车通	0.8	0.6	0.1	0.1
	炮控系统	0.7	0.9	0.1	0.1
	观瞄仪器	0.8	0.3	0.1	0.1
	控制仪表	0.4	0.6	0.1	0.1
	左行动部分	0	0.1	1.0	0
	右行动部分	0	0	0	1.0

8.5.2.2 炮射导弹命中后目标各毁伤等级的毁伤概率

根据目标各毁伤等级的毁伤树和毁伤树的逻辑运算关系，即可求出目标各毁伤等级的毁伤概率。坦克炮射导弹为两级串联——破甲战斗部，可有效克服目标坦克的外挂屏蔽，所以可假定坦克炮射导弹命中条件下克服屏蔽的概率为 1；还可假定坦克炮射导弹克服屏蔽条件下穿透装甲的概率为 1。如目标受弹面可分为 n 个区域，炮射导弹命中部位 i 的概率为 p_i，穿透后对 m 个部件造成毁伤，其中：用于实现攻击功能的部件有 m_F 个；用于实现机动功能的部件有 m_M 个；用于实现防护功能的部件有 m_C 个；用于实现通信功能的部件有 m_X 个；用于实现各种功能第 F_j、M_j、C_j、X_j 个部件的毁伤概率为分别为 $P(AF_j)$、$P(AM_j)$、$P(AC_j)$ 和 $P(AX_j)$。则炮射导弹命中后目标各毁伤等级的毁伤概率可用以下各式进行计算。

（1）F 级毁伤概率

$$P_F = \sum_{i=1}^{n}\left(P_i P_{kpi} P_{cti} P\left(\sum_{F_j=1}^{m_F} A_{F_j}\right)\right) = \sum_{i=1}^{n}\left(P_i\left(1 - \prod_{F_j}^{m_F} P(A_{F_j})\right)\right) \tag{8-12}$$

（2）M 级毁伤概率

$$P_M = \sum_{i=1}^{n}\left(P_i P_{kp} P_{cti} P\left(\sum_{M_j=1}^{m_M} A_{M_j}\right)\right) = \sum_{i=1}^{n}\left(P_i\left(1 - \prod_{M_j}^{m_M} P(A_{M_j})\right)\right) \tag{8-13}$$

（3）X 级毁伤概率

$$P_X = \sum_{i=1}^{n}\left(P_i P_{kpi} P_{cti} P\left(\sum_{X_j=1}^{m_X} A_{X_j}\right)\right) = \sum_{i=1}^{n}\left(P_i\left(1 - \prod_{X_j}^{m_X} P(A_{X_j})\right)\right) \tag{8-14}$$

（4）C 级毁伤概率

$$P_C = \sum_{i=1}^{n}\left(P_i P_{kpi} P_{cti} P\left(\sum_{C_j=1}^{m_C} A_{C_j}\right)\right) = \sum_{i=1}^{n}\left(P_i\left(1 - \prod_{C_j}^{m_C} P(A_{C_j})\right)\right) \tag{8-15}$$

根据试验统计结果，可以得出炮射导弹穿透坦克装甲后产生破片的数量、散布范围和毁伤效果，从而进一步确定车内各部件的毁伤概率。可见，破片毁伤的关键部件，是与弹丸命中的部位和破片散布中心的贯穿方向有关，也与坦克车内总体布局、破片的数量、散布范围和毁伤效果有关，也说明大量的数据要通过试验来获得，精确计算十分困难。为便于处理，可结合试验统计结果，采用专家评估的方法确定。

8.5.2.3 炮射导弹命中后目标的总体条件毁伤概率

采用专家评估法确定各级别的毁伤对目标总体毁伤的贡献因子 *f*，如表 8-11 所示。

表 8-11 各级毁伤对目标总体毁伤的贡献因子示例

毁伤等级	F 级	M 级	X 级	C 级
贡献因子	0.9	0.8	0.6	0.5

则目标总体条件毁伤概率可用下式来计算：

$$P_{K/H} = 1 - (1 - f_F P_F)(1 - f_M P_M)(1 - f_X P_X)(1 - f_C P_C) \tag{8-16}$$

以上计算过程可以对坦克炮射导弹命中目标后的条件毁伤概率进行较精确的计算，但由于涉及的因素较多，需要大量的基础数据，而这些数据的获取又十分困难，同时计算过程又过于复杂，不便使用。因此，可根据实际情况对上述计算过程进行简化，提高其应用价值。

8.6 炮射导弹发展趋势

实质上，炮射导弹是灵巧弹药的一种，它是通过一些先进的制导及传感技术来提高弹药命中精度的新型弹药。炮射导弹装有精确制导系统，射击精度高，威力大。炮射导弹的出现使现代火炮进入了一个新的时代，实现了弹炮结合，由无控向有控的转变。

起步阶段，美国于 1958 年开始研制 MGM51A 橡树棍炮射导弹，该导弹由红外指令制导，最大射程 3km，可用于 M551 谢里登（Sheridan）轻型坦克、M60A2 和 MBT70 主战坦克的 152mm 两用炮。其射程远远超出了当时常规坦克炮射的能力。

20 世纪 60 年代，苏联为提高主战坦克的远距离精确打击能力和反直升机能力，开始研制炮射导弹，由于技术发展水平的限制，采用无线电指令制导，易受干扰，效果不好。但苏联一直在研制炮射导弹，在 80 年代进入炮射导弹发展阶段，技术基本成熟，使所有主战坦克上的炮射导弹另辟蹊径，迅速发展。研制了基于 9M112、9M117、9M119 三种型号的坦克炮射导弹。从最初的无线电指令制导的"眼镜蛇"到采用激光驾束制导的棱堡、谢克斯纳、芦笛等各类炮射导弹。其射程、破甲威力和命中精度均得到很大提高。"眼镜蛇"（AT-8）9M112 导弹，用无线电指令制导，最大射程可达 4km，破甲厚度达 650mm；T62 坦克配用的谢克斯纳（AT-12）9M117 导弹、T72 坦克配用的芦笛（AT-11）9M119 导弹，均采用激光驾束制导，最大射程可达 5km，破甲厚度 650~700mm。显然，配用炮射导弹的坦克在射程方面具有明显的优势。

20 世纪 80 年代，由于导弹的技术复杂，研究导弹付出的代价比常规炮弹高得多，而发展坦克火控系统和先进的光电传感器，也可达到与制导炮弹相当的效果，因此，有些西方国家逐渐放弃发展坦克炮射导弹。只有苏联一直坚持研制炮射导弹。

到 20 世纪 90 年代，其他西方国家也研制出了采用不同制导体制的炮射导弹。1998年以色列研制的激光半主动制导的拉哈特（Laser Homing Anti-Tank，LAHAT）炮射导弹，具有高效费比，尤其是在对远距离目标实施精确打击时。

炮射导弹是近年来发展比较迅速的一种新型制导武器，利用坦克、装甲车辆火炮或地面反坦克火炮发射，用以摧毁固定或装甲目标（如坦克、步兵战车、装甲运输车），是反坦克武器系列中的一个特殊类型。它综合了火炮和火箭武器平台的优点，全面提高了武器系统的有效射程、命中精度和破甲威力。炮射导弹可与常规制式炮弹共用同一种火炮发射，操作方便，可大幅度提高坦克、装甲车辆和反坦克野战炮的远距离作战能力并提高命中目标的精度。它使坦克的作战距离由2000m提到4000m以上，可在野战中攻击武装直升机、防御坦克歼击车，以及在隐蔽阵地上对敌坦克实施远距离射击。具有广阔的应用前景。

几年来，我国通过对引进技术资料的消化吸收、坦克改造、散件装配、履约试验、工厂鉴定试验、湿热地区部队适应性试验、国家靶场国产化鉴定试验等各个阶段的工作，也已基本掌握了炮射导弹武器系统技术，为炮射导弹武器系统的系列化发展奠定了技术基础。

在炮射导弹武器系统的研制上，俄罗斯的设计属一流的，至今仍举世无双。计算机和激光技术的蓬勃发展，为研制全新的炮射导弹武器系统提供了光明前景，比如说，实现"发射后不用管"原理。

炮射导弹虽然与炮弹相比，具有射程远、命中精度高、杀伤威力大等优点。并且使精确制导技术与常规坦克炮、反坦克炮系统有机的结合，保留反应快、火力猛的特点，并且将坦克和反坦克炮作战距离由2000m提到4000m以上，还可以在野战中攻击武装直升机、防御坦克歼击车，以及在隐蔽阵地上对敌坦克实施远距离射击。是目前反坦克弹药中较为有效的弹药，但仍然存在较大的改进空间，例如，降低炮射导弹的成本是坦克炮射导弹发展的关键问题，只有成本降低才能大量装备部队，才能得到广泛应用；同时，改进制导方式，实现"发射后不用管"，这样坦克炮射导弹才能有更大的发展空间。具体来说，炮射导弹的发展趋势有如下几个方面。

（1）采用瞄导合一式火控系统，提高坦克综合作战能力

炮射导弹武器系统的制导装置必须与坦克火控系统综合设计，才能充分发挥其远距离的对抗能力和方便车内安装，因此，瞄导合一的坦克火控系统成为提高坦克综合作战能力的有效首选。

（2）采用更先进的制导技术，提高精确打击能力

由于炮射导弹其作战距离远，射击受战场干扰因素多，提高其命中精度显得尤为重要。提高命中精度的方法包括：①采用先进的激光主动制导、红外成像制导和毫米波制导技术，实现"发射后不用管"、提高精度；②改进制导系统，新研制炮射导弹采用红外成像制导系统，有较高的识别能力和制导精度、全天候作战能力和较强的抗干扰能力。

（3）提高导弹毁伤能力

坦克炮射导弹武器系统的发展始终以毁歼敌坦克和武装直升机等敌目标为最终目的。坦克炮射导弹必须采用先进的战斗部，在以保证其准确命中目标的基础上，击毁目标，使之完全丧失战斗力。①采用大威力战斗部。充分利用战斗部技术的最新成果，从战斗部的结构设计、新材料、新工艺的应用以及侵彻机理的探索研究等方面广挖潜力，努力提高战斗部威力，以有效对付当时的坦克和武装直升机。特别是新一代动能反坦克导弹的研制更是为坦克炮射导弹武器系统的发展提供了很好的借鉴。②采用多功能战斗部。目前，炮射

导弹战斗部多为串联空心装药破甲战斗部，其功能较为单一。为了对付不同的目标，研制具有多功能的战斗部，使导引头模块化、多样化，实现一弹多头，满足多种作战要求，是很有必要的。

（4）提高抗干扰能力

近年来，毫米波制导技术有了惊人的发展，成为开发的热点。同微波雷达相比，毫米波雷达体积小、重量轻，提高了雷达的机动性与隐蔽性；波束窄、分辨率高，能进行目标识别与成像，有利于低角跟踪；频带宽、天线旁瓣低，有利于抗干扰。同激光与红外制导反坦克导弹相比，毫米波制导反坦克导弹在其传输窗口的大气衰减和损耗低，穿透云层、雾、尘埃和战场烟雾能力强，能在恶劣的气象和战场环境中正常工作。特别是毫米波制导和红外制导在使用和性能上互相补充，两者结合能取长补短，可得到很好的作战效果。因此，由单模向多模发展，如红外/毫米波、激光/红外成像、双色红外等复合制导是最有前途的制导方式。

（5）改进动力系统，增大作战距离

采用喷射速度高、燃烧速度快的固体燃料火箭发动机等先进的续航动力装置，增大有效作战距离，实现先发制人、先敌打击，完成多种作战任务。

第9章 车载武器的其他弹药

车载武器弹药系统，除主要武器火炮、自动武器机枪常配置的典型穿甲弹、破甲弹、榴弹、导弹及枪弹外，还可根据对付目标的不同，选择配备 30mm 自动炮弹药、云爆弹以及混凝土攻坚弹等攻击性弹药。另外，也可根据防护需求配备相应的烟幕弹、榴霰弹等辅助性弹药。

9.1 30mm 自动炮炮弹

目前，小规模局部战争时有发生，30mm 自动炮等车载自动武器在如何适应城市巷战、反恐活动，如何提高机动性及快速部署能力等需求推动下迅速发展。30mm 自动炮具有连发和点射等功能，能够对地面轻型装甲目标、简易防御工事、有生力量实施有效打击，对空目标实施打击威慑等。其弹种配置齐全，有穿甲弹、杀伤爆破弹等多个弹种。

9.1.1 30mm 车载自动炮

30mm 车载自动炮能在各种使用条件下可靠发射 30mm 炮弹，可用于在 1500m 范围内压制或杀伤对战车威胁的有生力量，在 2000m 范围内杀伤轻装甲目标，在 4000m 范围内与直升机进行作战。

30mm 自动炮主要由身管、缓冲器、炮箱、炮尾、炮闩、复进簧、再装填丝杆、后盖、抛壳器组成，如图 9-1 所示。

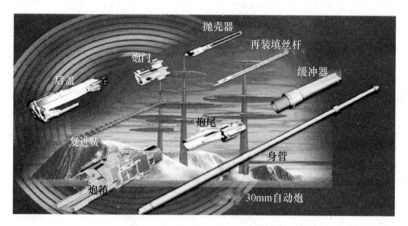

图 9-1 30mm 自动炮结构组成

9.1.1.1 身管

身管用于保障自动机工作和进行射击。它赋予弹丸初速和飞行方向，并使弹丸旋转运动以保证其飞行稳定性。身管在发射后进行长行程后坐，后坐末期由缓冲器消耗后坐能量；后坐终了，身管在缓冲器的推动下复进。在后坐、复进过程中，身管通过炮尾带动自动炮各机构完成自动工作。30mm 自动炮身管结构如图 9-2 所示。

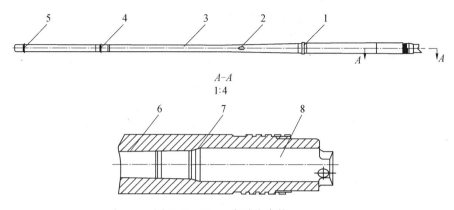

图 9-2　30mm 自动炮身管

1—凸缘；2—扳手缺口；3—身管；4—后衬套；5—前衬套；6—线膛；7—坡膛；8—弹膛

9.1.1.2　缓冲器

缓冲器由缓冲器筒、活塞、紧塞体和缓冲簧等组成，其外形及其组成如图 9-3 所示。

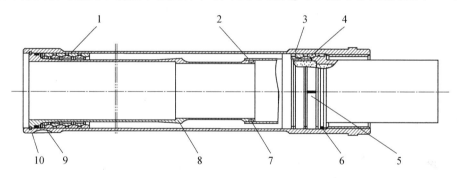

图 9-3　缓冲器

1—缓冲器筒；2—紧塞体；3—内环；4—外环；5—摩擦片；6、7、10—环；8—活塞；9—调整垫片

缓冲器用于引导身管运动并在身管后坐末期消耗后坐能量和储存复进动能；后坐终止时释放能量使身管复进并使其带动其他机构运动；在身管复进到位产生前冲时制动身管。

9.1.1.3　炮箱

炮箱是安装自动炮各部件的基体，如图 9-4 所示。

炮箱主要用于结合自动炮各部件，容纳和导引炮尾、炮闩和拨壳器的运动，完成自动工作。炮箱组件由炮箱体、进弹机盖、输弹杠杆、弹种转换开关、弹种转换手柄、止动机构、拨壳器、装填丝杠、定位器基座和底座等组成，止动机构、拨壳器、装填丝杠安装在炮箱内部，定位器基座安装在炮箱外部两侧，底座安装在炮箱后端。

9.1.1.4　炮尾

炮尾用于与炮闩配合闭锁炮膛并带动身管后坐，使自动炮各机构完成自动动作。炮尾通过螺纹与身管后端连接，通过止转销防止身管转动。

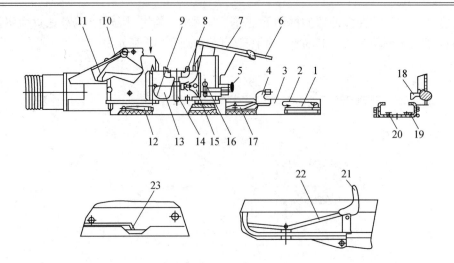

图 9-4　炮箱

1—衬板；2—曲杆销；3—炮箱体；4—限位器；5—定位器；6—供弹转换把手；7—供弹转换开关；
8—固定爪；9—卡锁簧；10—杠杆片簧；11—杠杆；12—反跳锁；13—供弹机盖；14—衬套；
15—盖卡锁；16—钩环；17—止动机构；18—定位器基座；
19—左板；21—旗型板；22—片簧；23—曲杆轴

炮尾由炮尾体、止转销和定位销组成，如图 9-5 所示。

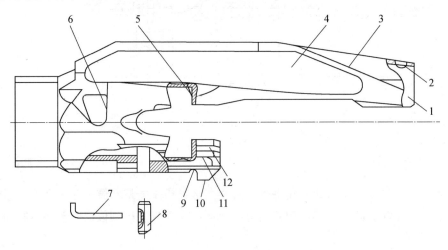

图 9-5　炮尾

1—表面；2—表面 G；3—表面 C；4—炮尾；5—闭锁面；6—表面 H；7—销；8—固定销；
9—斜面 B；10—凸起部 F；11—表面 S；12—槽 A

炮尾体有 4 个闭锁支撑面，这 4 个闭锁支撑面与炮闩上的 4 个闭锁支撑面相互贴合，承受发射时火药气体的压力，并带动身管后坐。

9.1.1.5　炮闩

炮闩是自动炮的核心部件，在炮尾和复进机的带动下在炮箱内往复运动，用于推送炮弹进膛、闭锁炮膛、击发炮弹、发射后抽出弹壳和在拨壳器配合下抛出弹壳。炮闩由闩体、闩体支架和炮闩卡锁、左右抓壳钩、击针组成，安装在炮箱内。炮闩分解如图9-6所示，炮闩总成如图9-7所示。

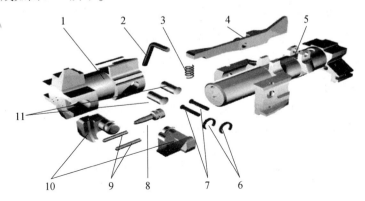

图9-6　炮闩分解图

1—炮闩；2—轴；3—弹簧；4—炮闩卡锁；5—炮闩体；6—销；
7—环；8—击针；9—销；10—左右抓壳钩子；11—枢轴

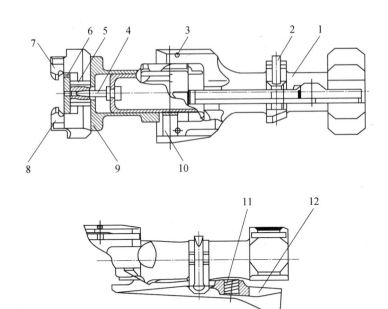

图9-7　炮闩总成

1—闩体；2—轴；3—销；4—击针；5—销；6—环；7—右抓壳钩；8—左抓壳钩；
9—炮闩；10—枢轴；11—弹簧；12—炮闩卡锁

9.1.1.6　复进机

复进机用于使炮闩复进到前方位置，储存并提供炮闩闭锁炮膛和击发炮弹所需能量。由复进簧、导套、滑筒、导杆和挡头等组成，如图9-8所示。

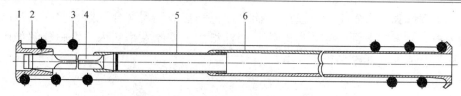

图 9-8　复进机

1—挡头；2—挡环；3—复进簧；4—导杆；5—滑筒；6—导套

9.1.1.7　再装填丝杠

再装填丝杠的作用是在装填和排除"瞎火""空膛闭锁"等类型的故障时，使活动部分扣住不动。再装填丝杠主要由带传动块的丝杠组成。

9.1.1.8　后盖

后盖的作用在于安装供弹机构、电击发机、解脱器和击发机构。它由盖体、供弹滑架、电击发机和解脱器组成。

9.1.1.9　拨壳器

拨壳器安装在炮箱内，由活动板、拨壳器和拨壳器轴组成，如图 9-9 所示。

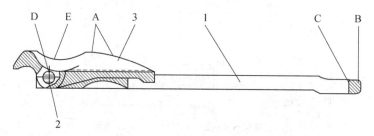

图 9-9　拨壳器

1—活动板；2—拨壳器轴；3—拨壳器；A—拨壳器回落面；B—拨壳器推动面；
C—拨壳器拉动面；D—拨壳器轴端平面；E—拨壳器抬起面

拨壳器的作用是把射击后由抓壳钩抽出的弹壳从抓壳钩中推出，并输送到抛壳线上。拨壳器活动板前端与炮尾相连，在炮箱左板与右板之间的槽内往复运动。

活动板，用于安装拨壳器并在炮尾的带动下往复运动。

在后坐时，炮尾的拨壳器推动斜面与活动板的推动表面相互作用，使其向后移动到位。然后，活动板的前下表面落入炮箱凹形槽，使炮尾推动斜面与活动板脱离，脱离后活动板留在原处，而炮尾继续后坐；在炮尾复进时，拨壳器拉动凸起与活动板拉动表面相互作用带动活动板复进。

拨壳器，用于将抽出的弹壳拨到抛壳线上。拨壳器由拨壳器轴安装在活动板上，围绕拨壳器轴转动。

击发时，炮闩开始向前运动，炮闩下闭锁支撑凸起与拨壳器拨壳表面相互作用，拨壳器绕轴转动，拨壳表面将弹壳从抓壳钩中拨到抛壳线上；炮闩继续向前运动时，炮闩下闭锁支撑凸起推压拨壳器下落表面，使其回位。拨壳器轴，用于安装拨壳器并使其转动，其轴端的方形凸起可在炮尾到达前方位置时解脱自动阻铁。在炮尾到达前方位置时，拨壳器轴端的凸起推动自动阻铁的转臂，使自动阻铁转动，自动阻铁端部向内移动释放炮闩使炮闩可以在击发时复进。

30mm 车载自动炮身管长行程后坐的自动工作原理，是利用炮弹发射时火药气体产生的后坐动能，使身管和炮尾进行长行程后坐，并通过炮尾带动其他机构运动。

发射后，自动炮的身管、炮尾连同炮闩在火药气体的作用下后坐。身管、炮尾同炮闩首先进行自由后坐（只克服炮闩复进簧的阻力和反跳锁的摩擦力），在后坐距离达 270mm 时，开始压缩缓冲器弹簧；压缩缓冲器弹簧的行程达 60～65mm 时，后坐身管的能量耗尽，带炮闩的身管运动到位，身管后坐结束。此时，在被压缩的缓冲器弹簧的作用下身管连同炮闩开始向前复进。

在复进过程中，炮闩被自动阻铁卡住而停止运动；身管与炮尾继续在缓冲器弹簧的作用下复进，炮尾在复进的过程中与炮闩配合开锁、抽壳后撞击输弹杠杆，带动输弹机构将待拨炮弹拨至推弹线上。复进即将到位时，拨壳器轴使自动阻铁转动释放炮闩，并将炮闩交由击发阻铁控制；复进到位时，反跳锁前端顶在炮尾的后端将身管定位在前方位置。

击发时，击发阻铁释放炮闩，炮闩在复进簧的作用下，向前复进到位，炮闩在复进的过程中与拨壳器配合完成拨壳、推弹进膛与抛壳、闭锁炮膛并压反跳锁释放炮尾的后端使身管在发射后的后坐，从而实现连续射击。

9.1.2　30mm 脱壳穿甲弹

30mm 脱壳穿甲弹是步兵战车常装备的反装甲弹药，用于摧毁地面轻型装甲车辆及固定目标，还可对付空中各种歼击机、强击机、武装直升机，并能有效拦截低空导弹。

9.1.2.1　脱壳穿甲弹基本组成

30mm 穿甲弹为整装式炮弹，由弹丸、药筒、发射药和底火等部分组成，如图 9-10 所示。

1. 弹丸

弹丸由飞行弹体、注塑弹托、底托和密封塞组成，如图 9-11 所示。

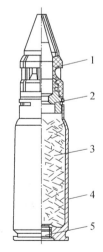

图 9-10　全弹示意图

1—弹丸；2—隔离圈；3—发射药；
4—药筒；5—底火

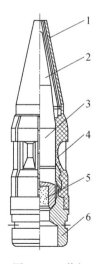

图 9-11　弹丸

1—塑料风帽；2—铝风帽；3—弹芯；
4—塑料弹托；5—曳光剂；6—底托

射击时，在火药气体的作用下，弹丸被推出炮膛，出炮口后，塑料风帽、底托和塑料弹托在空气阻力及离心力作用下瞬间分离，释放出弹芯、曳光剂和铝风帽组成的战斗部高速飞向目标。战斗部高速碰撞目标后，使目标产生高温高压区，经过开坑、侵彻、反挤、冲塞、崩落过程，在目标内部产生大量的破片，破片以很高的速度杀伤或破坏目标内人员设备。

2. 药筒

药筒由钢棒经冷挤压和机械加工而成。主要用于容纳发射装药，连接弹丸和底火，与底托紧口槽处结合获得 18～26kN 的拔弹力，使炮弹发射时获得一定的初始压力，如图 9-12 所示。

3. 发射药

采用双基球扁药，品号为 SBe-17-Q69×160。发射药是弹丸运动的能源，射击时，发射药在底火的作用下点燃并迅速燃烧，产生大量高温高压的气体，推动弹丸向前运动，使弹丸在出炮口后获得较高的初速。它具有低温度系数的特点。

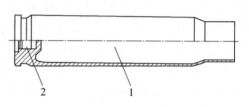

图 9-12　带底火的药筒
1—药筒；2—底火

4. 底火

采用 D-41 撞击底火，由底火体、发火件和装药管组成。发火件由外壳、压盖垫片和火帽组成；装药管由管壳、点火药和加强帽组成。当底火的击发面受到火炮击针撞击时，引燃火帽发火，火焰通过压盖上的传火孔和装药管壳上的传火孔，点燃装药管内的点火药，点火药燃烧冲破加强帽将能量从底火口部输出。该底火使用安全，低温发火率高，激发能量低，有闭气机械，底火体的强度高。

9.1.2.2　脱壳穿甲弹工作原理

1. 膛内运动

30mm 穿甲弹接到命令后进行射击。首先由击针撞击底火，通过底火的火焰点燃发射药，发射药在密闭的药筒内燃烧时，产生高温高压的火药气体。一方面药筒膨胀紧贴炮膛，另一方面给予弹丸强大的推动力，使弹丸与药筒分离。其弹带迅速嵌入膛线，在膛内做直线和旋转运动。火药气体继续膨胀做功，弹丸加速运行，至弹丸出炮口，此时的速度达到炮口速度，膛内运动至此结束。

2. 脱壳过程

弹丸在出炮口瞬间，由膛线赋予的转速可达 100000r/min，由此产生的离心力、切向力，足以撕裂塑料弹托和底托上预留的削弱槽，其残片则呈放射状飞散，释放被禁锢的飞行弹体，在空气阻力和惯性的作用下，飞行弹体脱离底托，飞向预定目标。

3. 飞行弹体在空气中的运动

脱壳过程完成后，飞行弹体的约束被解除，开始其在空气中的飞行，直至达到预先瞄准的目标。

4. 飞行弹体对目标的毁伤

30mm 穿甲弹在膨胀波的作用下，破裂成许多碎块。这些碎块作为新的弹块相继命中间隔靶中各层目标板，由于不断地加载与卸载，在穿甲过程中，弹块不断破碎成更小颗粒，直到新生颗粒具有的动能不足以穿透间隔靶中的分层板为止。

9.1.3　30mm 杀伤爆破燃烧弹

30mm 杀爆弹用于 30mm 自动炮。主要用于压制、消灭地面 1000m 以内的有生力量和简易火力点，抵御 4000m 以内的空中目标的袭击。

30mm 杀爆弹具有以下特点：

威力大、射击精度高、火力持续时间长、使用方便；

引信勤务处理安全，射击时膛内及炮口安全；

引信有自毁机构，使弹丸在未碰到目标时能可靠自毁；

与同口径炮弹相比，弹丸所装的炸药量较多，炸药装填系数较大，加之引信具有短延期作用，可钻入目标内爆炸，提高了对目标的毁伤效果；

炮弹的结构合理，生产工艺性好，适于大量生产。

9.1.3.1　杀伤爆破弹基本组成

30mm 杀爆弹为定装式炮弹，由弹丸（含引信）、药筒、发射药、底火四大部件组成，其结构如图 9-13 所示。

1. 弹丸（含引信）

射击时，在火药气体的作用下弹丸被推出炮膛，在弹道上稳定飞行。碰击目标时，引信发火引爆弹丸内炸药而产生爆轰波和大量的高速破片，以毁伤目标和杀伤有生力量，完成炮弹的主要作战任务。弹丸主要由引信和装药弹体组成，如图 9-14 所示。

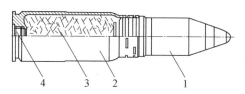

图 9-13　30mm 杀伤爆破燃烧弹

1—弹丸；2—药筒；3—发射装药；4—底火

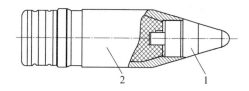

图 9-14　30mm 杀伤爆破燃烧弹弹丸

1—引信；2—装药弹体

（1）引信

引信由垂直回转圆盘转子隔爆机构、短延期机构、离心保险机构、远距离解除保险机构、侧发火机构、着发机构、离心自毁机构和传爆序列等组成，如图 9-15 所示。

勤务处理过程中，隔爆件（装有针刺雷管的回转体）被保险钢球和离心保险销锁定在隔离位置，而装于回转体中的雷管则处于隔离状态，其轴线与引信轴成 55° 夹角，保证隔爆安全。

发射时，在后坐力的作用下，侧发火机构中的 2# 甲针刺火帽后坐，在侧击针的戳击下发火，点燃火药保险并开始燃烧，开始远距离解除保险过程；同时，当弹丸转速达到一

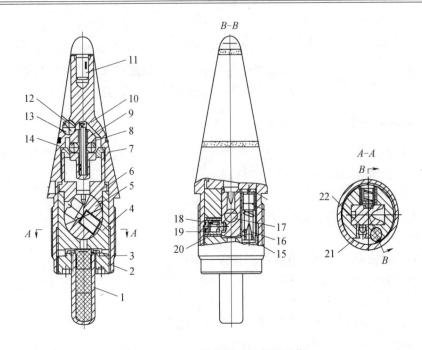

图 9-15　30mm 杀伤爆破燃烧弹引信

1—传爆管壳；2—压螺；3—帽盖；4—回转体座；5—回转体；6—导套；7—支持环；8—击针；
9—导柱；10—引信体；11—引信头；12—自炸簧；13—击发钨球；14—自毁钢珠；15—侧击针；
16—侧击针簧；17—击针雷管；18—离心销；19—离心销簧；
20—离心保险螺塞；21—保险螺塞；22—保险钢球

定程度时，离心保险销在离心力的作用下压缩离心保险簧而外移释放回转体，解除对回转体的第一道约束。

弹丸飞出炮口时，在爬行力和自毁钢珠的离心力的作用下，击针克服自炸簧的抗力上抬；当弹丸飞行至炮口保险距离之外时，火药保险燃烧完毕并释放保险钢球解除对回转体的第二道约束，回转体转正，远距离解除保险过程结束。两道保险均解除后，回转体转正，雷管与传爆管对正，引信处于待发状态。

当弹丸命中目标时，一方面引信顶端引信头击穿目标，目标穿孔挤压引信帽变形而挤压击发钨球；另一方面击发钨球由于惯性碰撞反弹，从而施力于击针，使击针向下移动，并通过支持环锥面将自毁钢珠挤入击针孔内，在自炸簧的推动下，戳击雷管发火，起爆传爆管和弹丸主装药，实施对目标的打击。

当弹丸未命中目标时，随着弹丸转速的衰减，离心力的逐渐减弱，当自毁钢珠离心力的轴向分力小于自炸簧的抗力时，击针在自炸簧抗力的作用下，将自毁钢珠挤入击针孔内，并推动击针戳击雷管，使弹丸自毁。

（2）装药弹体

装药弹体是由弹体、炸药、弹带组成，其结构如图 9-16 所示。

弹体：装药弹体是弹丸的主体，它不但用以装填炸药，而且还是终点效应的杀伤元，弹丸凭借弹带密封火药气体，并与膛线啮合而获得飞行稳定的转速。

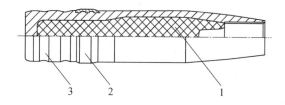

图 9-16 30mm 杀爆弹弹体
1—炸药；2—弹带；3—弹体

炸药：是弹丸产生爆炸和燃烧作用的能源。本弹丸所用炸药为钝黑铝-3 炸药，质量 48g。

弹带：由紫铜圈压在弹带槽中，经机加工而成。

2. 药筒

药筒主要用于盛装发射药，此外还具有连接弹丸、发射药、底火为一体，组成定装式炮弹、与弹体紧口槽结合得到 21～33kN 的拔弹力，使炮弹发射时获得一定的起始压力、减少火药气体对炮膛的烧蚀，保护炮膛等作用。药筒由钢棒经冷挤压和机加工而成。

3. 发射药

发射药采用单基硝化棉火药，品号为单丙-11-6/7，其含义和规格如下："单"是单基药，丙为乳化剂，11 是序号，6 为发射药厚为 0.6mm，7 为 7 个孔。发射药是一个能源，利用发射燃烧时火药气体产生的强大推力，将弹丸推出炮膛并使弹丸获得给定初速。

4. 底火

"DJ-41"底火由底火体、发火件和装药管组成。发火件由外壳、压盖垫片和火帽组成；装药管由管壳、点火药和加强帽组成，其结构如图 9-17 所示。

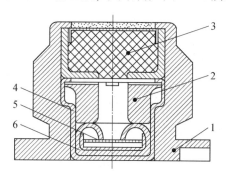

图 9-17 DJ-41 机械底火
1—底火体；2—压盖；3—装药管；4—外壳；5—火帽；6—垫片

当底火的击发面（即发火件底面）受到火炮击针撞击时，引起火帽发火，火焰通过压盖上的传火孔和装药管壳上的传火孔，点燃装药管内的点火药，点火药燃烧冲破加强帽将能量从底火口部输出。

9.1.3.2　杀伤爆破弹工作原理

射击时，击针撞击底火，底火再引燃发射药。发射药在密封的药筒内燃烧，产生高温高压气体，一方面使药筒膨胀紧贴炮膛，密闭火药气体；另一方面给弹丸以强大的推动力，使弹丸与药筒分离，弹带迅速嵌入膛线，在炮膛内做直线和旋转运动。弹丸出炮口后，获得很高的初速向前运动，并靠获得的转速，保证弹丸的飞行稳定性。弹丸碰击目标时，引信作用起爆弹体内的炸药，毁伤目标。弹丸未命中目标时，在 $9\sim24s$ 范围内弹丸自毁。

9.2　100mm 云爆弹

云爆弹主要用于毁伤隐蔽于半密闭掩体、堑壕、建筑物、车辆内和障碍物后的有生力量和军事、技术设施等目标。

1. 100mm 云爆弹组成

100mm 云爆弹采用旋转稳定方式，全弹由引信、弹体、中心分散起爆炸药、云爆剂及发射装药部分组成，如图 9-18 所示。

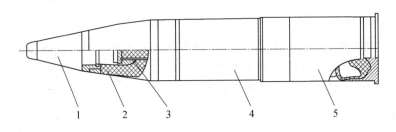

图 9-18　100mm 云爆弹全弹示意图
1—引信；2—云爆剂；3—中心分散起爆药；4—弹体；5—发射装药

2. 100mm 云爆弹工作原理

100mm 云爆弹主要以超压和热辐射对目标实现毁伤，同时还具有破片杀伤效果。当云爆弹战斗部飞抵目标时，引信作用，起爆中心高能炸药。炸碎弹体的同时，将云爆剂分散在空气中，瞬时和空气中的氧混合形成云雾状燃料气溶胶，快速燃烧并发展成稳定爆轰燃料云团，从而形成稳定、持续的冲击波超压和高温，起到对目标的破坏作用。形成的杀伤破片，对有生目标产生较好的杀伤效果。

9.3　105mm 攻坚弹

105mm 攻坚弹主要用于摧毁敌方混凝土工事及工事内的装备，杀伤工事内的有生力量，摧毁敌火力发射点，并具有击穿并毁伤轻型装甲目标的能力。105mm 攻坚弹为一种新型的攻坚弹药，还可以用来对付飞行或悬停的武装直升机。

9.3.1　一般构造

105mm 攻坚弹由弹丸及装药药筒两大部分组成，如图 9-19 所示。

9.3.1.1　弹丸

弹丸由头螺、弹体、弹体装药、导带、引信和底螺等
零部件组成。头螺及弹体采用具有良好抗冲击性能的合金
钢制成，弹丸内部装有高密度钝黑铝炸药。

引信采用延期机电引信，使弹丸在穿透钢筋混凝土目
标后在 6m 内爆炸，能有效毁伤大型工事内的装备和有生
力量。

9.3.1.2　装药药筒

发射装药由药筒、发射药、电底火、护膛衬里、除铜
剂、固定盖和支撑筒等组成。

9.3.2　工作原理

混凝土攻坚弹依靠弹丸所具有的动能穿透混凝土。当
弹丸碰击混凝土目标时，依靠弹体头螺的撞击破坏混凝土。
当弹体穿透混凝土后，弹丸底部的引信开始工作，引爆弹

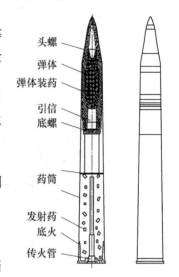

图 9-19　105mm 攻坚弹构造

体内的炸药，靠弹体爆炸后产生的大量碎片和爆炸产生的冲击作用杀伤混凝土工事的人
员，破坏装备。

将炮弹装入炮膛，关闭炮闩并击发时，闩体上击针与药筒底部电底火的接电塞接触，
给电底火通入发火电流，电底火被点燃，火焰通过底火上的传火孔迅速点燃发射药，发射
药产生的高温高压气体推动弹丸高速运动，在炮膛内膛线的作用下，导带带动弹丸高速旋
转，确保弹丸出炮口后的飞行稳定性。

膛内发射时，在直线惯性力作用下，引信解脱保险机构中的惯性保险机构，同时自毁
延时电路中的磁电机发电，向自毁电路供电。弹丸出炮口后，在旋转离心力作用下，引信
解脱保险机构中的离心保险机构。

当弹丸碰击并侵彻目标时，引信中的另一个磁电机发电，向正常作用延时电路供电，
经 15ms 延时后，引信起爆弹丸，依靠破片和爆轰波毁伤目标内部的装备及人员。

如果弹丸未命中目标，引信将在自毁电路的控制下，发射 10s 后（射程 5000m 以外）
起爆弹丸，实现自毁。

9.4　76mm 烟雾弹和杀伤弹

9.4.1　76mm 烟雾弹

76mm 烟雾弹装备于坦克装甲车辆，与配置的 76mm 发射筒和击发控制盒配合使用，
是一种短射程、快速、宽波段烟幕遮蔽干扰防护武器。其遮蔽干扰波段范围从可见光至

8mm 波，对利用可见光、激光、红外热像仪、8mm 波的探测、观瞄器材及制导武器均具有有效的干扰遮蔽作用，适用于各种坦克和装甲车辆行进及转移时设置烟幕屏障，干扰敌方观瞄射击。

9.4.1.1 76mm 烟雾弹构造及工作原理

76mm 烟雾弹主要由耳环组件、防水帽、配重块、弹筒、爆管、干扰剂组件、箔条组件、发烟片、延期体、弹尾、点火装置、药包等零部件组成，如图 9-20 所示。

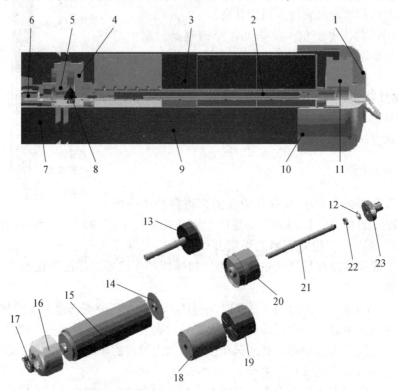

图 9-20　76mm 烟雾弹构造

1—耳环组件；2—爆管；3—药剂；4—连接座；5—药室盖；6—导电爪；7—弹尾；8、12—药包；9—弹体；
10—防水帽；11—配重块；13、18、19—药剂；14—盖片；15—弹筒；16—防水帽；
17—拉耳；20—弹尾；21—爆管；22—压螺；23—点火装置

1. 耳环

耳环由拉环和压紧螺母组成，其作用是在向发射筒装卸弹丸时将拉环掀起，提拉弹丸方便。

2. 防水帽

防水帽由耐寒橡胶压制而成，弹丸装入发射筒后，防水帽包紧在发射筒口部，保证在潜渡时发射筒内不进水。

3. 弹筒

弹筒即筒状弹体，由 ABS 树脂与配重块注塑而成。弹筒用来装填药剂。金属配重块起调节弹丸质心的作用，使弹丸质心前移，采用底凹筒式结构加两条阻力环能够实现飞行稳定。

4. 爆管

爆管在弹丸中心轴线上，主要由延期体、闭气体、衬管、外爆管壳、扩爆管等组成。延期体是在延期体壳内压装延期药而成，发射时，延期药被高压腔内火药点燃，并以一定速度燃烧，约 2.4s 后火焰传过闭气体依次点燃黑火药、扩爆药。在闭气体的作用下，黑火药、扩爆药燃烧后使爆管内压力急剧增大，最终将壳体炸开。同时点燃发烟片，并将干扰剂和箔条一起抛散，形成干扰烟幕。

5. 干扰剂

干扰剂组件由盒体、盒盖和干扰剂组成。弹筒炸开后干扰剂被抛撒分散，飘游在烟幕中，对红外波段进行遮蔽。

6. 箔条

箔条组件主要由排列整齐的箔条、推瓦等组成。弹筒炸开后，箔条分散在烟幕中，对8mm 波起干扰作用。

7. 发烟片

弹筒内装有 5 片发烟片，发烟剂为赤磷。爆管炸开时，扩爆药火焰传火发烟片的传火槽内，使发烟片在弹筒炸开的同时被点燃分散，瞬间产生烟幕，对可见光及 1.06μm 的激光起遮盖干扰作用。

8. 弹尾

弹尾由 ABS 树脂注塑而成，内部镶有连接座。连接座与点火装置构成发射弹丸的高压腔。

9. 点火装置

点火装置主要由电点火具（JD-2）、导电爪、连接螺、控压片等组成。弹丸装入发射筒后，导电爪与发射筒负极相连，电点火具正极与发射筒触针接通形成电点火回路。

当按动发射按钮时，电点火具发火，其火焰点燃高压腔内的药包发射药，当燃气压力达到一定值后冲破控压片通过连接螺的泄压孔形成膛压，同时点燃延期药。为什么要采用控压片将药室分为高压腔和低压腔两部分呢？因为发射筒很短，弹丸在膛内受燃气推力作用时间短，要使弹丸达到一定初速是要增大膛压，从而过载系数也随之增大。要确保弹体发射强度，就要增加弹体厚度，这与成烟效果所要求的薄壳弹体产生了矛盾。采用控压片，将药室分为高压腔和低压腔，既可是上述矛盾得以解决，又可使药包发射药在高压腔内得到充分燃烧。从而使膛压、初速和射程都比较稳定。同时，增加点燃延期药的能量和时间，确保延期药被可靠点燃。

10. 药包

药包内装双基小粒状发射药（双粒 17），发射药燃气冲破控压片通过连接螺上的泄压孔进入低压腔（炮膛），是发射弹丸的动力。同时，发射药燃气在高压腔内点燃延期药。

9.4.1.2 76mm 烟雾弹工作原理

烟雾弹装入发射筒后，当按下击发按钮时，弹内的电点火具发火，点燃药包发射药。发射药在高压腔内燃烧，燃气压力急剧上升，冲破控压片，火药燃气由高压腔流入炮膛，推动弹丸在膛内运动射出炮口。与此同时，发射药燃气点燃延期体，弹丸飞行约2.4s（飞出筒口约60m），延期体内的火焰点燃爆管中的扩爆药，使爆管爆炸，其火焰点燃发烟片，同时将弹筒炸开，发烟剂、干扰剂和箔条迅速抛散分散，形成复合烟幕起到遮蔽作用。

9.4.2 76mm 杀伤弹

76mm 杀伤弹是一种短射程钢珠杀伤弹，外形如图 9-21 所示。

图 9-21　76mm 杀伤弹外形图

该弹主要装备在坦克、自行火炮等装甲车辆上，与坦克装甲车辆配制的76mm 发射筒和击发控制盒配合使用，可对接近坦克装甲车辆的人员和武器进行杀伤及破坏，增强坦克车辆的近战、夜战能力，提高坦克装甲车辆的总体性能。

9.4.2.1 76mm 杀伤弹构造及工作原理

76mm 杀伤弹主要由防水密封装置、壳体、战斗部、起爆装置、延期体、保险装置和点火发射装置组成，其结构如图 9-22 所示。

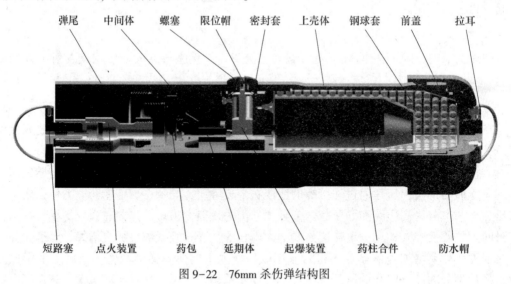

图 9-22　76mm 杀伤弹结构图

1. 防水密封装置

防水密封装置由拉环、压紧螺母、防水帽组成，由压紧螺母压紧在弹体前端。弹丸装入发射筒以后，防水帽扣紧在发射筒口部，保证坦克淋雨或潜渡时发射筒内不渗水，起到防水密封作用。拉环可用来提拉弹丸。

2. 壳体

壳体由前盖、上壳体、中间体和弹尾组成。主要容纳并保护、密封战斗部、起爆装置和点火发射装置。

3. 战斗部

战斗部由炸药柱组件、钢球套等组成。炸药装药为钝化黑索今，代号 DH-1。钢球套由 2650 粒 φ4 钢珠与低密度聚乙烯压制而成。炸药柱被起爆装置引爆后，将钢珠套、壳体炸开，钢球形成高速杀伤破片，完成杀伤敌方人员、毁伤武器装备的任务。

4. 起爆装置

起爆装置由隔板、本体合件、推簧、滑柱、限位帽、保险销、微径玻璃球、雷管、导爆管等组成，主要起隔爆、远距离保险和起爆作用。

在贮存状态下，滑柱受保险销限制不能运动，雷管处于隔爆位置，滑柱小端与密封垫和限位帽组合将本体合件上的泄流孔堵住，微径玻璃球被封在本体合件内，弹丸处于保险状态。弹丸发射时，延期体受火药燃气推动，剪切断铅垫，撞击保险销，滑柱被解除约束，在弹簧推力的作用下运动。滑柱运动时推压微径玻璃球从泄流孔中流出，同时滑柱携带雷管向中心传火孔移动。待微径玻璃球基本流完时，雷管运动到中心传火管处，与导爆管对正，解除保险；延期体燃完时，其火焰点爆雷管，雷管引爆传爆管，继而引爆战斗部完成起爆作用。

5. 延期体

延期体由延期体壳和延期药组成。作用有两个：一是延期发火，待雷管与导爆药对正后，延期体输出的火焰点爆电雷管；二是在发射时火药燃气压力作用下撞击起爆装置保险销，使起爆装置开始解除保险。

6. 保险装置

保险装置由铅垫、螺塞、短路塞三个独立部分组成。

杀伤弹在贮存、运输状态时，铅垫使延期体位置受到限制，延期体不能向前运动，无法对保险销施加压力。而在发射时，火药燃气推压延期体并将铅垫剪断后，延期体才能向前运动，撞击保险销而开始解保。

杀伤弹在贮存、运输状态时，螺塞拧到弹体上，使起爆装置的滑柱不能移动，从而保证雷管处于隔爆位置。螺塞还起密封弹体作用。

杀伤弹在贮存、运输状态时，短路塞塞进弹尾导电爪内，使起电点火具的两个电极短路，保证电点火具不会因环境电压而发火。发射之前必须将短路塞拔出。拔出后的短路塞可用作从弹体上拧下螺塞的工具。

7. 点火发射装置

点火发射装置由导电爪、JD-2 电点火具、药室盖、调压铜片、发射药包等组成。

导电爪在弹丸装填发射筒后起到固定弹丸，并与发射筒的触针形成电点火回路的作用。药室盖有 5 个泄压孔，内表面粘贴调压铜片，它与中间螺纹联结后形成高压腔，发射药包置于高压腔中。

JD-2 电点火具是发火源。当按下发射按钮后，电流从 JD-2 电点火具的桥丝中流过，桥丝发热后引燃点火药，喷出火焰。

发射药包内装双基片状发射药（双-11）1.75kg，被电点火具输出的火焰引燃，形成高温高压燃气。当燃气压力达一定值后，冲破调压铜片，通过泄压孔进入炮膛，推动弹丸运动。

76mm 杀伤弹的构造原理如图 9-23 所示。

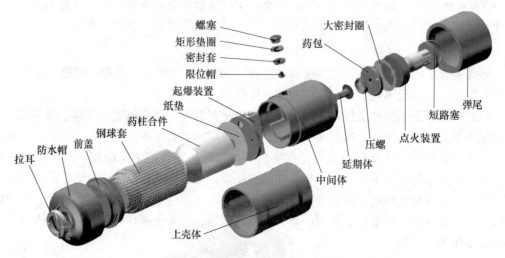

图 9-23　76mm 杀伤弹的构造原理图

9.4.2.2　76mm 杀伤弹作用过程

在贮运状态时，起爆装置处于保险状态，即保险销在压簧作用下卡住滑柱，使滑柱不能移动；雷管处于隔爆位置，和导爆管不对正；铅垫限制延期体，使延期体无法对起爆装置中保险销施加压力，不会使保险销释放滑柱；短路塞将电点火具的两个电极短路。此时，全弹处于保险状态。

发射前，拔出短路塞，拧下螺塞，并将弹丸装入发射筒后，导电爪抱紧发射筒机针，使电点火具的两极与击发控制盒接通。

当按动击发按钮后，电点火具中有电流通过，电点火具发火并引燃发射药包，发射药包将延期药引燃。发射药在高压腔内燃烧，当燃气压力升高到某一定值时调压铜片被冲破，火药燃气从药室盖上泄压孔流入炮膛，推动弹丸向前运动。在这一过程中，火药燃气同时作用在延期体上，推动延期体剪断铅垫，并撞击在起爆装置的保险销上，将保险销压下，解除保险销对滑柱的约束，弹丸在发射管内运动，由于发射管抵住限位帽，滑柱仅有运动的趋势而不能运动。当弹丸飞出发射筒时，发射筒对限位销的约束解除，推簧推动滑柱运动，依靠准流体微晶玻璃珠的阻尼作用，雷管运动到位的时间被延迟，从而实现炮口保险。

当弹丸飞行约 3.6s（飞离筒口约 120m）时，延期体要燃完后点燃雷管，雷管引爆导爆管，进而由导爆管起爆炸药柱，将钢球套、壳体炸开，钢珠以高速 1040m/s 飞散，形成杀伤破片，杀伤接近坦克装甲车辆的人员。

9.5　车载火炮及其发展趋势

车载火炮是车载武器中最主要的武器，广泛配备在各种装甲车辆上，通常坦克上配备的为中口径的加农炮，常称为坦克炮，如 125mm 坦克炮；步兵战车上配备低膛压火炮，如 100mm 或 86mm 火炮。有的步兵战车上还配备有 30mm 自动炮。

9.5.1　车载火炮一般组成

尽管车载火炮，如坦克火炮完成的主要功能是发射弹丸，但由于对发射速度和精度要求的不同，结构上还是有很大区别的，原则上可相应配置各种不同口径的弹药，以完成相应的作战任务。

坦克炮同多数火炮一样，一般由炮身、炮闩、摇架、耳轴、反后坐装置等组成，如图 9-24 所示。

图 9-24　坦克炮一般组成

炮身由身管、炮尾、连接筒、抽气装置组成。身管和抽气装置外安装有热护套，如图 9-25 所示。炮身用于在火药气体的作用下，赋予弹丸的速度和飞行方向。

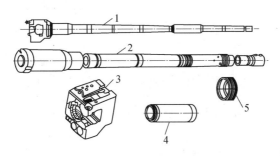

图 9-25　炮身
1—炮身；2—身管；3—炮尾；4—抽气装置；5—连接筒

炮闩由闭锁装置、击发装置、保险装置、关闩装置、复拨器、抽筒装置和半自动装置组成。

闭锁装置如图 9-26 所示，用于闭锁、开启炮膛、抽出发射后的弹底壳和归正弹丸和药筒。

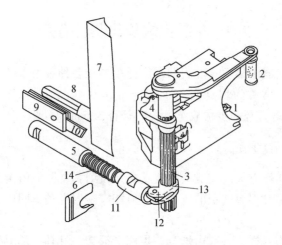

图 9-26　闭锁装置和半自动装置

1—闩体；2—闩柄；3—曲臂轴；4—曲臂；5—套筒；6—半自动机卡板；7—炮尾；8—炮尾冲杆；
9—卡锁支座；10—卡锁；11—冲杆；12—传动块；13—传动头；14—弹簧

闩体如图 9-27 所示，位于炮尾闩体室内，用于闭锁炮膛和安装击发、保险装置。

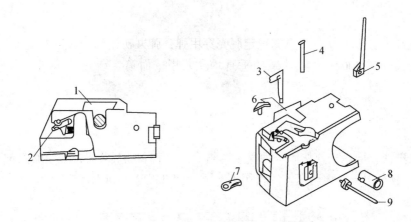

图 9-27　闩体

1—抽筒子挂臂；2、3—拨动子轴；4—转杆；5—拨动子驻栓；
6—保险机驻栓；7—拨动子；8—击锤；9—击针

　　发射装置与炮闩的击发装置配合，使炮弹的底火发火。它由手发射装置和电发射装置组成。

　　摇架主要用于归正身管运动并将反后坐装置和炮尾相连，耳轴将摇架固定在炮架上，如图 9-28 所示。

　　反后坐装置由驻退机和附近机组成，主要用于消耗火炮发射过程中产生的后坐力并将身管送回到发射前的位置，其结构如图 9-29 所示。

　　除此以外，为了保证乘员在发射过程中的安全性，坦克炮还装有防危板。

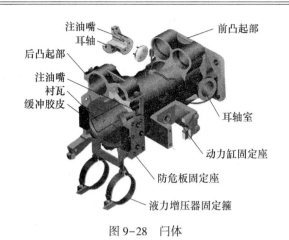

注油嘴
耳轴
前凸起部
后凸起部
注油嘴
衬瓦
缓冲胶皮
耳轴室
动力缸固定座
防危板固定座
液力增压器固定箍

图 9-28　闩体

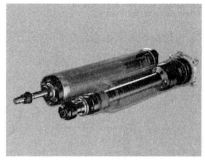

图 9-29　反后坐装置

9.5.2　坦克炮发展趋势

为实现坦克对目标构成的毁伤能力，除要求火炮具有相当的口径、较高的射击精度和首发命中概率外，其毁伤效果和弹药系统有着密切的关系。现代坦克配用的弹药一般有穿甲弹、破甲弹、杀伤爆破弹，新型主战坦克还配备有攻坚弹等多功能弹种，有些还配备导弹。

现在坦克用穿甲弹主要为尾翼稳定脱壳穿甲弹，弹丸初速为 $1450 \sim 1800 \mathrm{m/s}$，在通常射击距离上能穿透 $300 \sim 500 \mathrm{mm}$ 厚的垂直均质装甲，而钨合金弹和贫铀弹可击穿 $600 \sim 700 \mathrm{mm}$ 厚的垂直均质装甲。破甲弹的破甲厚度一般为口径的 $5 \sim 6$ 倍，其威力受射击距离的影响较小，但对各种复合装甲的侵彻能力较差。

随着未来高新技术战争的发展，主战坦克的火力将要接受严峻的挑战：

（1）随着防护技术的发展，要想击毁未来主战坦克，未来穿甲弹的炮口动能必须达 18MJ 以上，而现装备的 120mm/125mm 火炮的穿甲弹炮口动能只有 $9 \sim 10 \mathrm{MJ}$，需要研制具有更高初速的弹药，以及不断改进提高现有武器的性能，常采用的方法主要有增加火炮身管长度、采用先进工艺提高火炮身管强度、采用高能火药、提高火药能量和压力、提高弹丸初速、提高射击精度和射击速度。

（2）未来高技术战争远距离、大纵深的特点，要求未来火力不仅具有直接火力射击的功能，而且还要具有远程间接打击的能力，因此，车载导弹和炮射导弹在车载武器弹药系统中占有越来越重要的地位，车载遥控武器站也会得到极大的发展，车载武器弹药系统对间接目标的打击能力得到飞速发展。

（3）未来目标的机动性大幅提高和武装直升机对主战坦克的全方位威胁，要求车载武器弹药的威力、射程和精确命中能力不断提高，给精确命中带来困难，同时要求未来主战坦克具有自卫防空和反武装直升机的能力。因此，为了满足未来高技术战争的需要，未来主战坦克将大力发展大威力、远射程和精确命中的弹药系统。

近年来，车载坦克武器的发展明显出现了两种趋势：一是改进传统火炮和弹药；二是研制击毁目标的非传统武器。前者是为了提高现装备武器的性能，使这些武器再服役 10

年以上；后者是为了推出未来战争所需要的武器。因此，坦克炮的发展趋势主要表现在如下四方面。

（1）现有坦克炮的性能得到进一步改善

为了进一步提高现装备坦克的火力性能，各国特别是西方几个军事强国充分挖掘了现装备 120mm 坦克炮的潜力。他们采取的方法有：加长身管、采用更高强度的炮钢和改进发射剂等。

（2）身管式坦克炮的口径将可能继续增大

三代坦克的火炮口径一般都在 120～125mm，目前各主要坦克生产国都在研制口径为 140mm 的高速加农炮。

在积极发展大口径火炮的同时，为了进一步提高其穿甲动能，人们通过改变弹丸本身的材料与物理结构特性，还研究间断式穿甲弹芯，以代替连续式杆式弹芯。

（3）非传统型坦克炮有可能问世

传统的坦克炮已在部队服役六七十年，其性能的提高和改善几乎达到了极限。研制非传统火炮成为方向之一，主要集中在：①采用液体发射药火炮。②采用电热-化学炮。电热-化学炮是将液体发射药技术和电磁炮技术结合在一起的一种新型火炮。③采用电磁炮。电磁炮是用电磁加速技术发射弹丸的一种机构，有的称它为电磁发射器或超高速炮。

（4）自动装弹机的采用势在必行

随着装甲与反装甲技术的不断进步，自动装弹机将可能得到更加广泛的采用。采用自动装弹机是使用大口径炮弹的需要。

参 考 文 献

[1] 尹建平，王志军. 弹药学 [M]. 北京：北京理工大学出版社，2014.

[2] 姜春兰，邢郁丽，周明德，等. 弹药学 [M]. 北京：兵器工业出版社，2006.

[3] 王凤英，刘天生. 毁伤理论与技术 [M]. 北京：北京理工大学出版社，2009.

[4] 杨光. 武警弹药学 [M]. 北京：国防大学出版社，2015.

[5] 王泽山，何卫东，徐复铭. 火药装药设计原理与技术 [M]. 北京：北京理工大学出版社，2006.

[6] 王志军，尹建平. 弹药学 [M]. 北京：北京理工大学出版社，2005.

[7] 赵晓利，王军波. 弹药学 [M]. 北京：解放军出版社，1998.

[8] 李向东，钱建平，曹兵，等. 弹药概论 [M]. 北京：国防工业出版社，2010.

[9] 钱林芳. 火炮弹道学 [M]. 北京：北京理工大学出版社，2009.

[10] 刘焕章，等. 新型主战坦克武器系统射击使用分析研究 [M]. 济南：黄河出版社，2002.

[11] 《世界弹药手册》编辑部. 世界弹药手册 [M]. 北京：兵器工业出版社，1990.

[12] 《世界火炮手册》编辑部. 世界火炮手册 [M]. 北京：兵器工业出版社，1991.

[13] 王国辉. 装甲车辆武器系统 [M]. 北京：国防大学出版社，2015.

[14] 张雪朋. 活性药型罩 [M]. 北京：国防大学出版社，2015.

[15] 周旭. 导弹毁伤效能试验与评估 [M]. 北京：国防工业出版社，2014.

[16] 赵新生，刘玉文，许梅生，等. 新弹种弹道与射击效率评定 [M]. 北京：兵器工业出版社，2000.

[17] 李廷杰. 导弹武器系统的效能及其分析 [M]. 北京：国防工业出版社，2000.

[18] 李明，刘澎，等. 武器装备发展系统论证方法与应用 [M]. 北京：国防工业出版社，2000.